高等学校规划教材·机械工程

工程材料及成形工艺基础

（第2版）

主　编　齐乐华
副主编　付佳伟　王俊勃

西北工業大學出版社
西　安

【内容简介】 本书除绪论外，共14章内容，分为工程材料和材料成形工艺基础两大部分。工程材料部分包括材料的种类与性能，材料的结构、凝固与变形，二元合金相图及其应用，金属热处理及材料改性，金属材料，合金钢，有色金属及其合金，非金属材料及复合材料，机械零件失效分析及选材等；材料成形工艺基础部分以介绍各种毛坯成形方法为主，包括铸造、压力加工、焊接、非金属材料及复合材料成形方法简介、毛坯成形方法选择及结构设计，并增加了综合工程案例、新技术、新工艺及其发展趋势，重在培养学生分析问题和解决问题的能力。

本书与国家工科机械基础课程教学基地系列教材《机械加工工艺基础》(第2版，杨方、罗俊主编，西北工业大学出版社，2020年)有机结合，形成了工程材料基础、材料成形工艺与机械加工工艺的整体概念。本套书配有《工程材料与机械制造基础习题集》(第2版，罗俊、杨方主编，西北工业大学出版社，2020年)，便于读者理解和巩固所学知识。

本书可作为高等工科院校机械类及机电类专业本科教材，也可供有关工程技术人员参考。

图书在版编目(CIP)数据

工程材料及成形工艺基础/齐乐华主编．—2版
．—西安：西北工业大学出版社，2020.8
高等学校规划教材．机械工程
ISBN 978-7-5612-7161-2

Ⅰ.①工… Ⅱ.①齐… Ⅲ.①工程材料-成型-工艺-高等学校-教材 Ⅳ.①TB3

中国版本图书馆CIP数据核字(2020)第145912号

GONGCHENG CAILIAO JI CHENGXING GONGYI JICHU
工 程 材 料 及 成 形 工 艺 基 础

责任编辑：何格夫　　**策划编辑**：何格夫
责任校对：胡莉巾　　**装帧设计**：李　飞
出版发行：西北工业大学出版社
通信地址：西安市友谊西路127号　　邮编：710072
电　　话：(029)88491757，88493844
网　　址：www.nwpup.com
印 刷 者：兴平市博闻印务有限公司
开　　本：787 mm×1 092 mm　　1/16
印　　张：19
字　　数：499千字
版　　次：2002年8月第1版　2020年8月第2版　2020年8月第1次印刷
定　　价：70.00元

如有印装问题请与出版社联系调换

第2版前言

本书是依据教育部高等学校机械基础课程教学指导委员会制定的《工程材料与机械制造基础课程教学基本要求》，并结合西北工业大学多年来的教学改革实践经验和本书使用过程中发现的问题修订而成的。

本次修订工作的要点如下：

(1)将全书所涉及的旧国家标准更新为最新国家标准，特别是材料的性能指标、金属牌号等术语及符号的更新。

(2)修订了绪论和第4、10～12章的内容，更新了新工艺、新技术及其发展趋势。

(3)增加了14.6节“综合工程案例分析”，详细介绍某轴承套内圈加工工艺过程，将理论与工程实践相结合，以拓展学生对所学知识的综合应用能力。

(4)更新了部分插图，使其更清晰地表达教材的重点内容，利于学生对教材内容的理解。

(5)修正了不规范用语。

本书由齐乐华教授担任主编，付佳伟副教授、王俊勃教授担任副主编。参与本次修订的人员有：西北工业大学齐乐华教授、付佳伟副教授(绪论、第1部分第1～2章、第4～9章、第2部分第10～12章、第13章第13.3节、第14章第14.1～14.3节)、周计明教授(第2部分第13章第13.1和13.2节)、罗俊副教授(第2部分第14章第14.4～14.6节)，西安工程大学王俊勃教授(第1部分第3章)。

本书由西安交通大学范群成教授担任主审，在此表示衷心的感谢。

在本书的修订过程中得到西北工业大学机电学院“工程材料及机械制造基础”课程团队教师和研究生的大力帮助，在此表示衷心的感谢。

限于水平和经验，书中难免存在不妥之处，恳请广大同行及读者批评指正。

编　者

2020年5月

第1版前言

本书是为适应21世纪人才培养需求并遵循机械基础课程体系改革精神，在总结近年来的探索、改革和实践经验的基础上编写而成的。

本书对传统金属工艺学内容进行了精选，全书分材料、工艺两大部分。材料部分除介绍材料的力学、物理性能及其结构外，还重点介绍了金属材料、陶瓷材料和复合材料的组成、性能、制备、应用和发展趋势，材料的强化方法和改性，产品设计与选材的关系等；工艺部分以介绍各种毛坯的成形方法为主，强化工艺设计，重在培养学生分析问题和解决问题的能力，并大篇幅增加了新材料、新技术、新工艺内容及其发展趋势，如非金属材料、复合材料及其成型，高能率成形，精密焊接等。

本书除绪论外，共分14章，包括材料的种类与性能、材料的结构、凝固与变形、二元合金相图及其应用、金属热处理及材料改性、金属材料、合金钢、有色金属及其合金、非金属材料及复合材料、机械零件失效分析及选材、铸造、压力加工、焊接、非金属材料及复合材料成型、毛坯成形方法选择及结构设计。

本书可作为高等工科院校机械类及机电类专业本科教材，也可供有关工程技术人员参考。使用本书时，可结合各专业的具体情况进行调整，有些内容可供学生自学。

本书配有《工程材料与机械制造基础习题集》一册，供教学时使用。

本书由齐乐华教授担任主编，朱明副教授、王俊勃副教授担任副主编。参加本书编写的有：西北工业大学齐乐华教授（绪论、第2篇第11章和第12章、第13章第13.3节、第14章第14.1节及第14.3～14.5节）、朱明副教授（第1篇第6～9章），西安工程科技学院王俊勃副教授（第1篇第1～5章）、屈银虎副教授（第2篇第10章、第13章第13.1和13.2节、第14章第14.2节）。

本书承蒙西安交通大学范群成教授主审，西北工业大学陈国定教授、葛文杰教授、孙根正教授、高满屯教授、吴立言副教授、李建华副教授以及许多老师为本书的编写提供了宝贵意见，西安理工大学葛利玲副教授提供了金相照片，在此一并表示衷心的感谢。

本书力求适应高等教育的改革与发展，但由于水平有限，书中难免出现错误和不足之处，敬请读者批评指正。

编　者

2002年8月

目　录

第2部分 材料成形工艺基础

绪　论

材料科学和制造科学同信息科学与生物科学一样，被认为是促进人类文明与发展的四大关键领域，对国民经济的发展起着重要作用。面对市场经济和全球化竞争的挑战，更应重视材料成形与制造业的发展。

机械制造过程一般是先用铸造、压力加工或焊接等方法将材料制作成零件毛坯（或半成品），再经切削加工制成尺寸精确的零件，最后将零件装配成为机器。为了改善毛坯和工件的性能，常须在制造过程中穿插进行热处理。

毛坯材料和成形方法的选用直接影响零件的质量、成本和生产率。要合理选择毛坯种类和制造方法，必须掌握各种材料的性能、特点、应用及其成形过程，包括各种成形方法的工艺实质、成形特点和选用原则等。

我们的祖先在材料生产及其成形工艺上，有过辉煌的成就，为人类文明做出了重大贡献。我国在原始社会后期就已经开始有陶器，在仰韶文化和龙山文化时期制陶技术已相当成熟；青铜冶炼始于夏代，至商周时代（公元前16世纪—公元前8世纪）冶铸技术已达到很高水平，形成了灿烂的青铜文化；公元前7世纪—公元前6世纪的春秋时期，已开始大量使用铁器，白口铸铁、麻口铸铁、可锻铸铁相继出现，比欧洲国家早1 800多年；在大约3 000年前，已采用铸造、锻造、淬火等技术生产工具和各种兵器。大量的历史文物，如河南安阳武官村出土的商代司母戊鼎，质量为875 kg，在大鼎四周，有蟠龙等组成的精致花纹；湖北江陵楚墓中发现的埋藏了2 000多年的越王勾践的宝剑，至今仍异常锋利，金光闪闪；陕西临潼秦始皇陵出土的大型彩绘铜车马，由3 000多个零、部件组成，综合采用了铸造、焊接、凿削、研磨、抛光及各种连接工艺，结构复杂，制作精美；河南南阳汉代冶铸作坊出土的9件铁农具，有8件是黑心韧性铸铁，其质量与现代同类产品相当；现存于北京大钟氏内明朝永乐年间制造的大钟（质量为46.5 t），其上遍布经文20余万字，其浑厚悦耳的钟声至今仍伴随着华夏子孙辞旧迎新……春秋时期的《考工计》中关于钟鼎和刀剑不同的铜锡配比的珍贵记载，是世界上出现最早的合金配比；明朝（1368—1644年）宋应星所著《天工开物》一书，记载了冶铁、铸钟、锻铁、焊接（锡焊和银焊）、淬火等多种金属成形及改性方法以及日用品的生产技术和经验，并附有123幅工艺流程插图，是世界上有关金属加工工艺最早的科学论著之一。这些均显示出中华民族在材料、成形方法及热处理等方面的卓越成就，以及对世界文明和人类进步所做出的显著贡献。

然而，18世纪以后，长期的封建统治和闭关自守，以及上百年来帝国主义的侵略和压迫，严重束缚了我国科学技术的发展，造成了与工业发达国家之间巨大的差距。

新中国成立以后，特别是改革开放以来，我国工业生产迅速发展，取得了举世瞩目的成就。2012年我国自主设计、自主生产了80 000 t模锻压机，创下了多项世界第一，象征着我国在重型装备制造领域的崛起，也标志着我国逐渐从制造大国向制造强国过渡；我国人造地球卫星、洲际弹道导弹、长征系列运载火箭和天宫系列空间实验室的研制成功，均与机械制造工艺水平的发展密切相关。我国是世界上少数几个拥有运载火箭和人造卫星发射实力的国家。这些飞行器的壳体均是选用铝合金、钛合金或特殊合金薄壳结构，采用胶接（或黏结）及钨极氩弧焊、等离子弧焊、真空电子束焊、真空钎焊和电阻焊等方法焊接而成。我国还成功生产了世界上最大的自由锻造油压机上横梁（质量为 520 t）和航空母舰的特大零部件；锻造了国内最大核电低压转子（质量为 580 t）；进行了 25 MPa 热壁加氢反应器及 6×10^{8} W 电站锅炉的焊接，并能够建造 300 000 t 的超大型船舶。

21 世纪以来，世界各国对机械制造业更加重视。2013 年汉诺威工业博览会上正式提出德国工业 4.0 的概念，旨在提高德国工业竞争力，提升制造业的智能化水平，实现信息化的工业革命。这一概念的提出，立刻引起了各国的关注和广泛响应。在 2015 年，我国正式印发《中国制造 2025》文件，实施制造强国战略，文件中明确指出以特种金属功能材料、高性能结构材料、功能性高分子材料、特种无机非金属材料和先进复合材料为发展重点。近年来，各种光电子信息材料、先进复合材料、新型金属材料、高性能塑料、超导材料、梯度材料等不断涌现和投入使用，给社会生产和人民生活带来了巨大的变化。同时，超精密加工技术不断发展，使得毛坯精度能够达到亚微米乃至纳米级，可满足尖端产品的应用需求；新型增材制造技术也是目前机械行业发展的趋势之一，能够高效制造具有封闭内腔的复杂结构件，克服了传统减材制造技术的不足。

当今之世，科学技术迅猛发展，微电子、计算机、自动化技术与制造工艺和设备相结合，形成了从单机到系统，从刚性到柔性，从简单到复杂等不同档次的多种自动控制加工技术；成形加工过程的计算机模拟、仿真与并行工程、敏捷化工程及虚拟制造相结合，已成为网络化异地设计与制造的重要内容；应用新型传感器、无损检测等自动监控技术及可编程控制器、新型控制装置可以实现系统的自适应控制和自动化控制；工业机器人更是涉及众多新的领域，能够将人类从烦琐和危险的工作中解放出来，如焊接机器人、码垛机器人、喷涂机器人、核反应堆专用机器人等；传感技术、计算机技术以及自动化技术等的发展促进了现代制造系统的进一步提升，现代制造系统是综合应用工程技术、信息技术、管理技术，对系统各组成部分建模、分析、研究和评价，旨在提高企业的竞争力，相较于传统意义的机械制造，更加高效节能和精确。

近年来，世界各国纷纷倡导智能、绿色的工业制造理念。智能制造是综合利用人工智能、数值模拟、传感与数据处理等信息化技术，实现制造过程中自适应、自组织和自决策的能力，从而高效完成零部件的精密设计和加工生产；对于传统机械制造过程中存在的资源利用率低、污染严重等问题，以及当前资源匮乏和环境恶化等严峻的现状，环境友好的绿色化生产已成为必然发展趋势，其意义在于能够高效利用原材料，以最小的环境代价和能源消耗，获得最大的社会经济效益，符合可持续发展与生态平衡的理念。

尽管各种新技术、新工艺应运而生，新的制造理念不断形成，但铸造、锻压、焊接、热处理及机械加工等传统的常规成形工艺至今仍是量大面广、经济适用的技术。因此，常规工艺的不断改进和提高，并通过各种途径实现高效化、精密化、轻量化和绿色化，具有很大的技术经济意义。该课程也是学习上述基本知识的入门课程。

“工程材料与机械制造基础”（含“工程材料及成形工艺基础”和“机械加工工艺基础”）是机械类专业必修的一门主干技术基础课，也是近机类和部分非机类专业普遍开设的一门课程，旨在使学生了解生产过程的基本知识，熟悉新材料，掌握现代制造和工艺方法，培养学生的工程素质、实践能力和创新设计能力。

学生在学完该课程以后，应达到以下基本要求：

(1)建立工程材料和材料成形工艺与现代机械制造的完整概念，培养良好的工程意识；

(2)掌握金属材料的成分、组织、性能之间的关系，强化金属材料的基本途径，钢的热处理原理及方法，常用金属材料、非金属材料和复合材料的性质、特点、用途和选用原则；

(3)掌握各种成形方法和常用设备的基本原理、工艺特点和应用场合，具有合理选择毛坯成形方法的能力；

(4)掌握零件(毛坯)的结构工艺性，并具有设计毛坯和零件结构的初步能力；

(5)了解与该课程有关的新技术和新工艺。

该课程融多种工艺方法为一体，信息量大，实践性强，叙述性内容较多，必须在金工教学实习获得感性认识的基础上进行课堂教学，这样才能收到预期效果。教学时应以课堂教学为主，同时辅之以在线开放课程学习，以及实物与模型、课堂讨论等多种教学手段和形式，以增强学生的感性认识，加深其对教学内容的理解；教学过程中应注意理论联系实际，使学生在掌握理论知识的同时，提高分析问题和解决问题的工程实践能力。学生应注意观察和了解平时接触到的机械装置，按要求完成一定量的作业及复习思考题；对于课程中结构工艺性内容，尚须在后继课程及课程设计、毕业设计中反复练习、提高，运用所学知识尝试解决有关问题，这样才能较好地掌握该课程内容，扩大课堂教学效果。

第 1 部分
工 程 材 料

第 1 章　材料的种类与性能

1.1　材料的种类

人类生活、生产的过程是使用材料和将材料加工成成品的过程。材料使用的能力和水平标志着人类的文明和进步程度。人类发展的历史时代按人类对材料的使用分为石器时代、青铜器时代、铁器时代等。在当今社会，能源、信息和材料已成为现代化技术的 3 大支柱，而能源和信息的发展又依托于材料。因此，世界各国都把材料的研究、开发放在突出的地位，我国的“863”计划把材料列为 7 个优先发展的领域之一。

迄今为止，人类发现和使用的材料种类繁多，而工程材料主要指用于机械工程和建筑工程等领域的材料。工程材料种类很多，用途广泛，有许多不同的分类方法，通常按其组成进行分类，如图 1－1 所示。

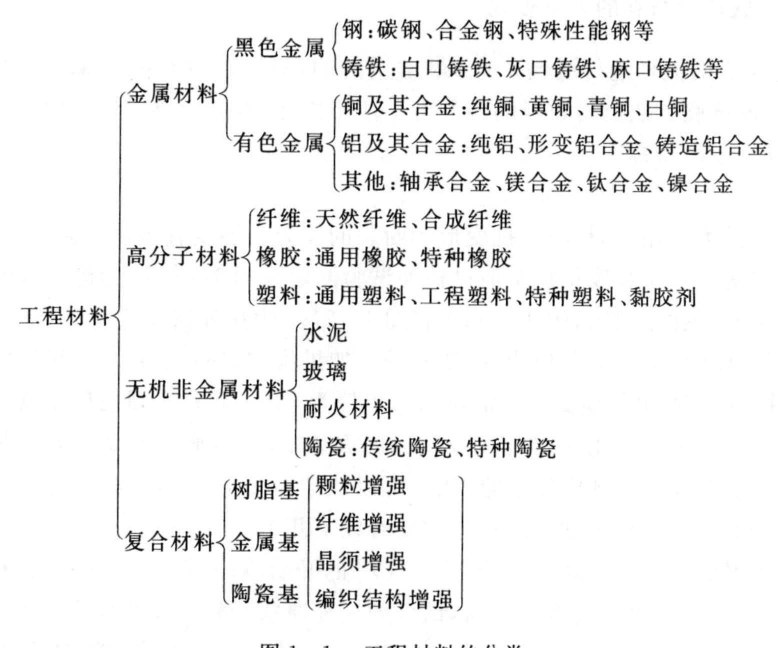

图 1－1　工程材料的分类

金属材料包括钢铁、有色金属及其合金。由于金属材料具有良好的力学性能、物理性能、化学性能及工艺性能，能采用比较简便和经济的工艺方法制成零件，因此金属材料是目前应用最广泛的材料。

高分子材料包括塑料、橡胶等。因其具有原料丰富、成本低、加工方便等优点，发展极其迅速，目前已在工业上得到广泛应用，并将越来越多地被采用。

无机非金属材料主要是陶瓷材料、水泥、玻璃、耐火材料。它具有不可燃烧性、高耐热性、高化学稳定性、不老化性以及高的硬度和良好的耐压性，且原料丰富，受到材料工作者和特殊行业的广泛关注。

复合材料是由基体材料（树脂、金属、陶瓷）和增强剂（颗粒、纤维、晶须）复合而成的。它既保持所组成材料的各自特性，又具有组成后的新特性，且它的力学性能和功能可以根据使用需要进行设计、制造，所以自 1940 年玻璃钢问世以来，复合材料的应用领域在迅速扩大，品种、数量和质量都有了飞速发展。

1.2 材料的性能

工程材料的性能分为使用性能和工艺性能。使用性能是指在服役条件下能保证安全可靠工作所必备的性能，包括材料的力学性能（也称机械性能）、物理性能和化学性能等。工程材料使用性能的好坏决定了它的使用范围和寿命。对绝大多数工程材料而言，力学性能是最重要的使用性能。工艺性能是指材料的可加工性，包括锻造性能、铸造性能、焊接性能、热处理及切削加工性能等。在设计零件和选择工艺方法时，都要考虑材料的工艺性能。工艺性能将在以后有关章节中分别进行讨论。

1.2.1 静载荷时材料的力学性能

静载（荷）是指对试样进行缓慢加载，最常用的静载试验有拉伸、压缩、硬度、弯曲、扭转等，可利用不同的试验方法测得材料的各种力学性能指标，本书主要讨论工程领域应用最为广泛的强度、塑性和硬度指标。

1. 强度

强度是指在外力作用下，材料抵抗变形和断裂的能力。强度有多种判据，工程上以抗拉强度和屈服强度最为常用。强度指标常通过拉伸试验测定。图 1-2(a) 为退火低碳钢拉伸试样在拉伸前后的形貌变化示意图，图 1-2(b) 和图 1-2(c) 为拉伸试验载荷（拉力）与变形量（伸长量）的变化图（拉伸曲线）及其应力-应变曲线。如果将拉（外）力 F 除以试样的原始横截面积 S_0，则得到拉应力 R（单位横截面上的拉力），单位为 MPa；将伸长量 ΔL 除以试样的标距长度 L_0，则得到应变 ε（单位长度的伸长量）。根据 R 和 ε，可以画出应力-应变曲线[见图 1-2(c)]。应力-应变曲线不受试样尺寸的影响，可以从曲线上直接读出材料的一些常规力学性能指标。静载拉伸下材料的力学性能指标主要有以下几个。

(1) 弹性和刚度：在 $R-\varepsilon$ 曲线[见图 1-2(c)]的开始段（e 点以前）为直线，在该段产生的变形是可以恢复的变形（即中途卸除载荷，试样即恢复原状），称为弹性变形。工程上曾经使用 σ_e 表示弹性极限（弹性变形阶段的最大应力），单位为 MPa。采用普通测量方法很难测出准确、唯一的弹性极限值。在实际工程中，弹性极限与条件屈服强度在本质上是一样的，均为材料开始产生微量塑性变形时的应力值，只不过所规定的微量塑性变形量不同。国家标准《金属材料　拉伸试验　第1部分：室温试验方法》(GB/T 228.1—2010) 规定弹性极限是塑性变形量为 0.01% 时的应力值，即 $R_{r0.01}$。

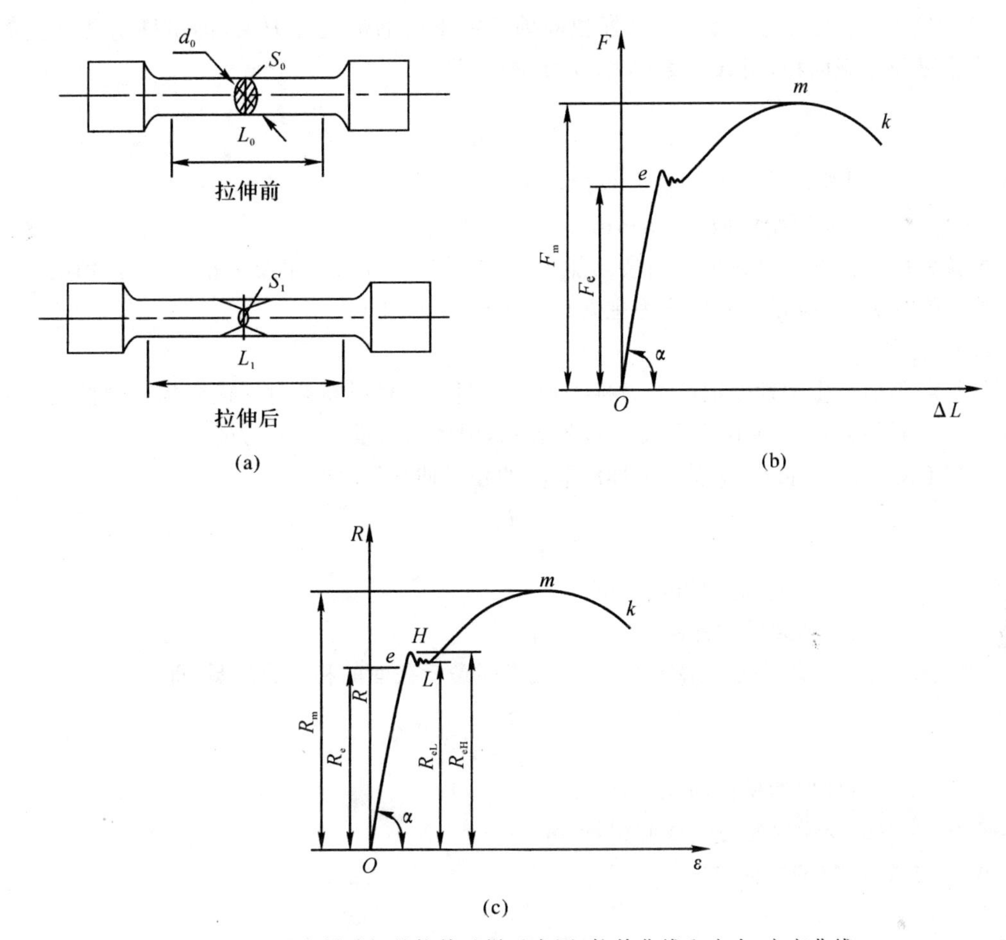

图 1-2　退火低碳钢的拉伸试样示意图、拉伸曲线和应力-应变曲线

(a) 拉伸试样示意图　(b) 拉伸曲线　(c) 应力-应变曲线

材料在弹性变形范围内应力与应变的比值称为弹性模量，用 E(单位为 GPa) 表示，即

$$E=\frac{R}{\varepsilon}$$

弹性模量 E 表征材料产生弹性变形的难易程度。弹性模量在工程上称为材料的刚度。材料在使用过程中，如果刚度不足，会因发生过大的弹性变形而失效。弹性模量主要取决于材料内部原子间的作用力，如晶体材料的晶格类型、原子间距，各种强化手段对弹性模量的影响较小。

(2) 屈服强度 R_e：在 $R-\varepsilon$ 曲线[见图 1-2(c)] 中，当应力值超过 e 点时，试样将产生塑性变形；当应力增至 H 点时，试样开始产生明显的塑性变形，随后在曲线上出现水平波折线，表明即使外力不增加，试样仍继续塑性伸长，这种现象称为屈服。发生屈服所对应的应力值即为屈服强度，用 R_e 表示，单位为 MPa。屈服强度包括下屈服强度 R_{eL}(在屈服期间的最低应力值) 和上屈服强度 R_{eH}(发生屈服而首次下降前的最高应力值)。

对于没有明显屈服点的材料，规定产生 0.2% 的塑性变形时的应力值为该材料的屈服强度，称为名义(条件) 屈服强度，以 $R_{r0.2}$ 表示。工程中大多数零件都是在弹性范围内工作，如果产生过量的弹性变形就会使零件失效，所以屈服强度是零件设计和选材的主要依据之一。

(3) 抗拉强度 R_m:抗拉强度是试样拉断前所能承受的最大应力值,即试样所能承受的最大载荷除以原始截面积,用 R_m 表示,单位为 MPa,即

$$R_m = \frac{F_m}{S_0}$$

式中 F_m—— 试样所能承受的最大载荷,N;

S_0—— 试样原始横截面积,mm^2。

抗拉强度表征的是材料抵抗断裂的能力,它是设计和选材的主要依据之一,特别是对于低塑性或脆性材料,抗拉强度更应作为主要设计指标。

2. 塑性

材料断裂前产生塑性变形的能力称为塑性。塑性以材料断裂时的最大相对塑性变形量来表征。拉伸时用伸长率 A 和断面收缩率 Z 表示,两者均为量纲为 1 的量。

(1) 伸长率 A:伸长率 A 表示试样断裂时的相对伸长量,即

$$A = \frac{L_1 - L_0}{L_0} \times 100\%$$

式中 L_0—— 试样原始标距长度,mm;

L_1—— 试样断裂后的标距长度,mm。

(2) 断面收缩率 Z:断面收缩率 Z 表示试样断裂后截面的相对收缩量,即

$$Z = \frac{S_0 - S_1}{S_0} \times 100\%$$

式中 S_0—— 试样原始横截面积,mm^2;

S_1—— 试样断裂处的横截面积,mm^2。

A、Z 愈大,材料的塑性愈好。

3. 硬度

硬度是衡量材料软硬程度的指标,表征材料抵抗比它更硬的物体压入或刻划的能力。因为硬度的测定总是在试样的表面上进行,所以硬度也可以看作是材料表面抵抗变形的能力。

硬度是材料力学性能的一个重要指标,在材料制成的半成品和成品的质量检验中,硬度是标志产品质量的重要依据。常用的硬度有布氏、洛氏、维氏、显微硬度等。

(1) 布氏硬度:用一定的载荷 F,将直径为 D 的淬火钢球或硬质合金球压入被测材料的表面(见图 1-4),保持一定时间后卸除载荷,以载荷与压痕表面积 S 的比值,作为布氏硬度值,用 HB 表示,即

$$\mathrm{HB} = \frac{F}{S} = \frac{F}{\pi Dh} = \frac{2F}{\pi D[D - (D^2 - d^2)^{\frac{1}{2}}]}$$

式中 d—— 压痕直径。

布氏硬度的单位为 N/mm^2,但一般不标出。硬度值越高,表明材料越硬。

采用布氏硬度试验的优点是压痕面积大,不受微小不均匀硬度的影响,试验数据稳定,重复性好。但不适用于成品零件和薄壁件的硬度检验。

硬度的表示方法:压头为钢球时用 HBS,适用于布氏硬度值在 450 以下的材料;压头为硬质合金球时用 HBW,适用于布氏硬度在 650 以下的材料。硬度值写在符号 HBS 或 HBW 之前,符号之后按下列顺序用数值表示试验条件:① 球体直径(mm);② 试验力(N);③ 力保持时间(s),如 120 HBS 10/1000/30。

(2) 洛氏硬度：在先后两次施加载荷(初载荷 F_0 及总载荷 F) 的条件下，将标准压头[顶角为 120° 的金刚石圆锥或直径为 1.588 mm(1/16 英寸) 的钢球] 压入试样表面，然后根据压痕的深度来确定试样的硬度。

根据压头和压力的不同，洛氏硬度用 3 种不同符号表示，即 HRA，HRB 和 HRC，最常用的是 HRC。它们的数值可以直接从硬度试验机的仪表盘上读出。

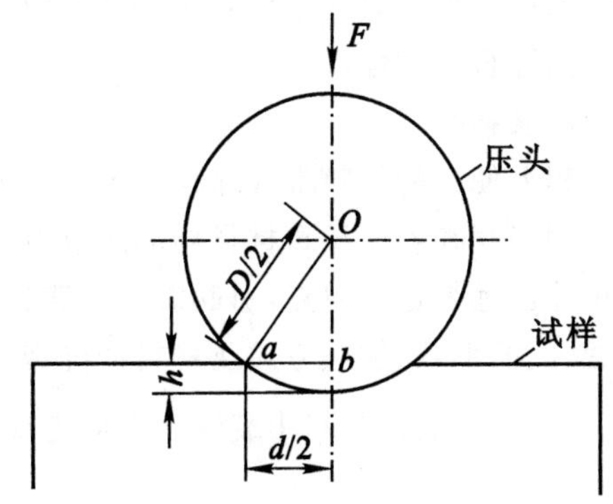

图 1－4　布氏硬度试验原理

洛氏硬度的测定操作迅速、简便，压痕面积小，适用于成品检验，但由于接触面积小，当硬度不均匀时，数值波动较大，故须多打几个点取平均值。必须注意，不同方法、级别测定的硬度值无可比性，只有查表转换成同一级别后，才能比较硬度值的高低。

1.2.2　其他载荷作用下材料的力学性能

1. 冲击韧性 a_k

在生产实际中，许多机构和零部件都受到冲击载荷的作用，如锻锤的锤杆、冲床的冲头等，因此表征材料在冲击力作用下的力学性能非常重要。

冲击韧性简称韧性，是材料在冲击载荷作用下抵抗变形和断裂的能力，一般用 a_k(单位为 J/m^2) 表示。

冲击韧性值一般用一次摆锤冲击试验来测定(见图 1－5)：把待测材料的标准缺口试样放在试验机支座上，将具有一定重量 G 的摆锤自一定高度 H 自由落下，冲断试样，并摆过支承点升至高度 h。摆锤冲断试样所消耗的冲击功用 A_k(单位为 J) 表示，有

$$A_k = GH - Gh$$

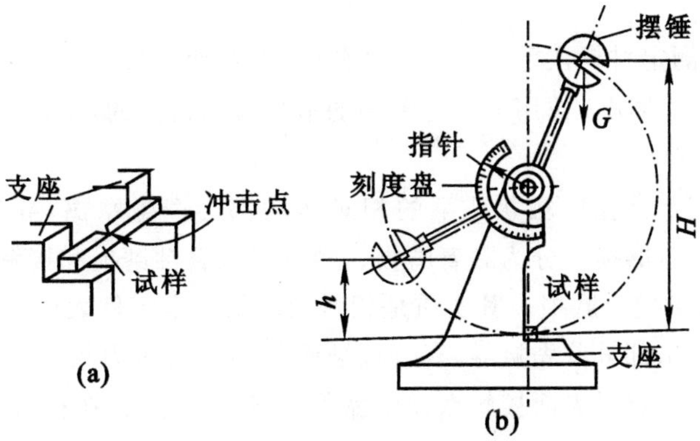

图 1－5　摆锤冲击试验示意图

(a) 试样放置　(b) 冲击试验机

用试样缺口处的横截面积 S(m^2) 去除 A_k 即得材料的冲击韧性值 a_k(单位为 J/m^2)。

$$a_k = \frac{A_k}{S}$$

实际上，在冲击载荷下工作的机械零件，很少是受大能量一次冲击而破坏的，往往是经受小能量的多次冲击，因冲击损伤的积累引起裂纹扩展而造成断裂，故用 a_k 值来反映冲击韧性有一定的局限性。研究结果表明，金属材料承受小能量多次重复冲击的能力取决于材料强度和塑性的综合性指标。

2. 断裂韧性

工程上使用的材料常常存在一定的缺陷，如夹杂物、气孔、微裂纹等，这些缺陷都可看作裂纹。它们的存在容易导致材料局部的应力集中，在远低于屈服强度的外加应力下，裂纹尖端的应力可能已远超过屈服点，引起裂纹快速扩展而使材料断裂。由于实际断裂应力与原始裂纹尖度、裂纹的形状、加载方式及材料抵抗裂纹扩展的能力有关，因此用应力强度因子 K_I（单位为 $MPa \cdot m^{\frac{1}{2}}$）表示材料中裂纹各点应力随外加应力变化的比例关系，即

$$K_I = Y\sigma a^{\frac{1}{2}}$$

式中　Y —— 与裂纹形状、加载方式及试样几何尺寸有关的量，为无量纲系数；

σ —— 外加应力，MPa；

a —— 裂纹半长度，m。

对某一个有裂纹的构件，在外力增大或裂纹增长时，裂纹尖端的应力强度因子也随之增大，当 K_I 达到某一临界值时，裂纹突然失稳扩展，发生快速脆断。这一临界值称为材料的断裂韧性，用 K_{IC} 表示，它反映了材料抵抗裂纹扩展的能力。K_{IC} 可通过试验测定，它是材料常数，与材料本身的成分、组织与结构有关。

3. 疲劳强度

有许多机器零件如轴、齿轮、弹簧、活塞连杆等，都是在交变载荷下工作的，它们工作时所承受的应力一般都低于材料的屈服强度。零件在这种交变动载荷作用下，经过较长时间的工作而发生断裂的现象称为疲劳。因此疲劳是机件在循环或交变应力作用下，经过一段时间产生失效的现象。疲劳断裂往往无先兆，会产生突然断裂，危害很大，疲劳强度就是用来表征材料抵抗疲劳的能力。

疲劳强度是通过测定材料在重复的交变载荷（钢的交变次数为 $10^6 \sim 10^7$ 周次、有色金属的交变次数为 $10^7 \sim 10^8$ 周次）作用下而无断裂的最大应力得到的，用 R_r（单位为 MPa）表示。

4. 磨损

机器运转时，任何零件在接触状态下的相对运动都会产生摩擦，导致零件磨损，最后失效。按磨损的破坏机理，磨损可分为黏着磨损、磨粒磨损、腐蚀磨损和接触疲劳。

(1) 黏着磨损：又称咬合磨损。其实质是相对运动的两个零件表面总是凸凹不平的，在接触压力作用下，由于凸出部分首先接触，有效接触面很小。当压力较大时，凸出部分便会发生严重的塑性变形，从而使材料表面接触点发生黏着（冷焊）。随后，在相对滑动时黏着点又被剪切而断掉，造成黏着磨损。

(2) 磨粒磨损：它是当摩擦副一方的硬度比另一方的硬度大得多时，或者在接触面之间存在着硬质粒子时所产生的磨损，其特征是接触面上有明显的切削痕迹。

(3) 腐蚀磨损：这是由于外界环境引起金属表面的腐蚀产物剥落，与金属表面之间的机械磨损（磨粒、黏着）相结合而出现的磨损。

(4) 接触疲劳：它是滚动轴承、齿轮等一类机件的接触表面，经接触压应力的反复长期作

用后所引起的一种表面疲劳剥落损坏现象，其损坏形式是在光滑的接触面上分布有若干深浅不同的针尖或豆状凹坑，或较大面积的表层压碎。

1.2.3 材料的高温和低温性能

1. 高温性能

材料在长时间的恒温、恒应力作用下，发生缓慢塑性变形的现象称为蠕变。蠕变的一般规律是温度越高，工作应力越大，则蠕变的发展越快，产生断裂的时间就越短。

金属材料在高于一定温度下，承受的应力即使小于屈服点，也会出现蠕变现象。因此在高温下使用的金属材料，应具有足够的抗蠕变能力。工程塑料在室温下受到应力作用就可能发生蠕变。

蠕变的另一种表现形式是应力松驰，它是指承受弹性变形的零件，在工作过程中总变形量保持不变，但随时间的延长工作应力自行逐渐衰减的现象。如高温紧固件，若出现应力松驰，将会使紧固失效。

在高温下，材料的强度是用蠕变强度和持久强度来表示的。蠕变强度是指材料在一定温度下、一定时间内产生一定永久变形量所能承受的最大应力。例如 $R_{0.1/1000}^{600}=88$ MPa，表示在600℃下，1 000 h 内，引起 0.1% 变形量所能承受的最大应力值为 88 MPa。而持久强度是指材料在一定温度下、一定时间内所能承受的最大应力。例如 $R_{100}^{800}=186$ MPa，表示工作温度为800℃时，约 100 h 所能承受的最大应力为 186 MPa。

2. 低温性能

随着温度的下降，多数材料会出现脆性增加的现象，严重时甚至发生脆断。可通过材料的冲击功与温度的变化关系来确定材料的韧、脆状态转化。当温度降到某一值时，冲击功 A_k 值会急剧减小，使材料呈脆性状态。材料由韧性状态转变为脆性状态的温度 T_k 称为冷脆转化温度。材料的 T_k 低，表明其低温韧性好。

1.2.4 材料的物理性能

物理性能是指材料的密度、熔点、热膨胀性、磁性、导热性与导电性等。

1. 密度

材料的密度是指单位体积中材料的质量。常用金属材料的密度见表1-1。一般将密度小于 5×10^3 kg/m³ 的金属称为轻金属，密度大于 5×10^3 kg/m³ 的金属称为重金属。抗拉强度 R_m 与密度 ρ 之比称为比强度；弹性模量 E 与密度 ρ 之比称为比弹性模量。这两者也是考虑某些零件材料性能的重要指标。如密度大的材料将增加零件的质量，降低零件单位质量的强度，即降低比强度。一般航空、航天等领域都要求材料具有高的比强度和比模量。

2. 熔点

熔点是指材料的熔化温度。金属都有固定的熔点，常用金属的熔点如表1-1所示。陶瓷的熔点一般都显著高于金属及合金的熔点，而高分子材料一般不是完全晶体，没有固定的熔点。

合金的熔点决定于它的化学成分，是金属与合金的冶炼、铸造和焊接等重要的工艺参数。熔点高的金属称为难熔金属（如 W，Mo，V 等），可以用来制造耐高温零件，在燃气轮机、航空、航天等领域有广泛的应用。熔点低的金属称为易熔金属（如Sn，Pb等），可以用来制造保险丝、防火安全阀等零件。

表 1-1　常用金属的物理性能

金属名称	符号	密度 ρ(20℃) / (kg·m^{-3})×10^{3}	熔点 /℃	热导率 λ / W/(m·K)	线膨胀系数 α_e (0～100℃) / K^{-1}×10^{-6}	电阻率 ρ / (Ω·m)×10^{-8}
银	Ag	10.49	960.8	418.6	19.7	1.5(0℃)
铝	Al	2.698	660.1	221.9	23.6	2.655(0℃)
铜	Cu	8.96	1 083	393.5	17.0	1.67～1.68(20℃)
铬	Cr	7.19	1 903	67	6.2	12.9(0℃)
铁	Fe	7.84	1 538	75.4	11.76	9.7(0℃)
镁	Mg	1.74	650	153.7	24.3	4.47(0℃)
锰	Mn	7.43	1 244	4.98(－192℃)	37	185(20℃)
镍	Ni	8.90	1 453	92.1	13.4	6.84(0℃)
钛	Ti	4.508	1 677	15.1	8.2	42.1～47.8(0℃)
锡	Sn	7.298	231.91	62.8	2.3	11.5(0℃)
钨	W	19.3	3 380	166.2	4.6(20℃)	5.1(0℃)

3. 热膨胀性

材料的热膨胀性通常用线膨胀系数表征。陶瓷的热膨胀系数最低，金属次之，高分子材料最高。常用金属的线膨胀系数见表 1-1。对精密仪器或机器零件，热膨胀系数是一个非常重要的性能指标。在异种金属焊接中，常因材料的热膨胀性相差过大而使焊件变形或破坏。

4. 磁性

材料能导磁的性能叫作磁性。磁性材料可分为软磁性材料和硬磁性材料。前者是指容易磁化、导磁性良好，但去掉外磁场后磁性基本消失的磁性材料（如电工用纯铁、硅钢片等）。后者是指去掉外磁场后仍保持磁场，磁性不易消失的磁性材料（如淬火的钴钢、稀土钴等）。许多金属（如 Fe，Ni，Co 等）均具有较高的磁性。但也有不少金属（如 Al，Cu，Pb 等）是无磁性的。非金属材料一般无磁性。

5. 导热性

材料的导热性用热导率（也称导热系数）λ 来表征。材料的热导率越大，导热性越好。一般来说，金属越纯，其导热能力越大。常用金属的热导率如表1-1所示。金属及合金的热导率远高于非金属材料。

导热性好的材料其散热性也好，可用来制造热交换器等传热设备的零、部件。而导热性差的材料如高合金钢，在锻造或热处理时，加热和冷却速度过快会引起零件表面与内部大的温差，产生不同的膨胀，形成过大的热应力，引起材料发生变形或开裂。

6. 导电性

材料的导电性一般用电阻率表征。通常金属的电阻率随温度升高而增加，非金属材料则与此相反。金属一般具有良好的导电性。导电性与导热性一样，是随合金成分的复杂化而降低的，因而纯金属的导电性总比合金要好。常用金属的电阻率见表 1-1。高分子材料都是绝缘体，但有的高分子复合材料也有良好的导电性。陶瓷材料虽然也是良好的绝缘体，但某些特殊成分的陶瓷却是有一定导电性的半导体。

1.2.5　材料的化学性能

化学性能是指材料在室温或高温时抵抗各种介质化学侵蚀的能力。通常将材料因化学侵蚀而损坏的现象称为腐蚀。非金属材料的耐腐蚀性远高于金属材料。金属的腐蚀既容易造成一些隐蔽性和突发性的严重事故，也会损失大量的金属材料。每年全球因腐蚀造成的金属损失量约占金属总产量的30%。2014年我国腐蚀总成本约占当年国内生产总值(GDP)的3.34%，总额超过2.1万亿元人民币。

1.金属腐蚀的基本过程

根据金属腐蚀过程的不同特点，金属腐蚀可分为化学腐蚀和电化学腐蚀两类。

(1)化学腐蚀：金属与周围介质(非电解质)接触时单纯由化学作用而引起的腐蚀叫作化学腐蚀，一般发生在干燥的气体或不导电的流体(润滑油或汽油)场合中。例如，金属和干燥气体O_2，H_2S，SO_2等接触在金属表面上生成氧化物、硫化物和氯化物等。

氧化是最常见的化学腐蚀，温度越高，加热时间越长，氧化越严重，如高温热处理产生的氧化和脱碳现象。如果能形成致密的氧化膜(如Al和Cr的氧化物)，就具有防护作用，能有效地阻止氧化继续向金属内部发展。在实际生产中，单纯地由化学腐蚀引起的金属损耗较少，更多的是电化学腐蚀。

(2)电化学腐蚀：金属与电解质溶液(如酸、碱、盐)构成原电池而引起的腐蚀，称为电化学腐蚀。任意两种金属在电解质溶液中互相接触时，就会形成原电池，并产生电化学腐蚀。其中较活泼的金属(电极电位较低的金属)被不断地溶解而腐蚀掉，并伴随电流的产生。如金属在海水中发生的腐蚀、地下金属管道在土壤中的腐蚀等均属于电化学腐蚀。金属的腐蚀绝大多数是由电化学腐蚀引起的，电化学腐蚀比化学腐蚀快得多，危害性也更大。

2.防止金属腐蚀的途径

为了提高金属的耐腐蚀能力，原则上应保证以下三点：一是尽可能使金属保持均匀的单相组织，即无电极电位差；二是尽量减少两极之间的电极电位差，并提高阴极的电极电位，以减缓腐蚀速度；三是尽量不与电解质溶液接触，减小甚至隔断腐蚀电流。工程上经常采用的防腐蚀方法主要有：① 改变金属的化学成分，提高合金的耐腐蚀性，如不锈钢、表面渗铬、渗铝等处理；② 通过覆盖法将金属与腐蚀介质隔离，如金属表面镀层、覆层和发蓝等；③ 改善腐蚀环境，如干燥气体封存和密封包装等；④ 阴极保护法，即将被保护的金属作为原电池的阴极，牺牲阳极金属，使阴极金属不遭受腐蚀的方法，或用外加电流法，保护阴极金属。

1.2.6　材料的工艺性能

工艺性能是指材料在成形或加工的过程中，对某种加工工艺的适应能力。它是决定材料能否进行加工或如何进行加工的重要因素，包括铸造性能(材料易于液态成形并获得优质铸件的性能)、锻造性能(材料是否易于进行压力加工的性能)、焊接性能(材料是否易于焊接在一起并能保证焊缝质量的性能)、热处理性能(材料进行热处理的难易程度)及切削加工性(材料在切削加工时的难易程度)等。材料工艺性能的好坏，会直接影响制造零件的工艺方法、质量及其制造成本。

在设计零件和选择工艺方法时，都要考虑材料的工艺性能。各种加工方法的工艺性能将在以后有关章节中分别进行讨论。

第2章　材料的结构、凝固与变形

2.1　金属的晶体结构与结晶

2.1.1　金属的晶体结构

固体物质按其原子（或分子）的聚集状态分为两大类：晶体和非晶体。晶体是原子（或分子）在三维空间作有规律的周期性重复排列的固体，非晶体是由原子（或分子）无规则地堆砌而成的。常用的固态金属与合金都是晶体，而普通玻璃、沥青、松香等物质是非晶体。

晶体具有固定的熔点、规则的几何外形和各向异性的特性；非晶体没有固定的熔点，且各向同性。

晶体中的原子是按一定规则排列的[见图2-1(a)]。为便于理解和描述，常用一些假想的连线将各原子的中心连接起来，把原子看作一个点，这样形成的几何图形称为晶格，如图2-1(b)所示。晶体是周期性重复排列的，通常取出晶格中的一个基本单元——晶胞[见图2-1(c)]来描述晶体构造。

晶胞的各棱边长度为晶格常数。在晶格中由一系列原子组成的平面称为晶面，而晶面又是由一行行的原子列组成的，晶格中各原子列的位向称为晶向。

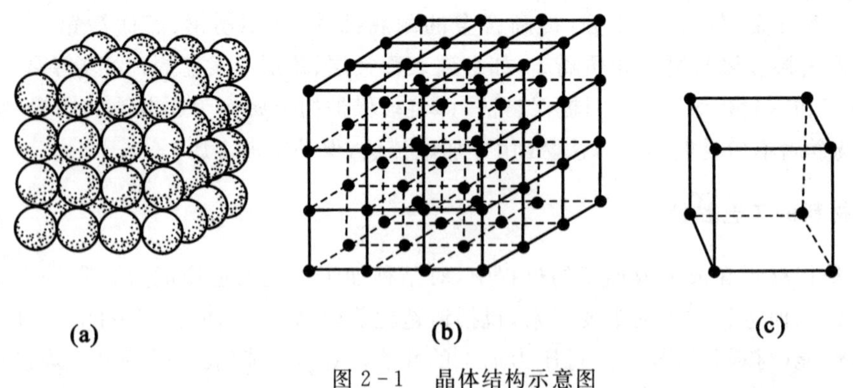

图2-1　晶体结构示意图

(a) 晶体中原子的排列　(b) 晶格　(c) 晶胞

工业上常用的金属中，除少数具有复杂晶体结构外，绝大多数金属都具有比较简单的晶体结构，其中最常见的金属晶体结构有3种类型：体心立方结构(bcc)、面心立方结构(fcc)和密排六方结构(hcp)，如图2-2所示。

(1) 体心立方晶格：它的晶胞如图2-2(a)所示，在立方体的8个顶角上和立方体中心各有1个原子。具有这种晶格的金属有铬、钨、钼、钒、铌和912℃以下的铁等。

(2) 面心立方晶格：它的晶胞如图2-2(b)所示，在立方体的8个顶角上和6个面的中心各有1个原子。具有这种晶格的金属有铝、铜、镍、铅、金、银和912～1 394℃的铁等。

(3) 密排六方晶格：它的晶胞如图2-2(c)所示，它在六棱柱的上下六角形面的顶角上和面的中心各有1个原子，以及在六棱柱体中间还有3个原子。具有这种晶格的金属有镁、锌、镉和铍等。

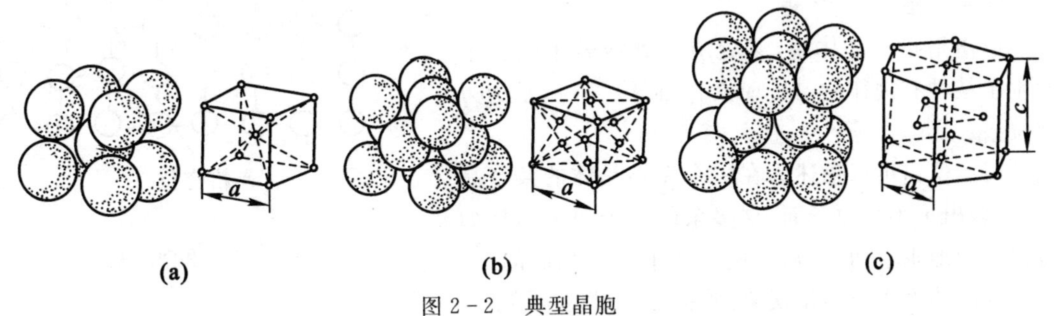

图2-2　典型晶胞

(a) 体心立方晶胞　(b) 面心立方晶胞　(c) 密排六方晶胞

2.1.2　金属的实际晶体结构

以上所讨论金属的晶体结构是理想的结构，是由原子排列位向或方式完全一致的晶格组成的，称为单晶体。而实际工程上使用的材料绝大多数是多晶体，是由很多个小的单晶体所组成的，并称多晶体中每个单晶体为晶粒，每个晶粒的原子位向是不同的，如图2-3所示。研究结果还发现，即使在一个晶粒内，实际金属的结构与理想状态也有差异。因此，在实际金属中或多或少地存在着偏离理想结构的微观区域，把这种偏离晶体完整性的微观区域称为晶体缺陷。

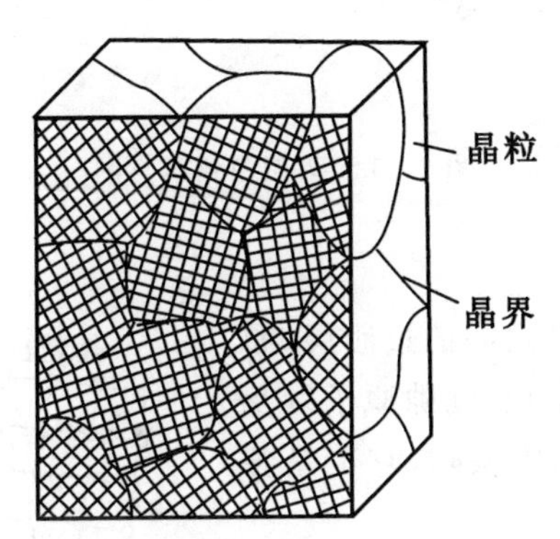

图2-3　多晶体中不同位向晶粒示意图

晶体缺陷有点缺陷、线缺陷和面缺陷三种类型。

1. 点缺陷——空位和间隙原子(见图2-4)

空位是指未被原子占据的晶格节点。

间隙原子是指位于晶格间隙之中的原子。

空位和间隙原子主要是在结晶过程中原子堆积不完善、外来原子溶入或已形成的晶体在高温、冷变形加工、高能粒子轰击、氧化等作用下产生的。它们的存在，使原子之间的作用力失去平衡，在空位周围的其他原子发生靠扰，而在间隙原子周围则会发生撑开现象，使晶体结构的规律性遭到破坏，晶格发生歪扭，即晶格畸变。

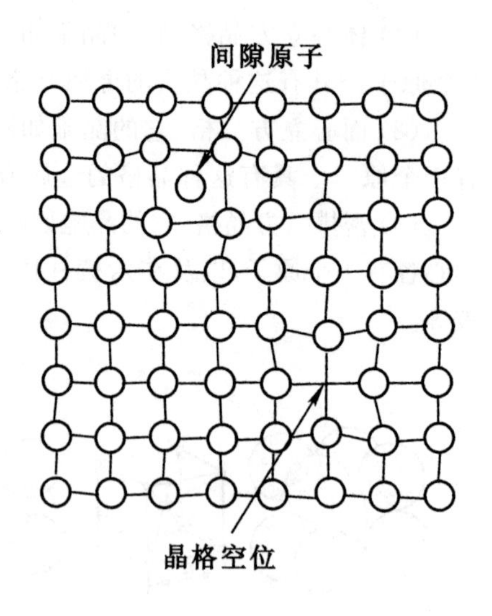

图 2-4　空位和间隙原子

2. 线缺陷 —— 位错

位错是指在晶体中，某处有一列或若干列原子发生了某种有规律的错排现象。如图 2-5 所示为刃型位错。

刃型位错可以描述为在一个完整晶体的某个晶面上，多出了半个原子面，这多余的半个原子面犹如刀刃一般地垂直切入，从而使晶体中某一晶面的上、下部分晶体产生了错排现象，故称之为刃型位错。

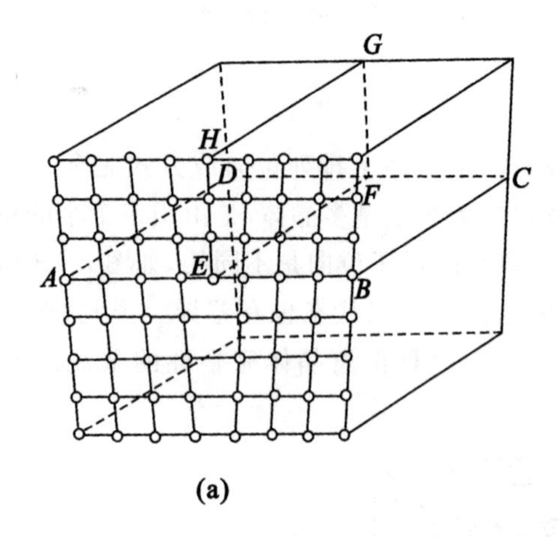

(a)

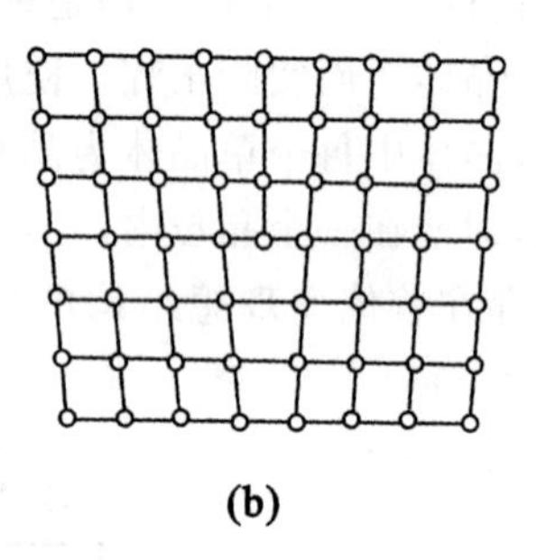

(b)

图 2-5　刃型位错示意图

3. 面缺陷 —— 晶界

晶界是位向不同，相邻晶粒之间的过渡层，如图 2-6 所示。它可看作是由空位、间隙原子以及位错堆积起来的一种面层状晶体缺陷，它也是各种杂质原子聚集的场所。

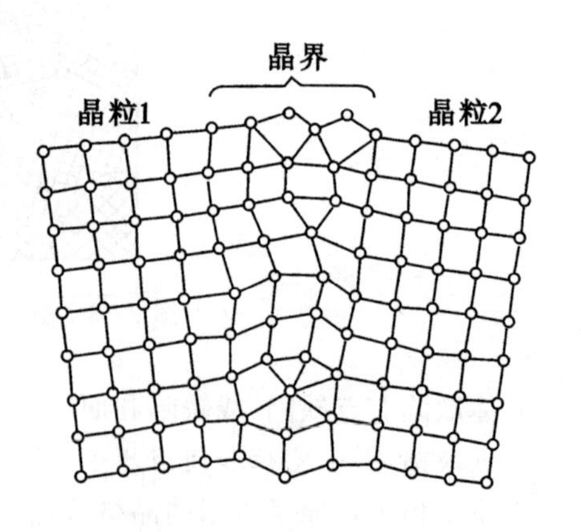

图 2-6　晶界示意图

4. 缺陷与性能的关系

晶体缺陷的存在破坏了晶体的完整性，使晶格产生畸变，晶格能量增加，因而晶体缺陷相对于完整的晶体来说处于一种不稳定状态，它们在外界条件(温度、外力等) 变化时会发生原子的扩散与迁移，从而引起金属某些性能的变化。

晶体缺陷的存在影响金属的强度，一般情况下，金属强度随晶体缺陷的增加而增加，可通过增加缺陷的办法，提高金属的强度。

晶体缺陷的存在还常常降低金属的抗腐蚀性能，因此可以通过腐蚀观察金属的各种缺陷。

晶体缺陷的存在也强烈影响金属的许多过程，如金属的变形与断裂、金属的扩散、金属的结晶、金属的固态相变过程等。

2.1.3　金属材料的结构特点

金属材料主要由金属晶体组成，对纯金属而言，其结构主要指晶体结构的类型，以及这些晶体的显微组织形态和缺陷状态，包括晶粒的形状、大小，晶格的畸变、位错密度等。

机械工业中使用的金属材料主要是合金。工程上常用的合金有：铁合金、铝合金、铜合金、镁合金、钛合金及低熔点（铅、锡）合金等。

合金是指由两种或两种以上的金属元素或金属元素与非金属元素组成的、具有金属特性的物质。组成合金最基本的独立物质称为组元。组元可以是金属元素、非金属元素和稳定的化合物。由两个组元组成的合金称为二元合金。根据组元数的多少，可分为二元合金、三元合金等。一系列相同组元组成的不同成分的合金称为合金系。

实践证明，在纯金属中加入适量的合金元素，会显著改变金属的性能。采用合金元素来改变金属性能的方法称为合金化。金属经合金化后，其性能发生明显变化的原因是在合金的显微组织中引起了明显的变化。组织是观察到的在金属及合金内部组成相的大小、方向、形状、分布及相互结合状态。仅由一种相组成的组织为单相组织，由两种或两种以上相组成的组织为多相组织。如在铝中加入 11.7% 硅构成合金，其显微组织如图 2－7 所示。

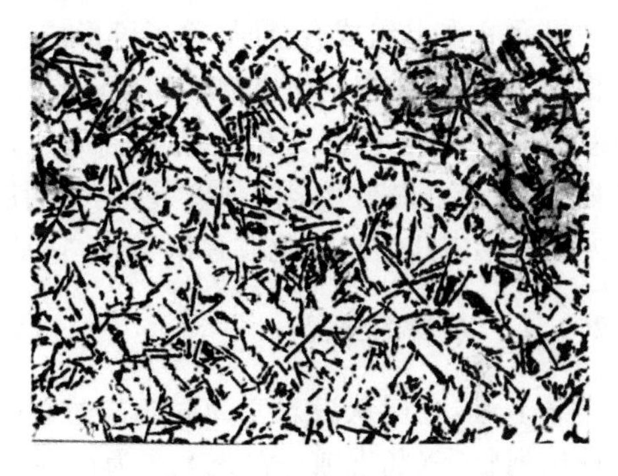

图 2－7　铝硅合金的显微组织

从图中不难看出，此合金的显微组织是由两种基本组成物组成的，即白色的基底上分布着一种黑色针状物。由实验分析知，白色部分的化学成分和晶体结构一样，黑色针状部分是另一种化学成分和晶体结构。通常将合金中这种具有相同化学成分、相同晶体结构和相同的物理或化学性能并与该系统的其余部分以界面相互隔开的均匀组成部分称作“相”。纯金属在固态下为单相组织，但合金在固态下不一定是单相，多数是两种或两种以上的相。常见的合金中存在的相可以归纳为两大类：固溶体和金属间化合物。下面分别讨论其结构与性质。

1. 固溶体

固溶体是指溶质组元渗入溶剂晶格中而形成的单一的均匀固体。这与溶液的概念十分相似，只不过前者为固相，后者为液相。固溶体的特点是保持溶剂组元的晶体结构，但会引起溶剂组元晶格不同程度的畸变。

固溶体按照溶质原子在溶剂晶格中的位置可以分为置换固溶体和间隙固溶体，如图 2－8 所示。置换固溶体是溶质原子取代了溶剂晶格中某些结点上的原子，而间隙固溶体是溶质原子嵌入溶剂晶格的间隙中，占据晶格节点位置。固溶体还可以按溶解度的大小分为有限和无限固溶体，按溶质原子在溶剂晶格中的分布特点分为无序和有序固溶体。

固溶体中溶质原子的溶入会引起晶格畸变，使晶体处于高能状态，提高合金的强度和硬度，这就叫作固溶强化。固溶强化使固溶体强度、硬度比溶剂有所提高，但塑性和韧性下降。

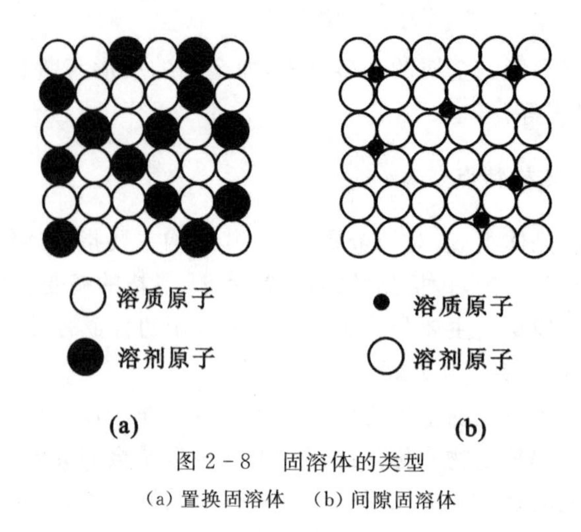

图 2-8　固溶体的类型

(a) 置换固溶体　(b) 间隙固溶体

2. 金属化合物

两组元 A 和 B 组成合金时，除了可形成以 A 或以 B 为基的固溶体外，还可能相互作用化合形成新相，这种新相通常是化合物，一般可用化学式 A_mB_n 表示。它的晶格类型与两组元完全不同，性能差别也很大，一般都具有高熔点、高硬度，但很脆。合金中以固溶体为主，具有适量的金属化合物弥散分布，可提高合金的强度、硬度及耐磨性能，所以常常用金属化合物来强化合金。这种强化方式称第二相质点强化或弥散强化，它是各类合金钢及有色合金中的重要强化方法。

2.1.4　金属的结晶

广义上讲，金属从液态变为固态的过程称为结晶。从原子排列的情况来看，结晶就是原子从一种排列状态（晶态或非晶态）变为另一种规则排列状态的过程。这里主要介绍纯金属由液态到固态的转变。

1. 结晶过程

实验证明，结晶过程首先是从液体中形成一些称之为结晶核心的细小晶体开始的（结晶核心可由液体中一些原子集团形成，也可依附于液体中的杂质形成），然后，已形成的晶核按各自不同的位向不断长大。同时在液体中又产生新的结晶核心，并逐渐长大，直至液体全部消失为止。晶体的形核、长大过程如图 2-9 所示。

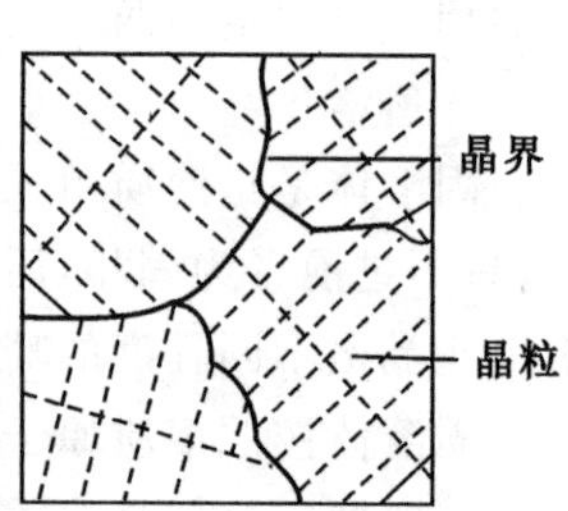

图 2-9　结晶过程示意图

结晶的开始阶段，各晶核的长大不受限制，此后由于晶核的不断长大，在它们的接触处将被迫停止生长。全部凝固后，便形成了许许多多位向不同、外形不规则的多晶体结构。

2. 结晶温度

金属结晶时，存在着一个平衡结晶温度 T_m，这时，液体中的原子结晶到晶体上的数目，等于晶体上的原子溶入液体中的数目。从宏观范围来看，此时金属既不结晶，也不熔化，液体和晶体处于动平衡状态。只有冷却到低于平衡温度时才能有效地进行结晶。因此，实际结晶温度 T_1 总是低于平衡结晶温度 T_m。两者之差 $T_m - T_1$ 称为过冷度 ΔT(见图 2-10)。过冷度的大小与冷却速度有关，冷却速度愈快，过冷度愈大。

金属的实际结晶温度可用热分析法加以测定。将熔化的金属以缓慢的速度进行冷却，同时记录下温度随时间的变化规律，绘出如图 2-10 所示的冷却曲线。金属结晶时放出的结晶潜热，补偿了冷却时向外散出的热量，冷却曲线上暂时出现水平线段，即温度保持不变的恒温现象。该温度即为实际结晶温度 T_1。当散热极其缓慢，即冷却速度极其缓慢时，实际结晶温度与平衡结晶温度趋于一致。

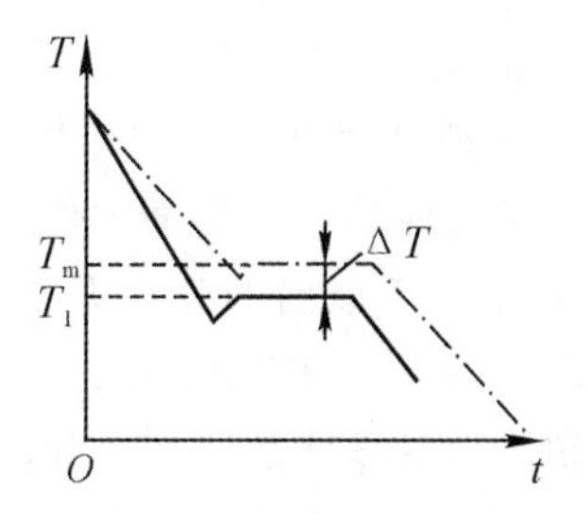

图 2-10　纯金属的冷却曲线

3. 晶粒大小

结晶条件不同，晶粒的大小差别也很大。粗晶粒组织用眼睛就可分辨出来，而细晶粒组织必须通过金相显微镜才能分辨出来。

金属晶粒的大小对其性能有很大的影响。一般情况下金属的强度、塑性和韧性都随晶粒的细化而提高(即细晶强化)，因此，在生产中常采取以下两种细化晶粒的措施以改善力学性能。

(1) 增加冷却速度：增加冷却速度可增大过冷度，使晶核生成速率大于晶粒长大速率，因而使晶粒细化。但增加冷却速度受铸件的大小、形状的限制。

(2) 变质处理：在液态金属中加少量变质剂(又称孕育剂)作为人工晶核，以增加晶核数，从而使晶粒细化。

此外，在结晶过程中采用机械振动、超声波振动和电磁振动等，也有细化晶粒的作用。

2.2　塑性变形与再结晶

铸态金属中常存在晶粒粗大、不均匀、组织不致密及杂质偏析等缺陷，通过压力加工(如锻造、拉拔、轧制等)使金属材料的外形、内部组织和结构发生变化，可以消除铸造过程中的某些缺陷。压力加工的实质就是塑性变形。

2.2.1　单晶体的塑性变形

金属的变形一般有两种：弹性变形和塑性变形。弹性变形是可逆的，即在载荷全部卸除后，材料的变形可完全恢复；而塑性变形是不可逆的，即在载荷全部卸除后，材料将出现不可恢复的永久变形。

在常温下，单晶体塑性变形的基本方式有两种：滑移和孪生，其中滑移是最基本、最重要的塑性变形方式。

(1) 滑移:在切应力作用下,晶体的一部分沿一定晶面相对于另一部分进行滑动。

如将一个表面经抛光的纯锌单晶体,进行拉伸试验,在试样的表面上会出现许多相互平行的倾斜线条的痕迹,称滑移带,如图 2-11 所示。经 X 射线结构分析发现,其晶体结构和晶体位向均未发生改变,只是其中一部分晶体沿着某一晶面(原子排列紧密的晶面)和晶向(原子排列紧密的方向)相对于另一部分晶体发生了相对滑动,称此变形方式为滑移。

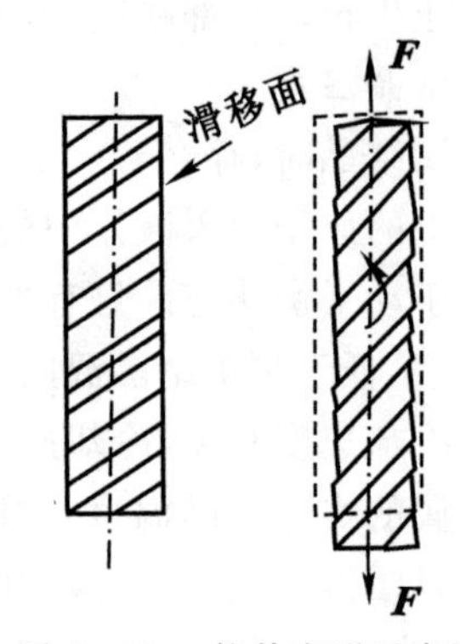

图 2-11　拉伸变形示意图

滑移具有以下特点:

1) 滑移是在切应力作用下进行的。试样受拉伸时,外力 F 对试样某一滑移面的作用可分解为垂直于该面的分力 F_1 和平行于该面的分力 F_2,将它们分别除以作用的面积,即得正应力 σ_n 和切应力 τ。在正应力作用下,试样发生弹性伸长,并在 σ_n 足够大时发生断裂,而切应力 τ 能使试样产生弹性歪扭,并可以造成试样两部分间的相对移动(见图2-12)。所以滑移是切应力作用的结果,与正应力无关。试验表明,欲使单晶体发生滑移,作用于滑移面上的切应力在滑移方向上的分量必须达到某临界值,这个临界值称为临界切应力。

2) 滑移总是沿着原子排列最密的原子面进行。因为任何两个最密排原子面之间的距离最远,相互作用力小,滑移阻力小。

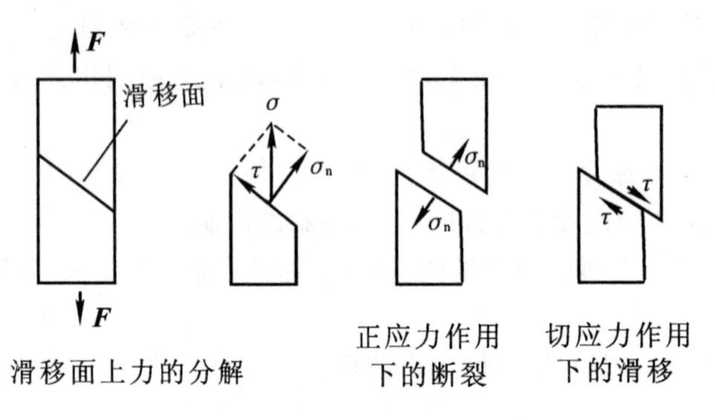

图 2-12　滑移时应力作用示意图

3) 滑移的结果产生滑移带,滑移的距离是原子间距的整数倍。滑移必然在晶体表面造成一系列微小台阶,在光学显微镜下,这些台阶表现为由很多相互平行的滑移线组成的滑移带。

滑移仅是晶体间的相对滑动,并不引起晶体结构的变化,切应力达到临界值时,滑移面两侧的个别原子对间造成很大歪扭(切应变),破坏它们之间的结合,使它们分离,并使其在相邻位置上形成新的原子对。如果这一过程持续下去,则滑移面两侧的晶体间,将依次进行原有原子对之间的分离和新原子对之间的结合,从而使两部分晶体发生相互滑动(见图 2-13)。在这个滑移过程完成之后,晶体即恢复原来的结构,整个滑移的距离为原子间距的整数倍。

4) 滑移的同时伴随着转动。当晶体中发生滑移时,作用在试样两端的拉力将不再处于同一条轴线上,因此产生一个力矩迫使滑移面转动。转动的结果是,滑移面趋向于与拉伸轴平行,而使试样两端的拉力重新作用在同一条直线上。

实际上晶体的滑移是通过位错运动来实现的,图 2-13 为一刃型位错在切应力的作用下在滑移面上的运动过程。从图中可以看出，晶体在滑移时并不是滑移面上的全部原子同时移动，而是只有位错线中心附近的少数原子移动了很小的距离（小于一个原子间距），因此所需的应力要比晶体作整体刚性滑移小得多。当一个位错移到晶体表面时，便会在表面上留下一个原子间距的滑移台阶。因此，可将位错线看作是晶体中已滑移区域和未滑移区域的分界。

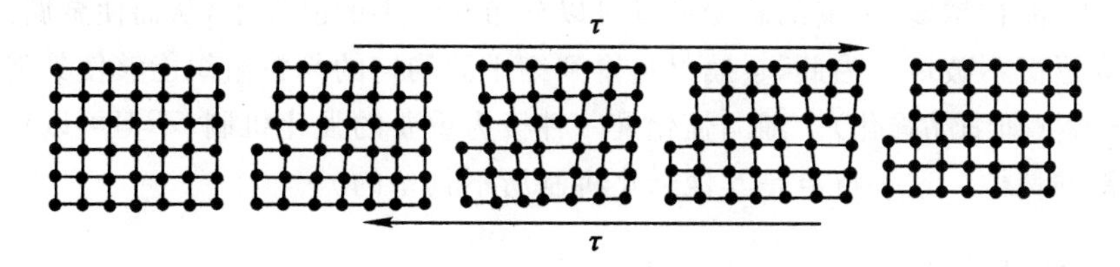

图 2－13　位错沿滑移面滑移示意图

（2）孪生：在切应力作用下，晶体中一部分相对于另一部分沿一定晶面（孪生面）、一定晶向（孪生方向）作均匀的移动（见图 2－14）。每层晶面的移动距离与该面距孪生的距离成正比，即相邻晶面的相对位移量相等，孪生后移动与未移动区构成镜面对称，形成孪晶。

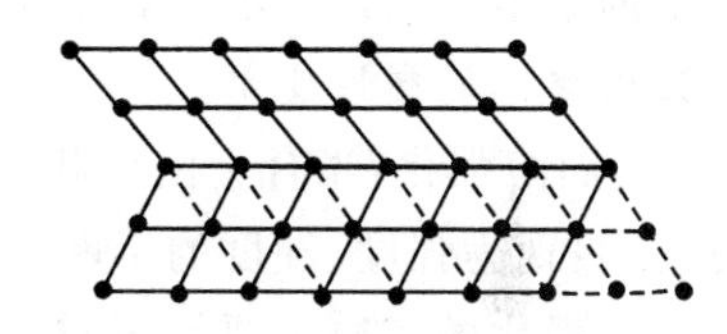

图 2－14　晶体的孪生示意图

孪生与滑移各有特点，具体如下：

1）孪生使一部分晶体发生均匀移动，而滑移是不均匀的，只集中在滑移面上。

2）孪生后晶体变形部分与未变形部分成镜面对称关系，位向发生变化，而滑移后晶体各部分的位向并未改变。

3）孪生需要更大的切应力，对塑性变形的贡献较小，但孪生能够改变晶体位向，使滑移系转动到有利的位置，可以使受阻的滑移通过孪生调整取向而继续变形。

2.2.2　多晶体的塑性变形

多晶体的塑性变形与单晶体无本质差别，每个晶粒的塑性变形仍以滑移等方式进行，只是变形过程比较复杂。

从滑移的特点可以看出，滑移实质上是位错线的运动。而晶体滑移时其临界切应力的大小主要取决于位错运动时所需克服的阻力。

对单晶体来说，这种阻力大小取决于金属本质（原子间结合力、晶体结构类型等）、位错的数量、位错与位错及位错与缺陷间的相互作用等因素。

对多晶体而言，影响滑移的因素主要在于晶体中晶粒的位向及晶界对位错运动的阻碍。

（1）晶界是相邻晶粒的过渡区域，原子排列紊乱，同时也是杂质原子和各种缺陷集中的地方。当晶体位错运动到晶界时，被该处紊乱的原子钉扎起来，滑移被迫停止，产生位错堆积，从而使位错运动阻力增大，金属变形抗力提高。如粗晶试样的拉伸试验表明，试样往往呈竹节状（见图 2－15），这是由于晶界的变形抗力较大，变形较小，故晶界处较粗。

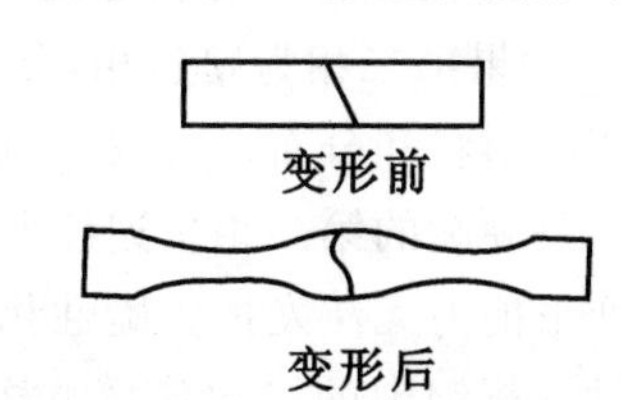

图 2－15　拉伸后晶界处呈竹节状

（2）在多晶体中，相邻晶粒间存在着位向差。它们的变形很难同步进行，变形量也各不相同。当一个晶粒发生塑性变形时，周围晶粒如不发生塑性变形，则必须产生弹性变形来与之相协调，从而成为该晶粒进一步塑性变形的阻力。

(3) 晶粒大小对滑移的影响实际上是晶界和晶粒间位向差共同作用的结果。晶粒细小时，其内部的变形量和晶界附近的变形量相差较小，晶粒的变形比较均匀，减少了应力集中。而且，晶粒越小，晶粒越多，金属的总变形量可以分布在更多的晶粒中，从而使金属能够承受较大量的塑性变形而不破坏。因此，金属材料得到细小而均匀的晶粒组织能够使其强度、塑性及韧性均得以改善(即细晶强化)。细晶强化是一种极为重要的强化机制，不但可以提高强度，而且还能改善钢的韧性。这一特点是其他强化机制所不具备的。

2.2.3 合金的塑性变形

提高材料强度的另一种方法是合金化，工业上一般使用固溶体合金和多相合金。合金塑性变形的基本方式仍是滑移和孪生，但由于组织、结构的变化，其塑性变形各有特点。

1. 固溶体的塑性变形

(1) 固溶强化：当合金由单相固溶体构成时，随溶质原子含量的增加，其塑性变形抗力大大提高，表现为强度、硬度的不断增加，塑性、韧性的不断下降。

固溶强化的实质主要是溶质原子与位错的弹性交互作用阻碍了位错的运动。由于溶质原子的溶入造成了晶体的点阵畸变，并以溶质原子为中心产生应力场。该应力场与位错应力场发生弹性交互作用，为使位错运动，必须施加更大的外力。因此，固溶体合金的塑性变形抗力要高于纯金属。

(2) 影响固溶强化的因素：影响固溶强化效果的因素很多，一般规律如下。

1) 溶质原子浓度越高，强化作用越大，但不保持线性关系，低浓度时强化效应更为显著。

2) 溶质原子与基体金属的原子尺寸相差越大，强化作用也越大。

3) 形成间隙固溶体的溶质元素比形成置换固溶体的溶质元素的强化作用大。

4) 溶质原子与基体金属的价电子数相差越大，固溶强化作用就越强。

2. 多相合金的塑性变形

单相合金虽然可借固溶强化来提高强度，但强化程度有限。工业上常以第二相或更多的相来强化，故目前使用的金属材料大多是两相或多相合金。本书以两相合金为例，讨论其塑性变形特点。

根据第二相粒子的尺寸大小将合金分成两大类：聚合型合金(即第二相尺寸与基体晶粒尺寸属同一数量级)及弥散型合金(即第二相很细小，且弥散分布于基体晶粒内)。这两类合金的塑性变形和强化规律各有特点。

(1) 聚合型两相合金的变形。

1) 如果两相都具有较好的塑性，合金的变形阻力较小，强化作用并不明显。

2) 如果第二相为硬脆相，合金的性能除与两相的相对含量有关外，在很大程度上取决于脆性相的形状和分布。大致可以分为三种情况：

一是硬脆的第二相呈连续网状分布在塑性相的晶界上，因塑性相晶粒被脆性相包围分割，使其变形能力无法发挥。脆性相越多，网状越连续，合金的塑性越差，甚至强度也随之降低。例如过共析钢中的二次渗碳体若呈网状分布于原奥氏体晶界上，则钢的脆性增加，强度、塑性下降。

二是硬脆的第二相呈层片状分布在基体相上，如钢中的珠光体组织。由于变形主要集中在基体相中，所以位错的移动被限制在很短的距离内，增加了继续变形的阻力。珠光体越细，片层间距越小，其强度越高，变形更加均匀，塑性也较好，类似于细晶强化。

三是硬脆相呈较粗颗粒状分布于基体上，如共析钢及过共析钢中经球化退火后的球状渗碳体。因基体连续，渗碳体对基体变形的阻碍作用大大减弱，故强度降低，塑性、韧性得到改善。

(2) 弥散型两相合金的塑性变形。

当第二相以细小弥散的微粒均匀分布于基体相中时，将产生显著的强化作用。根据第二相微粒是否变形，将强化方式分为两类。

1) 不可变形微粒的强化作用(见图 2-16)。当移动着的位错与不可变形微粒相遇时，将受到粒子的阻挡而弯曲；随着外应力的增大，位错线受阻部分弯曲、相遇，留下包围着粒子的位错环，而其余部分则越过粒子继续移动。

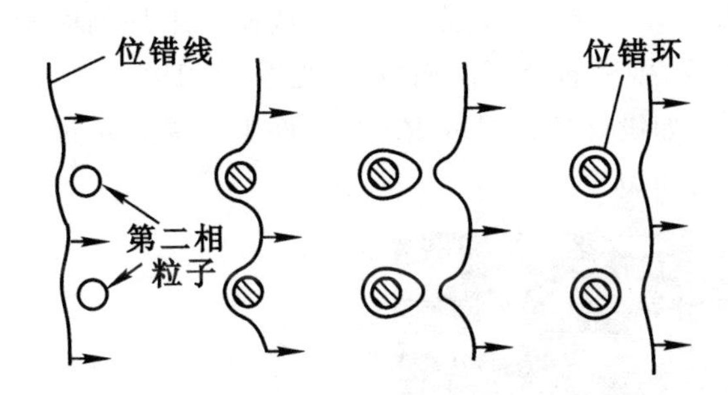

图 2-16　位错绕过第二相粒子的示意图

显然，位错绕过时，既要克服第二相粒子的阻碍作用且留下一个位错环，又要克服位错环对位错源的反向应力，因此，继续变形时必须增大外应力，从而提高强度。一般情况下，减小粒子尺寸或提高粒子的体积分数，都使合金的强度提高。

2) 可变形微粒的强化作用。当第二相为可变形微粒时，位错将切过粒子使其与基体一起变形。在这种情况下，强化作用取决于粒子本身的性质及其与基体的联系，主要有以下几方面的作用：

(i) 由于粒子的结构往往与基体不同，故当位错切过粒子时，必然造成其滑移面上原子错排，需要错排能。

(ii) 每个位错切过粒子时，使其生成一定宽度的台阶，需要表面能。

(iii) 粒子周围的弹性应力场与位错产生交互作用，阻碍位错运动。

(iv) 粒子的弹性模量与基体不同，引起位错能量和线张力变化。

上述强化因素的综合作用，使合金强度得到提高。此外，粒子的尺寸和体积分数对合金强度也有影响。增加体积分数或增大粒子尺寸都有利于提高合金强度。

2.2.4　塑性变形对金属组织与性能的影响

1. 晶粒沿变形方向伸长、性能趋于各向异性

金属塑性变形时，不但外形发生变化，内部晶粒的形状也发生相应的变化，通常是沿着变形方向晶粒被拉长。当变形量很大时，各晶粒将会被拉长成为细条状(见图 2-17)，各晶粒的

某些位向趋于一致。此时,金属的性能会具有明显的方向性,呈一定程度的各向异性,纵向的强度和塑性远大于横向。

2. 位错密度增加,形成亚结构,产生加工硬化

经塑性变形后,金属内部的位错数目将随着变形量的增大而增加,位错的交互作用使位错运动困难,因而使塑性变形的阻力增大,变形难以进行,使金属的强度和硬度越来越高,塑性和韧性下降,产生所谓的加工硬化。

(1) 加工硬化现象:在塑性变形过程中,随着变形量的增加,金属的强度和硬度上升,塑性和韧性下降的现象。

(2) 加工硬化的实际意义:

1) 有效的强化机制。如纯金属、黄铜、防锈铝合金一般都比较软,通过加工硬化,提高它们的强度。

2) 均匀塑性变形和压力加工的保证。已变形的部分产生加工硬化后强度提高,使进一步变形难以进行而停止,未变形部分则开始发生变形,从而产生均匀的塑性变形。如拉丝时,若无加工硬化,各处强度相等,则因直径不同而拉断(见图 2-18)。

3) 零件安全的保证。如设计零件时取 R_e,当零件工作受到超过 R_e 的力就会产生加工硬化,使强度提高到 R_m 才会断裂。

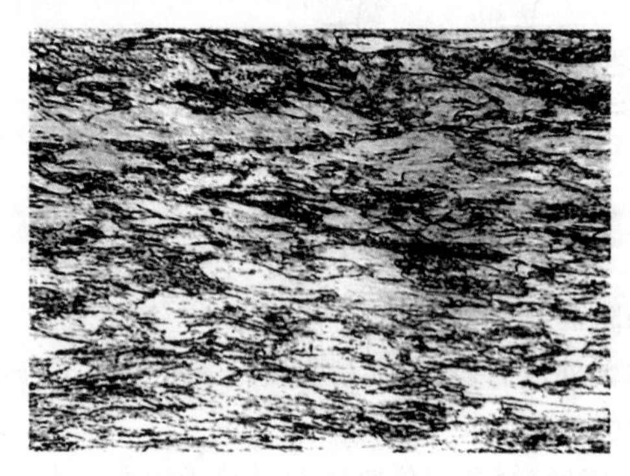

图 2-17 流线组织

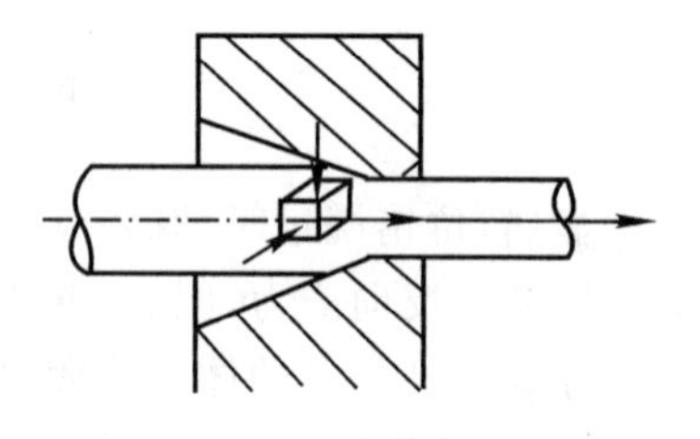

图 2-18 拉丝过程

3. 织构现象的产生

随着变形的发生,各晶粒的晶格位向也会沿着变形的方向同时发生转动,故在变形量达到一定程度(70% 以上)时,金属中各晶粒的某些取向会大致趋于一致,使金属表现出明显的各向异性。金属大量变形后各晶粒某些位向趋于一致的结构叫作形变织构(见图 2-19)。

形变织构的形成,在许多情况下是不利的,用形变织构的板材冲制筒形零件时,由于不同方向上的塑性差别很大,深冲之后,零件的边缘不齐,出现"制耳"现象(见图 2-20)。另外,由于板材在不同方向上变形不同,会造成零件的硬度和壁厚不均匀。但织构也有益处,如制造变压器铁心的硅钢片,具有这种织构时可提高磁导率。

4. 残余内应力

残余内应力是指外力去除之后,残留于金属内部且平衡于金属内部的应力,它主要是金属在外力作用下,内部变形不均匀造成的,它可分为以下三类:

第一类,金属表层与心部变形不均匀或零件一部分和另一部分变形不均匀而平衡于它们

之间的宏观内应力。

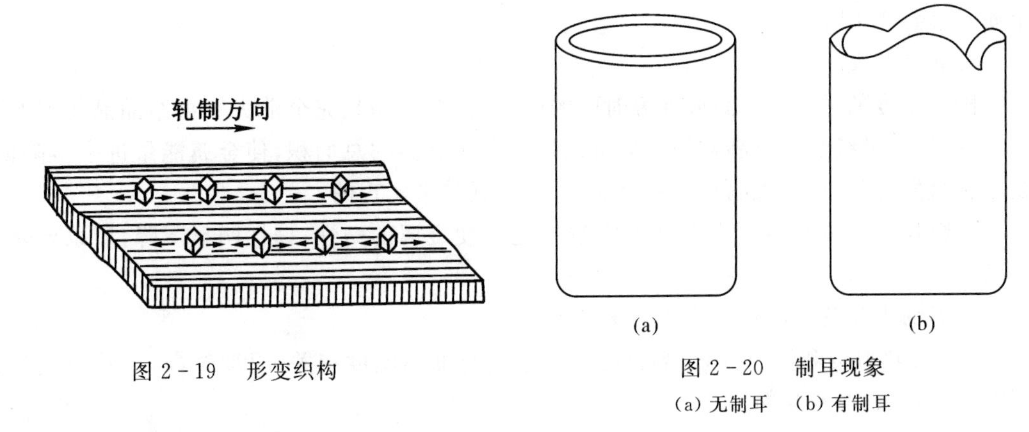

图 2－19　形变织构

图 2－20　制耳现象
(a) 无制耳　(b) 有制耳

第二类，相邻晶粒变形不均匀，或晶内不同部位变形不均匀，造成的微观内应力。

第三类，由于位错等缺陷的增加，所造成的晶格畸变应力。

第一、二类在残余应力中所占比例不大，第三类占 90% 以上。残余应力对零件的加工质量影响较大。如在圆钢冷拉时，圆钢表层的变形量较小，而心部变形量较大，使表层产生拉应力，心部产生压应力。若将这根圆钢表层切削去一层，会引起应力重新分布使工件产生变形。

2.2.5　变形金属在加热时组织和性能的变化

金属经过塑性变形后，晶体结构的规律性发生了显著的变化，位错等晶体缺陷和残余应力大量增加，产生加工硬化，阻碍了进一步进行塑性变形。为消除残余应力和加工硬化，工业上往往采用加热的方法。在变形金属中，由于缺陷的增加，使其内能升高，处于不稳定状态，存在向稳定低能状态转变的趋势。在低温下，这种转变一般不易实现，但加热时，由于原子的动能增大，活动能力增强，变形金属的组织和性能会发生一系列的变化，最后趋于较稳定的状态。随着加热温度的升高，变形金属大体上相继发生回复、再结晶和晶粒长大三个阶段的变化（见图 2－21）。

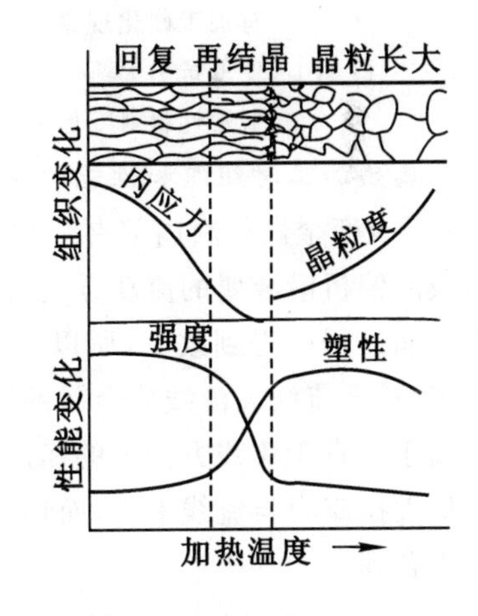

图 2－21　变形金属的回复、再结晶和晶粒长大过程

1. 回复

加热温度较低时，仅因金属中的一些点缺陷和位错迁移而引起某些晶内的变化。此时原子活动能力还不强，所以，① 强度、硬度稍有降低；② 塑性略有提高；③ 内应力有较多降低，点缺陷大为减少。

2. 再结晶

加热温度较高时，变形金属的显微组织发生显著变化。沿着含有高密度位错的原晶粒边界形成晶核，并不断长大，形成新的含有低密度位错的均匀而细小的等轴晶粒，取代原来的晶粒，称为再结晶。此时性能变化为：① 强度、硬度显著降低，塑性明显上升；② 内应力完全消除。

再结晶完成后金属的各项性能都已恢复到变形前的状态，加工硬化完全消除。发生再结晶的最低温度称为再结晶温度 $T_{再}$，它与金属的熔点 $T_{熔}$、成分、变形程度等因素有关，对于纯金属 $T_{再} \approx 0.4T_{熔}$。

3. 晶粒长大

随着温度的进一步升高或保温时间的延长，在变形晶粒完全消失和再结晶晶粒彼此接触之后，晶粒会继续长大。晶粒的长大可以减少金属晶界的总面积，使金属能量进一步降低，这是一种自发过程，通过大晶粒吞并小晶粒、晶界迁移来实现的。

晶粒长大对金属的力学性能是不利的，它会使金属的塑性、韧性明显下降，所以要避免晶粒长大。

4. 影响再结晶后晶粒尺寸的主要因素

(1) 加热温度和保温时间：晶粒的长大速度与加热温度有关，温度越高，晶粒长大越快。保温时间越长，晶粒越粗大。

(2) 变形程度对晶粒尺寸的影响：变形度很小时不会发生再结晶；当预先变形度达到 2% ~ 10% 时，再结晶后的晶粒特别粗大，这个变形度称为临界变形度。超过临界变形度后，随着变形量增大，再结晶后的晶粒越来越细；当变形度大于 95% 后，又会出现再结晶后晶粒粗大。

2.2.6 金属的热加工

1. 热加工的概念

金属材料的冷、热加工是根据再结晶温度来划分的，在再结晶温度以上的塑性变形叫作热加工(热变形)，在再结晶温度以下的塑性变形叫作冷加工(冷变形)。冷、热加工各自的特点如下：

冷加工：
- 有加工硬化现象
- 变形抗力大
- 低塑性材料变形困难

热加工：
- 加工硬化现象能被消除
- 变形抗力小
- 加热可提高塑性

2. 金属热加工时组织和性能的变化

(1) 可改变金属材料内部夹杂物的形状及分布情况，形成“流线”：热变形时，金属中的夹杂物和枝晶偏析沿金属的流动方向被拉长，这种杂质和偏析的分布情况不能在随即发生的回复和再结晶过程中得到改变，所以经过一定量的变形(热加工)之后，在金属中形成杂质的纤维状分布 —— 流线。流线使金属的性能出现明显的各向异性，沿流线方向的强度、塑性和韧性显著高于垂直于流线方向上的相应性能。如图 2-22(a) 所示，有合理的流线分布，在工作中承受的最大拉应力与流线平行，而切应力与流线垂直，所以不易断裂，而图 2-22(b) 所示的流线显然不合理。

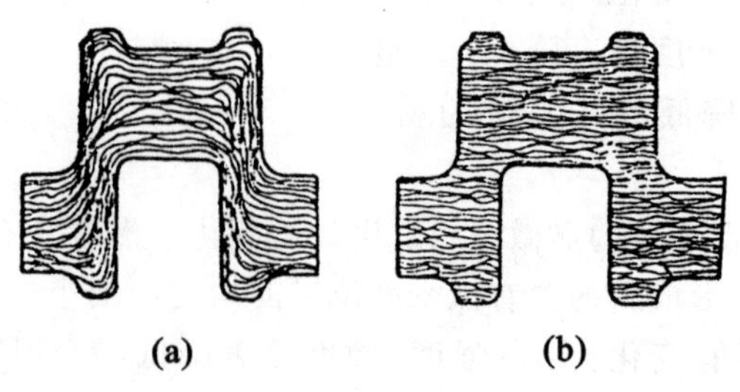

图 2-22　锻钢曲轴中的流线分布

(a) 流线分布合理　(b) 流线分布不合理

(2) 细化晶粒：热变形能打碎铸态金属中的粗大组织，同时再结晶过程能使晶粒细化，提高力学性能。

(3) 焊合气孔、疏松，消除成分不均匀：热变形能使铸态金属中的气孔、疏松及微裂纹焊合，提高金属的致密度，高温和变形能增加原子的扩散能力，减轻或消除铸锭组织成分的不均匀性，也提高了力学性能。

(4) 热加工时金属塑性好：受力复杂、载荷较大的重要工件，一般都采用热变形，且无加工硬化，可降低能耗。

(5) 热加工时金属表面有氧化：不能保证工件的粗糙度和尺寸精度，并有一定的烧损。

2.3　非金属材料的结构

非金属材料种类很多，目前在机械工程中常用的是陶瓷材料、高分子材料和复合材料。以下主要介绍前两者。

2.3.1　陶瓷材料的结构特点

1. 陶瓷材料的键合类型

陶瓷材料的结合键主要为离子键和共价键。例如 Al_2O_3，MgO 为离子键；金刚石，SiC 为共价键。但通常不是单一的键合类型，而是两种或两种以上的混合键。例如 MgO 晶体，离子键占 84%，共价键占 16%。混合键是陶瓷晶体的特点之一。

由于陶瓷材料具有键能高的结合键，即离子键和共价键，所以陶瓷材料通常有熔点高、硬度高、耐腐蚀、塑性差等特性。例如 Mg 的熔点为650℃，而燃烧生成的 MgO 由于是离子键，其熔点高达 2 800℃。又如金刚石是典型的共价键，其熔点高达 3 750℃，是目前自然界中最坚硬的固体。其他材料如 SiC，Si_3N_4 等共价键的固体材料，均具有高熔点、高硬度等性质。

2. 陶瓷材料的组织

与金属等各类工程材料一样，陶瓷材料的性能也是由其化学组成和结构所决定的。相对于金属材料而言，陶瓷材料的组成结构更复杂，其一般由晶体相、玻璃相和气相组成，如图 2-23 所示。各相的组成、结构、数量、形状与分布，都对陶瓷的性能有直接的影响。

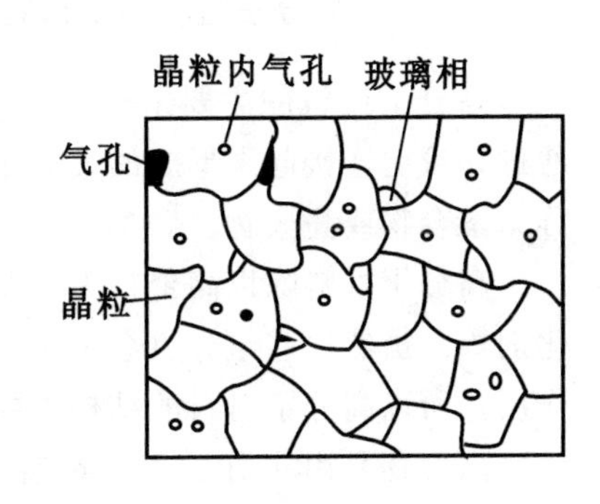

图 2-23　陶瓷显微组织示意图

(1) 晶体相：晶体相是一些化合物或以化合物为基的固溶体，是决定陶瓷材料物理、化学和力学性能的主要组成物。主要晶体相是氧化物和硅酸盐。同有些金属一样，陶瓷晶体相中有些化合物也存在同素异构转变。如陶瓷原料 SiO_2 有3个系列的同素异构，即 α-石英、α-磷石英和 α-方石英，在一定温度下，它们依次相互转变。此外，在特定温度下这 3 种石英还分别产生各自的同素异构转变。所以 SiO_2 具有多种同素异构体。

因为不同的晶体结构密度不同，所以同素异构转变时总伴随着体积的变化。密度小的晶体转变为密度大的晶体时，体积发生收缩；反之则发生体积膨胀。这种体积变化将造成材料的内应力并导致开裂，给陶瓷工艺带来不利。

陶瓷材料是多晶体，同金属一样，有晶粒、晶界，有亚晶粒、亚晶界。在一个晶粒内，也有线缺陷(位错)和点缺陷(空位和间隙原子)，这些晶体缺陷的作用亦类同金属晶体中的缺陷。如果陶瓷的晶粒细小，晶界总面积大，则陶瓷材料的强度大；空位和间隙原子可加速陶瓷工艺过程中烧结时的扩散，并且也影响其物理性能。但是，陶瓷晶体中的位错却不像金属中的位错那样，对变形和强化起着重要的作用。因为陶瓷晶体的晶格常数比合金的晶格常数大得多，而且结构复杂，位错运动极为困难，同时还很难产生新的位错，所以陶瓷在常温下几乎没有塑性变形能力。

(2) 玻璃相：陶瓷制品在烧结过程中，有些物质如作为主要原料的 SiO_2 已处在熔化状态，但在熔点附近 SiO_2 的黏度很大，原子迁移困难，所以当液态 SiO_2 冷却到熔点以下时，原子不能排列成长为有序(晶体)状态，而形成过冷液体。当过冷液体继续冷却到玻璃化转变温度时，则凝固为非晶态的玻璃相。

玻璃相的结构，是由离子多面体构成的空间网络，呈不规则排列，而晶态石英则具有规律性排列。

玻璃相在陶瓷组织中的作用是，黏结分散的晶体相，降低烧结温度，抑制晶体长大和充填空隙等。玻璃相的熔点低、热稳定性差，使陶瓷在高温下容易产生蠕变，从而降低高温下的强度。因此工业陶瓷须控制陶瓷组织中的玻璃相的含量，如有些陶瓷中玻璃相约占 30% 甚至更高。

(3) 气相：气相是指陶瓷组织中的气孔。气孔可以是封闭型的，也可以是开放型的(即气孔通向陶瓷的表面)。可以分布在晶粒内(封闭型)，也可分布在晶界上，甚至玻璃相中也会分布气孔。气孔在陶瓷组织中的比例约占 5% 或更高。

气孔会造成应力集中，使陶瓷容易开裂，降低强度。气孔还降低陶瓷抗电击穿能力，同时对光线有散射作用，故可降低陶瓷的透明度。当陶瓷要求比重小、重量轻或者要求绝热性高时，应保留较多的气相。

2.3.2 高分子材料的结构特点

高分子材料的主要组分是高分子化合物。高分子化合物是由许多小分子(或称低分子)通过共价键连接起来形成的大分子的有机化合物，具有链状结构，常称其结构为大分子链，又称为聚合物或高聚物。

高分子材料除以高聚物为主要组分外，还包含有各种添加剂，如塑料中的填料、增塑剂、固化剂等。虽然这些组分也会影响材料的性能，但相对而言，毕竟不像高聚物那样可以起到关键作用。所以高分子材料的结构主要是指高聚物的结构。

高聚物是由小分子化合物聚合而成的。可以聚合生成大分子链的小分子化合物称为单体。如聚乙烯是由乙烯聚合而成的，乙烯就是聚乙烯的单体，其聚合反应式为

$$n(CH_2=CH_2) \longrightarrow \text{[}CH_2-CH_2\text{]}_n$$

所以，单体是人工合成高聚物的原料。

需要说明的是，高聚物还可由两种或两种以上的单体共同聚合而成，但是，并非任何一种小分子有机化合物都可以作为单体。

大分子链的重复结构单元称为链节，如上述聚乙烯中的 $\text{[}CH_2-CH_2\text{]}$ 即为聚乙烯大分子链的链节。

一个大分子链中链节的数量称为聚合度，聚合反应式中的 n 即为聚乙烯大分子的聚合度。聚合度反映了大分子链的长短及相对分子质量的大小。

1. 大分子链的形态

高聚物的结构形式，按其大分子链的几何形状，可分为线型结构和体型结构两种类型。

(1) 线型结构：线型高分子结构是由许多链节连成一条长链，如图 2-24(a) 所示。通常卷曲成不规则的线团状，在拉伸时则呈直线状。

有一些高聚物的大分子链带有一些小的支链，如图 2-24(b) 所示，也属于线型结构。

具有线型结构的高聚物在加工成形时，分子链时而卷曲收缩，时而伸长，表现出良好的塑性和弹性。其在适当溶剂中能溶解或溶胀，加热可软化或熔化，冷却后变硬，并可反复进行，故易于加工成形，并可重复使用。一些合成纤维和热塑性塑料(如聚氯乙烯、聚苯乙烯等) 就属该类结构。

支链的存在使线型高聚物的性能钝化，如熔点升高、黏度增加等。

(2) 体型结构：体型高分子结构是大分子链之间通过支链或化学键连接成一体的交联结构，在空间呈网状，如图 2-24(c) 所示。整个高聚物就是一个由化学键固结起来的不规则网状分子，所以具有较好的耐热性、尺寸稳定性和机械强度，但弹性、塑性低，脆性大，不能塑性加工，成形加工只能在网状结构形成之前进行，材料不能反复使用。热固性塑料(如酚醛塑料、环氧塑料等) 和硫化橡胶等就属该类结构。

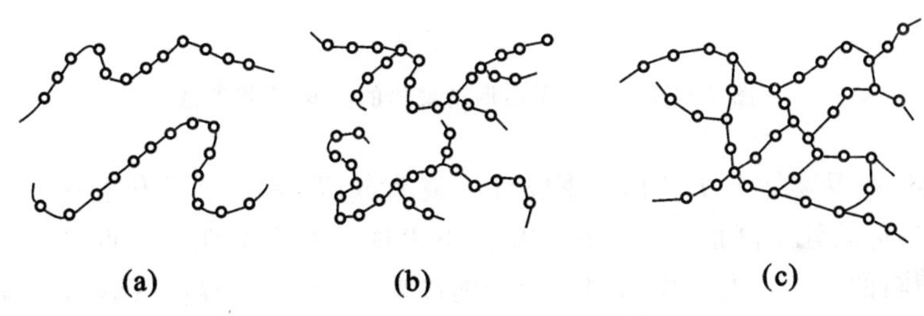

图 2-24 高聚物结构示意图

(a) 线型结构 (b) 带有支链的线型结构 (c) 体型结构

2. 大分子的聚集态结构

一般低分子材料有气态、液态和固态三种，高聚物由于分子特别大和分子间力也大，容易聚集为液态或固态，而无气态。

按大分子几何排列是否有序，固态高聚物的结构分无定形和结晶型两种类型。结晶型高聚物的分子排列规整有序，无定形高聚物的分子排列杂乱不规则。

结晶型高聚物由晶区(分子处于有规则紧密排列的区域) 和非晶区(分子处于无序状态的区域) 所组成，如图 2-25 所示。由于分子链很长，所以在每个部分都呈现规则排列是很困难的。在高聚物中晶区所占质量百分数(或体积百分

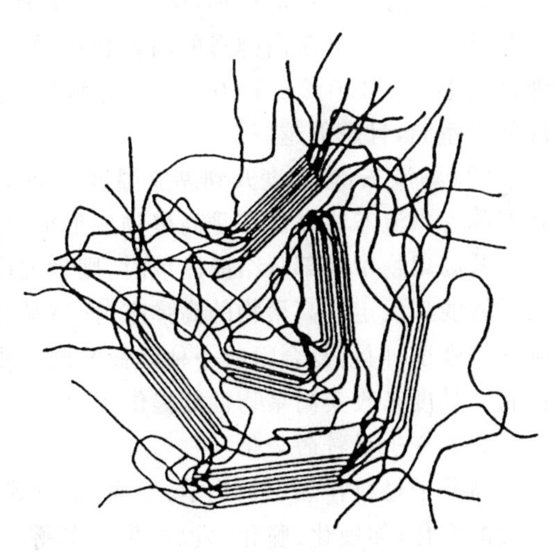

图 2-25 高聚物的晶区与非晶区示意图

数）称为结晶度。一般结晶型高聚物的结晶度为50%～80%。

无定形高聚物的结构并非真正是大分子排列呈杂乱交缠状态，实际上其结构只是宏观上（远距离范围内）无序，而微观上（近距离范围内）都是有序的，即远程无序、近程有序。

晶态与非晶态影响高聚物的性能。结晶使分子排列紧密，分子间作用力增大，所以使高聚物的密度、强度、硬度、刚度、熔点、耐热性、耐化学性、抗液体及气体透过性能有所提高；而依赖分子链运动的有关性能，如弹性、塑性和韧性较低。

3. 高聚物的物理、力学状态

高聚物在不同的温度下呈现出不同的物理状态，因而具有不同的性能，这对高聚物的成形加工和使用具有重要意义。图2-26为线型无定形高聚物的温度-变形曲线。由图可见，温度不同，线型无定形高聚物可处于玻璃态、高弹态或黏流态。

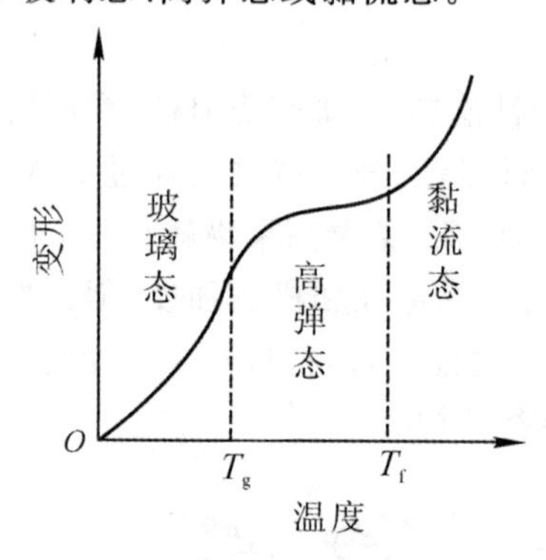

图2-26　线型无定形高聚物的温度-变形曲线

（1）玻璃态：在温度低于 T_g 时，高聚物处于玻璃态，T_g 称为玻璃化温度。玻璃态时，高聚物的大分子链热运动处于停止状态。在玻璃态下表现出的力学性能与低分子材料相似，具有一定刚度，是塑料的应用状态。作为塑料使用的高聚物，其 T_g 应越高越好，均应高于室温。

（2）高弹态：当温度处于玻璃化温度 T_g 和黏流化温度 T_f 之间时，高聚物处于高弹态。这时高聚物的分子链动能增加，由几个或几十个链节组成的链段可进行内旋转运动，但整个分子链并没有移动。处于高弹态的高聚物在受外力作用时，原卷曲链沿受力方向伸展，产生很大的弹性变形（$A=100\%\sim1\,000\%$）。高弹态是橡胶的应用状态，故作为橡胶使用的高聚物，其 T_g 应低于室温，且越低越好。

（3）黏流态：当温度升到黏流温度 T_f 时，大分子链可自由运动，高聚物成流动的黏液，这种状态称为黏流态。黏流态是高聚物成形加工的工艺状态。

若高聚物中有部分结晶区域时，则当温度升到 T_g 以上和结晶体的熔点以下时，非结晶区仍保持线型无定形高聚物的高弹态，而结晶区则由于分子链无法产生内旋运动，表现出较高的刚度和硬度，两者复合组成一种既韧又硬的皮革态。部分结晶高聚物的这种特性为通过调整、控制结晶度来改变高聚物性能提供了可能。

4. 高分子材料的老化

高分子材料在热、光、化学、生物、辐射等作用下会产生"老化"现象，使其结构和性能发生很大的变化，如硬化、脆化、发软、发黏等等。老化现象的实质是高分子材料的主要组分——大分子链的结构通过交联或降解发生变化。例如，许多橡胶在空气中氧的作用下（特别是当氧以臭氧的形式存在时），会发生进一步的交联，橡胶会变硬、变脆而失去弹性。紫外线的照射会加速氧化的进程。

降解对高分子材料结构和性能的影响更为突出。所谓降解是指聚合物在长期储存或使用过程中，其聚合度由于热、光、氧化、水解、生物作用、力学作用等而降低的一种化学反应。降解使高分子材料软化、发黏，需耐久使用的工程塑料应尽量避免。但从另一方面看，降解又可以由加工性能的改善而在加工过程中加以利用，特别是可利用降解作为手段达到减少环境污染的目的。

2.4　材料的同素异构现象

2.4.1　晶体的同素异构

某些金属，例如铁、锰、钛、锡、钴等，凝固后在不同的温度下有着不同的晶格形式，这种金属在固态下由于温度的改变而发生晶格改变的现象称为同素异构转变。

图 2－27 表示铁的同素异构转变。即

$$\underset{\text{bcc}}{\delta-\text{Fe}} \xrightleftharpoons{1\,394℃} \underset{\text{fcc}}{\gamma-\text{Fe}} \xrightleftharpoons{912℃} \underset{\text{bcc}}{\alpha-\text{Fe}}$$

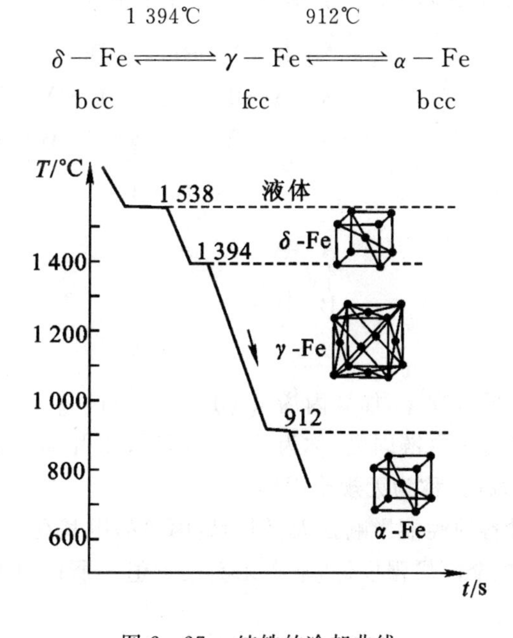

图 2－27　纯铁的冷却曲线

一些无机非金属多晶材料中，也存在着同素异构转变，有时也称为同质多晶转变，一个典型的例子就是石英。石英随着温度的变化而出现同质多晶转变，其过程如下：

α-石英	$\xrightleftharpoons{870℃}$	α-磷石英	$\xrightleftharpoons{1\,470℃}$	α-方石英	$\xrightleftharpoons{1\,713℃}$	熔 SiO_2
573℃		163℃		180～270℃		急冷
β-石英		β-磷石英		β-方石英		石英玻璃
		117℃				
		γ-磷石英				

石英的同质多晶转变也是生核和长大的过程，通过硅氧四面体的重新排列和组合形成各

种晶体结构，从而改变石英的性质。

2.4.2　同分异构

把化学成分相同，而组成原子排列成不同的分子结构的现象称为同分异构。同分异构在有机物质中经常出现。

在有机低分子物质中，丙醇和异丙醇、甲醚和乙醇就是同分异构体，它们的化学成分相同，但分子结构不同，即

```
     H  H  H            H  OHH           H      H          H  H
     |  |  |            |  |  |          |      |          |  |
  H—C—C—C—OH        H—C—C—C—H       H—C—O—C—H       H—C—C—OH
     |  |  |            |  |  |          |      |          |  |
     H  H  H            H  H  H          H      H          H  H
      丙醇               异丙醇             甲醚              乙醇
```

在高聚物中，同分异构也是普遍存在的。许多共聚物，其单体相同，而单体在大分子链中的排列方式都不同。如 A 和 B 两种单体共聚，可产生下列共聚物：

```
     A           B
     |           |            —A—B—A—B—A—B—A—              交替共聚物
  A—A—A  +  B—B—B            —A—A—B—A—B—B—A—B—           无规共聚物
     |           |            —A—A—A—A—B—B—B—B—           嵌段共聚物
     A           B
                                          —B—B—
                                           |
                              —A—A—A—A—                    接枝共聚物
                               |
                              —B—B—
```

一些均聚物也有同分异构现象，如聚丙烯 $\left[CH_2 - \overset{\overset{\displaystyle CH_3}{|}}{CH} \right]_n$ 由于 $-CH_3$ 的不同分布而有三种结构：① $-CH_3$ 甲基在主链同侧，称为等规聚丙烯；② 甲基交替在主链两侧排列，称为间规聚丙烯；③ 甲基任意取向，称为无规聚丙烯。

同分异构对高分子材料的性能影响很大，例如聚丙烯的甲基在主链中排列规整性高，结晶度亦高，强度也高。而无规聚丙烯强度低，基本无实用价值。所以，同分异构对高分子材料的开发和应用具有重要意义。

第3章 二元合金相图及其应用

合金的性能与合金中的相结构和显微组织有关。

合金中的相是由合金的化学成分、温度及压力等因素决定的。在普通大气压条件下，合金平衡态的相组成由合金的化学成分和温度决定。

研究纯金属的相比较容易，因为它的化学成分是固定不变的，只与温度有关。而合金不但与温度有关，由于化学成分的变化会显著改变合金的组织，因而就增加了金属合金相的形成及变化规律的复杂性。为了解决这一问题，人们通过试验建立起一种状态图，将合金中相的形成规律与合金的化学成分和温度间的关系反映出来，这个图称合金状态图或相图。

合金状态图是用图解的方法表示合金系中合金状态与温度和成分之间的关系。也可以说，用图解的方法表示不同成分、温度下合金中相的平衡关系。由于状态图是在极其缓慢的冷却条件下测定的，故又称平衡图。

3.1 相图的建立

相图是表示合金系中各种平衡相存在的条件以及相与相之间关系的一种简明示图。一般用纵坐标表示温度变化，用横坐标表示化学成分的变化。相图的建立一般采用热分析法，还可采用膨胀法、电阻法、X射线分析法及磁性分析法等。

以下以Cu-Ni合金为例，说明用热分析法建立相图的步骤。

(1) 配制不同成分的Cu-Ni合金，例如：

合金Ⅰ　纯Cu
合金Ⅱ　80％Cu＋20％Ni
合金Ⅲ　60％Cu＋40％Ni
合金Ⅳ　40％Cu＋60％Ni
合金Ⅴ　20％Cu＋80％Ni
合金Ⅵ　纯Ni

配制的合金越多，则相图越精确。

(2) 用热分析法测定合金的冷却曲线，并找出各冷却曲线上的临界点(即转折点和平台)的温度值[见图3-1(a)]。

(3) 画出温度-成分坐标，在相应成分垂线上标出临界点温度。

(4) 将物理意义相同的临界点连接成曲线，即得Cu-Ni合金相图[见图3-1(b)]。

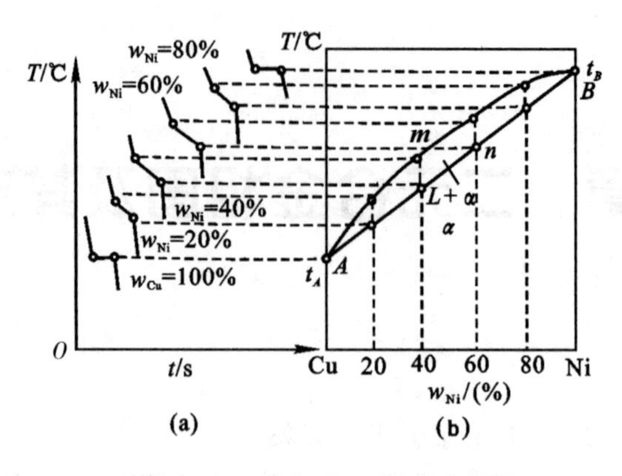

图 3-1　建立 Cu-Ni 合金相图

3.2　匀晶相图

两组元在液态无限互溶，在固态也无限互溶的合金系称为匀晶系，它们的相图为匀晶相图。Cu-Ni 合金相图(见图 3-2) 即为典型的匀晶相图。

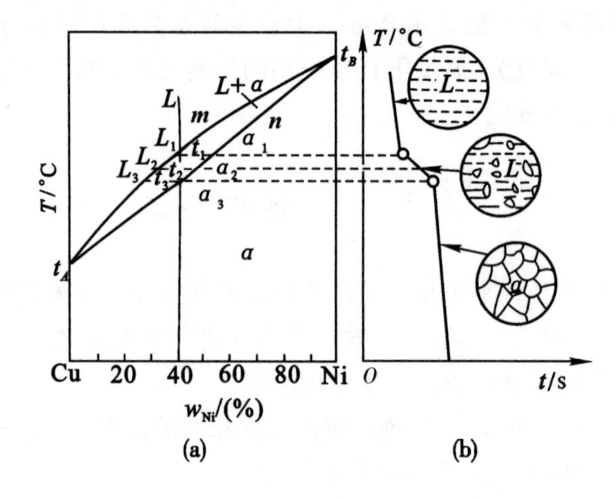

图 3-2　Cu-Ni 合金相图及结晶过程分析

3.2.1　相图特点

如 Cu-Ni 合金相图，图中只有两条曲线，并随着 Ni 含量的增加，转变温度不断上升，其中 t_Amt_B 为液相线，代表各种成分的 Cu-Ni 合金在冷却过程中开始结晶或在加热过程中熔化终了的温度。

t_Ant_B 为固相线，代表各种成分的 Cu-Ni 合金在冷却过程中结晶终了或在加热过程中开始熔化的温度。

这两条曲线把相图分为 3 个相区：两个单相区和一个双相区。t_Amt_B 线以上为液相 L，t_Ant_B 以下为固相 α，t_Amt_B 与 t_Ant_B 之间所夹为 $L+\alpha$ 两相共存的双相区。t_A，t_B 是合金系统的两个纯金属组元 Cu，Ni 的熔点。

3.2.2　合金的结晶过程

下面以图 3-2 中 Ni 的质量分数 $w_{Ni}=40\%$ 的 Cu-Ni 合金为例说明其结晶过程。

该类合金的结晶过程比较简单，且各种成分的合金皆具有相同的结晶过程。例如，含 40%Ni 的合金在达到液相线上的 t_1 温度时开始结晶，从液体合金中结晶出 α 固溶体。随着温度的降低，α 固溶体质量分数不断增大，剩余液体质量分数不断减小。到达固相线上的温度 t_3 时结晶完毕，形成单一的 α 固溶体组织，如图 3-2(b) 所示。

我们知道，晶体的结晶是在一个恒定温度下进行的，而这里合金的结晶过程是在一个温度范围之内进行的。这是由于合金在结晶的过程中，液相和固相的成分通过原子的扩散而不断变化造成的。结晶过程中成分变化如图 3-2 所示，当温度为 t_1 时，过此温度作水平线，与液相线和固相线分别交于 L_1 和 α_1，此时液相 L 的成分为液相线上 L_1 所对应的成分，固相 α 的成分为固相线上 α_1 所对应的成分。同样，过 t_2，t_3 各温度作水平线与液相线交点对应的成分为此温度下液相的成分，与固相线交点对应的成分为此温度下固相的成分。从而可得如下重要规律：固溶体合金在平衡结晶过程中，随着温度的下降，结晶进行时，固相成分沿着固相线变化，液相成分沿着液相线变化。当然随着结晶的进行，液相量逐渐减少，固相量逐渐增多。液相和固相成分在不断变化，结晶温度也在一定范围内变化。因此结晶结束后，固相 α 的成分是不均匀的，里面 Ni 含量多，外面 Ni 含量少。但由于冷却速度极其缓慢，通过原子的扩散，α 相的成分也就不断均匀化，晶粒内部含 Ni 高的区域 Ni 原子向外扩散，而晶粒外部含 Ni 少的区域 Cu 原子不断向内扩散，以达到整个晶粒成分的均匀。

3.2.3　杠杆定律

在液、固两相并存时，液相和固相的相对质量是随温度而变化的，我们可以通过杠杆定律来精确地计算出不同温度时液相和固相的相对质量。计算方法如下。

已知：合金的成分 x，温度 T_1。

求：(1) 两相的化学成分；(2) 两相的相对质量。

解：(1) 过 T_1 作水平线与液、固相线相交（见图 3-3）得液相 L 中含 $x_L\%$ 的 Ni，固相 α 中含 $x_\alpha\%$ 的 Ni。

(2) 设液相的相对质量为 Q_L，固相的相对质量为 Q_α，则

$$Q_L=(L_{质量}/\text{合金总质量})\times 100\%$$

$$Q_\alpha=(\alpha_{质量}/\text{合金总质量})\times 100\%$$

因

$$\begin{cases}Q_L+Q_\alpha=100\% \\ Q_L\times x_L+Q_\alpha\times x_\alpha=100\%\times x\end{cases}$$

故

$$\begin{cases}Q_L=(x_\alpha-x)/(x_\alpha-x_L) \\ Q_\alpha=(x-x_L)/(x_\alpha-x_L) \\ Q_L/Q_\alpha=(x_\alpha-x)/(x-x_L)\end{cases}$$

式中的 $x_\alpha-x_L$，$x_\alpha-x$，$x-x_L$ 分别是相图中的线段 $x_\alpha x_L$，$x_\alpha x$ 和 xx_L 的长度。

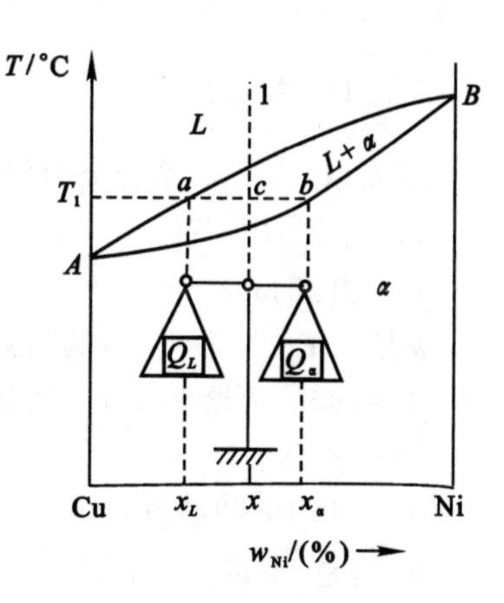

图 3-3　杠杆定律示意图

把成分转成线段，即

$$x_\alpha - x_L = x_\alpha x_L = ab,\quad x_\alpha - x = xx_\alpha = cb,\quad x - x_L = x_L x = ac$$

所以

$$\begin{cases} Q_L/Q_\alpha = xx_\alpha/x_L x = cb/ac \\ Q_L = xx_\alpha/x_\alpha x_L = cb/ab \\ Q_\alpha = x_L x/x_\alpha x_L = ac/ab \end{cases}$$

3.2.4 非平衡结晶与固溶强化

上述成分的变化只有在冷却速度极为缓慢，原子扩散得以充分进行的条件下，即所谓平衡条件下才能完成。但是在实际生产中，冷却速度较快，而扩散过程进行得又很缓慢，成分均匀化的过程来不及完成。因此，晶体各部分的成分便不一致。先结晶出的部分高熔点组元(Ni)含量较高，后结晶出的部分Ni含量较低。对于大多数合金，结晶时极易出现树枝状晶体，先结晶的枝晶主轴上，高熔点组元含量较多，后结晶的枝干上，高熔点组元较少，这种树枝状结晶造成的晶体内化学成分不均匀的现象称为晶内偏析或枝晶偏析。冷却速度愈快，液相线与固相线之间的距离愈大，即结晶温度范围愈宽，则晶内偏析愈严重。为了消除这种偏析，可把合金重新加热到稍低于固相线的温度，并长时间的保温，使原子扩散充分进行，从而使成分均匀一致，这种处理称为“扩散退火”。

另外，对于有限溶解的两组元所组成的匀晶反应，随温度的降低，两组元溶解度也会下降，通过原子扩散，使溶质组元从溶剂组元中析出。

当冷却速度较快时，原子的扩散过程受到抑制，溶质组元的析出来不及完成，在室温下就可获得高浓度溶质组元的合金，这破坏了成分平衡，引起溶剂晶格较大的畸变，使合金强度上升，塑性、韧性下降，产生固溶强化。

3.3 共晶相图

二组元在液态下无限互溶，而在固态下仅有限溶解并发生共晶反应的合金系形成共晶相图，共晶反应是指从某种成分固定的合金溶液中，在一定恒温下同时结晶出两种成分和结构皆不相同的固相的反应，如Pb-Sn系、Pb-Sb系、Cu-Ag系、Al-Si系、Al-Cu系、Al-Sn系等。

3.3.1 相图分析

下面以Pb-Sn系合金为例(见图3-4)分析相图。

(1) 组元：Pb，Sn。

(2) 相：L，α，β。

α是以Pb为熔剂，Sn为溶质的固溶体。

β是以Sn为熔剂，Pb为溶质的固溶体。

(3) 点、线：

a点：是Pb的熔点；

b点：是Sn的熔点；

aeb线为液相线；

$acedb$ 线为固相线；

cf 线是 α 固溶体中 Sn 的溶解度极限曲线；

dg 线是 β 固溶体中 Pb 的溶解度极限曲线；

c 点是 Sn 在 α 固溶体中的最大溶解度点；

d 点是 Pb 在 β 固溶体中的最大溶解度点；

ced 线是共晶反应线，是这个相图中最重要的线，只要成分在 cd 之间的合金溶液在 ced 温度都会发生共晶反应。

e 点为共晶点，它代表 α 和 β 两种固相共同结晶时液相的成分和温度，即

$$L_e \xrightarrow{\text{共晶温度}} (\alpha_c + \beta_d)$$

成分在 $d \sim c$ 之间的所有合金，结晶时都会发生共晶反应，即 e 点成分的液体在共晶温度下，同时结晶出 c 点成分的 α 相和 d 点成分的 β 相。只是除 e 点以外，其他在 $c \sim d$ 之间的成分都将先发生析出反应($L \rightarrow \alpha$，或 $L \rightarrow \beta$)，当液相成分达到 e 点成分、温度达到共晶温度时，才发生共晶反应。

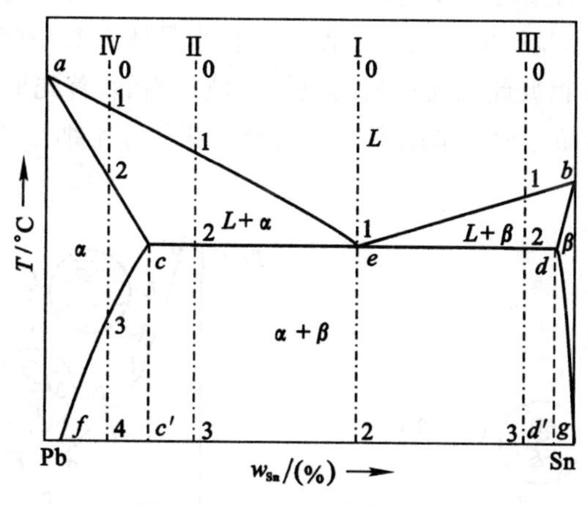

图 3-4　Pb-Sn 合金相图

(4) 相区：

单相区：α，β，L。

双相区：$L+\alpha$，$L+\beta$，$\alpha+\beta$。

三相区：$L+\alpha+\beta$(e 点)。

(5) 共晶体：共晶反应产生共晶体($\alpha+\beta$)，是两种固相同时从液相中共同结晶出来的机械混合物，由于生成时相互影响，显微组织特征是两相交替分布，比较细小、分散，常呈层片状、点状、树枝状、针状等形态。

3.3.2　结晶过程

以下分析几种有代表性的合金的结晶过程。

1. 合金 Ⅰ(共晶合金) 的结晶过程

此处成分恒定、温度恒定，发生 100% 的共晶反应，其冷却曲线如图 3-5 所示。

$0 \sim 1$ 是液相冷却；

$1 \sim 1'$ 在恒温下发生共晶反应，首先形成$(\alpha+\beta)$晶核随后不断长大，至$1'$全部转变为共晶体$(\alpha_c + \beta_d)$；

$1' \sim 2$ 为固相冷却，但随温度下降，α 和 β 中的 Sn 和 Pb 的含量随着溶解度曲线 cf，dg 变化，二次析出 β_{II} 和 α_{II}，而 α_{II} 和 β_{II} 也是 α 和 β 固溶体，下标 Ⅱ 是区别其产生的先后。但由于 α_{II} 和 β_{II} 很少，而且与 α 和 β 相生长在一起，结构相同，不改变共晶体的基本形态，所以都不计。最终室温组织为$(\alpha+\beta)$。

各相的相对量为

$$Q_\alpha = (2g/fg) \times 100\%$$
$$Q_\beta = (f2/fg) \times 100\%$$

共晶体是一种机械混合物，为一种组织，没有组织组成物相对量。

共晶体晶核的形成过程：当合金 Ⅰ 冷却到 1 点温度时，将在合金溶液中含 Pb 比较多的地方生成 α 相的小晶体，而在含 Sn 较多的地方生成 β 相小晶体。与此同时，随着 α 相小晶体的形成，其周围合金溶液中的含 Pb 量必然大为减少（因为 α 相小晶体的形成同时吸收了附近的 Pb 原子），这样，就为 β 相小晶体的形成创造了极为有利的条件，因而便立即会在它的两侧生成 β 相的小晶体。同理，β 相小晶体的生成又会促进 α 相小晶体在其一侧生成。如此发展下去，就会迅速形成一个 α 相和 β 相彼此相间排列的组织区域。当然，首先形成 β 相的小晶体也能导致同样的结果。这样，在结晶过程全部结束时就使合金获得非常细密的两相机械混合物 —— 共晶体。

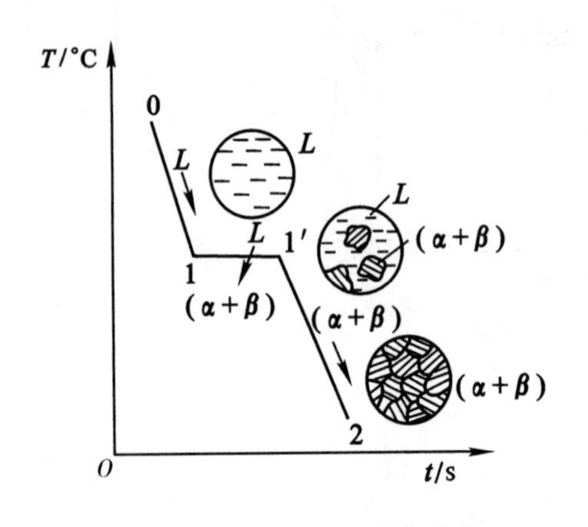

图 3-5　合金 Ⅰ 的冷却曲线

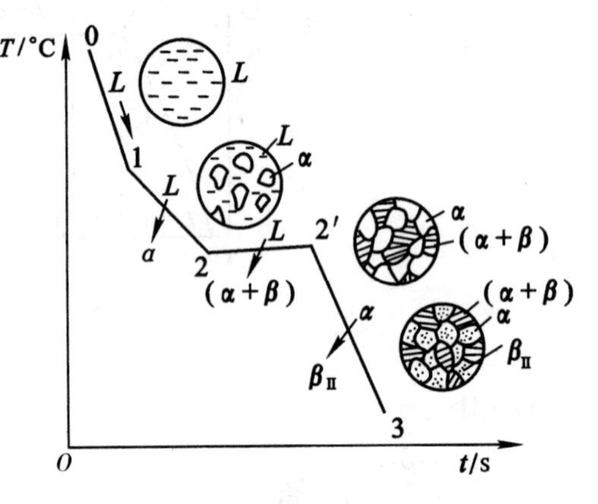

图 3-6　合金 Ⅱ 的冷却曲线

2. 合金 Ⅱ（亚共晶合金）的结晶过程

在共晶点以左 $e \sim c$ 之间的合金为亚共晶合金（见图 3-4），其冷却曲线如图 3-6 所示。

$0 \sim 1$：液相冷却。

$1 \sim 2$：匀晶过程，溶体中含 Pb 量多，以 Pb 为溶剂，从液相中析出 α 固溶体，随温度下降，α 固溶体不断增多长大。其液相 L 与固相 α 的成分分别沿液相线与固相线变化。

$2 \sim 2'$：发生共晶反应，此时液相的成分随液相线变化至共晶反应成分，便会发生固定成分、恒定温度的共晶反应，得到$(\alpha_c + \beta_d)$共晶体。此时组织为 $\alpha_c + (\alpha_c + \beta_d)$。

$2' \sim 3$：随温度下降，初生 α 相由于溶解度的下降将析出 β_{II} 相，共晶体则保持其显微组织特征不变。最终组织为 $\alpha_f + (\alpha+\beta) + \beta_{\mathrm{II}}$。

该合金组织组成物的相对量为（$Q_{\beta_{\text{II}}}$ 与 Q_{α_f} 之和为 $Q_{\alpha c}$）

$$Q_{\alpha c}=(\text{II}e/ce)\times100\%$$

$$Q_{(\alpha+\beta)}=(c\text{II}/ce)\times100\%$$

再用一次杠杆定律计算 α_f 与 β_{II} 的相对量。α_f 与 β_{II} 都是从 α_c 中来的，杠杆定律的支点应为 c' 点，在 c' 处 β_{II} 最多。因而

β_{II} 的相对量为　　　　$(fc'/fg)\times100\%$

α_f 的相对量为　　　　$(c'g/fg)\times100\%$

在整个组织中

$$Q_{\beta_{\text{II}}}=(fc'/fg)\times(\text{II}e/ce)\times100\%$$

$$Q_{\alpha_f}=(c'g/fg)\times(\text{II}e/ce)\times100\%$$

相的相对量为

$$Q_{\alpha}=(\text{II}g/fg)\times100\%$$

$$Q_{\beta}=(f\text{II}/fg)\times100\%$$

3. 合金 Ⅲ（过共晶合金）的结晶过程

合金 Ⅲ 在共晶点以右，在 ed 之间为过共晶合金，其结晶过程与合金 Ⅱ 相似，只是先析出固溶体 β。图 3－7 为合金 Ⅲ 的冷却曲线。室温组织为 $\beta_g+(\alpha+\beta)+\alpha_{\text{II}}$。

4. 合金 Ⅳ 的结晶过程

图 3－8 为合金 Ⅳ 的冷却曲线。结晶过程可用下列流程表述：

$$L\longrightarrow L+\alpha\longrightarrow\alpha\longrightarrow\alpha+\beta_{\text{II}}$$

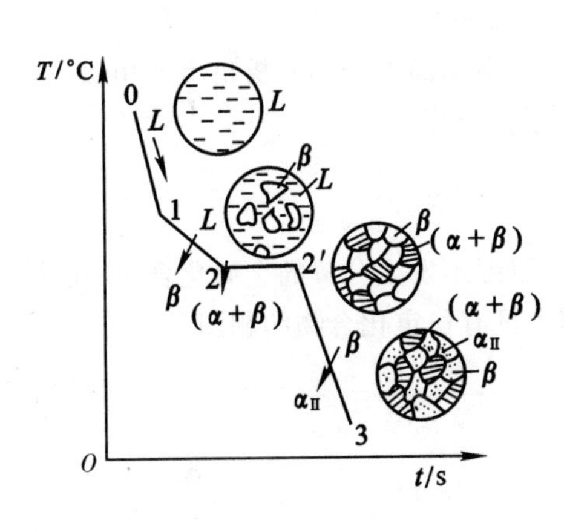

图 3－7　合金 Ⅲ 的冷却曲线

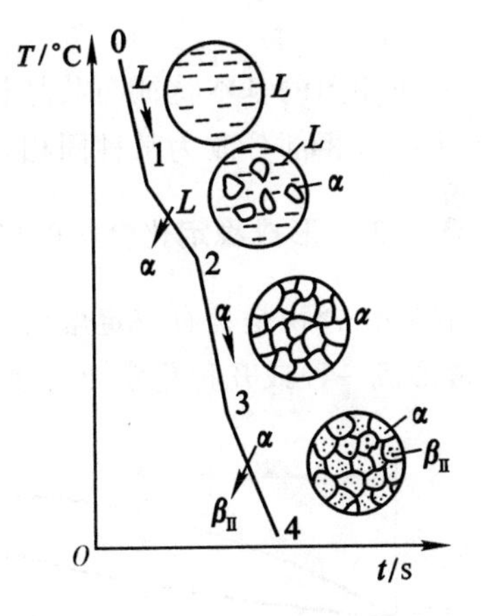

图 3－8　合金 Ⅳ 的冷却曲线

3.3.3　时效强化

在不少合金系中，固溶体的溶解度极限随着温度的降低有较大的变化，如果冷却过程进行得足够缓慢，过饱和固溶体将进行分解（又称沉淀或脱溶），分解的产物叫作次生相或沉淀相。图 3-9 为铝合金相图的一部分，溶质在铝中的固溶度随着温度的降低而减小。由图可知，F 到 D 点成分的合金在加热时能形成单相的 α 固溶体，缓慢冷却后得到 α 固溶体和次生相 β。当快冷（水冷）时，可迫使次生相 β 来不及从单相的 α 固溶体中析出，在室温下形成过饱和的 α 固溶

体组织，这种处理称为固溶处理。其强度比固溶前虽有提高，但不明显。当将固溶处理的铝合金在室温下放置4～5 d后，再测其强度时可以发现其强度大幅度提高。这种强化现象称为铝合金的时效强化或时效硬化。这是由于铝合金在固溶处理（淬火）时抑制了过饱和固溶体的析出过程。在时效初期合金内形成溶质原子的富集区，引起α固溶体的畸变，使位错运动受到阻碍，从而提高了强度。随着时效时间的延长，溶质原子继续富集并有序化，导致α晶格严重畸变，位错运动受更大阻碍，而强度进一步提高。一旦新相β形成，与母相（α）脱离共格联系时，合金强化效果明显下降。

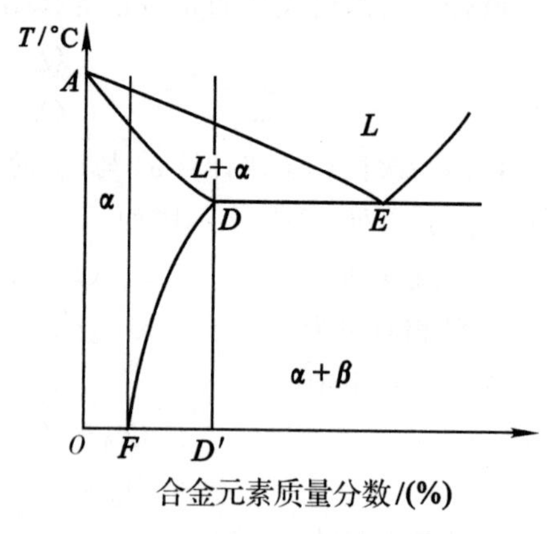

图3-9　铝合金相图的一般类型

3.4　其他相图

3.4.1　共析相图

共析反应与共晶反应非常类似，是由一种固相在恒温（共析温度）下同时转变成两种新的固相，其反应式为

$$\gamma_c \xrightleftharpoons{\text{共析温度}} (\alpha_d + \beta_e)$$

共析相图的基本特征与共晶相图基本一致，合金结晶过程的分析也十分相似，只须将共晶相图中的液相部分改为某种固相，图3-10即为共析相图。

3.4.2　形成稳定化合物的相图

稳定化合物是具有一定熔点，而且熔点以下温度不发生分解的金属化合物，在某些合金系中，常形成一种或几种稳定化合物，图3-11即为具有稳定化合物的相图。

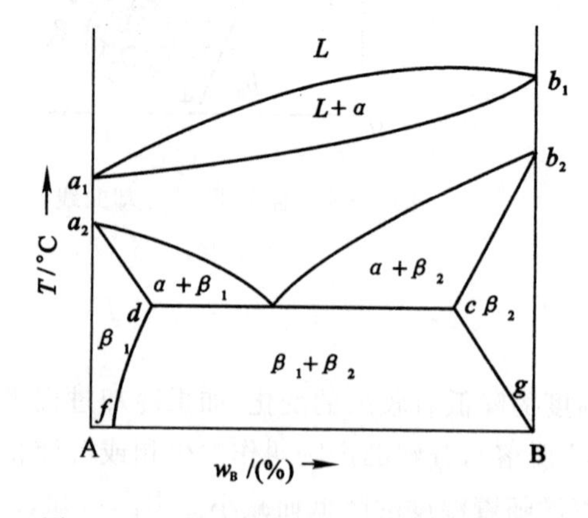

图3-10　具有共析反应的二元合金相图

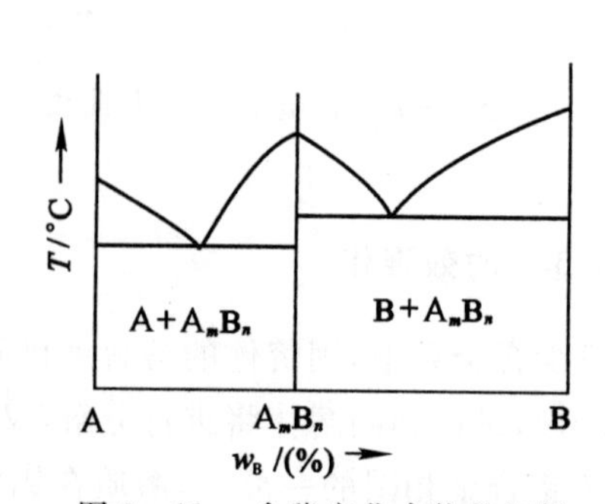

图3-11　含稳定化合物的相图

在相图中，化合物以通过 A_mB_n 点的成分垂线表示，它可以被看做是一独立组元，而将整个相图分为两个相对独立的相图。即 $A-A_mB_n$ 系和 A_mB_n-B 系相图，在此基础上便可依据前述方法对相图及合金的结晶过程进行分析。

3.5　相图与性能的关系

3.5.1　合金的力学性能与相图的关系

形成匀晶相图与共晶相图时，合金力学性能与成分关系的一般规律如图 3-12 所示。

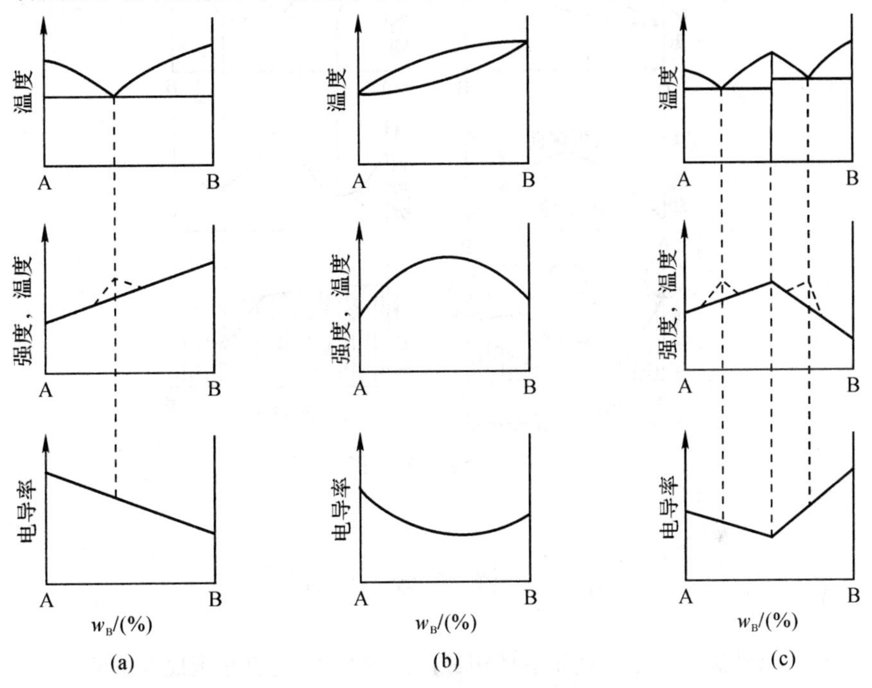

图 3-12　合金力学性能与相图的关系示意图

(a) 单相固溶体匀晶相图　(b) 单相固溶体共晶相图　(c) 两相混合物共晶相图

一般来说，形成单相固溶体时，力学性能随成分不同按曲线关系变化，单相固溶体具有较高的综合力学性能(即有良好的强度、塑性和韧性配合)。形成机械混合物时，力学性能随合金成分的改变在两相性能间呈直线关系变化，即合金性能是两相力学性能的算术平均值。当合金成分及两相相对量一定时，其力学性能还与两相的形状、大小、分布有关。如其中一相为金属化合物并细小、均匀地分布在另一塑性好的固溶体基体上，会使合金强度大大提高，产生弥散强化。

3.5.2　合金工艺性能与相图的关系

合金的铸造性能与相图的关系如图 3-13 所示。

铸造性能包括液态合金的流动性和产生缩孔、缩松及偏析倾向等。液相线与固相线之间的距离愈小，即结晶温度范围愈窄，则合金的流动性愈好，但集中缩孔倾向增大。反之，液相线与固相线间的距离愈大，则流动性愈差，晶内偏析倾向愈大，且易形成分散缩孔(缩松)，使铸造性能恶化。所以铸造合金常选择共晶成分或靠近共晶成分的合金，或选择结晶温度间隔较小的成分的合金。

单相固溶体合金具有较高的塑性，所以它的锻造性能良好。双相合金，由于两相塑性不同，压力加工时，一相将阻碍另一相的塑性变形，特别是合金中含有共晶体时，塑性将显著降低，从而使锻造性能变差。

固溶体的韧性较好，切削加工时不容易断屑，使加工零件的表面精度降低，故切削加工性较差。双相合金，只要组织中硬脆相含量不多，其切削加工性就比单相固溶体合金好。

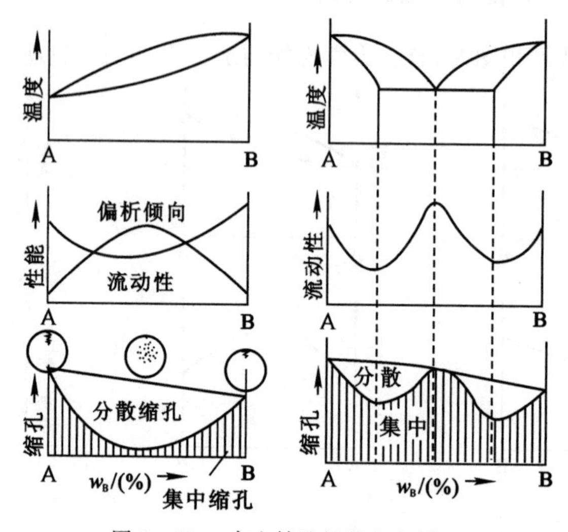

图 3-13　合金铸造性能与相图

3.6　铁碳合金相图

在二元合金中，铁碳合金是现代工业使用最广泛的合金，它也是国民经济的重要物质基础。铁碳合金是由铁和碳两个基本组元组成，根据含碳质量分数多少的不同，可以分为碳钢和铸铁两类。碳钢是指含碳质量分数为 0.02% ～ 2.11% 的铁碳合金。铸铁是指含碳质量分数大于 2.11% 的铁碳合金。

铁碳合金相图是研究在平衡状态下铁碳合金成分、组织和性能之间的关系及其变化规律的重要工具。掌握铁碳相图对于热加工工艺的制订及工艺废品原因的分析都有重要的指导意义。

铁碳合金相图是用试验方法做出的温度-成分坐标图。当铁碳合金的含碳质量分数超过 6.69% 时，合金太脆无法应用，所以人们研究铁碳合金相图时，主要研究简化后的 $Fe-Fe_3C$ 相图(见图 3-14)。

3.6.1　铁碳合金的基本相

1. 铁素体

碳在 α-Fe 中形成的间隙固溶体称为铁素体，用 F 或 α 表示。由于 α-Fe 为体心立方结构，溶碳能力较差(在 727℃ 时的最大溶碳量为 0.021 8%，随着温度的下降溶碳量逐渐减小，在室温时溶碳量为 0.000 8%)。因此，铁素体的强度、硬度不高，但具有良好的塑性和韧性。其性能指标几乎和纯铁相同(R_m = 250 MPa,R_e = 120 MPa,80 HBS,A = 50%,Z = 85%,a_k = 300 J/cm^2)。

碳在δ-Fe中形成的固溶体称为δ固溶体,以δ表示,它是高温下的铁素体。在1 495℃时,碳在δ-Fe中的最大溶解度为0.09%。

2. 奥氏体

碳在γ-Fe中形成的间隙固溶体称为奥氏体,用A或γ表示。由于γ-Fe为面心立方结构,溶碳能力较大(在1 148℃时溶碳能力最大,可达2.11%。随着温度的下降溶碳能力逐渐减小。在727℃时溶碳量为0.77%)。奥氏体的力学性能与其溶碳量及晶粒大小有关。一般来说奥氏体的硬度为170～220 HBS,延伸率A为40%～50%。因此奥氏体的硬度较低而塑性较高,易于塑性成形。

3. 渗碳体

渗碳体是铁和碳的金属化合物(Fe_3C),其含碳质量分数为6.69%。渗碳体的熔点约为1 227℃,其硬度很高(> 800 HV),而脆性极大,塑性和冲击韧性几乎等于零。渗碳体是碳钢中主要的强化相,它的形状、数量与分布等对钢的性能有很大的影响。渗碳体又是一种亚稳定相,在一定的条件下会发生分解,形成石墨状的自由碳,即

$$Fe_3C \rightleftharpoons 3Fe + C(石墨)$$

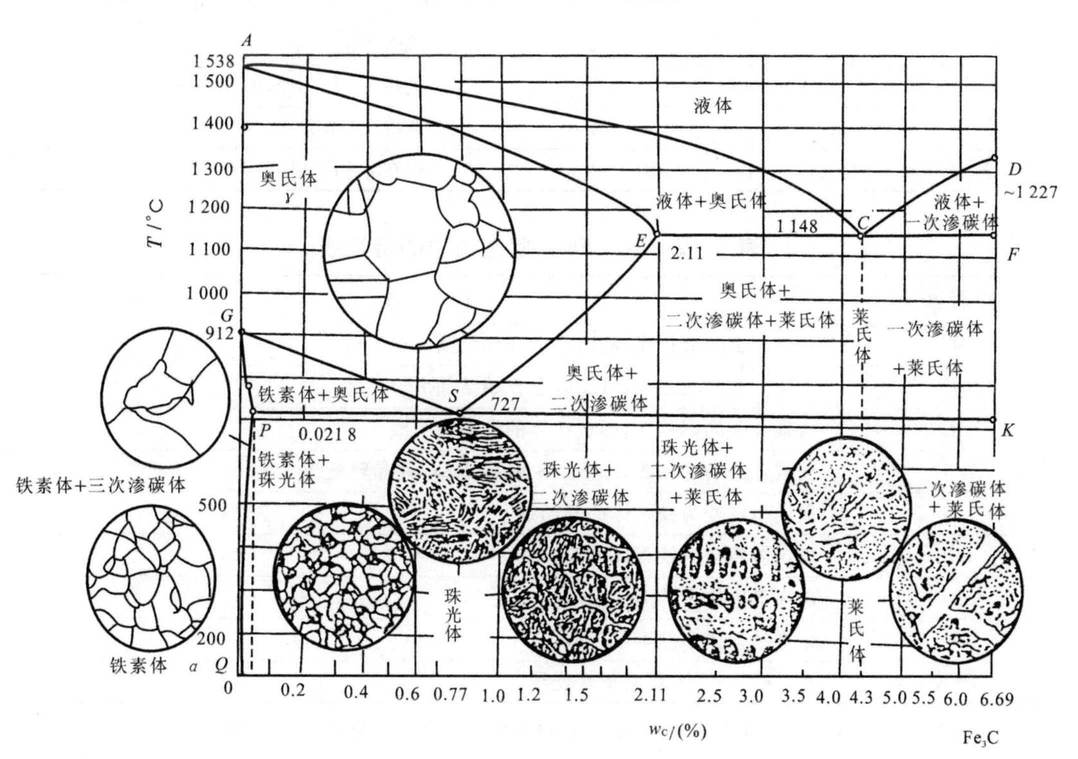

图 3-14　简化后的 Fe-Fe_3C 相图

3.6.2 相图的分析

相图中各点的温度、含碳质量分数及其含义见表 3-1。相图中的特性线含义见表 3-2。

相图中的 ACD 线为液相线。$AECF$ 线为固相线。

相图中有 4 个基本相，相应有 4 个单相区，它们是：

ACD 以上 —— 液相区(L)；

$AESG$—— 奥氏体区(A 或 γ)；

GPQ 以左 —— 铁素体区(F 或 α)；

DFK—— 渗碳体“区”(Fe_3C)。

相图中还有 5 个两相区。它们分别位于相邻的两单相区之间。这些两相区是 $L+A$，$L+Fe_3C$，$F+A$，$A+Fe_3C$ 及 $F+Fe_3C$。

表 3-1　Fe-Fe_3C 相图中的特性点

符　号	T/℃	w_C/(%)	说　　明
A	1 538	0	纯铁的熔点
C	1 148	4.30	共晶点
D	1 227	6.69	渗碳体的熔点
E	1 148	2.11	碳在 γ-Fe 中的最大溶解度
F	1 148	6.69	渗碳体的成分
G	912	0	α-Fe $\rightleftharpoons$ γ-Fe 同素异构转变点(A_3)
K	727	6.69	渗碳体的成分
P	727	0.021 8	碳在 α-Fe 中的最大溶解度
S	727	0.77	共析点(A_1)
Q	室 温	0.000 8	碳在 α-Fe 中的溶解度

表 3-2　Fe-Fe_3C 状态图中的特性线

特 性 线	含　　义*
AC	铁碳合金的液相线，液态合金开始结晶出奥氏体
CD	铁碳合金的液相线，液态合金开始结晶出渗碳体
AE	铁碳合金的固相线，即奥氏体的结晶终了线
ECF	铁碳合金的固相线，即 $L_C \rightarrow A_E + Fe_3C$ 共晶转变线
GS	奥氏体转变为铁素体的开始线
GP	奥氏体转变为铁素体的终了线
ES	碳在奥氏体中的溶解度线
PQ	碳在铁素体中的溶解度线
PSK	$A_S \rightarrow F_P + Fe_3C$ 共析转变线

注：* 表格中各特性线的含义均是指合金在缓慢冷却过程中的相变线，如果是加热过程，则相反。

铁碳合金相图主要由共晶和共析两个基本转变所组成，现分别说明如下。

(1) 共晶转变发生于 1 148℃(水平线 ECF)，其反应式如下：

$$L_{4.3\%C} \rightleftharpoons A_{2.11\%C} + Fe_3C$$

共晶转变是在恒温下进行的。共晶反应的产物是奥氏体和渗碳体的共晶混合物，称为莱氏体，用 L_D 表示。凡含碳质量分数大于2.11%的铁碳合金冷却至1 148℃时，都将发生共晶转变，形成莱氏体。

(2) 共析转变发生于727℃（水平线 PSK）。其反应式如下：

$$A_{0.77\%C} \rightleftharpoons F_{0.0218\%C} + Fe_3C$$

共析转变也是在恒温下进行的。反应产物是铁素体与渗碳体的共析混合物，称为珠光体，用 P 代表。共析温度以 A_1 表示。

凡含碳质量分数大于0.021 8%的铁碳合金冷却至727℃时，其中的奥氏体必将发生共析转变。

此外，在铁碳合金相图中还有3条重要的特性线。它们是 ES 线、PQ 线和 GS 线。

ES 线是碳在奥氏体中的固溶线。随着温度变化，奥氏体的溶碳量将沿 ES 线变化。因此，含碳质量分数大于0.77%的铁碳合金，自1 148℃冷至727℃的过程中，必将从奥氏体中析出渗碳体。为区别自液相中析出的渗碳体，通常把从奥氏体中析出的渗碳体称为二次渗碳体（Fe_3C_{II}）。ES 线也称为 A_{cm} 线。

PQ 线是碳在铁素体中的固溶线。铁碳合金由727℃冷却至室温时，将从铁素体中析出渗碳体。这种渗碳体称为三次渗碳体（Fe_3C_{III}）。对于工业纯铁及低碳钢，由于三次渗碳体沿晶界析出，使其塑性、韧性下降，因而要重视三次渗碳体的存在与分布。在含碳质量分数较高的铁碳合金中，三次渗碳体可忽略不计。

GS 线称为 A_3 线，它是冷却过程中由奥氏体中析出铁素体的开始线，也是在加热时铁素体完全溶入奥氏体的终了线。

3.6.3　典型合金的结晶过程分析

1. 铁碳合金的分类

铁碳合金相图上的各种合金，按其含碳质量分数及组织的不同，常分为以下三类。

(1) 工业纯铁（$w_C < 0.0218\%$），其显微组织为铁素体。

(2) 钢（$w_C = 0.0218\% \sim 2.11\%$），其特点是高温固态组织为具有良好塑性的奥氏体，因而宜于锻造。根据室温组织的不同，分为三种：

亚共析钢（$w_C < 0.77\%$），组织是铁素体和珠光体。

共析钢（$w_C = 0.77\%$），组织是珠光体。

过共析钢（$w_C > 0.77\%$），组织是珠光体和二次渗碳体。

(3) 白口铸铁（$w_C = 2.11\% \sim 6.69\%$），其特点是液态结晶时都有共晶转变，因而有较好的铸造性能。它们的断口有白亮光泽，故称为白口铸铁。根据室温组织的不同，白口铸铁又可分为三种：

亚共晶白口铸铁（$w_C < 4.3\%$），组织是珠光体、二次渗碳体和莱氏体。

共晶白口铸铁（$w_C = 4.3\%$），组织是莱氏体。

过共晶白口铸铁（$w_C > 4.3\%$），组织是莱氏体和一次渗碳体。

2. 典型合金的结晶

现以几种典型合金为例，分析其结晶过程和在室温下的显微组织，所选取的合金成分如图

3－15 所示。

（1）共析钢：在相图上的位置如图 3－15（Ⅰ）所示。共析钢在温度 1 ～ 2 之间按匀晶转变形成奥氏体。奥氏体冷至 727℃（3 点）时，将发生共析转变，即 $A_S \rightarrow P(F_P + Fe_3C)$ 形成珠光体。珠光体中的渗碳体称为共析渗碳体。当温度由 727℃ 继续下降时，铁素体沿固溶线 PQ 改变成分，析出 $Fe_3C_{Ⅲ}$。$Fe_3C_{Ⅲ}$ 常与共析渗碳体连在一起，不易分辨，且数量极少，可忽略不计。

图 3－16 为共析钢的显微组织（珠光体）。

（2）亚共析钢：亚共析钢以合金（Ⅱ）为例，在温度 1 ～ 2 之间按匀晶转变形成奥氏体。温度由 2 点降至 3 点时，是奥氏体的单相冷却过程，没有相和组织变化。继续冷却至 3 ～ 4 点时，由奥氏体结晶出铁素体，在此过程中，奥氏体成分沿 GS 线变化，铁素体成分沿 GP 线变化。当温度降到 727℃ 时，奥氏体的成分达到 S 点（0.77％），则发生共析转变，即 $A_S \rightarrow P(F_P + Fe_3C)$，形成珠光体。此时原先析出的铁素体保持不变，所以共析转变后，合金的组织为铁素体加珠光体。当继续冷却时，铁素体的含碳质量分数沿 PQ 线下降，同时析出三次渗碳体。同样，三次渗碳体的量极少，一般可忽略不计。因此，其室温组织是由铁素体和珠光体组成。显微组织如图 3－17 所示。

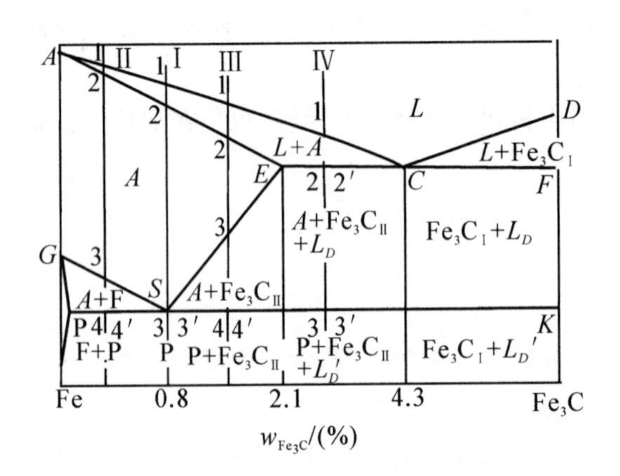

图 3－15　典型铁碳合金在 Fe－Fe₃C 相图中的位置

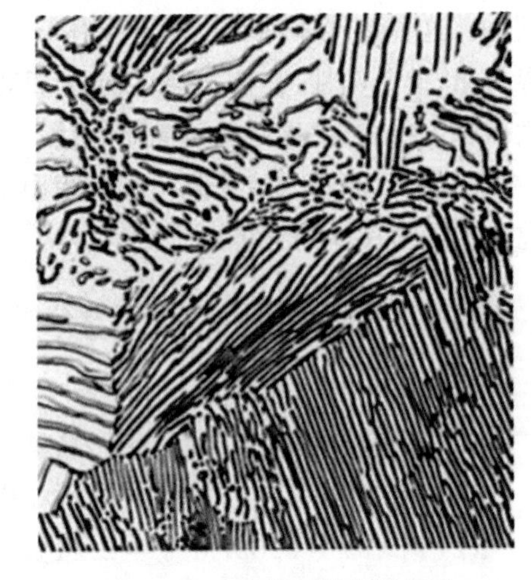

图 3－16　共析钢显微组织图

所有亚共析钢的室温组织均由铁素体和珠光体组成。含碳质量分数越高，则珠光体越多，铁素体越少。

（3）过共析钢：以合金（Ⅲ）为例，合金在 1 ～ 2 点之间按匀晶过程转变为单相奥氏体组织。在 2 ～ 3 点之间为单相奥氏体的冷却过程。自 3 点开始，由于奥氏体的溶碳能力降低，从奥氏体中析出 $Fe_3C_{Ⅱ}$，并沿奥氏体晶界呈网状分布。温度在 3 ～ 4 之间，随着温度的降低，析出的二次渗碳体量不断增多。与此同时，奥氏体的含碳质量分数也逐渐沿 ES 线降低。当冷却到 727℃（4 点）时，奥氏体的成分达到 S 点，于是发生共析转变。$A_S \rightarrow P(F_P + Fe_3C)$，形成珠光体。4 点以下直至室温，合金组织变化不大。因此常温下过共析钢的显微组织由珠光体和网状二次渗碳体所组成，如图 3－18 所示。

可用同样的方法分析共晶白口铸铁、亚共晶白口铸铁及过共晶白口铸铁的结晶过程。它们的常温组织分别为莱氏体(见图 3－19),珠光体、二次渗碳体和莱氏体(见图 3－20),一次渗碳体和莱氏体(见图 3－21)。

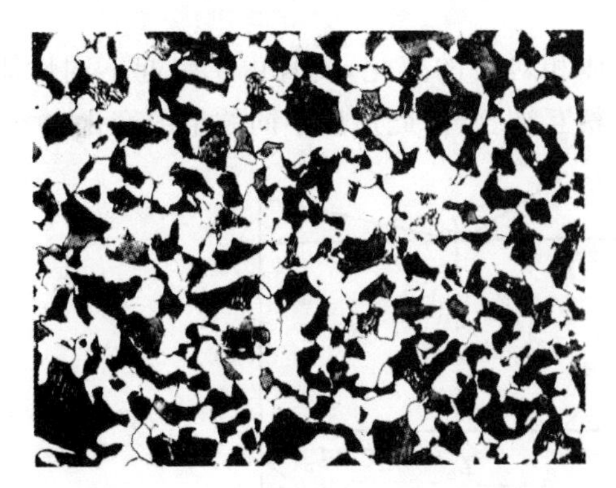

图 3－17　亚共析钢的显微组织图

图 3－18　过共析钢的显微组织图

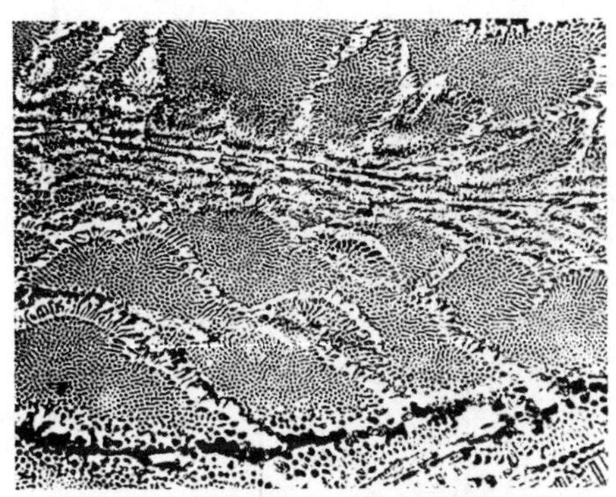

图 3－19　共晶白口铸铁显微组织图

图 3－20　亚共晶白口铸铁显微组织图

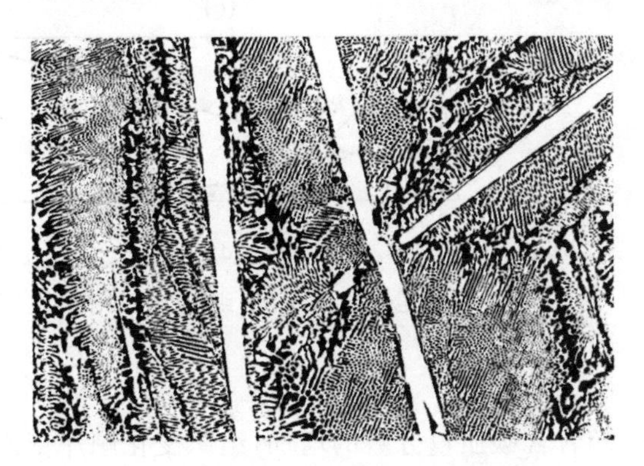

图 3－21　过共晶白口铸铁显微组织图

3.6.4　铁碳合金的成分、组织和性能的变化规律

铁碳合金的成分、缓冷后的相组成物、组织组成物的相对数量及性能变化如图 3－22 所示。

1. 相的变化规律

铁碳相图在共析温度以下为 α 与 Fe_3C 的两相区,所有铁碳合金皆由此两相组成。

室温时，含碳质量分数低于0.021 8%的合金全部为铁素体(忽略三次渗碳体)，随着含碳质量分数的增加，铁素体的含量呈线性减少，到$w_c=6.69\%$时降为零。与此同时，渗碳体的含量则由零直线增加至100%。

含碳质量分数的变化不仅引起铁素体和渗碳体相对量的变化，而且由于引起不同性质的结晶过程，使其出现不同的组织形态，发生不同的相互结合，因此造成不同的组织变化。

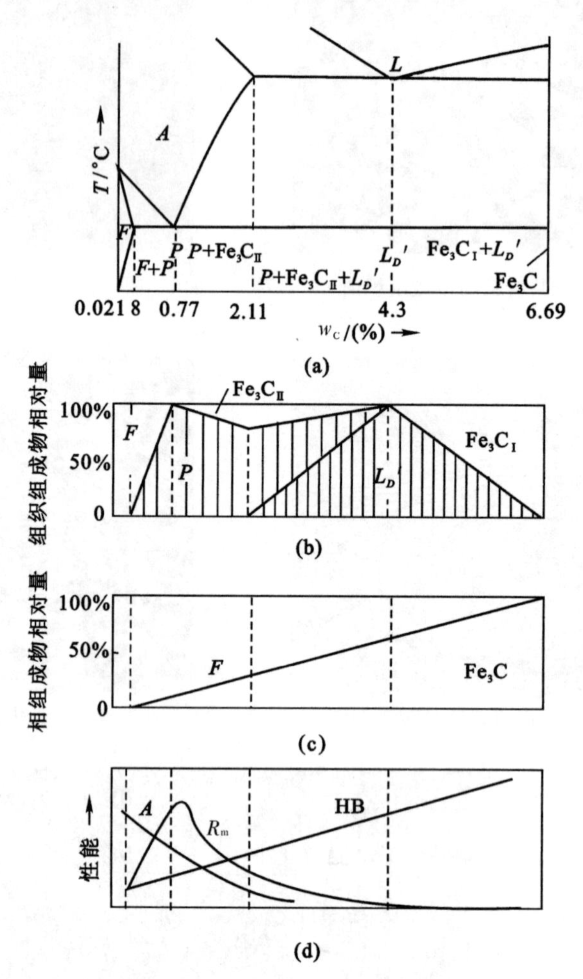

图3-22 铁碳合金的成分-组织-性能的对应关系

2.组织的变化

(1) 组成物的变化：随着含碳质量分数的增加，组织变化顺序依次为

$$F\rightarrow F+P\rightarrow P\rightarrow P+Fe_3C_{\text{Ⅱ}}\rightarrow P+Fe_3C_{\text{Ⅱ}}+L_D'\rightarrow L_D'\rightarrow L_D'+Fe_3C_{\text{Ⅰ}}$$

组织中各组成物的相对数量由图中相应垂直高度来表示。

(2) 组织形态的变化：同一种组织组成物或组成相，由于生成条件的不同，虽然本质相同，但形态差别却很大，对性能的影响也大不一样。

1) 铁素体。

固溶体转变生成的单相铁素体为块状(等轴晶粒状)；

共析体中的铁素体则由于同渗碳体相互制约，主要呈交替片状。

2）渗碳体。

它的形态最复杂，钢铁组织的复杂化主要是由它所造成的。

一次渗碳体是从液体中直接析出，呈长条状；

二次渗碳体是从奥氏体中析出的，沿晶界呈网状；

三次渗碳体是从铁素体中析出的，沿晶界呈小片或粒状；

共晶渗碳体是同奥氏体相关形成的，在莱氏体中为连续的基体；

共析渗碳体是同铁素体交互形成的，呈交替片状。

由此可见，铁碳合金中这些组织的不同形态，决定其性能变化的复杂性。

3. 性能的变化

（1）力学性能：

1）硬度。硬度是一个与含碳质量分数有关的性能指标，对组织组成物或组成相的形态不十分敏感，其大小主要取决于组成相的硬度和相对数量。随着含碳质量分数的增加，硬度高的渗碳体增多，硬度低的铁素体减少，因此合金的硬度呈直线增高，由完全为铁素体组织的 80 HBS 增大到完全为渗碳体的约 800 HBW。

2）强度。强度是一种对组织组成物的形态很敏感的性能。

在工业纯铁中，随着含碳质量分数的增加，固溶强化或微量 Fe_3C_{III} 的强化作用使强度提高。

在亚共析钢中，组织为 $F+P$ 的混合物，F 的强度低，P 的强度较高，随 P 的增加，强度提高，且强度与组织的细密度有关，组织越细密，则强度越高。所以在亚共析钢中，随着含碳质量分数的增加，强度提高；组织越细，强度越高。

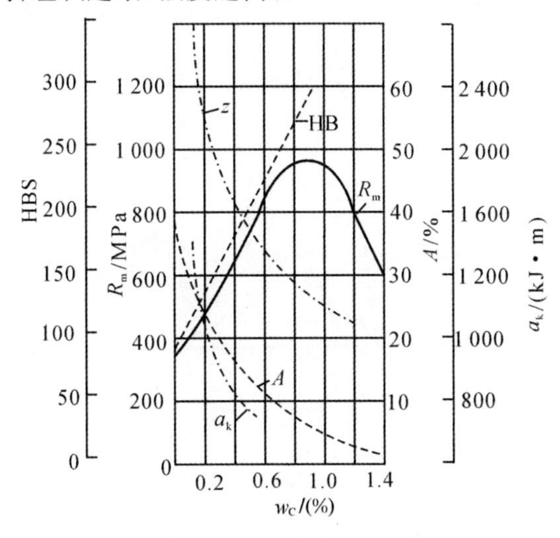

图 3－23　碳钢的力学性能与含碳质量分数的关系

在过共析钢中，铁素体消失，而硬脆的二次渗碳体出现，合金强度增加变缓。在含碳质量分数约为 0.90% 时，由于沿晶界形成的二次渗碳体网趋于完整，强度开始迅速下降，含碳质量分数增至2.11% 时，组织中出现莱氏体，强度降低到很低的值。如果继续增加含碳质量分数，则由于基体变为连片的渗碳体，强度将变化不大，但值很低，接近渗碳体的强度（约 20 ～ 30 MPa）。

3）塑性。铁碳合金中的渗碳体相极脆，没有塑性，合金的塑性完全由铁素体来提供。所以，当含碳质量分数增加，铁素体减少时，合金的塑性不断降低，在基体变为渗碳体后，塑性便降低到接近于零值。

4）韧性。铁碳合金的冲击韧性对组织及其形态最为敏感。当含碳质量分数增加时，脆性的渗碳体愈多，不利的形态愈严重，韧性下降很快，下降的趋势比塑性更急剧。

（2）工艺性能：

1）铸造性能。良好的铸造性能要求熔点低、流动性好、收缩和偏析倾向小。由相图可见，共晶成分的铁碳合金熔点最低，结晶范围最小，具有良好的铸造性能。因而在铸造生产中，经常选用接近共晶成分的合金。

2）锻造性能。良好的锻造性能要求塑性好、变形抗力小，在 $Fe-Fe_3C$ 相图中，单相 A 区最合适，其次为 $A+F$ 两相区，而有 Fe_3C 存在的两相区，钢的塑性和韧性较差。

第 4 章　金属热处理及材料改性

金属热处理就是通过加热、保温和冷却来改变金属整体或表层的组织，从而改善和提高其性能的工艺。通过热处理可以改善金属材料的切削加工性能，充分发挥金属材料的潜力，延长机器零件使用寿命和节约金属材料。金属热处理可分普通热处理、表面热处理和特殊热处理。普通热处理的主要特点是对工件整体进行穿透加热。表面热处理是仅对工件表层改变其化学成分、组织和性能的热处理工艺。特殊热处理包括形变热处理和真空热处理等。

对于金属材料除了上述热处理工艺外，还可以采用表面改性、表面强化及表面覆盖等表面处理技术来满足工件的各种特殊要求。高聚物可以通过物理和化学改性等方法获得更为优越的性能。此外，各种不同的材料也可以进行复合，形成一类新型的复合材料。在复合材料中，可以达到各个组元优势互补，因此复合材料的整体性能得到了大幅度提高。

4.1　钢的热处理原理

铁碳合金状态图中组织转变的临界温度 A_1，A_3，A_{cm} 是在极其缓慢的加热和冷却条件下测定的，而在热处理中，加热和冷却并不是极其缓慢的，和框图的临界温度相比发生一定的滞后现象，也就是通常所说的需要有一定的过热和过冷，组织转变才能充分进行。与状态图上 A_1，A_3，A_{cm} 相对应，通常把实际加热时的临界温度用 A_{c1}，A_{c3}，A_{ccm} 表示；把冷却时的临界温度用 A_{r1}，A_{r3}，A_{rcm} 表示，如图 4-1 所示。

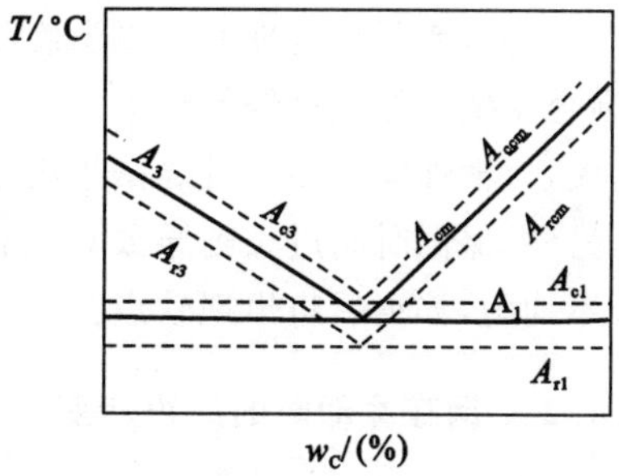

图 4-1　钢在加热、冷却时的临界温度

4.1.1　钢在加热时的组织转变

碳钢在室温下的组织基本是由铁素体相与渗碳体相构成的。热处理加热的目的是要得到均匀的奥氏体组织，随后才能通过不同的冷却方式使其转变为不同的组织和性能。

1. 奥氏体的形成

钢件加热到临界点温度 A_1 以上，获得全部或部分奥氏体组织并使之均匀化的过程称为奥氏体化。

由铁碳合金相图可知，共析钢被缓慢地加热到 A_1 温度以上时，钢的组织就由珠光体转变为奥氏体，如图 4-2 所示，其转变过程遵从结晶的普遍规律。奥氏体的形成过程可分为四个阶段，即奥氏体晶核在铁素体和渗碳体界面上的形成，奥氏体晶核的长大，剩余渗碳体的溶解和奥氏体成分的均匀化。

当亚共析钢加热到 A_1 线以上时，钢中珠光体转变为奥氏体，此时的组织为奥氏体和铁素体，当温度超过 A_3 线时，铁素体完全消失，得到单一奥氏体。过共析钢的加热转变与上述情况相似，只是在 A_1 至 A_{cm} 的升温过程中，二次渗碳体逐渐溶入奥氏体中。当温度超过 A_{cm} 时，组织全部为奥氏体，但其晶粒已经长大粗化。

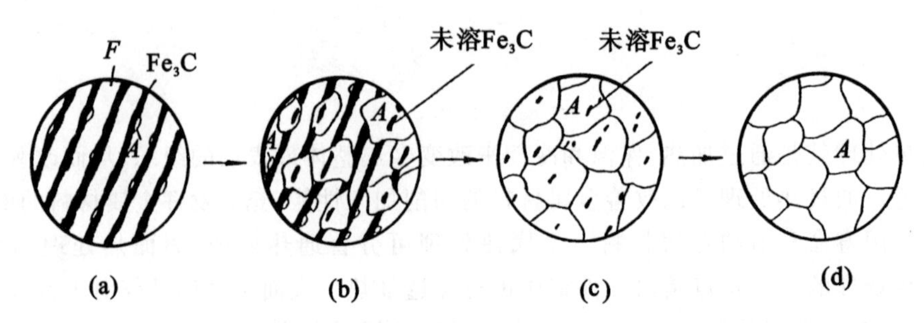

图 4-2　共析钢奥氏体形成过程示意图

2. 影响奥氏体晶粒尺寸的因素

奥氏体晶粒的大小对冷却转变后钢的组织和性能有很大影响。若获得细小、均匀的奥氏体，冷却后的转变产物也较细小，力学性能就好。因此，奥氏体晶粒大小直接关系到热处理后零件性能是否达到使用要求。

高温下，奥氏体晶粒长大是一个自发过程，奥氏体化温度越高，保温时间越长，奥氏体晶粒越粗大。随着钢中奥氏体含碳质量分数的增加，奥氏体晶粒的长大倾向也增加。但若碳以碳化物形式存在时，则能阻碍奥氏体晶粒的长大。钢中存在其他稳定化合物时，也能阻碍奥氏体晶粒的长大。如 Ti，Nb，V，Zr 等元素可形成稳定的碳化物，因而有阻碍奥氏体晶粒长大的作用。

如前所述，实际热处理的加热温度都略高于铁碳合金相图上的临界温度。但若加热温度过高，则会发生过热或过烧等缺陷。过热是指由于温度过高，使奥氏体晶粒过分长大，冷却后组织粗大，力学性能变差。过烧是指由于加热温度太高，致使晶界发生氧化，甚至熔化，使工件报废。另外，保温时间过长则导致氧化和脱碳等缺陷，而保温时间不足，工件不能热透或奥氏体成分不均匀，淬火后将出现软点甚至淬不硬。

4.1.2　钢在冷却时的组织转变

当奥氏体被冷至 A_1 线以下的不同温度处发生转变时，由于冷却过程为非平衡过程，因此不能依据铁碳相图来判定和分析其组织转变。其转变产物随转变温度和冷却速度不同而不同，性能也有很大的差别。

钢的热处理工艺有两种冷却方式：等温冷却和连续冷却。

等温冷却就是使加热到奥氏体的钢，先以较快的冷却速度冷到 A_1 线以下一定的温度，然后进行保温，使奥氏体在等温下发生组织转变。连续冷却就是使加热到奥氏体的钢，在温度连续下降的过程中发生组织转变。

等温冷却方式对研究冷却过程中的组织转变较为方便，现以共析钢为例讨论等温冷却。

1. 共析钢等温转变曲线（TTT 曲线）

将含碳质量分数为 0.8% 的共析钢制成若干试样，加热到 A_1 线以上使其奥氏体化，然后将试样分别投入到温度不同的恒温盐浴中，测出奥氏体在各个温度下开始转变及完成转变所需的时间。在温度-时间坐标系中将所有的转变开始点和转变终了点加以标注，分别连接成曲线，便可获得共析钢的等温转变曲线（见图4-3）。等温转变曲线的形状类似“C”，也称作C曲线。

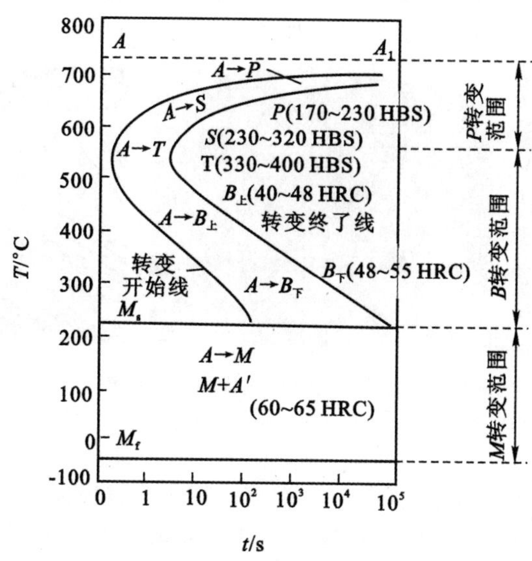

图4-3　共析钢奥氏体等温转变曲线

在C曲线中，A_1线以上是奥氏体稳定存在区；在A_1线以下、转变开始线以左的区域是奥氏体的不稳定存在区，称过冷奥氏体区，此区中的过冷奥氏体要经一段孕育期才开始发生组织转变；在转变终了线的右方是转变产物区；在两条曲线之间是转变过渡区，过冷奥氏体和转变产物同时存在；水平线M_s为马氏体转变开始温度线，M_f为马氏体转变终了温度线，在$M_s \sim M_f$之间为马氏体转变温度区。

过冷奥氏体在各个温度进行等温转变时，都要经过一段孕育期——纵坐标到转变开始线之间的时间间隔。孕育期愈长，表示过冷奥氏体愈稳定。由图可知，过冷奥氏体在不同温度下的稳定性是不相同的。在550℃以上，随过冷度增加孕育期缩短；在550℃以下，随过冷度增加孕育期增加。

在550℃时，孕育期最短，过冷奥氏体最不稳定，转变速度最快，被称为C曲线的“鼻尖”。

2. 过冷奥氏体等温转变产物的组织和性能

共析钢过冷奥氏体在三个不同的温度区间，可发生三种不同的转变。A_1至“鼻尖”之间称高温转变区，其转变产物是珠光体；“鼻尖”至M_s之间称中温转变区，转变产物是贝氏体；M_s以下称低温转变区，转变产物是马氏体。

(1) 珠光体型转变：转变发生在$A_1 \sim 550$℃范围内。珠光体是铁素体和渗碳体的机械混合物，在通常的情况下是层片状组织。珠光体片层间的距离与过冷奥氏体的转变温度有关，转变温度愈低，片层间的距离就愈小。根据片层间距离的大小，珠光体可分为三种：

1) 珠光体(P)。在$A_1 \sim 650$℃之间形成，片层距离较大，一般在光学显微镜下放大500倍即可分辨出层片状特征。

2) 索氏体(S)。在650～600℃之间形成，片层较细，平均层间距离为0.1～0.3 μm，要用高倍显微镜(1 000 倍以上)才能分辨。强度、硬度(25 ～ 30 HRC)及塑韧性均较珠光体高。

3) 屈氏体(T)。在 600 ～ 550℃ 间形成,片层更细,平均层间距离小于 0.1 μm,只能在电子显微镜下放大 2 000 倍以上才能分辨出其层片结构。其强度、硬度(35 ～ 40 HRC)更高。

索氏体、屈氏体与珠光体并无本质上的差别,都是珠光体类型的组织,只是形态上有粗细之分,它们之间的界限也是相对的。其显微组织如图 4-4(a) 所示。

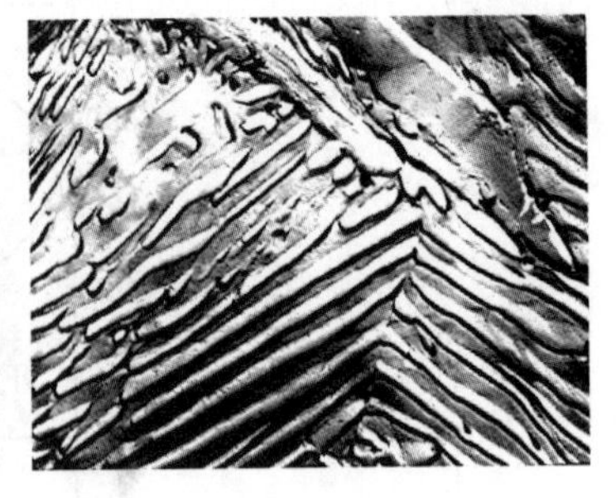

图 4-4　珠光体、索氏体、屈氏体显微组织

(a) 珠光体 ×400　(b) 索氏体 ×2 000　(c) 屈氏体 ×12 000

(2) 贝氏体型转变:转变发生在 550℃ ～ M_s 温度范围内。贝氏体(用 B 表示)是含碳过饱和的铁素体与渗碳体或碳化物的混合物。根据转变温度和组织形态不同,贝氏体一般可分为上贝氏体和下贝氏体。上贝氏体为羽毛状,如图 4-5 所示,由于韧性低,生产上很少采用。下贝氏体中的碳化物细小、分布均匀,它不仅有较高的强度和硬度(45 ～ 55 HRC),还有良好的韧性和塑性。

下贝氏体是在 350℃ ～ M_s 之间等温转变形成的。在显微镜下呈黑色针状,如图 4-6 所示。

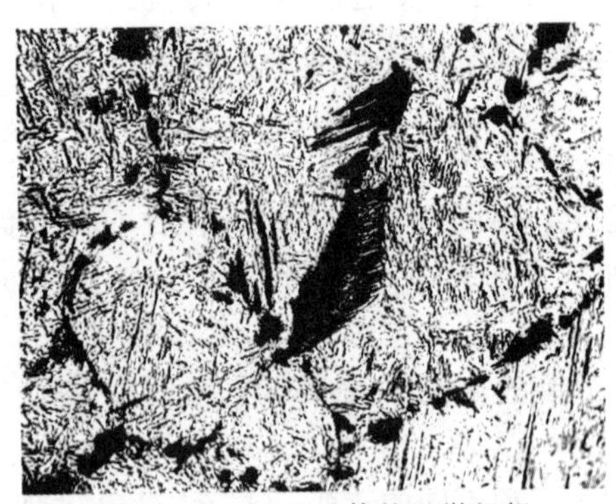

图 4-5　上贝氏体的显微组织

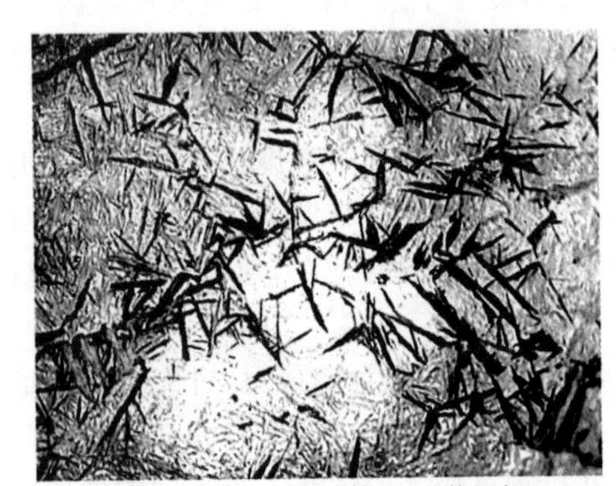

图 4-6　下贝氏体的显微组织

(3) 马氏体型转变:奥氏体被迅速过冷到 M_s 以下时发生的转变。此时仅产生 γ-Fe 向 α-Fe 的晶格转变,而碳原子由于无法扩散而留在 α-Fe 中,形成碳在 α-Fe 中的过饱和固溶体。这种组织称马氏体,用 M 表示。过饱和的碳使 α-Fe 的晶格产生严重畸变,产生强烈的强化作用,因而硬度很高(62 ～ 65 HRC)。马氏体的含碳质量分数愈高,强化作用愈大,硬度也愈高,但脆性愈大。马氏体的硬度与含碳质量分数的关系如图 4-7 所示。

马氏体按其形态可分为板条状马氏体和针状马氏体两种。含碳质量分数低于 0.2%,形成板条状马氏体,强度高、韧性好;含碳质量分数高于 1.0% 时,基本上为针状马氏体,强度和硬度高，但韧性差；含碳质量分数在 0.2% ～ 1.0% 之间为板条状马氏体与针状马氏体的混合组织。针状马氏体的显微组织如图 4－8(a) 所示。

在 M_s 以下奥氏体并不能全部转变为马氏体，而是或多或少地保留一些残余奥氏体。高碳钢淬火后残余奥氏体可达 10% ～ 15%。

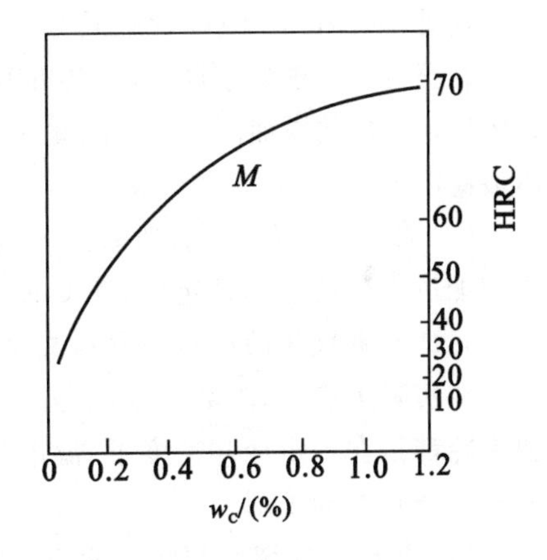

图 4－7　马氏体硬度与含碳质量分数

3. 影响 C 曲线的因素

影响 C 曲线的因素主要是钢中的含碳质量分数和合金元素含量。

(1) 含碳质量分数的影响：含碳质量分数对 C 曲线的位置和形状都有重要的影响。

亚共析钢和过共析钢 C 曲线与共析钢 C 曲线相比，在亚共析钢 C 曲线上有一条先共析铁素体析出线；过共析钢 C 曲线上多出一条先共析渗碳体析出线，如图 4－9 所示。

图 4－8　马氏体显微组织

(a) 针状马氏体　(b) 板条状马氏体

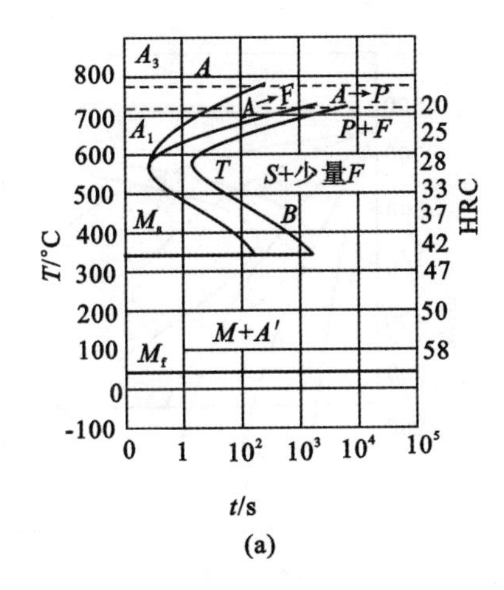

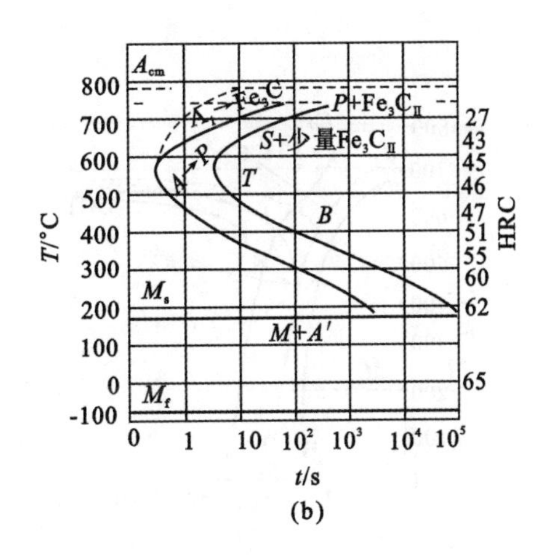

图 4－9　亚共析钢和过共析钢的 C 曲线

(a) 亚共析钢　(b) 过共析钢

此外，M_s 和 M_f 线随含碳质量分数的增加而降低。

在正常热处理的条件下，亚共析钢C曲线随含碳质量分数的增加而右移；过共析钢C曲线随含碳质量分数的增加而左移。因此，碳钢中以共析钢C曲线的“鼻尖”离纵坐标轴最远，过冷奥氏体最稳定。

(2) 合金元素的影响：所有溶入奥氏体的合金元素(除Co)外，如Ni，Mn，Si，W和Mo等都能增加过冷奥氏体的稳定性，使C曲线右移，钢的淬透性提高。

4. 过冷奥氏体的连续冷却转变曲线(CCT 曲线)

在实际生产中，多数热处理是在钢奥氏体化后，采取连续冷却方式来完成的，如空冷、油冷和水冷都是在一定冷却速度下，温度和时间不断变化的连续冷却过程。因此，应对连续冷却转变有一个基本的了解。

(1) 共析钢连续冷却转变曲线。图4-10中实线为共析钢连续冷却转变曲线，曲线中：

P_s：奥氏体向珠光体转变开始线；

P_z：奥氏体向珠光体转变结束线；

K：奥氏体向珠光体转变中止线(转变停止)；

v_k：马氏体组织转变的临界冷却速度，即得到全部马氏体组织的最低冷却速度。

(2) 共析钢连续冷却转变曲线与等温冷却转变曲线的比较(见图4-10)：

1) 连续冷却转变曲线位于等温冷却转变曲线(见图4-10中虚线)的右下方，其转变温度低，孕育期长。

v_k' 为等温冷却转变时获得全部马氏体的临界冷却速度，可见 $v_k' > v_k$，在连续冷却时可以用 v_k' 代替 v_k 来研究马氏体转变。

2) 连续冷却转变曲线无贝氏体转变区。K 线为过冷奥氏体转变的中止线。当冷却曲线(冷却速度为33℃/s)碰到 K 线时，过冷奥氏体转变中止，并在冷却到 M_s 温度以前不发生任何转变，冷至 M_s 温度下，剩余的过冷奥氏体才开始转变为马氏体，最终得到屈氏体、马氏体和少量残余奥氏体的混合组织。

3) 连续冷却时，组织转变在一定的温度范围内进行，因此组织不均匀，得到混合型组织。

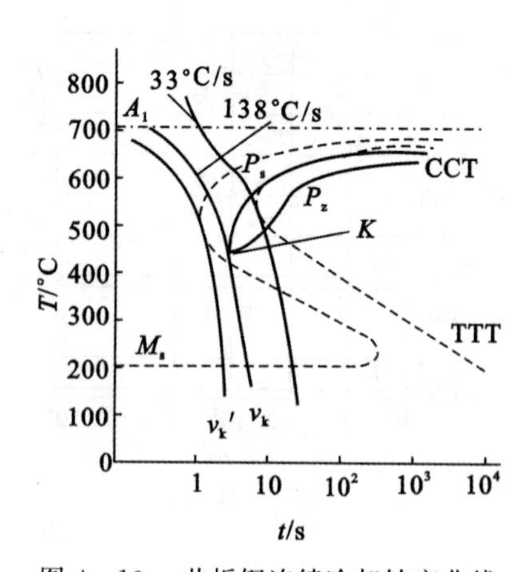

图4-10　共析钢连续冷却转变曲线

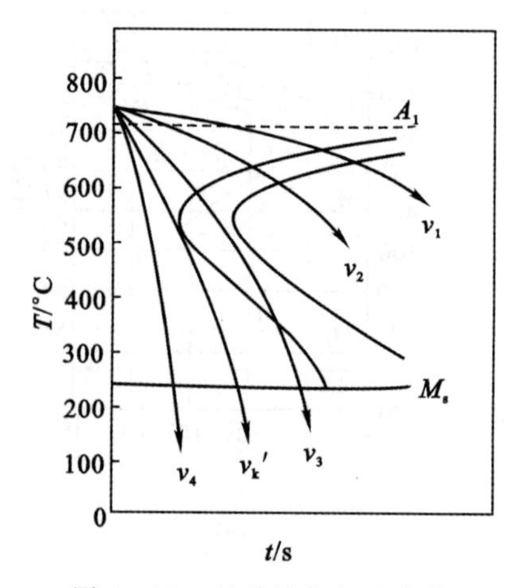

图4-11　连续冷却与C曲线

5. 过冷奥氏体的等温冷却转变曲线在连续冷却中的应用

由于许多使用广泛的钢种其连续冷却转变曲线至今未被测出，所以目前生产中通常应用过冷奥氏体等温转变曲线来分析奥氏体在连续冷却时的转变。图 4-11 即是在共析钢等温冷却的转变曲线上估计连续冷却时的转变情况。

冷却速度 v_1 相当于退火时的冷却速度，根据与 C 曲线相交的位置在 650℃ 以上，估计奥氏体将转变成珠光体；冷却速度 v_2 相当于正火时的冷却速度(在空气中冷却)，它与 C 曲线相交的位置约在 600 ～ 650℃ 之间，估计可转变成索氏体；冷却速度 v_3 相当于在油中淬火，其中有一部分奥氏体转变成屈氏体，剩余的奥氏体冷却到 M_s 以下转变成马氏体和少量残余奥氏体，最后将得到屈氏体、马氏体和少量残余奥氏体的混合组织(因贝氏体孕育期长，连续冷却时得不到贝氏体)；v_4 相当于水中淬火，它不与 C 曲线相交，一直过冷到 M_s 以下转变成马氏体和少量残余奥氏体。v_k' 是进行马氏体转变的最低冷却速度，它是选择淬火剂的依据，对淬火工艺和零件质量有着十分重要的影响。

4.2　钢的退火与正火

退火和正火是毛坯热处理工艺，它们主要用在铸造、锻造之后，切削(粗) 加工之前，用于消除前一工序所带来的某些缺陷(如残余应力、组织粗大、不均匀、成分偏析等)，并为随后的工序做准备，所以叫毛坯热处理或预先(预备) 热处理。对于一些普通铸件、焊接件以及某些不重要的热加工工件，还可以作为最终热处理工序。钢退火和正火的目的是：① 调整硬度以便进行切削加工(最佳切削硬度为 170 ～ 250 HBS)；② 消除残余内应力，以减少钢件在淬火时产生变形或开裂；③ 细化晶粒，改善组织，提高力学性能；④ 为最终热处理(淬火、回火) 做好组织准备。

4.2.1　退火

退火是将钢加热至适当温度，保持一定时间后缓慢冷却至 500℃ 以下空冷，从而获得接近平衡状态组织的热处理工艺。

退火的种类很多，都是根据不同的加热温度及冷却方式而定的，有完全退火、等温退火、球化退火、扩散退火、去应力退火、再结晶退火等，各种退火的加热温度范围及工艺曲线如图 4-12 所示。

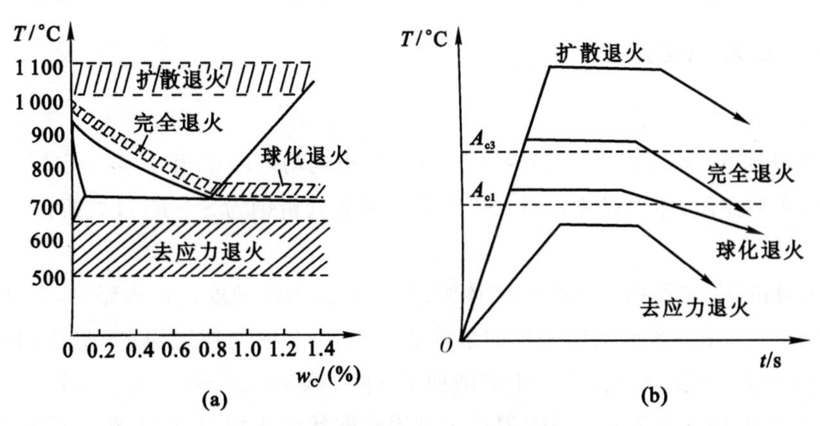

图 4-12　碳钢各种退火的工艺规范示意图

(a) 加热温度范围　(b) 工艺曲线

1. 完全退火

(1) 工艺:将工件加热到 A_{c3} 以上 30 ~ 50℃,保温,缓冷(埋砂、埋灰、随炉)到 500℃ 后空冷的热处理工艺。

(2) 应用:主要用于亚共析成分的各种碳钢和合金钢,室温组织为 $P+F$。

2. 等温退火

完全退火周期长,特别是奥氏体较稳定的合金钢更是如此,因此为缩短冷却周期,常采用等温退火。

(1) 工艺:将亚共析钢加热到 A_{c3} 以上 30 ~ 50℃,共析钢、过共析钢加热到 A_{c1} 以上 30 ~ 50℃,保温后,快冷到 A_{r1} 以下的某一温度,并在此温度下停留,待相变完成后出炉空冷。

(2) 应用:可用于所有的钢,特点是周期短,但对设备有一定要求,需要内装快速换热设备,或具备两台以上设备。

3. 球化退火

球化退火是使钢中碳化物球状化的退火工艺。

(1) 工艺:将钢加热到 A_{c1} 以上 20 ~ 30℃ 保温一定时间,使二次渗碳体球化,然后随炉缓冷至略低于 A_{r1} 温度保温,使珠光体中的渗碳体球化,再出炉空冷。

(2) 应用:可用于 $w_C > 0.6\%$ 的钢,使材料的硬度进一步降低,如 T10 钢热轧退火后的硬度为 255 ~ 321 HBS,球化退火后硬度小于 197 HBS。

4. 扩散退火

将钢加热到略低于固相线的温度,长时间保温,然后缓慢冷却的热处理工艺。用于消除成分偏析。

5. 去应力退火

将钢加热到 A_{c1} 以下某一温度(碳钢为 500 ~ 600℃),保温后随炉冷却,以消除铸件、锻件、焊件和冷变形件的内应力,稳定尺寸,减少变形。

6. 再结晶退火

将钢加热到 $T_{再}$ 温度以上($T_{再}=0.4T_{熔}$),保温后随炉冷却,以消除金属材料因塑性变形而产生的加工硬化现象。

4.2.2 正火(常化)

1. 工艺

将钢加热到 A_{c1} 或 A_{ccm} 以上 30 ~ 50℃,保温,得到均匀的单相 A,再于空气中自然冷却,获得细小的珠光体组织,主要是索氏体(S) 组织。对亚共析钢为 $S+F$,过共析钢为 $S+Fe_3C_{II}$。

2. 应用

所有成分的钢,主要用于细化珠光体组织,其室温组织硬度比退火略高,比球化退火更高,一般应用如下:① 用于普通结构零件的最终热处理,细化珠光体组织;② 低碳钢(特别是 $w_C <$ 0.4% 的钢)正火可提高硬度,有利于切削加工;③ 中碳钢($w_C=0.4\%\sim0.7\%$)以正火代替退火,有利于节约时间和能源;④ 高碳钢正火可消除网状碳化物,从而得到全部 P 和片状形式的 Fe_3C_{II};⑤ 铸件正火可改善铸件性能,使粗大晶粒细化,均匀组织。

4.3　钢的淬火

淬火是将钢奥氏体化后快速冷却获得马氏体组织的热处理工艺。淬火的目的主要是为了获得马氏体，提高钢的硬度和耐磨性。它是强化钢材最重要的热处理方法。

4.3.1　淬火温度

淬火温度即钢奥氏体化温度，是淬火的主要工艺参数。为了防止奥氏体晶粒长大，保证获得细马氏体组织，淬火温度一般规定在临界点以上 30～50℃。亚共析钢与过共析钢的淬火温度不一样，如图 4－13 所示。

亚共析钢的淬火温度为 $A_{c3}+30\sim50$℃，淬火组织为马氏体，含碳质量分数超过 0.5% 后还有少量残余奥氏体。淬火温度如在 A_{c3} 以下，组织中有自由铁素体。温度过高则组织易粗大，使组织强度、硬度降低。

过共析钢的淬火温度为 $A_{c1}+30\sim50$℃，淬火组织为细马氏体、二次渗碳体和少量残余奥氏体。少量未溶的 $Fe_3C_{Ⅱ}$ 可阻止奥氏体晶粒长大，还有利于提高钢的硬度和耐磨性。如果将钢加热到 A_{ccm} 以上，则淬火后会获得较粗的马氏体和较多的残余奥氏体，这不仅降低了钢的硬度、耐磨性和韧性，而且由于温度过高还会增大淬火变形和开裂的倾向。

大多数合金元素都有阻碍奥氏体晶粒长大的作用，所以合金钢的淬火温度一般可以高一些，这有利于合金元素在奥氏体中的溶解，以获得较好的淬火效果。

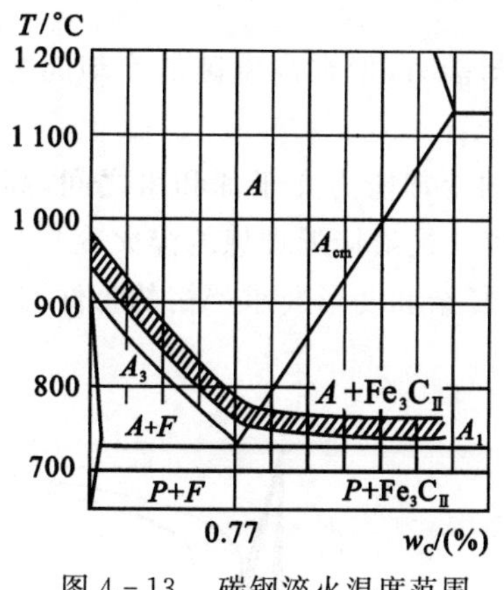

图 4－13　碳钢淬火温度范围

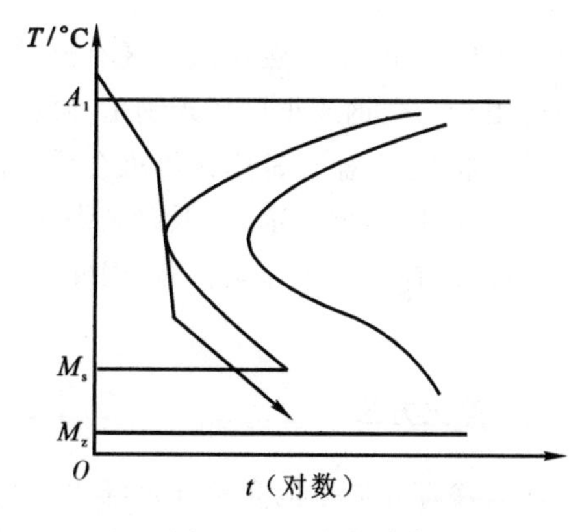

图 4－14　理想冷却速度

4.3.2　淬火冷却

1. 理想冷却速度

冷却是淬火工艺的另一个重要因素，淬火要得到马氏体，从 C 曲线上看，淬火冷却速度必须大于临界冷却速度 v_k，但快冷不可避免地会造成很大的内应力，往往引起工件变形和开裂。

要想既得到马氏体又避免变形开裂，理想的冷却速度如图 4－14 所示，因为要淬火得到马氏体，只要在C曲线“鼻尖”附近快冷，使冷却曲线不碰上C曲线便可，而在 M_s 点附近和“鼻尖”

以上则应尽量慢冷，以减少热应力和马氏体转变时产生的组织应力。这种冷却速度就叫理想淬火冷却速度。但是到目前为止，还找不到完全理想的冷却介质以达到这种冷却速度。

2. 淬火冷却介质

最常用的淬火介质是水、盐水、油、熔盐。

水是经济且冷却能力较强的淬火介质。它的缺点是冷却能力在 650 ～ 550℃ 范围内不够强，而在 300 ～ 200℃ 范围内偏强，不符合理想淬火冷却介质的要求，所以主要用于形状简单，截面尺寸较大的碳钢件的淬火。如果在水中加入一些盐可明显提高水在高温区的冷却能力，见表 4 - 1。

表 4 - 1　常用淬火介质的冷却能力

淬火冷却介质	冷却能力 /(℃ · s^{-1})	
	650 ～ 550℃	300 ～ 200℃
水(18℃)	600	270
10% NaCl 水溶液(18℃)	1 100	300
10% NaOH 水溶液(18℃)	1 200	300
10% Na_2CO_3 水溶液(18℃)	800	270
矿物机油	150	30
菜子油	200	35
硝熔盐(200℃)	350	10

从表中可以看出，油虽然在低温区有比较理想的冷却能力，但在高温区的冷却能力太低，因此主要适用于合金钢或小尺寸碳钢工件的淬火。

熔盐：熔融状态的盐也常用作淬火介质，称盐浴，它的冷却能力介于油和水之间，高温区，它的冷却能力比油高，但比水低，低温区则比油低，可见熔盐是最接近理想的淬火冷却介质，但它的使用温度高，操作时工作条件差，因此只能用于形状复杂和变形要求严格的小件的分级淬火和等温淬火。

4.3.3　淬火方法

由于淬火冷却介质不能完全满足淬火质量的要求，所以要考虑从淬火方法上加以解决，常用的淬火方法如图 4 - 15 所示。

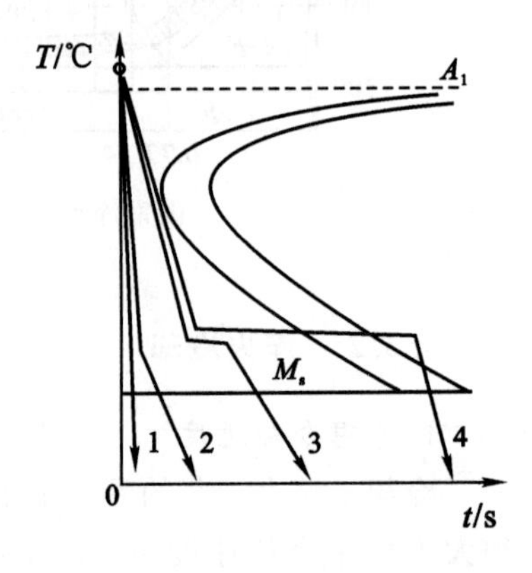

图 4 - 15　各种淬火方法示意图

1— 单液淬火　2— 双液淬火

3— 分级淬火　4— 等温淬火

1. 单液淬火

单液淬火是将钢件奥氏体化后在一种介质中连续冷却获得马氏体组织的淬火方法。该方法操作简单，易于实现机械化和自动化，但也易产生淬火缺陷。因而水中淬火只适用于形状简单的工件，油中淬火只适用于小件。

2. 双液淬火

双液淬火是将钢件先淬入一种冷却能力较强的介质中

避免珠光体转变，然后再淬入另一种冷却能力较弱的介质中，发生马氏体转变。这种淬火方法利用了两种介质的优点，获得了较理想的冷却条件，但操作复杂，难以控制。

3. 分级淬火

分级淬火是将钢件奥氏体化后先淬入稍高于 M_s 温度的熔盐中，并保持到工件内外温度趋于一致后取出，再使其缓慢冷却，发生马氏体转变。由于工件整个截面几乎同时发生转变，这种方法不仅减少了由工件内外温差造成的热应力，也降低了马氏体相变不均匀所造成的组织应力。它的优点是显著地减少变形和开裂的可能性，并提高了淬火钢的韧性，但受到熔盐冷却能力和容量的限制，只适用于小工件的淬火。

4. 等温淬火

等温淬火是将钢件奥氏体化后淬入高于 M_s 温度的熔盐中，等温保持，获得下贝氏体组织。经这种淬火处理的工件强度高，塑性和韧性好，同时淬火应力小，变形小，它多用于处理形状复杂和要求较高的小件。

4.3.4　钢的淬透性

1. 淬透性的概念

淬透性是指钢在淬火时获得马氏体的能力。要获得马氏体，冷却速度必须大于临界冷却速度 v_k。淬火时，同一工件表面和心部的冷却速度是不相同的。一般情况下，工件的冷却速度沿截面由外往内递减。对于截面较大的工件，当它的表层冷却速度超过 v_k 获得马氏体组织时，心部可能达不到 v_k 而获得非马氏体组织。在相同条件下，不同材料淬火获得的马氏体量不同。钢获得马氏体的能力可用淬透性来表示。

对于截面尺寸较大的工件，淬火后心部将得不到马氏体组织，此时工件的整个截面内由一定深度的马氏体和非马氏体组成，称之为未淬透。如果截面小，心部全为马氏体，则称之为淬透。为表示淬透性的大小，采用规定条件下淬透层深度来表示。淬透层越深，淬透性越好，一般规定由工件表面到半马氏体区（即马氏体与珠光体型组织各占 50% 的区域）的深度作为淬透层深度。因为在含 50% 马氏体处，硬度值变化显著，容易测定，而且金相组织也容易鉴定（见图 4-16）。因此淬透性也可以理解为钢在淬火后获得淬透层深度大小的能力（也叫作可淬性），其实质是反映过冷奥氏体的稳定性。

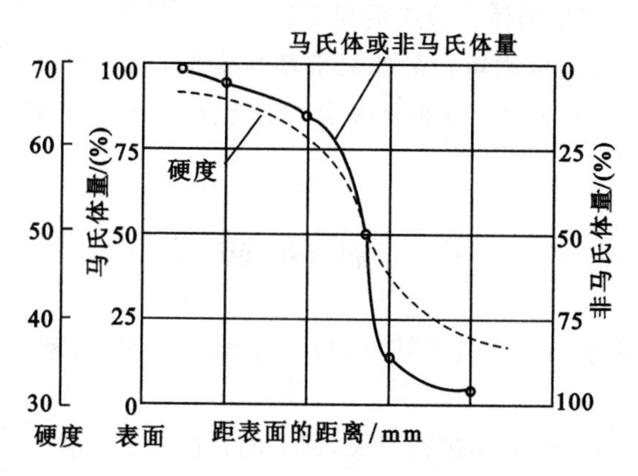

图 4-16　淬火工件截面上马氏体量与硬度的关系

2. 影响淬透性的因素

影响淬透性的决定因素是临界冷却速度(v_k)。临界冷却速度越小，钢的淬透性就越大，临界冷却速度是在C曲线上体现的，影响C曲线的因素也就是影响临界冷却速度的因素，所以，化学成分与奥氏体化条件是影响淬透性的因素。

化学成分中使C曲线右移的元素增加奥氏体的稳定性，使钢的临界冷却速度减小，其淬透性好，反之，则淬透性差，因此，不同成分的钢有不同的淬透性。

奥氏体化温度越高，保温时间越长，则晶粒越粗大，成分越均匀，因而过冷奥氏体越稳定，C曲线越向右移，淬火临界冷却速度越小，钢的淬透性也越好。

3. 淬透性的实际意义

淬透性不同的钢材淬火后沿截面的组织和力学性能差别很大。经高温回火后，完全淬透的钢整个截面为碳化物球化的回火索氏体，力学性能较均匀。未淬透的钢虽然在整个截面上的硬度接近一致，但由于内部是碳化物为片状的索氏体，强度和冲击韧性较低。因此淬透性越低，钢的综合力学性能越低。

截面较大或形状较复杂以及受力情况特殊的重要零件，要求其截面的力学性能均匀，应选用淬透性好的钢；而承受扭转或弯曲载荷的轴类零件，外层受力较大，心部受力较小，可选用淬透性较低的钢种。只要求淬透层深度为轴半径的 1/3 ～ 1/2 即可，这样，既满足了性能要求，又降低了成本。

截面尺寸不同的工件，实际淬透深度是不同的。截面小的工件，表面和中心的冷却速度均可能大于临界冷却速度，可以完全淬透。截面大的工件有可能表层淬硬，截面过大的工件甚至表面也可能淬不硬。这种随工件尺寸增大而热处理强化效果逐渐减弱的现象称为尺寸效应，在设计中必须予以注意。

4. 钢的淬火变形和开裂

工件淬火后出现变形现象是必然的，因为在淬火冷却过程中，必将产生内应力。一般将其分为热应力和相变应力。工件在加热和(或)冷却时，由于不同部位存在着温度差而导致热胀和(或)冷缩不一致所引起的应力称为热应力。而在热处理过程中，由于各部位冷却速度的差异，工件各部位相转变不同所引起的应力称为相变应力(组织应力)。

钢中奥氏体比容最小，奥氏体转变为其他各种组织时比容都会增大，使钢的体积膨胀，其中尤以发生马氏体转变时产生的体积效应最为显著。

淬火冷却时，工件中的内应力可能导致局部塑性变形，如果残余应力超过工件的强度极限，工件则会发生开裂。残余应力的分布取决于钢的化学成分、淬透性、工件的几何尺寸及淬火工艺等因素。

4.4 钢的回火

回火是将淬火钢加热至 A_{c1} 点以下某一温度，保温一定时间，然后冷却至室温的热处理工艺。

淬火钢一般不宜直接使用，必须进行回火，回火的目的是：① 消除淬火时产生的残余内应力；② 提高材料的塑性和韧性，获得良好的综合力学性能；③ 稳定组织和工件尺寸。

4.4.1　回火时的组织转变

随着回火温度的升高，淬火钢的组织发生以下四个阶段的变化。

1. 马氏体的分解(80 ～ 200℃)

淬火钢在 100℃ 以下回火时，内部组织的变化并不明显，硬度基本上不下降。当回火温度大于 100℃ 时，马氏体开始分解。马氏体中的碳以 ε 碳化物($Fe_{2.4}C$) 的形式析出，使过饱和度减小。ε 碳化物是极细的并与母相保持共格(相同晶格) 的薄片。这种组织称为回火马氏体，硬度略有下降。

2. 残余奥氏体的转变(200 ～ 300℃)

回火温度在 200 ～ 300℃ 时，马氏体分解为回火马氏体，体积缩小并降低了对残余奥氏体的压力，使残余奥氏体在此温度区内转变为下贝氏体。残余奥氏体从 200℃ 开始分解，到 300℃ 基本完成，得到的下贝氏体并不多，所以此阶段的主要组织仍为回火马氏体。此时硬度有所下降。

3. 回火屈氏体的形成(300 ～ 400℃)

回火温度在 300 ～ 400℃ 时，因碳原子的扩散能力增加，碳化物充分析出，过饱和固溶体转变为铁素体。同时亚稳定的 ε 碳化物也逐渐转变为稳定的渗碳体，并与母相失去共格联系，淬火时晶格畸变所存在的内应力大大消除。此阶段当温度达到 400℃ 时基本完成，形成尚未再结晶的铁素体和细颗粒状的渗碳体的混合物，称回火屈氏体。此时硬度继续下降。

4. 渗碳体的聚集长大和铁素体再结晶(＞ 400℃)

回火温度达到 400℃ 以上时，渗碳体逐渐聚集长大，形成较大的粒状渗碳体，当温度高于 600℃ 时，渗碳体迅速粗化。同时，在 450℃ 以上铁素体开始再结晶，失去针状形态而成为多边形铁素体。这种由多边形铁素体和粒状渗碳体组成的混合物，称为回火索氏体。此时钢的强度、硬度不断降低，但韧性明显改善。

图 4 - 17 为钢的硬度随回火温度的变化曲线。

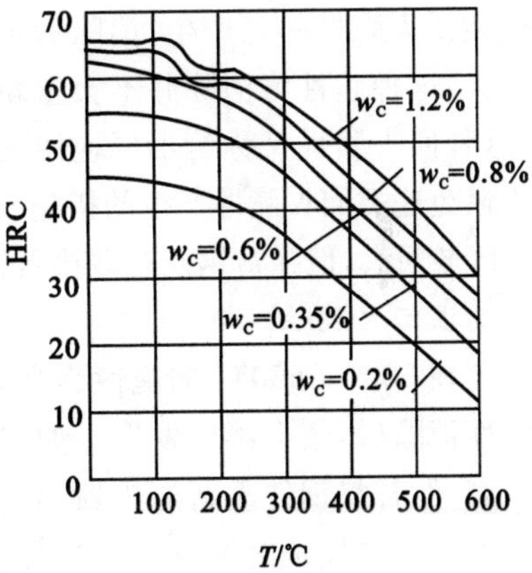

图 4 - 17　钢的硬度随回火温度的变化

4.4.2　回火的分类及应用

根据回火温度和钢件所要求的力学性能，一般工业上将回火分为三种。

1. 低温回火(250℃ 以下)

回火组织为回火马氏体，基本上保持了淬火后的高硬度(一般为 58 ～ 64 HRC) 和高耐磨性。主要用于高碳工具钢、模具、滚动轴承、渗碳、表面淬火的零件及低碳马氏体钢和中碳低合金超高强度钢。

2. 中温回火(250 ～ 500℃)

回火组织为回火屈氏体。回火屈氏体的硬度一般为 35 ～ 45 HRC，具有较高的弹性极限和屈服极限。它们的屈强比(R_e/R_m) 较高，一般能达到 0.7 以上，同时也具有一定的韧性，主要用于各种弹性元件。

3. 高温回火(500 ～ 650℃)

回火组织为回火索氏体。其综合力学性能优良,在保持较高强度的同时,具有良好的塑性和韧性。硬度一般为 25 ～ 35 HRC。

通常在工业上将各种钢件淬火及高温回火的复合热处理工艺称为调质处理,它广泛用于综合力学性能要求高的各种机械零件,例如轴、齿轮坯、连杆、高强度螺栓等。

4.4.3 回火脆性

随着回火温度的提高,钢的塑性随之提高,但冲击韧性非连续提高,而是在 250 ～ 400℃ 和 500 ～ 650℃ 两个温度区间内出现明显的下降,如图 4-18 所示。这种随回火温度提高而冲击韧性下降的现象称为钢的回火脆性。

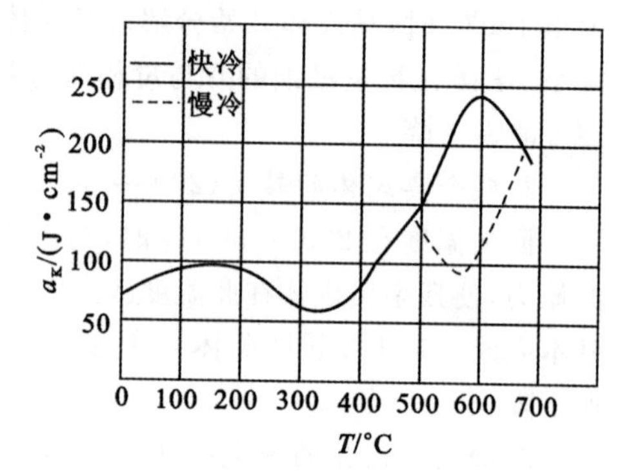

图 4-18 钢的冲击韧性随回火温度的变化

1. 低温回火脆性

发生在 250 ～ 400℃ 的脆性为低温回火脆性,也称第一类回火脆性。几乎所有的钢在 300℃ 左右回火时都不同程度地产生这种脆性,并且回火后的冷却速度对脆性的产生与否无影响。其产生的原因尚不明了,但普遍认为在 250℃ 以上回火时,ε 碳化物转变为薄片状渗碳体,并且沿马氏体晶界析出,破坏了马氏体之间的连续性,使其韧性下降。

这类回火脆性一旦产生,消除后再也不会发生。如发生低温回火脆性的钢在较高温度下进行回火,这种脆性将消除并不会重新产生,即使再次在 300℃ 左右回火,也不会出现脆性。因此,这种回火脆性又称为不可逆回火脆性。

为避免这类回火脆性产生的措施有两种:① 避免在脆化温度范围内回火,通常钢都不在中温回火区域回火,但弹簧钢及热锻模具钢除外;② 采用含硅的钢,硅能把脆化温度向高温推移。

2. 高温回火脆性

发生在 500 ～ 650℃ 的脆性为高温回火脆性,也叫作第二类回火脆性或可逆回火脆性。这类脆性消除后,还会再次发生。如在 500 ～ 650℃ 回火保温后快速冷却,脆化现象会消失或受到抑制,但若将钢件重新加热到 500 ～ 650℃ 回火保温后缓慢冷却,脆化现象会再次出现。

这类回火脆性是由杂质和合金元素在晶界处偏聚所造成的。因此,中碳合金钢易产生高温回火脆性。避免这类回火脆性产生的措施有两种:① 回火后快速冷却,抑制杂质和合金元素在晶界处偏聚;② 选用含 Mo,W 等元素的钢,阻止杂质元素的扩散,削弱它们在晶界处的偏聚。

4.5 钢的表面热处理

某些在冲击载荷、交变载荷及摩擦条件下工作的机械零件,如曲轴、凸轮轴、齿轮等,要求零件表层具有高的强度、硬度和耐磨性,而心部具有足够的塑性和韧性。采用普通热处理无法达到这种要求,而应采用表面热处理。

表面热处理是指仅对工件表层进行热处理以改变其组织和性能的工艺。一般可分为表面淬火和化学热处理。

4.5.1　表面淬火

表面淬火是将钢件表面进行快速加热，使其表面组织转变为奥氏体，然后快速冷却，表面层转变为马氏体的一种局部淬火的方法。

表面淬火的目的在于获得高硬度的表面层和有利的残余应力分布，以提高工件的耐磨性和疲劳强度。表面淬火的加热方法有电感应、火焰、电接触、浴炉、激光加热等，我国目前最常用的有电感应加热、火焰加热和激光加热。

1. 电感应加热

电感应加热的基础是电磁感应、集肤效应和热传导。

图 4-19 为电感应加热表面淬火示意图。感应线圈中通以交流电时，即在线圈内部和空间产生一个和电流相同频率的交变磁场。如果磁场中有钢件存在，则在钢件内部产生感应电流而被加热。由于交流电的集肤效应，感应电流在工件截面上的分布是不均匀的，表面的电流密度最大，而中心几乎为零。

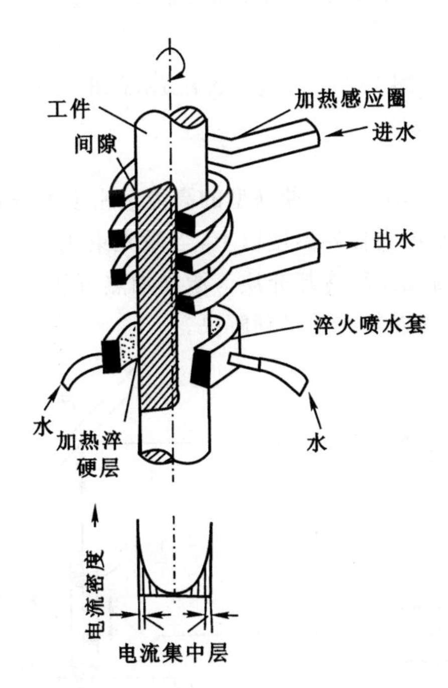

图 4-19　电感应加热表面淬火示意图

电感应加热表面淬火的加热速度极快，一般只需要几秒或几十秒，而且淬火加热温度高（A_{c3} 以上 80 ～ 150℃），因此奥氏体形核多且不易长大，淬火后能获得细隐针马氏体。表面硬度比一般淬火硬度高 2 ～ 3 HRC，且脆性较低，疲劳强度较高（一般工件可提高 20% ～ 30%）。工件表面不易氧化脱碳，变形也小。淬硬层深度易于控制，易于实现机械化、自动化生产。电感应加热表面淬火一般用于中碳钢或中碳低合金钢，也可用于高碳工具钢或铸铁。为了给感应表层加热，准备合适的原始组织，并保证心部良好的力学性能，一般在表面淬火前先进行正火或调质，表面淬火后需进行低温回火，以减少淬火应力和降低脆性。

2. 火焰加热

火焰表面淬火(见图 4 - 20)是应用氧-乙炔(或其他可燃气)火焰,对零件表面进行加热,随后迅速喷水冷却的工艺。这种方法和其他表面加热淬火法比较,其优点是设备简单、成本低。但生产率低,质量较难控制,因此只适用于单件、小批量生产或大型零件,例如大型齿轮、轴、轧辊等的表面淬火。

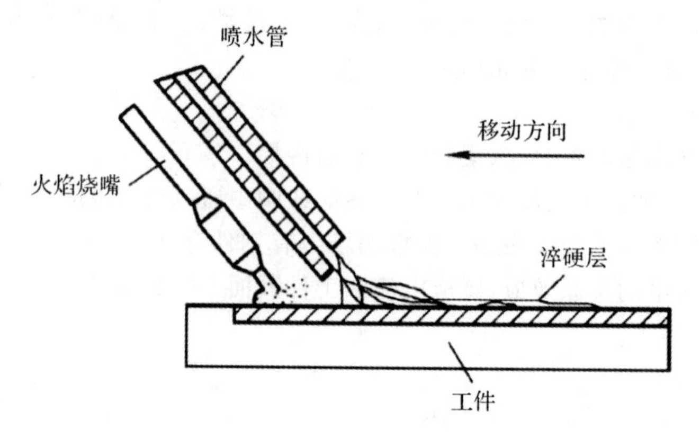

图 4 - 20　火焰淬火装置示意图

3. 激光加热

激光加热表面淬火(见图 4 - 21)是一种新型的高能量密度的强化方法。它利用激光束扫描工件表面,使工件表面迅速加热到临界温度以上,当激光束离开工件表面时,由于基体金属的大量吸热使表面迅速冷却,因此无须冷却介质。激光加热可使拐角、沟槽、盲孔底部、深孔内壁等一般热处理工艺难以解决的强化问题得到解决。

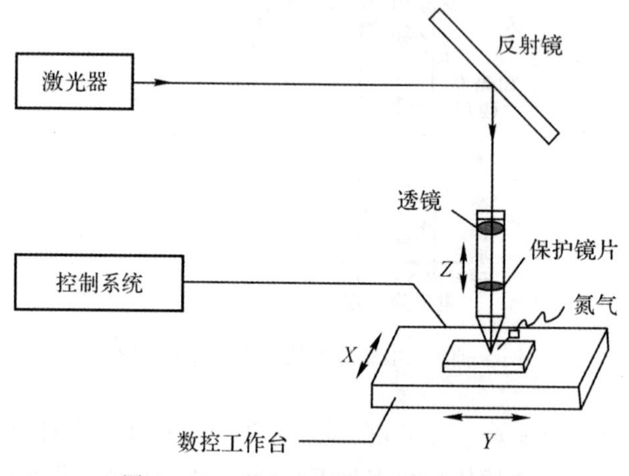

图 4 - 21　激光表面淬火工艺原理图

4.5.2　化学热处理

化学热处理是将钢件放入一定的化学介质中加热和保温,使介质中的活性原子渗入工件表面,使表面化学成分发生变化,从而改变金属的表面组织和性能的工艺过程。

化学热处理的目的是使工件心部具有足够的强度和韧性，而表面具有高的硬度和耐磨性；增高工件的疲劳强度；提高工件表面抗蚀性、耐热性等性能。

根据渗入的元素不同，化学热处理分为渗碳、渗氮、碳氮共渗、渗硼和渗硫等。

1. 渗碳

渗碳是向钢的表面渗入碳原子，使其表面达到高碳钢的含碳质量分数。渗碳主要有固体渗碳和气体渗碳两种方法，应用广泛的是气体渗碳法。

气体渗碳法是将工件放入密封的加热炉中（见图 4－22），加热到 900 ～ 950℃，然后滴入煤油、甲醇、甲烷等碳氢化合物，它们在炉膛内分解出活性碳原子，被工件表面吸收，并逐渐溶入奥氏体，向内扩散形成渗碳层。渗碳层的厚度决定于渗碳时间。气体渗碳可按每小时渗入 0.2 mm 计，一般渗碳层的厚度在 0.5 ～ 2 mm 之间。渗碳以后工件表面含碳质量分数为 0.8% ～ 1.0%，由表面至内部，含碳质量分数逐渐降低。渗碳时，工件上不允许渗碳的部位（如装配孔或螺纹）应采用镀铜保护。

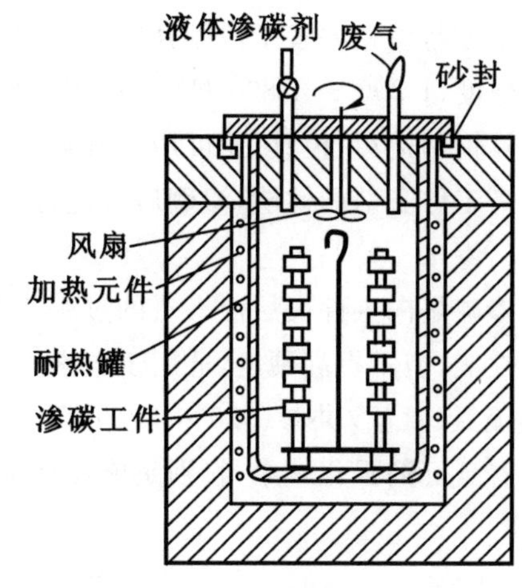

图 4－22　气体渗碳法示意图

为了获得外硬内韧的性能要求，渗碳后还必须进行淬火与低温回火，使表面硬度达到 60 ～ 65 HRC。

渗碳工艺主要用于低碳钢或低碳合金钢制成的齿轮、活塞销、轴类等重要零件，能够满足表面硬而耐磨，心部强而韧，具有较高的疲劳极限的性能要求。

2. 渗氮（氮化）

渗氮是将氮原子渗入钢件表面，形成以氮化物为主的渗氮层，以提高渗层的硬度、耐磨性、抗蚀性、疲劳强度等多种性能。渗氮种类很多，有气体渗氮法、盐浴氮化法、软氮化、离子氮化等。

气体渗氮法应用较广泛，这种方法是利用氨在 500 ～ 560℃ 加热时分解出活性氮原子，被工件表面吸收并向内部扩散形成氮化层。氮化层的化学稳定性高，与渗碳层相比，硬度、耐磨性高，抗蚀性也较高。氮化层的高硬度（1 000 ～ 1 100 HV 相当于 70 HRC）可以维持到 500℃，而渗碳层硬度在 200℃ 以上就明显下降。由于氮化的加热温度较低，所以变形很小。渗氮以后不再进行热处理，为保证零件内部的力学性能，在氮化前需要进行调质处理。氮化的主要缺点是时间太长，要得到 0.2 ～ 0.5 mm 的氮化层，氮化时间约需要 30 ～ 50 h。另外，氮化层较脆、较薄，所以不能承受太大的接触压力。所用的钢材也受到限制，须使用含 Al，Cr，Mo，Ti，V 等元素的合金钢。有些钢种是专门为氮化设计的，如 38 CrMoAl。

氮化常用于在交变载荷下工作的各种结构零件，尤其是要求耐磨性和高精密度以及在高温下工作的零件，如内燃机的曲轴、齿轮、量规、铸模、阀门等。

3. 碳氮共渗

碳氮共渗（又称氰化）是在钢件表面同时渗入碳和氮原子，形成碳氮共渗层，以提高工件的硬度、耐磨性和疲劳强度的处理方法。

高温碳氮共渗(820 ～ 920℃)以渗碳为主,渗后直接淬火,并进行低温回火。气氛中含有一定氮时,碳的渗入速度比相同温度下单独渗碳的速度高,而且在处理温度和时间相同时,碳氮共渗层要厚于渗碳层。

低温碳氮共渗(软氮化 520 ～ 580℃)以渗氮为主,主要用于硬化层要求薄、载荷小但变形要求严格的各种耐磨件以及刃具、量具、模具等。

4.渗硼

渗硼是将钢件置于渗硼介质中(800 ～ 1 000℃),保温 1 ～ 6 h,使活性硼原子渗入表层,获得高硬度(1 200 ～ 1 800 HV)、高耐磨性和良好的耐热性的表层。目前已有用结构钢渗硼代替工具钢制造刃、模具,还可用一般碳钢渗硼代替高合金耐热钢、不锈钢制造受热、受蚀零件。为提高工件心部的性能,渗硼后应进行调质处理。

5.渗硫

渗硫是向工件表层渗入硫的过程。低温(150 ～ 250℃)电解渗硫可降低摩擦因数,提高抗咬合性能,但不提高硬度,适用于碳素工具钢、渗碳钢、低合金工具钢、轴承钢等制造的工件。中温硫氮(硫氰)共渗(520 ～ 600℃,1 ～ 3 h)可获得减摩、耐磨与抗疲劳性能。其对刀具和模具具有良好的强化效果,特别是能使钻头、铰刀、铣刀、拉刀等刀具的使用寿命显著提高。

4.6 钢的其他热处理

4.6.1 无氧化热处理

普通热处理时钢往往是在空气中加热的,空气中的氧在高温下使钢表面氧化,并与钢表面的碳发生反应,使钢表层含碳质量分数降低(脱碳),影响零件的外观,降低表层力学性能。为了防止氧化脱碳,可将工件置于中性介质(氮气、氨气)或还原性介质(氢气、一氧化碳等)中加热,还可将工件置于真空中进行热处理。

4.6.2 强韧化处理

同时提高强度和韧性的工艺叫作强韧化处理。

1.获得板条状马氏体

板条状马氏体同时具有很高的强度和韧性。因此,设法获得板条状马氏体可以提高钢的强韧性。

中碳钢正常淬火时由于温度低,碳原子不能充分扩散,奥氏体的含碳质量分数不均匀。由渗碳体转变的奥氏体含碳质量分数高,淬火后得到针状马氏体。若提高加热温度,使奥氏体成分均匀,淬火后可得到单一板条状马氏体组织。高碳钢则用快速短时加热的方法,使渗碳体来不及溶入奥氏体,淬火后也可得到板条状马氏体。

2.超细化处理

超细化处理是把钢件快速加热到临界温度以上,再迅速冷却,反复数次可使钢获得超细晶粒(平均直径小于 3 μm),从而提高钢的强度和韧性。

3. 获得复合组织

在钢的淬火组织中若存在一定量的细小铁素体或残余奥氏体晶粒，可在不降低强度的情况下显著提高钢的韧性。例如，亚共析钢加热到奥氏体-铁素体两相区上部，保温后淬火，可得到马氏体和铁素体的复合组织，但铁素体量和晶粒大小要加以控制。

4. 形变热处理

形变热处理是把淬火和形变强化相结合，以提高钢的强韧性的工艺。

形变热处理可分为高温形变热处理和低温形变热处理。高温形变热处理是使钢先在奥氏体稳定区内进行变形，然后立即淬火。高温形变热处理可以大大提高钢的韧性，同时钢的强度和疲劳强度也有明显提高。利用锻造余热进行淬火就是一种高温形变热处理。低温形变热处理是使钢在过冷奥氏体区进行变形，然后立即淬火。低温形变热处理可以大大提高钢的强度和耐磨性，但要求钢具有较好的奥氏体稳定性。

4.7　其他材料的强化方法

4.7.1　高聚物的改性及强化

高聚物具有很多优良的性能，使用范围十分广泛。但也存在某些不足或缺点。例如，聚苯乙烯性脆；聚酰胺吸湿性大；聚碳酸酯易于应力开裂；有机硅树脂强度低；有些高聚物的化学稳定性不够而且易于老化。为了适应科学技术和工农业生产发展的需要，对高聚物有必要加以改性和强化。目前常采用化学改性和物理改性来满足技术要求。

1. 化学改性

化学改性又称结构改性，它主要包括共聚改性和交联改性。

(1) 共聚改性：共聚改性指由两种或两种以上的单体通过共聚反应而制得共聚物。它和由同种单体通过均聚反应制得的均聚物相比，由于大分子链的结构发生变化，引入了新的结构单元，从而改变了高聚物的性能。这种方法能将原来均聚物所固有的优良性能，有效地综合到同一共聚物中。目前常将共聚反应比喻成高聚物的冶金，把共聚物称为高聚物合金或高分子合金。

(2) 交联改性：交联改性指使高聚物线型或支链型大分子间彼此交联起来形成空间网状结构。交联的方法可以是一般的化学交联，也可以通过放射性同位素或高能电子射线辐照进行交联。由于它使高聚物的结构发生了根本改变，从而导致其性能发生相应的变化。

为了改善热固性塑料不能反复加热熔融的不足，近年来已出现一种离子聚合物，可将热固性塑料和热塑性塑料的特性综合起来。例如，乙烯与丙烯酸的共聚物，大分子链上带有羧基，具有酸的性质。如果用氯化镁处理这种共聚物，则二价的镁离子会与不同大分子上的羧基相结合而形成交联。这种通过金属离子键进行交联的高聚物称为离子聚合物。当加热至较高温度时，由于大分子键之间的羧基与镁离子断开而失去交联作用，此时离子聚合物便重新成为线型结构的热塑性塑料。冷却后，离子键又会使大分子形成交联结构而固化，这一过程可以多次反复地进行。

2. 物理改性

(1) 掺混改性：掺混改性又称共混改性，它是指高聚物中掺入低分子化合物或不同种类的高聚物,可以改善其性能。

高聚物的共混与金属合金不完全相同,合金中各种金属能完全溶成一相。而高分子共混物中,只有少数的高分子化合物之间能够互溶,大多数却不能互溶。故高分子共混物多为非均相体系,即一种高分子混杂在另一种高分子化合物之中。如天然橡胶与聚苯乙烯共混后,彼此并不完全相溶,而是由橡胶颗粒分散在聚苯乙烯中形成两相。由于聚苯乙烯中有橡胶微粒存在,共混物的冲击韧性显著提高。

(2) 填充、增强改性:为了满足各种应用领域对性能的要求,常常需要加入各种填充材料,以弥补树脂本身性能的不足,从而改善高聚物的性能,称之为填充改性。用作填充材料的种类很多,如锯木屑、高岭土、玻璃纤维、石墨、青铜粉、二硫化钼等。

增强改性是指在高聚物中填充各种增强材料,以提高机械强度,改善力学性能。

3. 复合改性

高聚物可以和各种材料,如金属、木材、水泥、橡胶以及各种纤维等复合。这种以热塑性或热固性塑料为基体材料,再与其他材料复合从而改善性能的方法称为塑料的复合改性。

由于塑料基复合材料具有高比强度与比模量,减摩、耐磨、抗疲劳与断裂性能好,化学稳定性优良,耐热、耐烧蚀,电、光、磁性能良好,因此得到了广泛应用。缺点是层间剪切强度低,韧性差,易老化,耐热性和表面硬度不够高,有时质量不易控制,有待进一步提高。

4.7.2 材料的复合强化

已经提到的高聚物复合改性从材料分类的角度看,也是一种典型的复合材料。

通常将两种以上宏观材料所组成的新材料定义为复合材料。它是由基体材料(高分子材料、金属、陶瓷等)和增强相(纤维、晶须、颗粒等)复合而成的具有优良性能的新型材料。复合材料可以根据其材料的特性、组合材料间的结合状态以及基体材料与增强材料间的结构方式等,或根据使用需要进行选择、设计、制造,使之满足力学性能和功能的要求。在颗粒增强的复合材料中,承受主要载荷的是基体材料,而在纤维增强的复合材料中,承受主要载荷的是纤维。

4.8 材料的表面处理技术

电镀、化学镀、真空镀、油漆等表面覆层处理是许多产品表面处理和表面装饰的通用技术,它不仅使产品美观、新颖和耐用,而且对一些有特殊要求的工业产品还能起到修复或赋予耐蚀、导电、易焊、反光、耐磨、耐高温等特殊功能的效果。总之,表面处理工艺几乎涉及大部分工业产品。表面覆层处理主要有镀层处理、化学膜层保护和非金属覆层等。

4.8.1 镀层处理

镀层处理包括电镀、化学镀和真空镀等。

1. 电镀

电镀是将具有导电表面的制件与电解质溶液接触并作为阴极,在外电流作用下,使制件表面上形成与基体牢固结合的镀覆层的工艺过程。

电镀除了防护装饰性外,还可获得许多特殊的功能。如在半导体器件上镀金,可以获得很低的接触电阻;在电子元件上镀铅-锡合金可以获得很好的钎焊性能;在活塞环及轴上镀硬铬可以获得很高的耐磨性等。

目前,广泛应用的电镀工艺有镀铜、镀镍、镀铬、镀锌、镀镉、镀银和镀金等。

2. 化学镀

当具有一定催化作用的制件表面与电解质溶液相接触时,在无外电流通过的情况下,利用化学物质的还原作用,可将有关物质沉积于制件表面并形成与基体结合牢固的镀覆层,这一过程称为化学镀。化学镀工艺在电子工业中有重要的地位,目前,化学镀镍、镀铜、镀银、镀金、镀钴、镀钯、镀铂、镀锡等在工业生产中已被采用。

3. 真空镀

真空镀是指在真空条件下,将金属气化成原子或分子,或者使其离子化成离子,直接沉积到镀件表面上的方法。真空镀的主要方法有蒸发镀、溅射镀和离子镀。

(1) 蒸发镀:蒸发镀是在真空条件下,加热熔融金属,使蒸发的金属原子或分子沉积在镀件的表面,形成金属膜的方法。

(2) 溅射镀:溅射镀是在真空条件下导入氩气,使之辉光放电,带正电的氩离子(Ar^+)在强电场的作用下轰击阴极,使构成阴极的原子被溅射到镀件表面形成膜层的方法。

(3) 离子镀:离子镀是在真空条件下,以惰性气体(Ar)和反应气体(O_2,N_2,CH_4)作介质,利用气体放电而发生离子化的部分蒸发物质的离子、中性粒子和非活性气体,一面轰击带负高压的镀件表面,一面生长成膜的方法。

真空镀由于附着力强,镀层均匀、致密,用料省,无公害等优点,成为世界上争相采用的先进技术之一。

4.8.2　化学膜层保护

1. 钢铁的氧化和磷化

(1) 钢铁的氧化:钢铁的氧化处理又称发蓝。将钢铁件放入含氢氧化钠、亚硝酸钠的溶液中处理,使其表面生成一薄层氧化膜,膜层的厚度约为 0.5 ~ 1.5 μm,一般呈蓝黑色或深黑色,含硅量较高的钢铁件氧化膜呈灰褐色和黑褐色。为了提高氧化膜耐腐蚀能力,可在发蓝后浸油或经磷酸盐或重铬酸盐处理。

钢铁的氧化处理广泛用于机械零件、电子设备、精密光学仪器、弹簧和兵器等的防护装饰方面。

(2) 钢铁的磷化:钢铁在某些酸性磷酸盐(如锌、锰、铁、钙等)为主的溶液中处理,使其表面沉积形成一层不溶于水的磷酸盐转化膜的过程称为钢铁的磷化。磷化层呈灰色和暗灰色的结晶状态,厚度一般在 1 ~ 50 μm,耐蚀能力为发蓝的 2 ~ 10 倍。

2. 铜及铜合金的氧化

铜及铜合金虽比钢铁有较好的抗蚀能力,但本身耐腐蚀能力仍较差。为提高其防护性能,采用氧化和钝化的方法,使工件表面生成一层氧化膜或钝化膜,它广泛应用于电器、仪表、电子工业和日用五金等零件的表面防护处理。

3. 铝及铝合金的氧化处理

铝及铝合金在大气中虽然能自然形成一层氧化膜,但膜薄(4 ~ 5 nm)、疏松且多孔,为不均匀、不连续的非晶态膜层，不能作为可靠的防护-装饰性膜层。

(1) 化学氧化：把铝和铝合金件放在化学溶液中获得氧化膜层，称为化学氧化法，膜层厚度约为 0.3 ～ 0.4 μm，质软、耐磨和抗蚀性能均低于阳极氧化膜。

(2) 阳极氧化：当具有导电表面的制件与电解质溶液接触，并作为阳极，在外电流作用下，在制件表面形成与基本结合牢固的氧化膜层的过程称为阳极氧化。铝合金阳极氧化膜厚度一般在 5 ～ 20 μm，氧化膜层光洁、光亮、透明度较高，再经染色，可得到各种色彩鲜艳的表面。

对于耐磨、耐热、绝缘等性能要求高的铝及铝合金零件，可采用硬质阳极氧化，它的膜厚度约达 60 ～ 250 μm。

4.8.3 非金属覆层

非金属覆层又称涂装，是利用喷射、涂饰等方法，将有机涂料覆于制件表面并形成与基本牢固结合的涂覆层的过程。

常见的涂装工艺有浸涂法、手工喷涂法、淋涂法以及经济效益比较高的静电喷涂法、电泳涂装法、粉末涂装法等。

表 4-2 列出了几种常见的涂装工艺。

表 4-2 几种常用的涂装工艺

涂装方法	内　容	主要特点	适用范围
自动浸涂	工件在悬链上，借悬链的驱动自动沉入漆槽中涂漆	省工省料，生产率高，但漆槽溶剂挥发量大，防火要求高	大批量生产和流水线生产，如轻工产品底漆的涂装
手工喷涂(包括无雾喷涂)	利用压缩空气、喷枪将雾化附着于工件表面	漆膜均匀平滑，质量好，但漆浪费较大(用无雾喷漆法可改善此状况)	各种形状的大面积工件和小工件
自动喷涂	利用电子和机械装置(或机械手)自动对工件喷涂	可以达到无人操作和流水线生产，但调整较麻烦	适于批量大、形状尺寸相同工件的自动流水线生产
静电喷涂	利用电晕放电使带电的雾化油漆微粒在高压直流电场作用下，被吸附于带异性电荷的工件表面上	油漆利用率较高，漆膜附着力好，表面质量好，便于涂装自动化。但工件凹孔、折角内边不易喷到	固定式适于大批量单一产品的自动流水线生产；手提式适于各类大、小产品及补漆。用于各种静电用漆和粉末涂料的工件
电泳涂漆	利用外加电场使漆液中的颜料和树脂等泳向作为电极的工件并沉积在工件表面上	漆膜均匀，附着力强，油漆利用率高，无火灾危险，便于涂装自动化，但表面预处理要求较高	主要用于大批量生产涂装打底漆用
流化床涂覆	利用粉末涂料在一定风压下呈"沸腾"状态，在略高于其熔点的预热工件表面上融合，冷却后成膜	涂层厚度大，涂覆速度快，不需要涂覆的部位可以遮盖	适于大小、形状不同的工件
淋涂	利用循环泵将漆液喷淋在工件表面上	工效高，漆液损失少，便于流水线生产	适于大批量单一工件底漆的涂装

续表

涂装方法	内　容	主要特点	适用范围
幕帘淋涂	使工件在连续不断往下流的漆液幕帘下通过而涂装	工效高，漆液损失少，便于流水线生产，但不能对工件垂直面涂漆	适于成批生产中只须涂覆单面的大平面工件
辊涂法	利用辊涂机械进行辊涂	能采用较高黏度涂料，漆膜厚度均匀，可机械化、自动化生产	适于平面板材涂装

4.9　金属热处理新工艺与发展趋势

4.9.1　金属热处理新工艺简介

传统热处理工艺往往存在污染大、效率低等问题，难以满足当前环境友好、绿色低能耗的生产要求。近年来，随着科学技术的不断发展，金属材料热处理工艺也得到了改进和创新，不仅提升了零件的质量和整体性能，而且大大降低了污染和能耗，更加符合国家建设生态文明的先进理念。下面对几种热处理新工艺作简要介绍，见表 4－3。

表 4－3　金属热处理新工艺简介

工艺名称	原　理	特　点	适用范围	简　图
真空热处理	采用真空炉进行零件热处理的工艺过程	1. 防止氧化，确保被处理的零件不发生氧化还原以及脱碳等反应 2. 表面净化与脱脂作用，防止零件表面的氧化膜等在加热过程中发生分解或挥发，从而使金属表面光洁 3. 脱气作用，真空下可以有效去除金属中的气体，有助于提升材料的力学性能 4. 蒸发作用，真空度过高时易导致金属元素的蒸发，因此真空热处理时需要选择合适的真空度	航空工业的机翼大梁、起落架及高强度螺栓等结构件，机械制造中的齿轮、轴类等零部件，以及所需的工具和模具	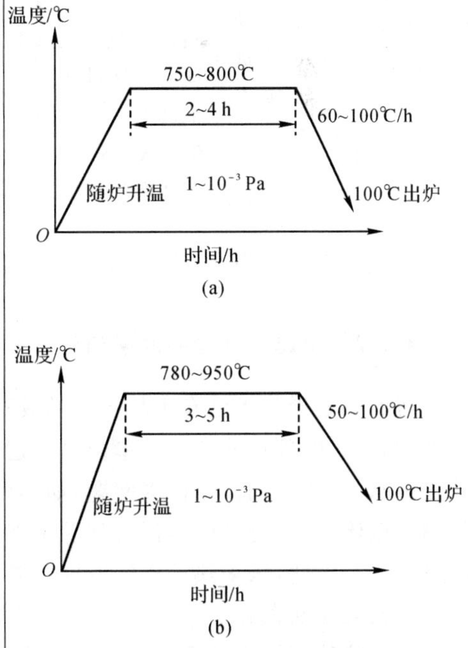 温度/℃ 750~800℃ 2~4 h 60~100℃/h 随炉升温　1~10⁻³ Pa 100℃出炉 O 时间/h (a) 温度/℃ 780~950℃ 3~5 h 50~100℃/h 随炉升温　1~10⁻³ Pa 100℃出炉 O 时间/h (b) 硅钢片真空退火工艺曲线图 (a)热轧硅钢片　(b)冷轧硅钢片

续表

工艺名称	原　理	特　点	适用范围	简　图
真空电子束局部热处理	电子束以线或面热源的形式对工件上的焊缝及热影响区内小面积范围进行散焦扫描加热，达到细化组织等目的	1. 电子束能量密度高，能够到达特定的局部区域进行加热 2. 电子束焊接在真空室里进行，具有无污染、效率高、精度高、节能等特点 3. 不需要额外的夹具，可以降低焊缝残余应力，提高焊接件的疲劳性能	适用于发动机零件以及大型飞机的框梁、壁板等具有复杂结构的零件，而且在电子、兵器和核工业等领域也有广泛应用	旁热阴极 控制栅极 加速阳极 聚焦系统 电子束斑点 工件 工作台 电子束局部热处理的工作示意图
计算机辅助热处理	利用计算机进行模拟，再通过智能控制对其进行切实有效的热处理操作	能够对热处理材料进行实时调节，使得材料的稳定性和有效性得到提升，同时能保证金属材料在整个过程中不会产生形状异常变化，而且效率高	适用于精密零件的热处理，以及对热处理参数比较敏感的零件热处理等	工业电炉热处理计算机集散控制系统

4.9.2　金属热处理的发展趋势

目前热处理技术已有了相当科学成熟的管理和生产体系，在污染问题上也取得了很大的突破，而且热处理行业的计量单位已经达到了纳米级别，控制更加地精密化。但是，相比于国外先进水平，我国仍存在许多问题，如热处理质量难以适应高端装配和关键零部件的要求，热处理的整体能耗依然巨大，污染问题未能从根本上得到解决，新一代的高端热处理设备仍然依赖进口等。因此，未来热处理的发展主要围绕以下几个方面。

1. 热处理绿色化

传统热处理污染严重、能耗高，制约了其发展，因此，发展低能耗、低污染的绿色热处理是一个重要的研究方向。当前在热处理绿色化方面已取得了一定的成果，如真空低压渗碳技术、高压气淬技术、可控气氛热处理减量化技术、余热利用热处理技术、真空清洗技术、精密可控渗氮技术等。这些技术的开发极大地提升了热处理技术和企业生产水平，提高了机械产品质量和产品的市场竞争力，但是仍存在诸多问题，例如可控气氛热处理技术中的碳利用率只有 2% 左右，高压气淬过程中会遇到冷却速度小、工件变形等问题，因此热处理绿色化仍是未来研究发展的一个方向。

2. 热处理精密化

热处理精密化是采用先进的工艺设计、设备与检测体系精密控制热处理工艺过程，以实现组织、表面及尺寸、残余应力场的精密化控制，赋予材料和关键构件稳定且分散度小的极限性能以及极限服役性能，保证其服役寿命长和可靠性高。

3. 热处理智能化

热处理智能化是通过运用计算机技术、精密传感技术、精密控制技术，以提高热处理质量和工作效率，实现节能环保，降低生产劳动强度和人力成本。其基本要素包括热处理工艺的设计与优化、热处理装备的设计与优化、热处理工艺过程的智能控制(见图 4 - 23)，综合应用计算机模拟、实验研究和大数据等手段来提高工件的质量和整体性能。其中计算机模拟是核心技术，可以用来预测淬火冷却的终止温度以及不同冷却速率下的硬度变化情况等，未来智能热处理的研究将会向精确预测生产结果和实现可靠质量控制的方向发展。

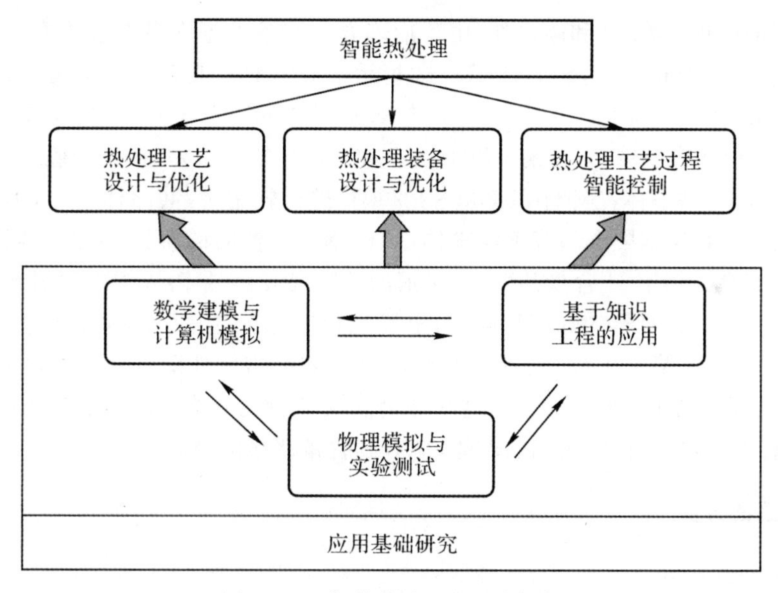

图 4 - 23　智能热处理的基本框架

第5章 金属材料

5.1 碳 钢

目前工业上使用的钢铁材料中，碳钢占有很重要的地位，它是各种机器零件和结构的主要材料，为此，我们必须正确了解我国碳钢的分类、牌号、用途，以及一些常存杂质元素对碳钢的影响，以便正确选择、合理使用碳钢。

5.1.1 碳钢的成分及其影响

实际使用的碳钢，除了铁和碳以外，由于冶炼方法和条件等许多因素的影响，不可避免地存在有其他元素，如 Mn，Si，P，S，H，O 等，这些元素对钢的性能有一定影响。Mn，Si 被称为有益元素，它们对钢具有强化作用，Mn 还能与 S 形成 MnS(熔点 1 620℃)，减轻 S 的有害作用。S 在 α - Fe 中溶解度极小，在钢中以 FeS 存在。FeS 塑性很差，使钢变脆，尤其 FeS 与 Fe 形成低熔点(985℃)共晶体，当钢在 1 000～1 200℃进行轧制时，共晶体熔化，钢材变脆，这种现象称为热脆性。P 在钢中全部溶于铁素体，导致钢在室温时的塑性、韧性急剧降低，这种脆化现象称为冷脆性。钢中 H 含量甚微，但对钢的危害很大，一是溶入钢中后引起“氢脆”，使钢的塑性下降，脆性增大，且钢的强度越高，对氢脆也越敏感。二是引起大量的微裂纹——白点的产生，使钢的延伸率显著下降，尤其是断面收缩率和冲击韧性降低更多。O 在钢中的溶解度很小，几乎全部以氧化物形成存在。这些非金属夹杂物的存在，使钢的性能下降。故 P，S，H，O 为钢中有害元素，直接影响钢的性能，应对其含量严格限制。

5.1.2 钢的分类

1. 按冶炼方法分类

按冶炼炉的不同，碳素钢有平炉钢、转炉钢和电炉钢；按脱氧方法的不同，又可分为沸腾钢(F)、镇静钢(Z)、半镇静钢(b)和特殊镇静钢(TZ)。

2. 按质量分类

按质量的不同，碳素钢可为以下几种：

普通质量钢($w_S \leqslant 0.050\%$，$w_P \leqslant 0.045\%$)；

优质钢($w_S \leqslant 0.035\%$，$w_P \leqslant 0.035\%$)；

高级优质钢($w_S \leqslant 0.020\%$，$w_P \leqslant 0.030\%$)；

特级优质钢($w_S \leqslant 0.015\%$，$w_P \leqslant 0.025\%$)。

3. 按用途分类

按用途不同，碳素钢可为以下两种：

结构钢：包括工程结构钢（如桥梁、船舶、建筑构件等）和机器零件用钢（如齿轮、轴、螺母、弹簧、滚动轴承等）。

工具钢：主要用于制造工具，如刃具、模具、量具等。

4.按含碳质量分数分类

碳素钢分为低碳钢（$w_C \leqslant 0.25\%$）、中碳钢（$w_C > 0.25\% \sim 0.6\%$）和高碳钢（$w_C > 0.6\%$）。

5.1.3 碳钢的编号方法(见表5-1)

表5-1 碳钢的编号方法

分类	编号方法	
	举例	说明
碳素结构钢	Q235-A·F	“Q”为屈字的汉语拼音字首，后面的数字为屈服点（MPa）；A，B，C，D表示质量等级，从左至右，质量依次提高；F，b，Z，TZ分别是沸腾钢、半镇静钢、镇静钢和特殊镇静钢的“沸”“半”“镇”“特镇”汉语拼音字首。Q235-A·F表示屈服点为235 MPa、质量为A级的沸腾钢
优质碳素结构钢	45 40Mn	两位数字表示钢的平均含碳质量分数，以0.01%为单位。如45钢，表示平均含碳质量分数为0.45%的优质碳素结构钢。40Mn钢，表示平均含碳质量分数为0.40%的较高含Mn量比例的优质碳素结构钢
碳素工具钢	T8 T8A	“T”为碳字的汉语拼音字首，后面的数字表示钢的平均含碳质量分数，以0.10%为单位。如T8表示平均含碳质量分数为0.80%的碳素工具钢，T8A中的“A”表示高级优质
一般工程用铸造碳钢	ZG200-400	“ZG”代表铸钢，为其汉语拼音字首，后面第一组数字为最低屈服强度（MPa）；第二组数字为最低抗拉强度（MPa）。如ZG200-400表示屈服强度不低于200 MPa、抗拉强度不低于400 MPa的碳素铸钢

5.1.4 碳素结构钢

碳素结构钢主要用于一般结构和构件，产品有热轧钢板、钢带、型钢、棒钢，可供焊接、铆接、栓接构件用，一般在供应状态下使用（即不进行热处理而直接使用）。这种钢共有5大牌号，是以钢材厚度（或直径）不大于16 mm的钢的屈服极限（R_e）来划分的，又以质量等级和脱氧方法把每一类划分为更细的钢种，详见表5-2。

Q195，Q215-A，Q215-B含碳质量分数较低，塑性好，强度较低，一般用于螺钉、螺母、垫片、钢窗等强度要求不高的工件。

Q235-A可用于农机具中不太重要的工件，如拉杆、小轴、链等，也可用于建筑钢筋、钢板、型钢等。

Q235-B可作为建筑工程中质量要求较高的焊接构件，在机械中可用作一般的转动轴、吊钩、自行车架等。

Q235－C，Q235－D质量较好，可用作一些较重要的焊接构件及机件。

Q275强度较高，可用作摩擦离合器、刹车钢带等。

表5－2　碳素结构钢的牌号、化学成分及性能(GB/T 700—2006)

<table>
<tr><th rowspan="2">牌　号</th><th rowspan="2">统一数字代号</th><th rowspan="2">等级</th><th colspan="5">化学成分/(%)，≤</th><th rowspan="2">脱氧方法</th><th colspan="3">力学性能</th></tr>
<tr><th>C</th><th>Mn</th><th>Si</th><th>S</th><th>P</th><th>R_{eH}/MPa</th><th>R_m/MPa</th><th>A/(%)</th></tr>
<tr><td>Q195</td><td>U11952</td><td>—</td><td>0.12</td><td>0.50</td><td>0.30</td><td>0.040</td><td>0.035</td><td>F，Z</td><td>195</td><td>315～430</td><td>33</td></tr>
<tr><td rowspan="2">Q215</td><td>U12152</td><td>A</td><td rowspan="2">0.15</td><td rowspan="2">1.20</td><td rowspan="2">0.35</td><td>0.050</td><td rowspan="2">0.045</td><td rowspan="2">F，Z</td><td rowspan="2">215</td><td rowspan="2">335～450</td><td rowspan="2">31</td></tr>
<tr><td>U12155</td><td>B</td><td>0.045</td></tr>
<tr><td rowspan="4">Q235</td><td>U12352</td><td>A</td><td>0.22</td><td rowspan="4">1.40</td><td rowspan="4">0.35</td><td>0.050</td><td rowspan="2">0.045</td><td rowspan="2">F，Z</td><td rowspan="4">235</td><td rowspan="4">370～500</td><td rowspan="4">26</td></tr>
<tr><td>U12355</td><td>B</td><td>0.20</td><td>0.045</td></tr>
<tr><td>U12358</td><td>C</td><td rowspan="2">0.17</td><td>0.040</td><td>0.040</td><td>Z</td></tr>
<tr><td>U12358</td><td>D</td><td>0.035</td><td>0.035</td><td>TZ</td></tr>
<tr><td rowspan="4">Q275</td><td>U12752</td><td>A</td><td>0.24</td><td rowspan="4">1.50</td><td rowspan="4">0.35</td><td>0.050</td><td>0.045</td><td>F，Z</td><td rowspan="4">275</td><td rowspan="4">410～540</td><td rowspan="4">22</td></tr>
<tr><td>U12755</td><td>B</td><td>0.22</td><td>0.045</td><td>0.045</td><td>Z</td></tr>
<tr><td>U12758</td><td>C</td><td rowspan="2">0.22</td><td>0.040</td><td>0.040</td><td>Z</td></tr>
<tr><td>U12759</td><td>D</td><td>0.035</td><td>0.035</td><td>TZ</td></tr>
</table>

注：1. 表中符号：Q为屈服点“屈”字汉语拼音字母的字头；A、B、C、D为质量等级；F为沸腾钢；Z为镇静钢；TZ为特殊镇静钢；在牌号中Z和TZ符号予以省略。

2. 拉伸实验值适于钢板厚度或直径≤16 mm的钢材。

3. Q195的屈服强度值仅供参考，不作为交货条件。

5.1.5　优质碳素结构钢

这类钢与普通结构钢相比，有害杂质及非金属夹杂物含量较少，塑性和韧性较高，多用于制造重要零件。根据化学成分的不同，这类钢又分为普通含锰质量分数钢和较高含锰质量分数钢两类。

1. 正常含锰质量分数的优质碳素结构钢

所谓正常，指对于含碳质量分数小于0.25%的优质碳素结构钢，其含锰质量分数为0.35%～0.65%，而对于含碳质量分数大于0.25%的优质碳素结构钢，其含锰质量分数为0.50%～0.80%，表5－3中有17种。

2. 较高含锰质量分数的优质碳素结构钢

所谓较高含锰质量分数，指对于含碳质量分数为0.15%～0.60%的优质碳素结构钢，其含锰质量分数为0.7%～1.0%，而对于含碳质量分数大于0.60%的优质碳素结构钢，其含锰质量分数为0.90%～1.20%，表5－3有11种。此类钢仍属于优质碳素结构钢，而非合金钢。

优质碳素结构钢总共有31种牌号，含有低碳钢、中碳钢和高碳钢。随着钢中含碳质量分数的不同，其力学性能也不同，可用来制作各种机械零件。例如：

08F钢塑性好、强度较低，可用于各种冷变形加工成形件。

10～25等低碳钢焊接性能和冷冲压工艺性好，可用来制造各种标准件、轴套、容器等，也可以通过适当热处理(渗碳、淬火、回火)制成表面高硬度、心部有较高韧性和强度的耐磨损、耐冲击的零件,如齿轮、凸轮、销轴、摩擦片、水泥钉等。

中碳钢通过适当热处理(调质、表面淬火等)可制作有良好综合力学性能要求的机件及表面耐磨、心部韧性好的零件,如传动轴、发动机连杆、机床齿轮等。

高碳碳素结构钢经适当热处理后可获得高的 $R_{r0.01}$ 和屈强比,以及足够的韧性和耐磨性,可用于制造小直径的弹簧、重钢轨、轧辊、铁锹、钢丝绳等。

表 5-3　优质碳素结构钢的牌号、成分及性能(参照 GB/T 699—2015)

牌号	化学成分/%			力学性能					交货硬度 HBW	
	C	Si	Mn	R_m/MPa	R_{eL}/MPa	A_s/%	Z/%	A_k/J	≤	
				不小于					未热处理	退火钢
08	0.05～0.11	0.17～0.37	0.35～0.65	325	195	33	60	—	131	—
10	0.07～0.13	0.17～0.37	0.35～0.65	335	205	31	55	—	137	—
15	0.12～0.18	0.17～0.37	0.35～0.65	375	225	27	55	—	143	—
20	0.17～0.23	0.17～0.37	0.35～0.65	410	245	25	55	—	156	—
25	0.22～0.29	0.17～0.37	0.50～0.80	450	275	23	50	71	170	—
30	0.27～0.34	0.17～0.37	0.50～0.80	490	295	21	50	63	179	—
35	0.32～0.39	0.17～0.37	0.50～0.80	530	315	20	45	55	197	—
40	0.37～0.44	0.17～0.37	0.50～0.80	570	335	19	45	47	217	187
45	0.42～0.50	0.17～0.37	0.50～0.80	600	355	16	40	39	229	197
50	0.47～0.55	0.17～0.37	0.50～0.80	630	375	14	40	31	241	207
55	0.52～0.60	0.17～0.37	0.50～0.80	645	380	13	35	—	255	217
60	0.57～0.65	0.17～0.37	0.50～0.80	675	400	11	35	—	255	229
65	0.62～0.70	0.17～0.37	0.50～0.80	695	410	10	30	—	255	229
70	0.67～0.75	0.17～0.37	0.50～0.80	715	420	9	30	—	269	229
75	0.72～0.80	0.17～0.37	0.50～0.80	1080	880	7	30	—	285	241
80	0.77～0.85	0.17～0.37	0.50～0.80	1080	930	6	30	—	285	241
85	0.82～0.90	0.17～0.37	0.50～0.80	1130	980	6	30	—	302	255
15Mn	0.12～0.18	0.17～0.37	0.70～1.00	410	245	26	55	—	163	—
20Mn	0.17～0.23	0.17～0.37	0.70～1.00	450	275	24	50	—	197	—
25Mn	0.22～0.29	0.17～0.37	0.70～1.00	490	295	22	50	71	207	—
30Mn	0.27～0.34	0.17～0.37	0.70～1.00	540	315	20	45	63	217	187
35Mn	0.32～0.39	0.17～0.37	0.70～1.00	560	335	18	45	55	229	197

续表

牌号	化学成分 %			力学性能					交货硬度 HBW	
	C	Si	Mn	$\frac{R_m}{MPa}$	$\frac{R_{eL}}{MPa}$	$\frac{A_s}{\%}$	$\frac{Z}{\%}$	$\frac{A_k}{J}$	≤	
				不小于					未热处理	退火钢
40Mn	0.37～0.44	0.17～0.37	0.70～1.00	590	355	17	45	47	229	207
45Mn	0.42～0.50	0.17～0.37	0.70～1.00	620	375	15	40	39	241	217
50Mn	0.48～0.56	0.17～0.37	0.70～1.00	645	390	13	40	31	255	217
60Mn	0.57～0.65	0.17～0.37	0.70～1.00	690	410	11	35	—	269	229
65Mn	0.62～0.70	0.17～0.37	0.70～1.00	735	430	9	30	—	285	229
70Mn	0.67～0.75	0.17～0.37	0.70～1.00	785	450	8	30	—	285	229

注：力学性能仅适用于截面尺寸≤80 mm 的钢棒。

5.1.6 碳素工具钢

这类钢是含碳质量分数为 0.65%～1.35%的碳素钢，主要用于制作各种小型工具，可进行淬火、低温回火处理获得高硬度和高耐磨性，分为优质级(w_S≤0.030%，w_P≤0.035%)和高级优质级(w_S≤0.020%，w_P≤0.030%)两大类，见表 5-4。

表 5-4 碳素工具钢的牌号、化学成分、性能及用途(参照 GB/T 1299—2014)

<table>
<tr><th rowspan="3">牌号</th><th colspan="5">化学成分
%</th><th colspan="2">淬火</th><th colspan="2">回火</th><th rowspan="3">应用举例</th></tr>
<tr><th rowspan="2">C</th><th>Mn</th><th>Si</th><th>S</th><th>P</th><th rowspan="2">加热温度
℃</th><th rowspan="2">硬度
HRC</th><th rowspan="2">加热温度
℃</th><th rowspan="2">硬度
HRC</th></tr>
<tr><th colspan="4">≤</th></tr>
<tr><td>T7</td><td>0.65～0.74</td><td rowspan="6">0.40</td><td rowspan="6">0.35</td><td rowspan="3">0.03</td><td rowspan="3">0.035</td><td>800～820
水淬</td><td>62～64</td><td>200～250</td><td>55～60</td><td>承受冲击、震动的工具，如锤头、锯、钻头、木工用凿子</td></tr>
<tr><td>T8</td><td>0.75～0.84</td><td>780～800
水淬</td><td>63～65</td><td>150～240</td><td>55～60</td><td>硬度、耐磨性要求较高的工具，如加工木材用的铣刀、木工工具等</td></tr>
<tr><td>T10</td><td rowspan="2">0.95～1.04</td><td rowspan="2">760～780
水淬</td><td rowspan="2">63～65</td><td rowspan="2">200～250</td><td rowspan="2">60～64</td><td rowspan="2">要求耐磨、不受强烈震动的工具，如丝锥、板牙、锯条、刨刀、小型冲模等</td></tr>
<tr><td>T10A</td><td>0.02</td><td>0.03</td></tr>
<tr><td>T13</td><td rowspan="2">1.25～1.35</td><td>0.03</td><td>0.035</td><td rowspan="2">760～780
水淬</td><td rowspan="2">63～65</td><td rowspan="2">150～270</td><td rowspan="2">62～64</td><td rowspan="2">要求高硬度但不受冲击的工具，如锉刀、量具、刮刀等</td></tr>
<tr><td>T13A</td><td>0.02</td><td>0.03</td></tr>
</table>

5.1.7 一般工程用铸造碳素钢

在工业生产中会遇到一些形状复杂的零件，不便于用锻压制成毛坯，而铸铁又保证不了塑性的要求，这时可采用铸钢件，见表 5－5。

表 5－5 一般工程用铸造碳钢(参照 GB/T 11352—2009)

牌号	化学成分/%					力学性能					用途
	C	Si	Mn	P	S	R_{eH}/MPa	R_m/MPa	A/%	Z/%	A_k/J	
	≤										
ZG200－400	0.20	0.60	0.80	0.035	0.035	200	400	25	40	47	有良好的塑性、韧性和焊接性。用于受力不大、要求韧性好的各种机械零件，如机座、变速箱壳等
ZG230－450	0.30	0.60	0.90	0.035	0.035	230	450	22	32	35	有一定的强度和较好的塑性、韧性，焊接性良好。用于受力不大、要求韧性好的各种机械零件，如外壳、轴承盖、底板、阀体、犁柱等
ZG270－500	0.40	0.60	0.90	0.035	0.035	270	500	18	25	27	有较高的强度和较好的塑性，铸造性良好，焊接性尚好，切削性好。用于制作轧钢机机架、轴承座、连杆、箱体、曲轴、缸体等
ZG310－570	0.50	0.60	0.90	0.035	0.035	310	570	15	21	24	强度和切削性良好，塑性、韧性较低。用于载荷较高的零件，如大齿轮、缸体、制动轮、辊子等
ZG340－640	0.60	0.60	0.90	0.035	0.035	340	640	10	18	16	有高的强度、硬度和耐磨性，切削性良好，焊接性较差，流动性好，裂纹敏感性较大。用于制作齿轮、棘轮等

注：表中所列性能适应于厚度为 100 mm 以下的铸件；冲击试样为 2 mm 的 U 形缺口。

铸钢的铸造工艺性差，易出现浇不足、缩孔和晶粒粗大等缺陷。为了提高钢液的流动性，浇注温度可能很高，这样容易使铸钢件中出现过热的魏氏组织。所谓魏氏组织是指在原来粗大的奥氏体晶粒内随温度下降由相变产生的粗大针状铁素体，使钢的塑性、韧性下降。魏氏组织可通过完全退火加以消除。

5.2 铸　　铁

5.2.1 铸铁的成分和性能

铸铁是含碳质量分数大于2.11%，含杂质比钢多的铁碳合金。常用铸铁的化学成分有：含碳质量分数为2.5%～4.0%，含硅质量分数为1.0%～3.5%，含锰质量分数为0.5%～1.5%，含磷质量分数<0.2%，含硫质量分数<0.15%，有时尚含有一定量的合金元素，如Cr，Mo，V，Cu，Al等。

铸铁的强度、塑性和韧性较差，不易进行锻造，其含碳质量分数接近于共晶成分，所以熔点低，流动性好，具有优良的铸造性能；此外，它的含碳质量分数和含硅量较高，碳大部分不再以化合状态(Fe_3C)而以游离的石墨状态存在，石墨本身具有润滑作用，使铸铁具有良好的减摩性和切削加工性，且铸铁生产方法简便，成本低廉。因此，目前铸铁仍是重要的机器结构材料之一，常用于制作机床床身、主轴箱、尾架、减速机箱盖、箱座、内燃机气缸体、缸套、活塞环、凸轮轴、曲轴等零件。在各类机械中，铸铁件约占机器总质量的45%～90%。

5.2.2 铸铁的石墨化

1. 铸铁的石墨化过程

铸铁组织中石墨的形成叫作“石墨化”过程。

在铁碳合金中，碳可能以两种形式存在，即化合状态的渗碳体(Fe_3C)和游离状态的石墨(常用G来表示)。渗碳体在高温下进行长时间加热便会分解为铁和石墨($Fe_3C \rightarrow 3Fe+G$)。可见，渗碳体并不是一种稳定的相，而是一种亚稳定的相；石墨才是一种稳定的相。在铁碳合金的结晶过程中，从液体或奥氏体中析出的通常是渗碳体而不是石墨，这主要是因为渗碳体的含碳质量分数(6.69%)较之石墨的含碳质量分数(≈100%)更接近合金成分的含碳质量分数(2.5%～4.0%)，析出渗碳体时所需的原子扩散量较小，渗碳体晶核的形成较容易。但在极其缓慢冷却(即提供足够的扩散时间)的条件下，或在合金中含有可促进石墨形成的元素(如Si等)时，在铁碳合金的结晶过程中，便会直接从液体或奥氏体中析出稳定的石墨相。因此，对铁碳合金的结晶过程来说，实际上存在两种相图，如图5-1所示。图中实线部分为亚稳定的$Fe-Fe_3C$相图，虚线部分是稳定的$Fe-G$相图。视具体合金的结晶条件不同，铁碳合金可以全部或部分地按照其中的一种或另一种相图进行结晶。

如果全部按照$Fe-G$相图进行结晶，则铸铁(含碳质量分数为2.5%～4.0%)的石墨化过程可分为三个阶段：

第一阶段，即在1 154℃时通过共晶反应而形成石墨：

$$L_{C'} \longrightarrow A_{E'}+G$$

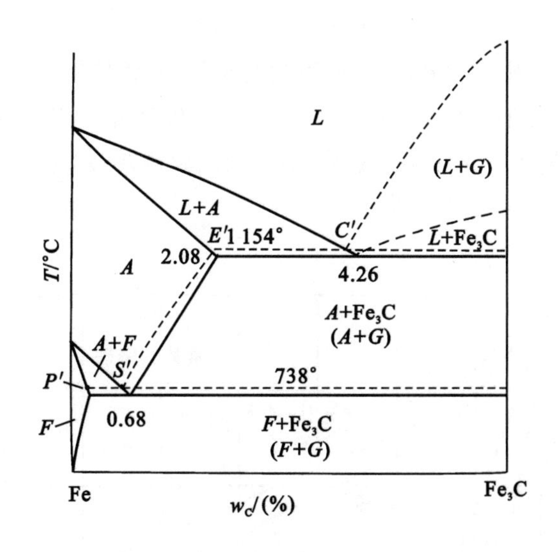

图 5-1 铁碳合金的两种相图

第二阶段，即在 1 154～738℃的冷却过程中，从奥氏体中不断析出二次石墨 $G_{Ⅱ}$。

第三阶段，即在 738℃时通过共析反应而形成石墨：

$$A_{S'} \longrightarrow F_{P'} + G$$

由于铸铁在高温区冷却时，原子的扩散能力较强，其第一阶段和第二阶段的石墨化是较易进行的，即可按照 Fe－G 相图进行结晶，凝固后得到($A+G$)组织；随后在较低温度下的第三阶段的石墨化，则常因铸铁的成分及冷却速度等条件的不同，被全部或部分地抑制，从而得到三种不同的组织，即 $F+G$，$F+P+G$ 及 $P+G$。

2. 影响石墨化的因素

影响铸铁石墨化的主要因素是化学成分和冷却速度。

(1)化学成分的影响：各种元素对石墨化过程的影响互有差别。这里仅介绍铸铁中常见的五种元素 C，Si，Mn，P，S 对铸铁的影响。

C 与 Si 是强烈促进石墨化的元素。铸铁的 C，Si 含量越高，石墨化进行得越充分。试验表明，在铸铁中每增加 1%的 Si，能使共晶点含碳质量分数相应降低 0.33%。硅除能促进石墨化外，还可改善铸造性能，如提高铸铁的流动性和降低收缩率等。

P 对铸铁的石墨化作用不显著，但能提高铁水的流动性，改善其铸造性能。由于 P 在铸铁中易生成 Fe_3P，常与 Fe_3C 形成共晶组织分布在晶界上，增加铸铁的硬度和脆性，故一般应限制其含量。

S 是强烈阻碍石墨化的元素，并降低铁水的流动性，使铸铁的铸造性能恶化，因此必须严格控制其含量。

Mn 也是阻碍石墨化的元素。但它和硫有很大的亲和力，在铸铁中能与 S 形成 MnS，减弱 S 对石墨化的有害作用，故 Mn 含量允许在较高的范围存在。

(2)冷却速度的影响：冷却速度对铸铁石墨化的影响也很大。冷却速度越慢，越有利于石墨化的进行。冷却速度受造型材料、铸造方法和铸件壁厚等因素的影响。例如，金属型铸造冷却快,砂型铸造冷却较慢;薄壁铸件冷却快,厚壁铸件冷却慢。

图 5-2 表示化学成分(C+Si)和冷却速度(铸件壁厚)对铸件组织的综合影响。从图中可以看出,对于薄壁铸件,容易形成白口铸铁组织。要获得灰口组织,应增加铸铁的 C,Si 含量。而对于壁厚大的铸件,为避免得到过多的石墨,应适当减少铸铁的 C,Si 含量。因此,必须按照铸件的壁厚选定铸铁的化学成分和牌号。

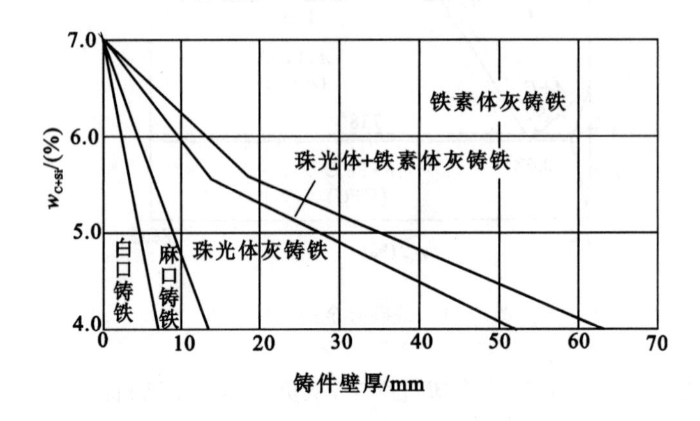

图 5-2　铸铁的成分和冷却速度对铸铁组织的影响

5.2.3　铸铁的分类

根据铸铁在结晶过程中的石墨化程度不同,铸铁可分为三类。

(1)灰口铸铁:即在第一和第二阶段石墨化的过程中都得到了充分石墨化的铸铁,其断口为暗灰色。工业上所用的铸铁几乎都属于这类铸铁。

(2)白口铸铁:即在三个阶段的石墨化全部都被抑制,完全按照 $Fe-Fe_3C$ 相图进行结晶而得到的铸铁。这类铸铁组织中的碳全部呈化合碳的状态,形成渗碳体,并具有莱氏体组织,其断口白亮,性能硬脆,在工业上很少应用,主要用作炼钢原料。

(3)麻口铸铁:即在第一阶段的石墨化过程中未得到充分石墨化的铸铁,其组织介于白口铸铁与灰口铸铁之间,含有不同程度的莱氏体,具有较大的硬脆性,工业上也很少应用。

根据铸铁中石墨形态的不同,灰口铸铁又分为灰铸铁、球墨铸铁、可锻铸铁、蠕墨铸铁和特殊性能铸铁等。

5.2.4　灰铸铁

灰铸铁的牌号以其汉语拼音的缩写 HT 及 3 位数的最小抗拉强度值来表示。例如 HT200 表示该灰铸铁浇铸出的 ϕ30 mm 的单铸试棒测得的抗拉强度值不小于 200 MPa。GB/T 9439—2010 将灰铸铁分为 8 个牌号,其中后 3 个牌号必须进行孕育处理才能获得,灰铸铁的牌号及应用如表 5-6 所示。

(1)灰铸铁的组织与性能特点:灰铸铁的显微组织是由金属基体与片状石墨所组成,相当于在钢的基体上嵌入了大量石墨片。灰铸铁按金属基体不同分为铁素体灰铸铁、铁素体+珠光体灰铸铁和珠光体灰铸铁(见图5－3)。

石墨的强度、塑性和韧性极低,接近于零。因此灰铸铁的组织相当于钢的基体上存在很多裂纹。这就决定了灰铸铁的力学性能较差,抗拉强度很低(R_m＝100～400 MPa),塑性几乎为零(A＝0.5％),但抗压强度与钢相近,并且具有良好的铸造性能(流动性好、收缩小)、减振性、耐磨性和低的缺口敏感性。另外,由于灰铸铁成本低廉,所以应用广泛。

铸铁的性能与铸件壁厚尺寸有关,因此表5－6中所列各种铸铁牌号的性能均对应有一定的铸件壁厚尺寸,在根据零件的性能要求选择铸铁牌号时,必须同时注意到零件的壁厚尺寸。例如,一壁厚为30～50 mm的零件,要求抗拉强度为200 MPa,选择的牌号应为HT250而不用HT200。若零件的壁厚过大或较小而表中所列数据不够用时,则应根据具体情况适当提高或降低铸铁的牌号。

(2)灰铸铁的孕育处理:为了改善铸铁的组织,提高灰铸铁的强度和其他性能,生产中常进行孕育处理。

孕育处理就是在浇注前往铁液中加入孕育剂,使石墨细化,基体组织细密(珠光体基体)。生产中常用的孕育剂是含硅质量分数为75％的硅铁,加入量为铁水质量的0.25％～0.6％。

孕育铸铁的强度、硬度比普通灰铸铁显著提高,如R_m＝250～400 MPa,170～270 HBS。

孕育铸铁适用于静载荷下要求较高强度、高耐磨性或高气密性的铸件,特别是厚大铸件。

图5－3　灰铸铁金相组织

(a)铁素体灰铸铁　(b)铁素体＋珠光体灰铸铁　(c)珠光体灰铸铁

表5－6　灰铸铁的牌号、性能及用途(参照GB/T 9439—2010)

牌号	铸件壁厚/mm		最小抗拉强度/MPa	硬度 HBW	铸铁类别	用　途
	大于	至				
HT100	5	40	100	≤170	铁素体灰铸铁	铸造性能好,工艺简便,减振性能优良。适于载荷很小,对摩擦、磨损无特殊要求的零件,如盖、外罩、油盘、手轮、支架、底板、重锤等

续表

牌号	铸件壁厚/mm		最小抗拉强度/MPa	硬度 HBW	铸铁类别	用　途
	大于	至				
HT150	5	10	—	125～205	铁素体＋珠光体灰铸铁	性能特点与 HT100 基本相同，用于承受中等载荷的零件，如支柱、机座、箱体、法兰、泵体、阀体、轴承座、工作台、皮带轮等
	10	20	—			
	20	40	120			
	40	80	110			
	80	150	100			
	150	300	90			
HT200	5	10	—	150～230	珠光体灰铸铁	强度较高，耐热、耐磨性较好，减振性良好，铸造性能也较好，但铸件需进行人工时效，适用于承受较大载荷或较为重要的零件，如汽缸体、汽缸盖、活塞、刹车轮、联轴器盘、油缸、泵体、阀体、齿轮、机座、机床床身及立柱等
	10	20	—			
	20	40	170			
	40	80	150			
	80	150	140			
	150	300	130			
HT225	5	10		170～240		
	10	20				
	20	40	190			
	40	80	170			
	80	150	155			
	150	300	145			
HT250	5	10	—	180～250		
	10	20	—			
	20	40	210			
	40	80	190			
	80	150	170			
	150	300	160			

续表

牌号	铸件壁厚/mm		最小抗拉强度/MPa	硬度 HBW	铸铁类别	用途
	大于	至				
HT275	10	20		190～260	孕育铸铁	高强度、高耐磨性的灰铸铁，其铸造性能较差、铸造后需进行人工时效处理。适用于承受较大载荷或某些重要零件，如剪床压力机，自动车床和其他重型机床的床身、机座、机架及受力较大的齿轮、凸轮、衬套，大型发动机曲轴、缸体、缸盖、缸套，受高压的油缸、水缸、泵体、阀体等
	20	40	230			
	40	80	205			
	80	150	190			
	150	300	175			
HT300	10	20	—	200～275		
	20	40	250			
	40	80	220			
	80	150	210			
	150	300	190			
HT350	10	20	—	220～290		
	20	40	290			
	40	80	260			
	80	150	230			
	150	300	210			

5.2.5 球墨铸铁

球墨铸铁是经球化、孕育处理后制成的石墨呈球状的铸铁。

球墨铸铁的基体上分布着球状石墨，由于球状石墨对基体组织的割裂作用和应力集中作用很小，所以球墨铸铁的力学性能优于灰铸铁，接近于碳钢，但铸造工艺性能比钢好得多。因此，广泛用球墨铸铁代替铸钢、锻钢、有色金属和可锻铸铁，制造各种受力复杂、强度、韧性和耐磨性能要求较高的零件，如柴油机的曲轴、凸轮轴、连杆，拖拉机的减速齿轮，大型中压阀门，轧钢机的轧辊等。球墨铸铁的生产为“以铁代钢”“以铸代锻”开辟了广阔的途径。

球墨铸铁的牌号用其汉语拼音缩写 QT 及两组分别代表其最低抗拉强度和延伸率的数字组成。常用球墨铸铁的牌号、力学性能和用途见表 5－7，图 5－4 为球墨铸铁石墨形态和分布情况。

表 5-7　球墨铸铁的牌号、性能及用途(参照 GB/T 1348—2009)

牌　号	基体组织	力学性能			硬度 HBW	用　途
		R_m/MPa	$R_p0.2$/MPa	A/(%)		
		不小于				
QT400-18	铁素体	400	250	18	120～175	汽车、拖拉机底盘零件，1 600～6 400 MPa 阀门的阀体和阀盖
QT400-15	铁素体	400	250	15	120～180	
QT450-10	铁素体	450	310	10	160～210	
QT500-7	铁素体+珠光体	500	320	7	170～230	机油泵齿轮
QT600-3	珠光体+铁素体	600	370	3	190～270	柴油机、汽油机曲轴，磨床、铣床、车床的主轴；空压机、冷冻机缸体、缸套等
QT700-2	珠光体	700	420	2	225～305	
QT800-2	珠光体或回火组织	800	480	2	245～335	
QT900-2	贝氏体或回火马氏体	900	600	2	280～360	汽车、拖拉机传动齿轮

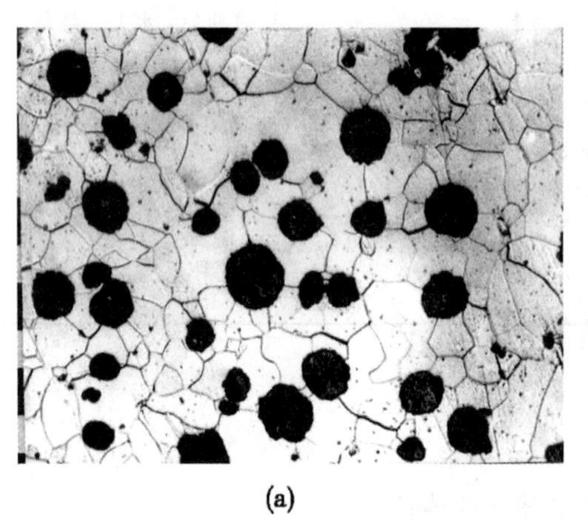
(a)

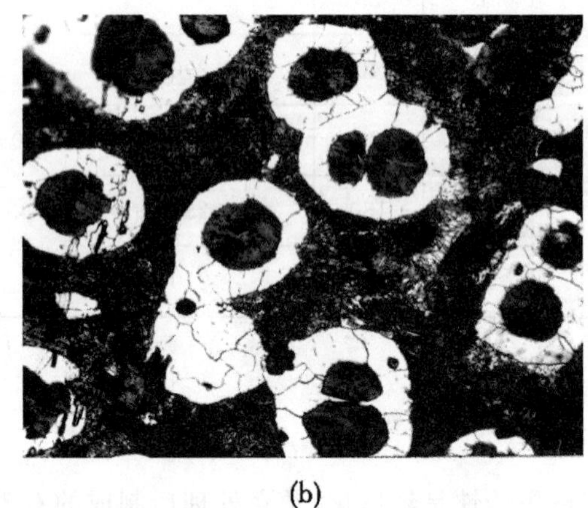
(b)

图 5-4　球墨铸铁金相组织

(a)铁素体球墨铸铁　(b)铁素体+珠光体球墨铸铁

生产中常采用退火、正火、调质处理、等温淬火等处理工艺，改变球墨铸铁基体组织，以改善球墨铸铁的性能，从而满足不同的使用要求。退火的目的是去除铸态组织中的自由渗碳体及获得铁素体球墨铸铁，主要用于 QT400-18 和 QT450-10 的生产。正火的目的在于增加金属基体中珠光体的含量，并使其细化，提高强度、硬度和耐磨性，主要用于 QT600-3，QT700-2 和 QT800-2。正火后须进行回火，以消除应力。对于承受交变载荷的球铁件，须进行调质处理来提高其综合力学性能。QT900-2 等更高强度级别的球铁则是通过等温淬火获得的，适用于制造要求更高的工件。

5.2.6　可锻铸铁

可锻铸铁是将白口铸铁通过退火或氧化脱碳可锻化处理,改变其金相组织而获得的具有较高韧性的铸铁。可锻铸铁中的石墨呈团絮状(见图5-5),对金属基体的割裂作用和应力集中作用大大减小,故力学性能比灰铸铁好,适宜制作薄壁、形状复杂的小型铸件。但其工艺复杂,生产周期长,已逐渐被球墨铸铁所代替。可锻铸铁虽有一定的伸长率和冲击韧性,但实际上是不能锻造成形的。

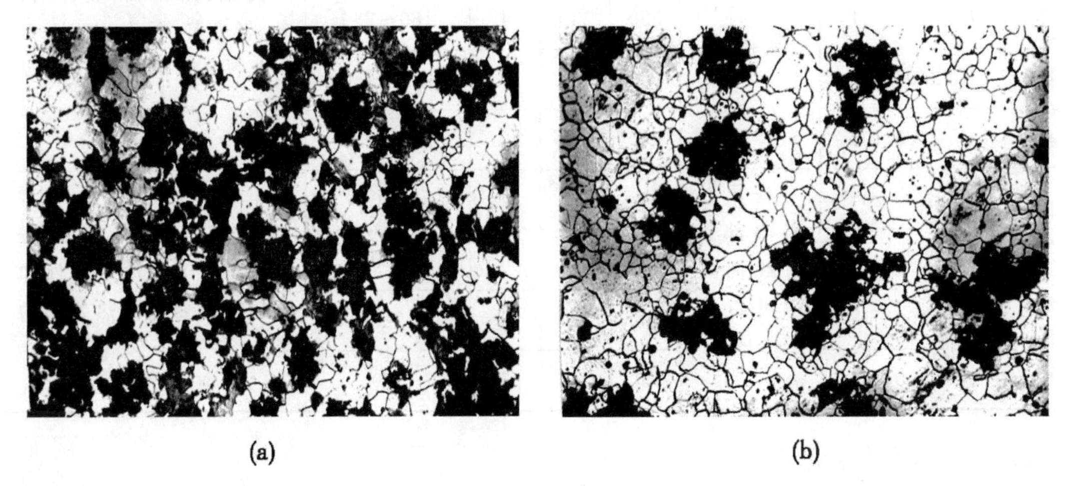

图5-5　可锻铸铁金相组织

(a)珠光体可锻铸铁　(b)铁素体可锻铸铁

可锻铸铁的牌号、性能和用途见表5-8。可锻铸铁的牌号用其汉语拼音缩写KT及两组分别代表其最低抗拉强度和延伸率的数字组成。按其组织不同又分为黑心可锻铸铁(断口心部呈黑色)、白心可锻铸铁(断口心部呈白色)和珠光体可锻铸铁。

表5-8　可锻铸铁的牌号、力学性能及用途(参照GB/T 9440—2010)

分类	牌号	基体组织	力学性能			硬度HBW	用途
			R_m/MPa	$R_{p0.2}$/MPa	A/%		
			不小于				
黑心可锻铸铁	KTH300-06	铁素体	300		6	150	弯头、三通等管件
	KTH330-08		330		8		螺栓扳手等,犁刀、犁柱、车轮壳等
	KTH350-10		350	200	10		汽车、拖拉机前后轮壳、减速器壳、转向节壳、制动器等
	KTH370-12		370		12		

续表

分 类	牌 号	基体组织	力学性能			硬度 HBW	用 途
			R_m/MPa	$R_{p0.2}$/MPa	A/%		
			不小于				
珠光体可锻铸铁	KTZ450-06	珠光体	450	270	6	150～200	曲轴、凸轮轴、连杆、齿轮、活塞环、轴套、耙片、万向接头、棘轮、扳手、传动链条
	KTZ550-04		550	340	4	180～230	
	KTZ650-02		650	430	2	210～260	
	KTZ700-02		700	530	2	240～290	
白心可锻铸铁	KTB350-04	表层是*F*，心部根据截面尺寸可以是*F*或*P*+*F*或*P*	350		4	230	适用于制作厚度在15 mm以下的薄壁铸件和焊后不需要进行热处理的零件
	KTB380-12		380	200	12	200	
	KTB400-05		400	220	5	220	
	KTB450-07		450	260	7	220	

5.2.7 蠕墨铸铁

蠕墨铸铁是一种新型高强度铸铁，石墨呈蠕虫状(见图5-6)，短而厚，端部圆滑，分布均匀，对基体的破坏作用比片状石墨小得多。蠕墨铸铁保留了灰铸铁工艺性能优良和球墨铸铁力学性能优良的特点，其力学性能介于相同基体组织的灰铸铁与球墨铸铁之间，具有良好的导热率和耐热性。蠕墨铸铁件一般不进行热处理，而以铸态使用。蠕墨铸铁的牌号用其汉语拼音缩写RuT加一组代表其最低抗拉强度的数字组成。常用蠕墨铸铁的牌号、力学性能和用途见表5-9。

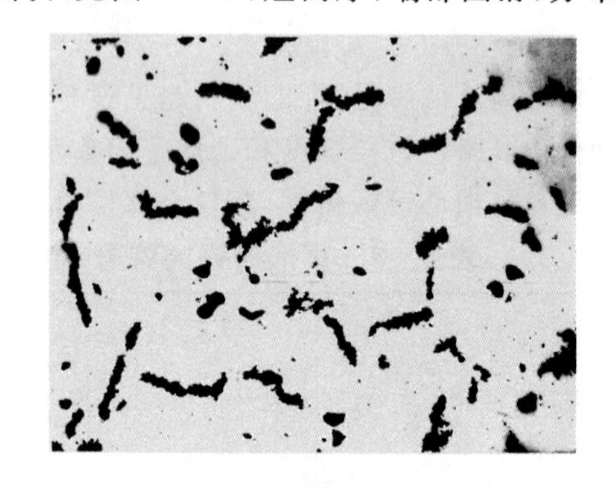

图5-6 蠕墨铸铁金相组织

表5-9 常用蠕墨铸铁的牌号、力学性能和用途(JB4403—1987)

牌 号	基体组织	力学性能			硬度 HBW	用 途
		R_m/MPa	$R_{p0.2}$/MPa	A/(%)		
		不小于				
RuT420	珠光体	420	335	0.75	200～280	活塞环、气缸套、制动盘、玻璃模具、制动鼓、钢珠研磨盘、吸淤泵体等
RuT380	珠光体	380	300	0.75	193～274	

续表

牌　号	基体组织	力学性能			硬度 HBW	用　途
		R_m/MPa	$R_{p0.2}$/MPa	A/(%)		
		不小于				
RuT340	珠光体+铁素体	340	270	1.0	170～248	带导轨面的重型机床件、大型龙门铣横梁,大型齿轮箱体、盖、座,制动鼓、飞轮、玻璃模具、起重机卷筒、烧结机滑板等
RuT300	珠光体+铁素体	300	240	1.5	140～217	排气管、变速箱体、汽缸盖、纺织机零件、钢锭模、液压件等
RuT260	铁素体	260	195	3	121～197	增压器废气进气壳体,汽车、拖拉机的某些底盘零件等

注:蠕化率(铸铁金相组织中蠕虫状石墨在全部石墨中所占的比例)≥50%。

5.2.8　特殊性能铸铁

铸铁与钢一样,加入一定数量的合金元素或经过某种处理后,可具有特殊性能,称为特殊性能铸铁。

1. 耐磨铸铁

(1)耐磨灰铸铁(代号 MT):在铸铁中加入 Cr,Mo,Cu 等少量合金元素,以提高灰铸铁的耐磨性。用于制作机床导轨、汽车发动机缸套、活塞环等耐磨零件。

(2)冷硬铸铁(代号 LT):在灰铸铁表面通过激冷处理形成一层白口层,使表层获得高硬度和高耐磨性。主要用于制作轧辊、凸轮轴等零件。

2. 耐热铸铁(代号 RT)

在铸铁中加入 Al,Si,Cr 等合金元素,提高铸铁耐热性。主要用于制作炉底、换热器、坩埚和热处理炉内的运输链条等。

3. 耐蚀铸铁(代号 ST)

在铸铁中加入 Al,Si,Cr 等合金元素,使铸铁表面形成一层连续致密保护膜,可有效地提高铸铁的抗蚀能力。用于制作在腐蚀介质中工作的零件,如化工设备的管道、阀门、泵体、反应釜和盛储器等。

第6章　合　金　钢

在钢中加入一定量的一种或几种元素，以提高钢的某些性能，这种钢被称为合金钢，所加入的元素被称为合金元素。

钢中常用的合金元素有硅、锰、铬、镍、钨、钼、钒、钛、铌、锆、铝、铜、钴、氮、硼、稀土等。通常将合金元素总量小于5%的钢叫作低合金钢，合金元素总量在5%～10%的钢叫作中合金钢，合金元素总量大于10%的钢叫作高合金钢。

6.1　合金元素在钢中的作用与钢的分类

6.1.1　合金元素在钢中的主要作用

1. 合金元素对钢组织转变的影响

(1)合金元素改变 $Fe-Fe_3C$ 相图：合金元素镍、锰、铜、氮等可使 $Fe-Fe_3C$ 相图中的 γ 相区扩大，而铬、钼、钒、钛等可使 γ 相区缩小。扩大 γ 相区的元素降低 A_3，A_1 温度，在一定条件下可使 γ 相区扩大到室温而得到单相奥氏体钢。缩小 γ 相区的元素将增高 A_3，A_1 温度，在一定条件下可使奥氏体相区消失，只存在铁素体相区，从而得到单相铁素体钢。合金元素使 $Fe-Fe_3C$ 相图中的 S，E 点左移。

(2)细化奥氏体晶粒：合金元素形成难熔化合物（TiC，NbC，VC，AlN 等）时，能有效阻碍奥氏体晶粒长大，从而使奥氏体转变后的组织细小。

(3)改变过冷奥氏体的转变曲线：合金元素（钴元素例外）使过冷奥氏体的稳定性提高，C 曲线右移，不容易向珠光体转变，从而提高了钢的淬透性。合金元素在使 C 曲线向右移的同时也降低了 M_s 点，使淬火钢中的残余奥氏体增多。

(4)提高回火抗力：合金元素使马氏体分解温度、残余奥氏体转变温度以及碳化物的析出与聚集温度均升高，提高了钢的回火抗力。

(5)回火脆性：锰、铬等合金元素促进第一类回火脆性的发展，硅也促进第一类回火脆性的发展，但使产生脆性的温度范围移向高温。锰、铬、镍还促进第二类回火脆性，少量的钼和钨可抑制高温回火脆性。

2. 合金元素对钢力学性能的影响

合金元素在钢中主要通过固溶强化、第二相强化、细化组织强化等机制影响钢的力学性能。

(1)固溶强化：合金元素溶于铁素体中，有固溶强化作用，使钢的强度、硬度升高，但也使塑性、韧性下降。一些常见的合金元素因固溶强化对铁素体力学性能的影响如图 6-1 所示。

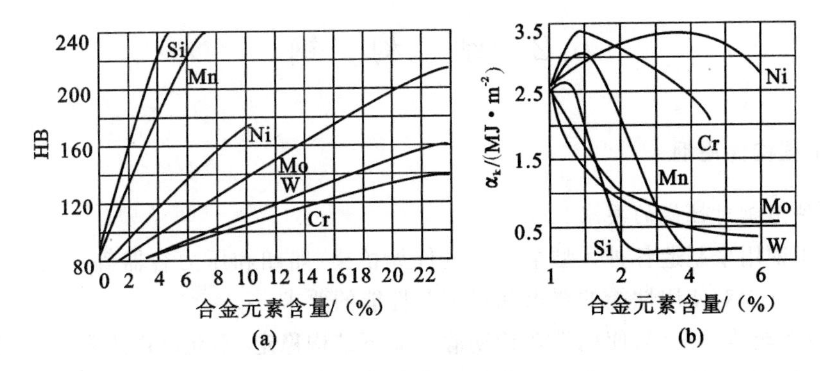

图 6-1 合金元素对铁素体力学性能的影响

(a)合金元素对硬度的影响 (b)合金元素对韧性的影响

(2)第二相强化:合金元素与碳形成碳化物,且以细小质点弥散分布在固溶体基体上,可起弥散强化作用,使钢的强度和硬度提高。一些强碳化物形成元素如钛、铌、钒、钨、钼等,可通过淬火后回火的方式形成弥散分布细小的碳化物质点,有明显的弥散强化作用。

(3)细化组织强化:强碳化物形成元素铌、钛、钒及强氮化物形成元素铝可形成稳定性高的碳化物、氮化物粒子,阻碍奥氏体晶粒长大,从而间接细化铁素体晶粒。细化组织可同时提高钢的强度和塑、韧性,是一种较理想的强韧化方法。

(4)提高位错密度强化:合金元素可通过细化晶粒,形成第二相粒子等机制使位错增殖容易,提高钢中的位错密度;还可通过淬火效应,如获得板条状马氏体造成位错亚结构、获得马氏体与铁素体的双相组织以及由相变体积效应在马氏体岛周围的铁素体基体中形成大量位错来获得高密度位错。

在钢中用淬火获得马氏体来提高强度是以上四种强化机制的综合作用结果。

6.1.2 合金钢的分类与编号

合金钢按用途可分为结构钢、工具钢和特殊用途钢三类。

(1)结构钢:可分为工程构件用钢和机器制造用钢。

工程构件用钢用作各种钢架、桥梁、钢轨、车辆、船舶、压力容器等的材料,多用碳素钢和低合金钢制成钢板和型钢。

机器制造用钢用作各种机器零件的材料,包括调质钢、渗碳钢、氮化钢、贝氏体钢、超高强度钢、弹簧钢、滚动轴承钢、耐磨钢等。

结构钢的编号中首先用两位数字表示含碳质量分数的万分数,用元素符号表示所含的合金元素,元素符号后的数字表示该元素名义含量的百分数。若元素符号后无数字,则表明该元素的名义含量为1%,但一些有意加入钢中的微量元素如钼、钨、钒、铌、钛、硼等,即使含量远小于1%,也在编号尾部列出元素符号而不标出含量。高级优质钢在编号后加字母A。

(2)工具钢:包括刃具钢、模具钢、量具钢等。

(3)特殊用途钢:包括不锈钢、耐热钢等。

工具钢和特殊用途钢的编号中首先用1位数字表示含碳质量分数的千分数,在含碳质量分数大于1%或在高合金工具钢中,含碳质量分数一般不予标出。合金元素含量的表示同结构钢。

6.2 结 构 钢

6.2.1 工程构件用钢

1. 工程构件用钢对性能的要求

工程构件用钢用来制造各种大型金属结构件如桥梁、船舶和压力容器等。对工程构件用钢的性能要求可分为对使用性能的要求和对工艺性能的要求。

(1)对使用性能的要求:为使构件在长期静载荷下结构稳定,不允许产生塑性变形与断裂,要求工程构件用钢有足够的抗塑性变形及抗断裂能力,即要有较高的 R_e,A,Z 和较小的缺口敏感性及冷脆倾向性。工程构件用钢还应具有一定的耐大气腐蚀性和耐海水腐蚀性。

(2)对工艺性能的要求:工程构件的主要生产过程有冷变形和焊接,因此在构件用钢的设计与选择上首先应考虑冷变形性和焊接性。

2. 工程构件用钢的合金化

低碳钢具有良好的冷变形性和焊接性能,长期以来一直是工程构件用钢的主要品种。随着大型的和特殊的工程结构不断增多,要求工程构件用钢在保持良好工艺性能的基础上,具有更高的强度和良好的塑韧性,以减轻结构重量,提高使用的可靠性及节约钢材。低合金高强度钢(HSLA)正是为适应此种需要而发展起来的钢种。

低合金高强度钢一般在热轧态或正火态使用,组织为铁素体+珠光体。合金化特点为低碳,并以锰为主要合金元素,起固溶强化和细化珠光体与铁素体的作用,以钒、钛、铌、铝等为辅加元素,起细化晶粒和沉淀强化作用。此外,为提高钢在大气环境下的抗腐蚀能力,常在钢中加入少量的铬、金、磷等合金元素。

近年来,低合金高强度钢的一个重要发展动向是采用低碳微合金化(含碳质量分数约0.10%甚至更少,加入微量的铌、钒),严格控制加工工艺(控制轧制、冷却等),以优化钢组织,从而显著改善钢的性能。此外,还有低碳贝氏体钢(加入0.2%~0.5%的钼,以及一定量的锰、铬、硅等元素)能使大截面构件在热轧空冷(或正火)条件下获得单一的贝氏体组织,从而可获得更高的强度;低碳索氏体型钢采用调质处理获得低碳索氏体组织;针状铁素体型钢采用低碳,并加入锰、钼、铌合金化,结合控制轧制工艺,获得非平衡的针状铁素体(实质为无碳贝氏体),并在轧制后冷却过程及时效过程中从铁素体中弥散析出 Nb 的碳氮化物 Nb(CN)强化。

6.2.2 机器零件用钢

机器零件用钢是用来制作各种机器零件的钢种,是机械制造行业中用量最大的钢种。根据用途和热处理工艺的不同,机器零件用钢可分为调质钢、渗碳钢、弹簧钢、滚动轴承钢、低碳马氏体钢、贝氏体钢、超高强度钢、耐磨钢和易切钢等。

对不重要的机器零件,当综合力学性能要求不高时可选用中碳钢,经正火即可。

综合力学性能要求较高的零件,如各类轴、连杆、螺栓等,应选用中碳中合金钢的调质钢,采用调质处理。

表面要求耐磨,心部要求较高强韧性的零件,如变速箱齿轮,应用低碳钢或低碳合金,采用渗碳、淬火和低温回火的热处理工艺。

对要求有高的弹性极限和疲劳强度的弹簧，选用较高含碳质量分数的碳钢或合金钢，采用淬火和中温回火的热处理工艺。

对要求有高硬度、高耐磨性、高的接触疲劳抗力及适当的韧性的滚动轴承，应选用高碳的滚动轴承钢制作，经淬火后低温回火。

1.调质钢

(1)成分特点：含碳质量分数中等，通常在0.3%～0.5%范围内。含碳质量分数过低，强度、硬度不足，而含碳质量分数过高，则韧性、塑性又不足。

钢中的合金元素主要为铬、镍、锰、硅等，作用是提高钢的淬透性和回火抗力。另外还有一些元素是为改善某一特性或满足某一工艺要求而加入的，如钨、钼主要为了抑制回火脆性，钒为了细化奥氏体晶粒，微量硼元素极明显提高淬透性，含铬、钼、铝的钢调质后进行氮化，在工件表面形成铬、钼、铝的氮化物，硬度高、耐磨性好，并可提高工件的疲劳和抗蚀性能。

(2)热处理特点：这类钢的最终热处理为淬火后进行高温回火，即调质处理，以获得回火索体组织，从而使钢具有良好的综合性能。

常用调质钢的牌号、热处理、性能及用途见表6-1。

表6-1 常用调质钢的热处理、性能及用途

牌号	热处理		力学性能(不小于)					用途
	淬火	回火	R_m/MPa	R_e/MPa	A_5/(%)	Z/(%)	a_k/(MJ·m^{-2})	
45	830℃ 水冷	600℃ 空冷	800	550	10	40	0.5	受力小的一般结构件
40Cr	850℃ 油冷	500℃ 油冷	1 000	800	9	45	0.6	较重要的轴和连杆以及齿轮等调质件
40CrMn	840℃ 油冷	520℃ 水或油	1 000	850	9	45	0.6	
40CrNi	820℃ 油冷	500℃ 水或油	1 000	800	10	45	0.7	大截面重要调质件
38CrMoAlA	940℃ 油冷	640℃ 油冷	1 000	850	14	50	0.9	氮化零件
30CrMnSiA	880℃ 油冷	520℃ 油冷	1 100	900	10	45	0.5	起落架等飞机结构件
40CrNiMoA	850℃ 油冷	660℃ 油冷	1 050	850	12	55	1.0	航空等领域的轴类零件
37CrNi3A	820℃ 油冷	500℃ 油冷	1 150	1 000	10	50	0.6	螺桨轴重要螺栓等

2.低碳马氏体钢

(1)成分特点：含碳质量分数小于0.25%以获得板条状马氏体组织，合金元素主要有铬、镍、锰、硅等，用以提高淬透性和回火抗力。

(2)热处理特点：最终热处理为淬火后低温回火，以获得低碳回火马氏体组织，使钢具有良好的综合性能。常用低碳马氏体钢的牌号、热处理及性能见表6-2。

3.渗碳钢

(1)成分特点：此类钢的含碳质量分数通常在0.1%～0.25%之间，以满足渗碳工艺要求。

钢中含有的碳化物形成元素如铬、锰、钼、钨、钒、钛等，渗碳后于零件表面形成碳化物，提高硬度和耐磨性，其中钒、钛等强碳化物形成元素还可防止在渗碳和淬火加热时奥氏体晶粒的粗化。钢中含有的非碳化物形成元素如镍、硅等提高基体的淬透性、强度和韧性，并使渗碳层的碳浓度变化平缓。

表 6-2　低碳马氏体型结构钢的力学性能

牌　号	热处理/℃		HRC	力学性能(≥)				
	淬火	回火		R_m/MPa	R_e/MPa	A/(%)	Z/(%)	a_k/(MJ·m^{-2})
15	940	200	36	1 140	940	9.3	39	0.6
20	910	200	44	1 530	1 310	11.1	45	0.4
16Mn	900	200	45	1 440	1 220	11.4	40.1	0.5
20Mn	880	200	44	1 500	1 260	10.8	42.5	0.95
20Mn2	880	250	45	1 500	1 265	12.4	52.5	0.8
20MnV	880	200	45	1 435	1 245	12.5	43.3	0.9～1.2
20Cr	880	200	45	1 450	1 200	10.5	49	≥0.7
20CrMnTi	880	200	45	1 510	1 310	12.2	57	0.8～1.0
20CrMnSi	880	220	47	1 575	1 315	13	53	0.9～1.1
15MnVB	880	200	43	1 353	1 133	12.6	51	0.95
20MnVB	880	200	45	1 435	1 245	12.5	43	
25MnTiB	850	200		1 535	1 330	12.5	54	0.96
25MnTiBRE	850	200		1 700	1 345	13	57.5	0.95
20SiMn2MoVA	900	250		1 511	1 238	13.4	58.5	1.6
25SiMn2MoVA	900	250		1 676	1 378	11.3	51.0	0.7
18Cr2Ni4WA	890	220		1 496	1 214	9.3*	38.1	

注：* 该值为 $A_{11.3}$，其他值均为 $A_{5.65}$。

(2)热处理特点：渗碳钢零件在机械加工到留有磨削余量时，进行渗碳处理并空冷后，再进行淬火和低温回火，零件表面为高碳回火马氏体加细小的碳化物，因而具有很高的硬度和耐磨性。基体部分，根据钢的淬透性大小，可为低碳回火马氏体，或低碳马氏体加贝氏体，也可以是屈氏体，使基体具有良好的强度与塑韧性的配合。

渗碳后的热处理工艺有多种方案：当零件只要求表面有高硬度和耐磨性，而对基体性能要求不高时，可在渗碳后直接淬火并低温回火；当零件除要求表面有高硬度和高耐磨性外，对基体性能还有较高要求时，可渗碳后空冷使组织细化，再按渗碳后的表面成分进行淬火并低温回火；当零件表面和基体性能都要求很严时，渗碳空冷后，可进行两次淬火。第一次按钢的基体成分加热淬火，以满足基体高性能要求。第二次按渗碳后表面成分加热淬火，以满足表面高性能要求，最后进行低温回火。

常用渗碳钢的牌号、热处理、性能及用途见表 6-3。

表 6-3　常用渗碳钢的牌号、热处理、性能及用途

牌　号	热处理		力学性能(≥)					用　途
	淬火	回火	R_m/MPa	R_e/MPa	A/(%)	Z/(%)	a_k/(MJ·m^{-2})	
20	790℃水冷	200℃空冷	500	280	25	55		受力不大，尺寸较小的耐磨零件
20Cr	880℃，水冷 800℃，油冷	200℃空冷	850	550	10	40	0.6	
20CrMnTi	880℃，油冷 870℃，油冷	200℃空冷	1 100	850	10	45	0.7	受力较大，尺寸较大的耐磨零件
20Mn2TiB	860℃，油冷	200℃空冷	1 150	950	10	45	0.7	
12CrNi3A	860℃，油冷 780℃，油冷	200℃ 水(空)冷	950	700	11	50	0.9	
12Cr2Ni4A	860℃，油冷 780℃，油冷	200℃ 水(空)冷	1 100	850	10	50	0.9	受力大的大型齿轮和轴类耐磨零件
15CrMn2SiMo	860℃，油冷	200℃空冷	1 200	900	10	45	0.8	
18Cr2Ni4WA	850℃，空冷	200℃空冷	1 200	850	10	45	1.0	

4.超高强度钢

超高强度钢可分为低合金超高强度钢、马氏体时效硬化钢和沉淀硬化不锈钢等，以下仅就低合金超高强度钢作简要介绍。

(1)成分特点：含碳质量分数中等，并含铬、锰、硅、镍、钼、钒等合金元素。在碳与合金元素共同作用下，使淬透性、回火抗力增加，使固溶体(马氏体或下贝氏体)明显强化。镍可降低临界温度及增加韧性。钒可细化晶粒，亦可改善钢的强韧性。

(2)热处理特点：这类钢的最终热处理是淬火并低温回火，依靠马氏体强化达到超高强度。也可以进行等温淬火并回火，依靠马氏体和下贝氏体组织的共同强化来达到强度要求。

(3)制造使用中注意的问题：这类钢对缺口和应力集中敏感，容易导致裂纹萌生并迅速扩展造成脆断，设计时应予充分考虑。制造装配中应避免敲打和表面划伤，以防降低疲劳性能，应避免在酸性介质中表面处理，以防氢向钢内扩散从而导致氢脆断裂。

常用超高强度钢的牌号、热处理和性能见表 6-4，其中应用最多的是 30CrMnSiNi2A 钢。

表 6-4　常用超高强度钢的牌号、热处理和性能

牌　号	热处理	力学性能(≥)				
		R_m/MPa	R_e/MPa	A/(%)	Z/(%)	a_k/(MJ·m^{-2})
30CrMnSiNi2A	900℃油冷＋ 250℃空冷	1 600	1 400	9	45	0.6
40CrMnSiMoVA	920℃硝盐等温＋ 250℃空冷	1 900		8	35	0.6
300M	870℃油冷＋ 315℃油冷	2 020	1720	9.5	34	

5.弹簧钢

(1)成分特点:钢的含碳质量分数一般在0.5%~0.85%之间。含碳质量分数过低,达不到高的屈服强度要求,含碳质量分数过高不仅屈服强度不高,而且脆性大。

为提高淬透性和回火抗力以增高屈服强度,钢中加入的合金元素有硅、锰、铬等,少量的钒可细化晶粒并提高回火抗力。

(2)提高屈服强度的措施:

1)冷拉硬化。直径小于7 mm的弹簧钢丝,可在经铅浴处理成屈氏体后再经强烈塑性变形拉制而成,依靠加工硬化和组织细化使钢丝强度显著提高。这种钢丝绕制成弹簧后,无需淬火回火处理,只要进行去应力退火(250~350℃)即可。对合金钢冷拉硬化钢丝,为充分发挥合金元素的作用,也可进行淬火并中温回火处理。

2)淬火加中温回火。对直径较大或厚度较大的弹簧,在成形后都经淬火加中温回火处理,以获得回火屈氏体组织。这种组织没有诸如残余奥氏体、铁素体等在微观上容易引起塑性变形的相,而且脆性也不高,所以具有优良的弹性性能。对重要的弹簧,为了提高疲劳强度,可在中温回火后进行喷丸处理,使弹簧表面形成压应力,以抵消交变载荷下的拉应力作用。

常用弹簧钢的牌号、热处理、性能和应用范围见表6-5。

表6-5 常用弹簧钢的牌号、热处理、性能及用途

牌号	热处理		力学性能(≥)					应用范围
	淬火	回火	R_m/MPa	R_e/MPa	A/(%)	Z/(%)	a_k/(MJ·m^{-2})	
70	830℃ 油冷	480℃	1 050	850	8	30		ϕ12 mm以下的低应力弹簧
65Mn	830℃ 油冷	480℃	1 000	800	8	30		ϕ15 mm以下的低应力弹簧
60Si2MnA	870℃ 油冷	460℃	1 300	1 200	5	25	0.25	ϕ30 mm以下的高应力弹簧
50CrVA	850℃ 油冷	520℃	1 300	1 100	10	45	0.3	ϕ50 mm以下的高温(≤300℃)、高应力弹簧

6.滚动轴承钢

(1)滚动轴承钢的合金化与性能特点:传统的滚动轴承钢是一种高碳低铬钢,其含碳质量分数为0.95%~1.10%,含铬质量分数为0.40%~1.65%。铬的主要作用是增加钢的淬透性,使淬火及回火后整个截面上获得较均匀的组织。钢中部分铬存在于渗碳体中,不仅使碳化物比较细小,分布较均匀,而且可增大其稳定性,使淬火加热时奥氏体晶粒不易长大。与不含铬的钢比较,前者中碳化物比较细小,而且分布较均匀。溶入奥氏体中的铬能提高马氏体的回火稳定性,使钢在热处理后获得较高且均匀的硬度、强度和较好的耐磨性。对大型轴承钢,还需要加入硅、锰等,使淬透性进一步提高。适量的硅(0.40%~0.60%),还能明显提高钢的强度和弹性极限。

滚动轴承钢的纯度要求很高,非金属夹杂物、硫、磷等杂质应很少(含磷质量分数<0.027%,含硫质量分数<0.02%),一般用电炉冶炼,并用真空除气。

(2)滚动轴承钢的热处理特点:滚动轴承钢的热处理主要是球化退火、淬火及低温回火。

球化退火是预备热处理，其目的是获得粒状珠光体组织，降低硬度(207～229 HB)，以保证易于切削加工及获得高的表面质量，并为淬火做组织上准备。球化退火工艺一般是将钢材加热到790～840℃。若温度过高，会出现过热组织，使轴承的韧性和疲劳强度下降；若温度过低，会使得奥氏体中溶解的铬量不足，影响淬火后的硬度。

淬火后要立即回火。回火是在150～160℃保温2～4 h，以去除应力，提高韧性并稳定尺寸。为使回火性能均匀一致，回火温度也应严格控制，最好在油中进行。

轴承钢经淬火与回火后的组织为极细的回火马氏体(80%)、分布均匀的细粒状碳化物(5%～10%)以及少量的残余奥氏体(5%～10%)，硬度为62～66 HRC。

生产精密轴承或量具时，由于低温回火不能彻底消除内应力和残余奥氏体，在长期保存或使用过程中会发生变形，因而淬火后应立即进行一次冷处理，并在回火及磨削加工后，再于120～130℃进行10～20 h的尺寸稳定化处理。

常用轴承钢的热处理规范及用途列于表6-6。

表6-6 滚珠轴承钢的热处理及用途

牌 号	热处理规范			用 途
	淬火/℃	回火/℃	HRC	
GCr6	800～820	150～170	52～66	直径<10 mm的滚珠、滚柱和滚针
GCr9	800～820	150～160	62～66	直径20 mm以内的各种滚动轴承
GCr9SiMn	810～830	150～200	61～65	壁厚<14 mm，外径<250 mm的轴承套；25～50 mm的钢球；直径25 mm左右的滚柱等
GCr15	820～840	150～160	62～66	
GCr15SiMn	820～840	170～200	>62	壁厚≥14 mm，外径250 mm的套圈。直径20～200 mm的钢球。其他同上
GMnMoVRe	770～810	170±5	≥62	代GCr15用于军工和民用方面的轴承
GSiMoMnV	780～820	170～200	≥62	

6.3 工具用钢

工具用钢可分为高碳低合金工具钢、高碳高合金工具钢和中碳合金工具钢三类。

6.3.1 高碳低合金工具钢

1. 用途和性能要求

这类钢主要用来制造低速切削刃具(如车刀、铣刀、钻头等)、冷压模具以及量具等。这些工具最主要的性能要求是有很高的硬度和耐磨性，也需要有一定的韧性和塑性。

2. 成分特点

钢的含碳质量分数一般在0.85%～1.5%之间，以使马氏体中溶有足够多的碳，并与合金元素形成足够多的碳化物，来提高硬度和耐磨性。钢中的合金元素大多为碳化物形成元素，如锰、铬、钨、钒等,用以提高淬透性和形成碳化物。个别非碳化物形成元素,主要是为了提高淬透性,也有提高耐磨性的作用。

3. 热处理特点

这类钢供货状态均为球化退火,硬度不高,可机械加工成形,最后进行淬火并低温回火处理,得到高碳马氏体加粒状碳化物组织,从而保证性能要求。如果机械加工前进行锻造,则锻后应进行退火处理,使组织均匀的同时也使碳化物球化,为淬火前的组织做准备。

常用高碳低合金钢的牌号、热处理、性能和用途如表 6-7 所示。

表 6-7　常用高碳低合金工具钢的牌号、热处理、性能及用途

牌　号	球化退火			最终处理			用　　途
	加热/℃	等温/℃	HB	淬火/℃	回火/℃	HRC	
9Mn2V	700	690	～229	800	160～180	>60	冷作模具等
9SiCr	800	710	197～241	860	160～190	>60	丝锥板牙等
CrMn	800	710	197～241	840	160～200	>60	量具、拉刀、铣刀等
CrWMn	780	700	217～225	830	160～200	>60	量具、刀具等

6.3.2　高碳高合金工具钢

1. 高速钢

(1)用途和性能要求:高速钢主要用来制造切削速度大、切削负荷和切削温度高的刀具,如高速车刀和钻头以及滚刀和铣刀,也可用作工作温度低于 600℃的其他工具和构件等。高速钢制造的刀具,除高硬度、高耐磨性外,还要求具有在较高温度(通常为 600℃左右)下保持高硬度的性能,即红硬性。

(2)成分特点:含碳质量分数在 0.7%～1.5%范围内,以便同合金元素形成大量的碳化物,满足硬度、耐磨性和红硬性要求。通常含有大约 4%铬、6%～19%钨、一定量的钼和 1%～4%钒。这些碳化物形成元素,可以形成稳定的碳化物,细化奥氏体晶粒和增加耐磨性,在高温奥氏体化时可部分溶入奥氏体中,从而强烈提高淬透性,还可以固溶于淬火后的马氏体,显著提高回火抗力,而且在高温回火时从马氏体、残余奥氏体内析出弥散的碳化物,使钢的硬度再次增加,即二次硬化。

(3)热处理特点:高速钢含有较多的粗大碳化物,制造中应进行反复锻造,使碳化物破碎细化,在预备热处理中应进行球化退火,使组织均匀,得到粒状碳化物,并使硬度降至 207～255 HB 的范围,以利机械加工。高速钢最终的热处理特点是高温奥氏体化后进行淬火和多次高温下的回火。高的淬火加热温度会使部分稳定碳化物溶入奥氏体,提高淬透性并提高二次硬化效果,但同时也增加了淬火后残余奥氏体的量。淬火冷却通常在油中进行,但复杂刀具为减小淬火变形可以空冷,也可分级淬火,即在 M_s 点附近等温停留一段时间后油冷或空冷。进行三次 560℃下的回火,其目的是:①第一次回火是对淬火得到的马氏体进行回火,并使大量残余奥氏体析出弥散碳化物,从而提高 M_s 点,使残余奥氏体在回火冷却过程中转变成马氏体;②第二次和第三次 560℃回火是对回火时得到的马氏体进行回火,并使马氏体析出弥散的 W_2C,Mo_2C 和 VC 等碳化物,从而使钢的硬度和强度明显升高。所以,高速钢在 560℃回火后，不仅硬度没有下降，反而有所提高。

常用高速钢的牌号、热处理、性能和用途见表 6－8。其中有的钢中含有较多的钼，主要用来代替钨元素，1％的钼大约可代替 2％的钨，并同时改善钢的塑性。

表 6－8 常用高碳高合金工具钢的牌号、热处理、性能和用途

类型	牌号	退火		最终处理			用途
		温度/℃	HB	淬火/℃	回火/℃	HRC	
高速钢	W18Cr4V	850	≤255	1280	560	>63	切削温度小于 600℃的高速切削刀具
	W12Cr4V4Mo	850	≤262	1260	560	>64	
	W6Mo5Cr4V2	830	≤255	1220	560	>64	
	W6Mo5Cr4V2Al	830	≤269	1230	550	>65	
冷变形模具钢	Cr12	860	250	1000	170	62	大型精密模具
	Cr12MoV	860	250	1040	160	62	

2. 高碳高铬冷变形模具钢

高碳高铬冷变形模具钢主要用来制造尺寸大、精度和硬度高、耐磨性好的冷变形模具。因此这类钢的含碳质量分数(1.45％～2.3％)一般比高速钢高，同时含 11％～13％铬，有时还含少量的钒和钼。由于含铬量在 11％～13％之间，所以这类钢常称为 Cr12 型工具钢。加入高含量的碳和铬的作用是：①形成大量碳化物，以提高硬度和耐磨性。供货状态钢中碳化物粗大、不均匀，使用时应进行锻造，将碳化物破碎变细后，进行退火，使组织均匀，降低硬度，以利机械加工成形。②高温奥氏体化时提高奥氏体的稳定性，显著提高淬透性。如厚度 300 mm 的模具，空冷也可淬透，但同时也形成较多的残余奥氏体。生产上常利用对残余奥氏体量的控制，来提高模具尺寸的精度。③提高马氏体硬度，强化使用状态下的基体。Cr12 型钢的最终热处理常为淬火并低温回火，获得马氏体＋碳化物＋残余奥氏体的组织，来满足性能要求。由于奥氏体和马氏体中溶有多量的碳和合金元素，在高温回火时有二次硬化现象。因此，Cr12 型钢中的 Cr12MoV 钢最终热处理常采用淬火＋高温回火。

常用 Cr12 型钢的牌号、热处理、性能和用途见表 6－8。

6.3.3 中碳合金工具钢

1. 用途和性能要求

这类钢主要用来制造热作模具，如热锻模、压铸和热挤压模等。在退火状态要有较好的加工成形性，易于制造模具，在使用状态要求具有高的高温强度和热稳定性、良好的韧性、足够的高温下的硬度和耐磨性、高的抗冷热疲劳性能、良好的抗氧化性能以及很高的淬透性。

2. 成分和热处理特点

含碳质量分数通常在 0.3％～0.6％之间，使钢具有足够高的强度、硬度和韧性的配合。这类钢的合金元素通常为锰、硅、铬、钨、钼、钒等。锰、硅、铬主要提高淬透性和回火抗力。钨、钼主要是抑制回火脆性，而钒主要是细化奥氏体晶粒。热变形模具的最终热处理为淬火并高温回火，不同钢种回火后的组织不尽相同，例如 3Cr2W8V 钢，由于合金元素含量高，淬火后马氏体的回火抗力高,高温回火后马氏体未分解,并产生二次硬化(W_2C,VC 的析出强化)作用。回火后组织为回火马氏体+碳化物,硬度为 50 HRC 左右。而 5CrNiMo 钢淬火并高温回火后则为回火索氏体+回火屈氏体组织,硬度通常处于 40～50 HRC 之间。

常用热变形模具钢的成分、热处理和应用见表 6－9 所示。

表 6－9　常用热变形模具钢的牌号、成分、热处理、性能和用途

牌号	成分/(%)							退火		最终处理			用途
	C	Mn	Si	Cr	Ni	Mo	W	温度/℃	HB	淬火/℃	回火/℃	HRC	
5CrNiMo	0.5～0.6	0.5～0.8		0.5～0.8	1.4～1.8	0.15～0.3		780～800	197～241	820～850	520～550	35～45	大型热锻模
5CrMnMo	0.5～0.6	1.2～1.9		0.6～0.9		0.15～0.35			197～241	820～850	540～600	35～45	一般热锻模
4Cr5MoSiV	0.3～0.4		0.8～1.2	4.5～5.5			0.3～0.5			1 000	580 两次	51	热锻和挤压模
3Cr2W8V	0.3～0.4		0.9～1.1	2.2～2.7		0.2～0.5	7.5～9.0	830～850	207～255	1 050～1 100	560～620	40～48	压铸、挤压、顶锻模
H13	0.35～0.45		0.9～1.1	5.0～5.5		1.2～1.5	0.85～1.15			1 000～1 050	550～570	50～54	压铸、挤压、塑料膜

6.4　不　锈　钢

6.4.1　钢铁材料的抗腐蚀途径及不锈钢的分类

1. 抗蚀途径

提高钢的抗蚀性,主要依靠合金元素的作用和适当的热处理。合金元素和热处理的具体作用如下:

(1)获得单相组织:有些扩大 γ 区的元素(例如镍、锰)含量达到一定值后,可使钢成为单相奥氏体,一些扩大 α 区的元素(例如铬)含量达到一定值后,可使钢成为单相铁素体,由于没有第二相,不能构成微电池,因而提高了抗蚀性。据此原理制成了奥氏体不锈钢和铁素体不锈钢。

(2)提高基体的电位:若是多相合金,加入能提高基体电位的合金元素,使基体电位与其他相(通常是碳化物)的电位持平,也可避免微电池腐蚀。例如马氏体不锈钢中,常有电位高的碳化物第二相,但基体中因含多量铬而提高了电位,所以也有较高的抗蚀性。

(3)形成钝化膜:在钢中加入某些元素后,能在钢表面形成一层薄而致密的钝化膜,隔绝电解质的作用,从而达到抗蚀目的。铬是最有效的元素,不锈钢中都含有铬。

单相组织的成分不均匀区域之间,内应力大小不同的区域之间也会构成微电池作用,所以使成分均匀化和消除应力的退火,对提高抗蚀性也有利。

2. 不锈钢分类

不锈钢按正火态的组织大致可以分为马氏体不锈钢、铁素体不锈钢和奥氏体不锈钢。如将所有铁素体形成元素的作用折合成铬当量(w_{CrE})反映在横坐标上，将所有奥氏体形成元素的作用折合成镍当量(w_{NiE})反映在纵坐标上，可画出反映不锈钢在正火态的组织图(见图6-2)。

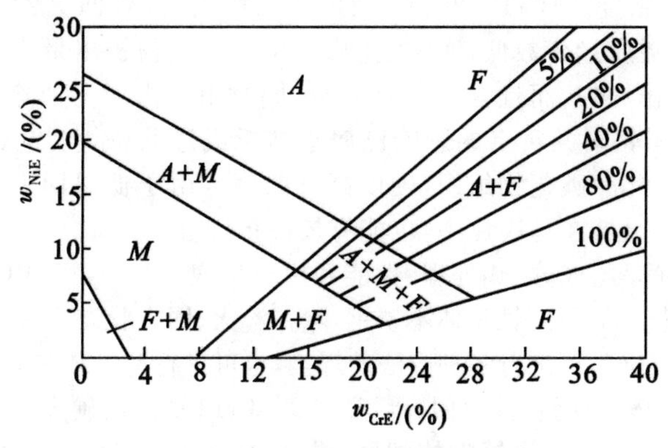

图6-2　不锈钢组织图

F—铁素体　*M*—马氏体　*A*—奥氏体

其中

$$w_{CrE}=w_{Cr}+2w_{Si}+1.5w_{Mo}+5w_{V}+5.5w_{Al}+1.75w_{Nb}+1.5w_{Ti}+0.75w_{W}$$

$$w_{NiE}=w_{Ni}+w_{Co}+0.5w_{Mn}+0.3w_{Cu}+25w_{N}+30w_{C}$$

6.4.2　马氏体不锈钢

常用的马氏体不锈钢有Cr13型和Cr18型等，主要用于要求一定强度、硬度和韧性相配合的耐蚀结构件，如轴、齿轮和螺栓等；用于350℃以下工作的不锈弹性零件以及用于高硬度和高耐磨性的零件，如轴、轴承和不锈工具等。

1. 成分特点

(1)高的铬含量：铬溶于钢的基体并超过一定值时可显著提高基体的电位，如图6-3所示。

由图可知，含铬质量分数在12%以上可显著提高钢基体的电极电位，故不锈钢的含铬量均在12%以上。铬除了提高基体的电位外，还可使钢表面形成氧化铬钝化膜，从而提高抗蚀性。

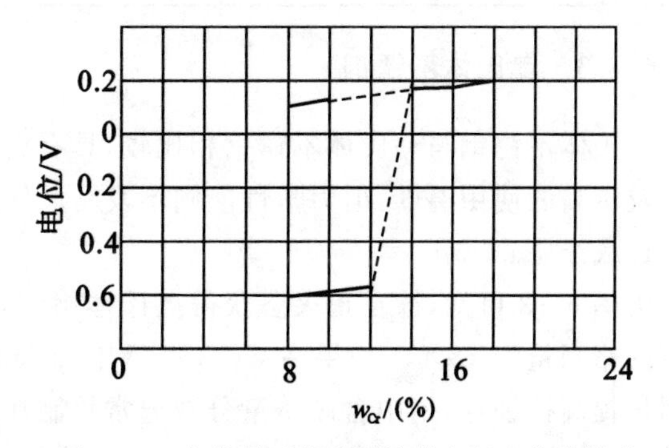

图6-3　含铬量对铁基固溶体电极电位的影响

(2)低的碳含量：在一般情况下，马氏体不锈钢含碳质量分数介于0.1%～0.4%之间。含碳质量分数高，碳化物$Cr_{23}C_6$数量多，淬火、回火后的硬度、强度高，但碳化物和基体之间构成微电池的数目增多，而且使基体固溶的铬量下降，从而使不锈钢抗蚀能力下降。因此，在增高碳含量来提高硬度和耐磨性时须相应增加铬含量，如9Cr18不锈钢。

2. 热处理特点

对 Cr13 型马氏体不锈钢，可通过淬火获得马氏体组织，以提高强度和硬度。由于奥氏体化在 1 000℃左右的高温进行，使大量铬的碳化物溶入奥氏体，相变后仍保留在马氏体中，故能提高抗蚀性。

Cr13 型钢有两种回火制度。1Cr13，2Cr13 采用高温回火，得到回火索氏体组织，具有较高的强度和韧性。由于含碳质量分数低，回火温度高，在铬碳化物析出量不多的情况下，铬因扩散使铁素体中的含量比较均匀，而且含量大于 12%，同时由于内应力消除彻底，故有高的抗蚀性。3Cr13 和 4Cr13 由于铬对共析点的影响已属于共析或过共析钢，淬火后通常采用低温回火，得到回火马氏体+(部分)碳化物组织，硬度高且耐磨。由于低温回火主要是消除应力，铬碳化物析出不多，大量铬保持在马氏体中，也能有较高抗蚀性。

常用马氏体不锈钢的牌号、成分、热处理、性能和用途见表 6-10，其中 Cr17Ni2 由于淬火状态下含有部分铁素体，属于马氏体-铁素体不锈钢，除在淬火、回火状态下具有良好的综合性能外，退火状态下切削加工性良好，可进行多种方法的焊接，也可进行冷冲压和热冲压，成形工艺性好。9Cr18 为高碳高铬马氏体不锈钢，淬火回火后具有比 4Cr13 更高的硬度和耐磨性。

表 6-10 马氏体不锈钢的牌号、成分、热处理、性能和用途

牌号	主要成分/%	热处理	R_m/MPa	$R_{r0.2}$/MPa	A/%	a_k/$J\cdot cm^{-2}$	硬度	用途
1Cr13	0.08～0.15C 12～14Cr	1 000～1 050℃淬水(油)；750℃回火，水冷	600	420	20	90	185 HB	不锈齿轮、螺栓等
2Cr13	0.16～0.25C 12～14Cr	1 025℃淬油(水)；650℃回火，水冷	850	650	16	60	230 HB	
3Cr13	0.24～0.34C 12～14Cr	1 025℃ 淬油；250℃回火	1 600	1 300	3		50 HRC	不锈弹性件
4Cr13	0.35～0.45C 12～14Cr	1 070℃ 淬油；250℃回火					56 HRC	不锈轴承、弹簧等
1Cr17Ni2	0.14C，17Cr 1.5～2.5Ni	1 000℃ 淬油；300℃回火	1 100	850	10	50	321 HB	气压机外环等
9Cr18	0.9～1.0C 17～19Cr ≤0.8Si，≤0.8Mn	1 025℃淬油；200～250℃回火					55 HRC	不锈轴承等

6.4.3 奥氏体不锈钢

奥氏体不锈钢与马氏体不锈钢相比较，具有更高的抗蚀性、更好的塑性加工成形性和焊接性以及更高的使用温度，但力学性能则不及马氏体不锈钢。

1. 成分特点

由图 6-2 可知，欲在正火态获得奥氏体组织，不锈钢中的镍当量最少应大于 10%，此时相应的铬当量为 18%。如果在 Cr18 型钢中加入 9%的镍，即形成 1Cr18Ni9 奥氏体不锈钢。为明显提高抗蚀性，钢中含碳质量分数通常控制在 0.1%甚至在 0.03%以下，以抑制形成铬的碳化物，减少微电池腐蚀作用。

2. 热处理特点

奥氏体不锈钢通常只进行固溶处理，即在 1 100℃左右高温下加热，使碳化物溶入奥氏体，而后迅速冷却(水冷),获得单相奥氏体组织,从而具有优良的抗蚀性。

3. 晶间腐蚀

奥氏体不锈钢在600℃左右温度下工作时,会从奥氏体晶界处析出$Cr_{23}C_6$碳化物,消耗晶界附近基体中的含铬量,造成晶界附近的贫铬区。当晶界贫铬区的含铬量低于12%时,则电极电位明显下降,造成晶间腐蚀。

晶间腐蚀使钢的强度、塑性急剧下降,严重时受力即破碎。为防止晶间腐蚀,通常采用以下两种措施:

(1)降低钢的含碳质量分数,尽可能少地形成铬的碳化物,奥氏体不锈钢中有0Cr18Ni9,00Cr18Ni9等低碳或超低碳的不锈钢。

(2)在钢中加入强碳化物形成元素钛、铌,钢中的碳与钛或铌结合成TiC或NbC,而不形成$Cr_{23}C_6$,以避免晶间腐蚀。但加入钛或铌的不锈钢,在固溶处理之后须再进行一次稳定化处理,即加热到850～950℃使$Cr_{23}C_6$充分溶解,而使TiC或NbC充分形成。经这样处理的钢在600℃左右温度下使用时,不会再产生晶间腐蚀。

常用奥氏体不锈钢的牌号、成分、热处理、性能及用途见表6-11。其中带PH字母的钢为沉淀硬化不锈钢(过渡型不锈钢),其特点是在保持高的抗蚀性前提下,具有超高强度水平。这类钢的成分特点是含碳质量分数很低,含有大量的铬和镍以及少量钼或铝。这类钢的强化原理一是获得马氏体并对马氏体进行时效,使马氏体析出细小的碳化物或金属间化合物,从而显著提高强度;二是在塑性变形产生加工硬化的基础上,促进奥氏体转变成马氏体并进行时效处理,使基体析出细小的化合物来显著提高强度。为获得马氏体,可进行调整处理和冷处理。所谓调整处理,即对固溶处理得到的奥氏体,在800℃左右的温度下加热,使奥氏体析出碳化物或金属间化合物从而提高M_s点,以便冷却后得到马氏体组织。

表6-11　常用奥氏体不锈钢的牌号、成分、热处理、性能和用途

<table>
<tr><th>牌　号</th><th>主要成分/%</th><th>热处理</th><th>R_m/MPa</th><th>$R_{r0.2}$/MPa</th><th>A/%</th><th>Z/%</th><th>用　途</th></tr>
<tr><td>0Cr18Ni9</td><td>≤0.06C,17～19Cr,8～11Ni</td><td rowspan="4">固溶处理(1 100℃水冷)</td><td>500</td><td>200</td><td>45</td><td>60</td><td rowspan="2">不锈管道、飞机蒙皮、隔热板等</td></tr>
<tr><td>1Cr18Ni9</td><td>≤0.12C,17～19Cr,8～11Ni</td><td>500</td><td>200</td><td>45</td><td>50</td></tr>
<tr><td>1Cr18Ni9Ti</td><td>≤0.12C,17～19Cr,8～11Ni,0.8Ti</td><td>550</td><td>200</td><td>40</td><td>55</td><td rowspan="2">发动机环形件、燃气管、液氧瓶、液氢瓶等</td></tr>
<tr><td>1Cr18Mn8Ni5N</td><td>≤0.1C,17～19Cr,4～6Ni,7.5～10.0Mn,0.2N</td><td>650</td><td>300</td><td>45</td><td>60</td></tr>
<tr><td>Cr17Ni7Al(17-7PH)</td><td>≤0.09C,17Cr,7Ni,1.15Al,≤1.0Mn</td><td>固溶+700℃调整+500℃时效</td><td>1 400</td><td>1 350</td><td>13</td><td>42</td><td rowspan="3">300℃以下要求抗蚀的超高强度结构件</td></tr>
<tr><td>Cr15Ni7Mo2(PH15-7Mo)</td><td>≤0.09C,15Cr,7Ni,1.15Al,2.5Mo,≤1.0Si,≤1.0Mn</td><td>1 050℃固溶+955℃调整+冷处理+510℃时效</td><td>1 790</td><td>1 640</td><td>5.0</td><td></td></tr>
<tr><td>PH15-7Mo</td><td></td><td>固溶+冷轧60%+490℃时效</td><td>1 835</td><td>1 790</td><td>3.0</td><td></td></tr>
</table>

6.5 耐热钢与耐热合金

6.5.1 耐热钢与耐热合金的性能要求

(1)由于高温要引起表面的剧烈氧化、腐蚀,因此应具备抗氧化性(耐热不起皮性)。

(2)由于高温应力和高温强化机制的变化,材料会发生蠕变,因此要有高温下抗蠕变性、长期和短期的热强性、小的缺口敏感性以及抗热松弛和热疲劳性等。

(3)由于高温会引起组织的不断变化,因此要有高温下的组织稳定性及强化机制在高温下的有效性。

(4)好的铸造性、锻造性、焊接性,良好的成批生产性和经济性。

6.5.2 提高耐热性的途径

1.热安定性

高温下抗氧化、抗腐蚀的性能又称热安定性。提高热安定性的途径和不锈钢类似,依靠钢中加入合金元素铬、铝、硅形成致密氧化物保护膜或提高基体的电位。这 3 种元素和氧的亲和力比铁大,会发生选择性氧化并形成 Cr_2O_3,Al_2O_3,SiO_2 氧化膜。这些氧化膜结构致密、稳定,并与基体结合牢固,它们在钢表面的形成阻碍了氧化膜的扩散,抑制或避免疏松的 FeO 生成和长大,因此起保护作用,使钢不再继续发生氧化。

铬是提高钢抗氧化性的主要元素。实验结果证明,在 600～650℃时 w_{Cr} 为 5%,800℃时 w_{Cr} 为 12%,950℃时 w_{Cr} 为 20%,1 100℃时 w_{Cr} 为 28%才能满足抗氧化性。

铝和硅也是提高钢抗氧化性的有效元素,由于它们加入钢中增加了钢的脆性,因此很少单独加入,常常是和铬一起加入,例如铬-铝、铬-硅或铬-铝-硅一起加入。但与铬相比,铝、硅加入量比较少,一般可根据不同用途要求进行控制。

镍、锰对钢的抗氧化性能影响较弱。

当碳、氮溶于固溶体时对钢的抗氧化性影响不大,而当碳、氮以化合物形式出现时将妨碍钢表面氧化膜的连续性,因而降低钢的抗氧化性。

钼、钒元素所生成氧化物熔点较低,MoO_3(795℃),V_2O_5(658℃)容易挥发,因此加入钢中使抗氧化性变坏。

另外钢中加入微量铈(Ce)、镧(La)、钇(Y)等稀土元素可以提高钢的抗氧化性。如向铁-铬-铝或镍-铬钢中加 0.05%～0.2%(质量分数)的稀土元素,则在 1 050℃时的抗氧化寿命可提高 5～10 倍。这主要是由于加入稀土元素后高温下晶界优先氧化现象几乎消失。

除了加入合金元素外还采用渗金属方法,如渗铝、渗铬或渗硅等,以提高钢的抗氧化性能。

2.热强度

提高热强度的途径有以下几个方面:

(1)提高合金基体原子间的结合力,选用高熔点金属作为合金的基体。金属熔点高,表征原子间的结合力强,高温下不易变形。在高熔点金属中,面心立方结构比体心立方结构的原子结合力强,所以高温合金基体应是奥氏体。在奥氏体基体中再以铬、钼、钨等多种元素进行固溶强化,除提高热强度外,还使高温下的扩散困难,不易引起扩散造成的变形,并提高再结晶温度，使应变硬化不易消失。

(2)晶界强化：与常温下使用的材料不同，高温下使用的材料要求适当粗化晶粒，以减少高温下最易产生流动变形的晶界数量。由于晶界上最易存在杂质原子，会削弱晶界强度，且易造成低熔点共晶，导致使用温度降低，所以必须净化晶界，即减少晶界上的杂质元素。另外，加入微量硼、锆、稀土等元素，使其自动富集于晶界，填充晶界空隙，减少缺陷，并抑制强化相在晶界聚集长大，从而强化晶界，抵抗沿晶界发生的蠕变和断裂。

(3)弥散强化：在奥氏体基体中加入强碳化物形成元素和金属间化合物形成元素，固溶处理(淬火)时，使这些合金元素处于过饱和状态，而后再于较高温度下进行时效，使碳化物(如$Mo_2CV_4C_3$)和金属间化合物(如Ni_3Al)等析出，以阻止高温下的位错运动，也可在合金中加入弥散的陶瓷相，如氧化物等，起弥散强化的作用。

(4)利用铸造组织：铸造高温合金中的化合物往往呈网状和骨骼状，可以阻止基体的变形，而且铸造组织易于控制成适当粗化晶粒的要求。成分相同时，铸态合金比锻造状态具有更高的热强度，但脆性较高，适用于不受冲击的高温零件。

6.5.3　耐热钢的分类与应用

1. 耐热钢的分类

耐热钢按性能和用途可分为抗氧化钢、热强钢以及对抗氧化和热强性均有较高要求的钢(如气阀钢)三类。

耐热钢按显微组织，可大致分为以下四类。

(1)珠光体或铁素体-珠光体耐热钢：这类钢一般在正火高温回火后使用，其组织属于铁素体＋碳化物的亚共析钢。其合金元素总含量一般不超过5%。由于这类钢中抗氧化合金元素含量不高，故工作温度范围为350～620℃，常用作锅炉、汽轮机耐热零件的材料。

(2)马氏体耐热钢：这类钢一般经过淬火＋高温回火后使用，其中一部分是在1Cr13马氏体不锈钢基础上发展起来的，使用状态是回火马氏体，主要用作汽轮机叶片的材料，另一部分马氏体耐热钢为阀门钢，使用状态是回火索氏体。

(3)铁素体耐热钢：属于抗氧化钢，系高铬钢加入硅、铝等元素形成的钢。

(4)奥氏体耐热钢：它是在奥氏体不锈钢的基础上发展起来的，可以在600～810℃范围使用。作为抗氧化用钢可工作到1 200℃左右。根据其强化方法的不同又分成固溶强化的简单奥氏体耐热钢、用碳化物沉淀硬化的奥氏体钢、用金属间化合物沉淀硬化的奥氏体钢。奥氏体耐热钢可用作燃气涡轮、航空发动机、工业炉等耐热构件的材料。

在更高温度下工作的零件须使用高温合金。最常使用的是镍基合金，它是在Cr20Ni80合金的基础上加入强化元素发展起来的，可以在650～1 150℃温度范围使用。

2. 抗氧化钢

抗氧化钢主要用于制作在高温长期工作且承受载荷不大的构件，例如工业加热炉中的构件、炉底板、料架、辐射管等。这类钢包括铁素体和奥氏体两类，它们都具有很好的抗氧化性能。

(1)铁素体型抗氧化用钢：铁素体型抗氧化用钢是在铁素体不锈钢基础上进一步加适量的硅、铝而发展起来的，其牌号、成分、用途见表6-12。按抗氧化性或使用温度可分为：①Cr13型钢，例如Cr13Si3，Cr13SiAl等，可在800～850℃抗氧化不起皮；②Cr18型钢，例如Cr18Si2，Cr17Al4Si等，可在1 000℃左右使用；③Cr25型钢，例如Cr24Al2Si，Cr25Si2等，可在1 050～

1 100℃使用。这类钢为单一铁素体组织，没有相变，所以晶粒较粗大，韧性低。在使用中应特别注意其不宜承受载荷，但抗氧化性能特别好。

表 6-12　常用的抗氧化钢成分及用途

钢种		化学成分/(%)								用途
		C	Si	Mn	Cr	Ni	Ti	Al	N	
铁素体类	Cr3Si	≤0.10	1.0～1.5	≤0.70	3.0～3.5					<750℃下工作的炉用构件
	Cr6Si2Ti	≤0.15	2.0～2.5	≤0.70	5.8～6.8		0.08～0.15			<800℃下工作的炉用构件
	Cr11SiTi (日 SUH409)	≤0.08	1.0	1.0	10.5～11.75		$6w_C$～0.75			
	Cr13Si3	≤0.12	2.3～2.8	≤0.7	12.5～14.5					800～1 000℃下工作的炉用构件
	Cr13SiAl	0.10～0.20	1.0～1.5	≤0.7	12.0～14			1.0～1.8		
	Cr18Si2	≤0.12	1.0～2.4	≤1.0	17.0～19.0					<1 000℃下工作的炉用构件及渗碳箱等
	Cr17Al1Si	≤0.10	1.0～1.5	≤0.7	16.5～18.5			3.5～4.5		
	Cr19Al3Si (日 SUH21)	<0.10	1.5	1.0	17～21			2～4		
	Cr24Al2Si	≤0.12	0.8～1.2	≤1.0	23.0～25.0			1.4～2.4		850～1 050℃及温度波动下工作的炉用构件
	Cr25Si2	≤0.10	1.6～2.1	≤1.0	24～26					
	Cr25SiN (日 SUH446)	≤0.20	1.0	1.5	23～27					
奥氏体类	Cr18Ni25Si2 (苏 ЭЯ3С)	0.3～0.4	2.0～3.0	≤1.5	17～20	23～26				≤1 100℃下工作的炉用构件、渗碳箱及炉内传送带等
	6Mn18Al5Si2Ti	0.6～0.7	1.7～2.2	18～20			0.15～0.25	4.5～5.5		≤950℃下工作的炉用构件
	Cr19Mn12Si2N	0.24～0.34	1.7～2.4	11～13	18～20				0.24～0.32	850～1 000℃下工作的炉用构件
	Cr20Mn9Ni2Si2N	0.18～0.28	1.8～2.7	8.5～11	17～21	2～3			0.2～0.28	850～1 050℃下工作的炉用构件，可代 Cr18Ni25Si2

(2)奥氏体型抗氧化钢:奥氏体抗氧化用钢是在奥氏体不锈钢基础上发展起来的,比铁素体钢具有更好的热强性和加工工艺性能。因此在高温下可承受一定载荷。铬镍奥氏体钢是很理想的抗氧化钢,但由于消耗大量铬镍,特别是镍元素又很昂贵,目前奥氏体抗氧化用钢广泛使用无铬镍及节镍的铁-铝-锰和铬-锰-氮钢。其典型牌号、成分及用途见表6-12。

铁-铝-锰系钢为无铬镍抗氧化钢,其典型牌号如6Mn18Al5Si2Ti,通常在铸态下使用。其优点是:在950℃以下具有较好的抗氧化性,也能承受一定载荷;成本低、节省资源。其缺点是:不能得到完全奥氏体组织,组织中有少量铁素体,有一定脆性。因此其承载能力、最高使用温度范围、使用寿命均低于铬-锰-氮系钢。

铬-锰-氮系钢中加入一定的镍(Cr20Mn9Ni2Si2N),可得到单一奥氏体组织,其抗氧化、承载能力及加工工艺性能均很好,这类钢除在铸态下使用外,还可以制作锻件,也可用作连续加热炉的传送带。

3. 热强钢

(1)珠光体耐热钢:珠光体耐热钢是指在正火状态下,显微组织主要是珠光体+铁素体的一类耐热钢,广泛用于600℃以下工作的石油化工及动力工业的设备。按含碳质量分数的高低可分为低碳珠光体耐热钢和中碳珠光体耐热钢两类。

1)低碳珠光体耐热钢(锅炉管子用钢)主要用于制作锅炉管线。对锅炉管线来说,其管内是高压蒸汽,外壁与火焰及烟气接触。为了使管子在长期工作条件下安全可靠,对管子用钢要求有足够的高温强度和持久塑性,有足够的抗氧化及耐腐蚀性,并且有足够的组织稳定性及良好的冷、热加工工艺性能,例如轧制、穿管、冷拔、弯管以及焊接等。

这类钢含碳质量分数控制在0.08%~0.2%范围内。含碳质量分数低可使钢具有良好的冷热加工性能;低碳不仅使钢管具有较好的抗氧化性能,而且使碳化物数量减少,钢中还不易产生碳化物聚集长大、球化和石墨化。为了进一步提高钢的抗氧化性能、钢的组织稳定性以及热强性,还经常在钢中加入铬、钼、钨、钒、钛、铌等合金元素。

低碳珠光体耐热钢的热处理工艺一般均为正火+高温回火。正火加热温度比通常的A_{c3}+50℃高100~150℃。由于这类钢中有的还含有一定量铬、钨、钼、钒等元素,因此正火空冷后依据合金元素种类、含量及构件尺寸不同,可分别获得贝氏体、低碳马氏体以及铁素体+珠光体组织。高温回火的目的是稳定组织,并使得固溶体基体与碳化物相之间合金元素合理分配,一般回火温度要高于构件使用温度100℃。

2)中碳珠光体耐热钢(紧固件及汽轮机转子用钢)主要用于耐热的紧固件(螺栓、螺母、汽封弹簧片、阀杆等)、汽轮机转子(主轴、叶轮)等。这类零、部件承受温度低于锅炉蒸汽管道构件的温度,但由于有时要承受因扭转、弯曲、振动所产生的应力和因温度梯度引起的热应力等,因此要求更高的热强性、热疲劳强度、高温塑性、韧性等综合性能。这类零、部件一般采用锻造成形,较少要求焊接等。因此其含碳质量分数都高于低碳珠光体耐热钢。为了提高淬透性和回火稳定性,这类钢的合金化以铬、钼为主,并根据用途不同适量加入钛、铌、钒、硼等,其含量也比低碳珠光体热强钢稍有提高。这类钢一般都采用淬火+高温回火,使用状态组织一般为回火索氏体。

(2)马氏体耐热钢:马氏体耐热钢包括两种类型,一种是用于制作工作温度在450~620℃的汽轮机叶片,称为叶片用钢;另一种主要用于制作工作温度在700~850℃的内燃机排气阀,故称为排气阀用钢。

1)叶片用钢:汽轮机叶片除承受复杂应力(离心力、弯矩、拉力等)作用外,还受高压蒸汽的冲刷,因此要求高的耐蚀性、热强性、耐磨性和高的抗氧化性。这类钢是在Cr13型马氏体不锈钢基础上适当调整化学成分而发展起来的。为了提高叶片工作温度,在Cr13基础上加入钼、钨、钒和铌以强化基体和形成稳定碳化物,并加硼以强化晶界。必须指出,上述合金元素加入后,为避免形成较多的δ铁素体,应适当降低铬含量,有时还加入一定量的镍元素,以保证淬火加热时获得单一的奥氏体组织。

2)排气阀用钢:汽车和内燃机中的排气阀工作温度一般在700～850℃范围。燃气中还含有硫、钠、钒等气体及盐类腐蚀介质,同时在工作中气阀还经常受到机械疲劳、热疲劳及气体冲刷等。因此排气阀用钢应具有更高的高温强度、硬度、韧性、抗氧化、抗腐蚀性能以及更好的组织稳定性和良好的工艺性能。为了达到上述性能要求,马氏体排气阀钢含碳质量分数较高,并添加硅元素进一步提高抗氧化性能。钢中的钼除提高淬透性外,还可以降低第二类回火脆性。

马氏体耐热钢一般在1 000℃以上加热淬火,以保证所有碳化物固溶与合金元素的有效作用,然后空冷或油冷。回火温度应根据要求而选用。叶片用钢的回火温度在650～750℃之间选择;排气阀用钢的回火温度一般应高于使用温度100℃,并应避开400～600℃回火脆性区。

(3)奥氏体耐热钢及合金:动力工业的燃气轮机叶片、轮盘、发动机气阀和喷气发动机的某些零件,主要工作温度在600～750℃之间,有的可达850℃左右。石油化工装置的许多构件,例如制氢转化炉管、乙烯裂解炉管等其工作温度有的已达到1 050℃,并且还经常受高压、氧化及渗碳性介质的强烈作用。因此珠光体、马氏体类型耐热钢(α-Fe基)在化学稳定性和热强性两个方面都很难胜任,必须更换基体组织,即采用γ-Fe基的奥氏体钢。γ-Fe基比α-Fe基具有更高的热强性,其原因是γ-Fe晶型的原子间结合力比α-Fe大;γ-Fe中铁及其他元素原子的扩散系数小,再结晶温度高,$T_{再}$可达800℃以上,而α-Fe再结晶温度仅为450～600℃。γ-Fe基耐热钢还具有较好的抗氧化性、高的塑性和韧性、良好的焊接性能。但其室温强度低,导热性差、压力加工及切削困难等缺点。

根据合金化方法及强化机制,奥氏体耐热钢及铁基合金可以分成以下三类。

1)固溶强化型:这类钢是低碳,主加元素为铬镍的奥氏体组织的钢,为了进一步固溶强化和提高热强性,钢中常含有钨、钼元素。这类钢焊接及冷加工成形性能良好,一般在固溶处理状态下使用,可用在受热温度较高、承受载荷不大的零、部件上,例如工业加热炉、辐射管、传送带、喷气发动机排气管、冷却良好的燃烧室部件以及工业炉热交换器管线等。Incoloy800合金常用于制作石油化工装置、使用温度在800℃左右的制氢转化炉下集气管。

2)碳化物沉淀强化型:这类钢的化学成分特点是既含有较高的铬、镍以形成奥氏体,又含有钨、钼、铌、钒等强碳化物形成元素,是以碳化物为沉淀强化相的奥氏体铁基高温合金。按照使用时的加工工艺状态及强化特点可分为铸态下使用和锻、轧后经固溶处理+时效处理后使用。

4Cr25Ni20,5Cr25Ni35,5Cr25Ni33NbW等一般在铸态下使用,以M_7C_3,MC骨架状的共晶碳化物强化晶界,在高温使用中晶内沉淀析出$M_{23}C_6$型碳化物,以强化基体。这类钢目前主要用于制作石油化工装置,如使用温度在600～1 050℃下载荷应力并不太高的制氢转化炉管和乙烯裂解炉管。4Cr12Ni8Mn8MoVNb(GH36),4Cr14Ni4W2Mo等,它们在锻、轧成形后必须进行固溶处理和预先时效,然后才可投入使用。在预先时效过程中,通过钢中析出大量的弥散碳化物$M_{23}C_6$,MC等,一方面使钢沉淀强化,另一方面也稳定组织。时效温度一般高于使用温度。这类钢主要用于使用温度在 600～650℃ 的发动机轮盘、高温紧固件等，4Cr14Ni4W2Mo 也可制作内燃机车排气阀。

3)金属间化合物沉淀强化型：这类合金的特点是含碳质量分数很低（一般为 0.08%），含镍质量分数较高（25%～40%），同时还含有一定量的铝、钛、钼、钨、钒、硼等元素。高的镍含量除了保证得到稳定奥氏体组织外，镍在时效中还要与铝、钛等元素形成 γ' 相（$Ni_3(Al,Ti)$）沉淀强化；合金中的钨、钼可溶于奥氏体基体产生固溶强化；合金中的钒和硼能强化晶界，硼还可以使晶界网状沉淀相改变为断续沉淀相，因而还可提高合金的持久塑性。

(4)镍基耐热合金（高温合金）：耐热钢和铁基耐热合金在较高载荷下的最高使用温度一般只能达到 750～850℃，对于更高温度下使用的部件则采用镍基、钴基及难熔金属为基体的合金。

1)镍基高温合金是在英国 Nimonic 合金（Ni80Cr20）的基础上发展起来的，合金中加入了大量强化合金元素，例如钨、钼、钛、铝、铌、钴等，大多数镍基合金不含铁或少含铁（$w_{Fe}<10\%$）。合金的基体是镍，因此基体为奥氏体。合金中的铝、钛和镍可生成稳定性很好的强化相 $\gamma'[Ni_3(Al_2Ti)]$ 相。γ' 相的稳定性与其中 Al/Ti 比有关：当 Al/Ti＜1（摩尔比）时，会出现 $\eta(Ni_3Ti)$ 相，引起热强性降低；当 Al/Ti＞时 1 得到稳定 γ' 相。随使用温度的升高，铝、钛总量须增加，且 Al/Ti 比也要升高。但铝、钛含量不能太高，否则将使锻造性能变差。合金中加入铌，可形成 $\gamma'[Ni_3(Al,Ti,Nb)]$ 相，有很好的沉淀强化效果。合金中的钨、钼、铬、钴等元素除了固溶强化基体外，钴元素可增加基体对铝、钛、铌的溶解度，增加 γ' 相的析出数量，铬更重要的作用是抗氧化。

为了强化晶界，合金中还加入硼、铈、锆等微量元素。耐热合金中杂质元素，特别是低熔点金属元素铅、锑、锡应严格控制，因为它们可强烈降低晶界强度。

常用的镍基合金以 fcc 晶体结构的 γ 相为基体，沉淀强化相以 $\gamma'-Ni_3(Al,Ti)$ 为主，其中 $\gamma'-Ni_3(Al,Ti)$ 可占合金中体积分数的 50%～70%，此外还可以形成 $\gamma''-Ni_3Nb$ 共格相。在镍基合金中尚存在 MC，M_6C，$M_{23}C_6$ 等碳化物。

2)变形镍基高温合金的热处理为固溶处理和时效处理。经热处理后，可获得均匀的固溶强化相，适当的晶粒度和分布较好的沉淀强化相。

固溶处理温度一般为 1 040～1 230℃。先炉冷到某一中间温度，然后空冷。较高的中间温度，有利于随后时效过程中从晶内沉淀析出弥散分布的 γ' 相，使合金获得较佳的强化效应。较低的中间温度使合金的硬度、强度显著降低，但晶界得到强化。

经固溶处理的高温合金在时效时，从基体 γ 相中沉淀析出 γ' 及碳化物相，使合金获得沉淀强化。

3)铸造镍基高温合金一般采用精密铸造，缓慢冷却，多数析出反应进行得比较完全，所以在铸态下可直接使用，即使进行热处理也比较简单。为改善铸造镍基高温合金的组织不均匀性和缺陷，通常可采用热等静压处理工艺，这种处理可显著提高钢的抗热疲劳性能，大幅度提高钢的中温持久寿命。

第7章　有色金属及其合金

7.1　铝及铝合金

纯铝是银白色的金属，相对密度为2.7，熔点为657℃，呈面心立方晶格结构。纯铝具有良好的导电性和导热性，塑性也很好，但强度和硬度很低。

纯铝不宜用来制作承重结构件，可主要用来制造电线、电缆、强度要求不高的器皿、用具以及配制各种铝合金等。

根据GB/T 3190—2008，工业纯铝的牌号为1080、1070、1060……，第一位数1表示纯铝，第二位数0表示杂质含量无特殊控制，最后两位数表示纯度，即铝质量分数中小数点后面的两位数，如1080表示铝的质量分数为99.80%的工业纯铝。

纯铝的强度很低，但若加入锰、镁、铜、锌、硅等合金元素，就可以极大地提高其力学性能，而仍保持其比重小、耐腐蚀的优点。一些铝合金还可以通过热处理强化，是制作轻质结构零件的重要材料。

工业上应用的铝合金，加入的许多合金元素都能与铝形成有限固溶体。这些元素在铝中的溶解度都随温度的降低而减少，因此，二元铝合金状态图一般都具有如图7-1所示的共晶形状。按此图可将铝合金分为形变铝合金和铸造铝合金两大类。

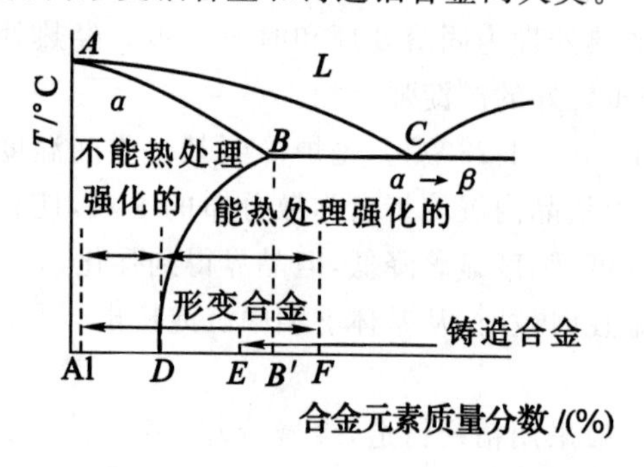

图7-1　铝合金状态图的一般类型

7.1.1　形变铝合金

成分位于B点以左的合金，加热时能形成单相固溶体(α)，塑性高，适于进行压力加工，属形变铝合金。这类合金又可分为：① 热处理不可强化的形变铝合金，即成分位于D点以左的合金，它在固态下加热时不发生相变；② 热处理可强化的形变铝合金，即成分在D与B'点之间的合金，这类合金加热到 *DB* 线以上时，形成单相固溶体。如将其淬火，由于过量相来不及析出而形成过饱和固溶体，这种固溶体的强度仅比淬火前略有提高。若将此合金在室温下放置或在低于固溶线下适当温度加热保温，由于第二相从过饱和固溶体中的析出，引起固溶体晶格严重畸变，致使合金的强度、硬度显著提高，这种现象称为时效强化。在室温下进行的时效强化又称为自然时效。为加快时效过程，将淬火后的铝合金略微加热进行时效，则称为人工时效。

形变铝合金又称为压力铝合金或熟铝合金。根据其主要特点，形变铝合金又可分为防锈铝、硬铝、超硬铝、锻铝合金等。根据 GB/T 16474—2011，变形铝合金的牌号采用国际四位数字体系，"×A××"，第一、三、四位为阿拉伯数字，第二位为英文大写字母 A。第一位数字表示合金系，1 为纯铝，2 为 Al - Cu 系，3 为 Al - Mn 系，4 为 Al - Si 系，5 为 Al - Mg 系，6 为 Al - Mg - Si系，7 为 Al - Zn 系，第二位字母 A 表示原始铝或铝合金的改型情况，第三、四位数字表示序号。例如 5A05 表示 5 号铝镁合金，2A11 表示 11 号铝铜合金，7A04 表示 4 号铝锌合金。

1. 防锈铝合金

防锈铝合金主要是 Al - Mg 和 Al - Mn 合金。这类合金在锻造退火后呈单相固溶体，故抗腐蚀性能高，塑性好。合金元素镁和锰的加入，均起到固溶强化的作用，使合金具有比纯铝高的强度。此外，镁加入铝中，能使合金的密度降低，使制成的零件比纯铝还轻，锰加入铝中，能使合金具有很好的抗蚀性。

防锈铝合金为热处理不可强化铝合金，只能施以冷变形，产生加工硬化，来提高其强度、硬度。

2. 硬铝合金

硬铝合金主要是 Al - Cu - Mg 合金，还含有少量的锰。合金中加入铜和镁是为了形成强化相，在时效时起强化作用。加入锰主要是为了提高合金的耐蚀性，并有一定的固溶强化作用，但锰的析出倾向小，不参与时效过程。各种硬铝均可进行时效强化，也可进行冷作强化，故具有较高的力学性能。但它的耐蚀性比纯铝和防锈铝低得多。硬铝合金按合金元素含量及性能不同，又可分为以下 3 类。

(1)低合金硬铝：如 2A01，2A10 等。合金中镁和铜含量较低，塑性好，强度低，可进行淬火自然时效，但时效速度较慢，主要用于制作铆钉。

(2)标准硬铝：2A11 为标准硬铝。合金元素含量中等，强度和塑性均属中等水平。经退火后工艺性能良好，可以进行冷弯、冲压等工艺过程；时效后，切削加工性也比较好。主要用于制作中等负荷的结构零件。

(3)高合金硬铝：如 2A12，2A16 等。合金中镁和铜等合金元素含量较多，强度和硬度较高，但塑性及变形加工性能较差。主要用于制作航空模锻件和重要的销、轴等零件。

3. 超硬铝合金

超硬铝合金主要是 Al - Cu - Mg - Zn 合金，还含有少量的铬和锰。常用的牌号有 7A04，7A09 等。合金元素锌、铜、镁与铝可形成固溶体和多种复杂的强化相，例如 $MgZn_2$，Al_2CuMg，AlMgZnCu 等。所以，经淬火和人工时效后，可获得很高的强度和硬度。它是强度最高的铝合金，但塑性降低，冲压性能不好。此外，它的耐蚀性和耐热性均较差，当工作温度超过 120℃时，就会很快软化。超硬铝合金主要用于制作受力大的重要结构件，如飞机大梁、起落架等。

4. 锻铝合金

锻铝合金主要是 Al－Mg－Si－Cu 和 Al－Cu－Mg－Ni－Fe 合金。由表 7－1 可以看出，这类合金中的合金元素种类多，但用量都较少。锻铝合金具有良好的热塑性、铸造性和较高的力学性能，适于制作形状复杂、承受重负荷的大型锻件。

部分形变铝合金的牌号、成分、性能和用途见表 7－1。

表 7－1　部分形变铝合金的牌号、化学成分、力学性能及用途

类别	牌号		化学成分/(%)					热处理状态	力学性能			用途
	新国标	旧国标	Cu	Mg	Mn	Zn	Al		R_m/MPa	A/(%)	硬度HBS	
防锈铝合金	5A05	LF5		4.5～5.5	0.3～0.6		余量	M	270	23	70	中等载荷零件、铆钉以及焊接油箱、油管等
	5A02	LF2	0.1	2.0～2.8	0.15～0.4				195	25	47	
	3A21	LF21	0.2	0.05	1.0～1.6	0.10			110	30	28	
硬铝合金	2A01	LY1	2.2～3.0	0.2～0.5				CZ	300	24	70	中等强度和工作温度≤100℃的铆钉材料
	2A11	LY11	3.8～4.8	0.4～0.8	0.4～0.8				420	18	100	中等强度结构件和零件，如骨架、螺旋桨叶片、铆钉等
	2A12	LY12	3.8～4.9	1.2～1.8	0.3～0.9				470	20	105	高强度构件以及150℃以下工作的零件，如骨架、梁等
超硬铝合金	7A04	LC4	1.4～2.0	1.8～2.8	0.2～0.6	5～7		CS	230	17	60	结构中主要受力件，如飞机大梁、桁架、加强框及起落架等
	7A09	LC9	1.2～2.0	2.0～3.0	0.15	5.1～6.1			570	11	150	
锻铝合金	2A50	LD5	1.8～2.6	0.4～0.8	0.4～0.8			CS	420	13	105	形状复杂和中等强度的锻件和模锻件等
	2A70	LD7	1.9～2.7	1.4～1.8					440	12	120	高温下工作的复杂锻件和结构件、内燃机活塞等
	2A14	LD10	3.9～4.8	0.4～0.8	0.4～1.0				480	19	135	形状简单和高负荷的锻件和模锻件

注：1. 新国标指《变形铝及铝合金化学成分》(GB/T 3190—2008)。

2. 热处理代号：M 表示退火；CZ 表示淬火＋自然时效；CS 表示淬火＋人工时效。

7.1.2　铸造铝合金

按照主要合金元素的不同，铸造铝合金可分为 Al－Si，Al－Cu，Al－Mg，Al－Zn 等四类。它们的牌号用 ZAl＋合金元素＋合金含量来表示，如 ZAlSi5Cu1Mg 表示含 5％的 Si、1％的 Cu 及少量 Mg 的铸造铝合金。

1. 铝硅合金

铸造铝硅合金又称硅铝明。由于其具有良好的力学性能、耐蚀性和铸造性能，所以是应用最广泛的铸造铝合金。

硅铝明的含硅质量分数一般为 10％～13％，铸造后几乎全部得到共晶组织，因此具有良好的铸造性能。由于共晶体由粗大针状硅晶体和 α 固溶体构成，故强度低，脆性大。若在浇注前向合金溶液中加入占合金质量 2％～3％的钠盐（2/3NaF＋1/3NaCl），进行变质处理，则能细化合金的组织，提高合金的强度和塑性。

由硅在铝中的溶解度很小，硅铝明不能进行热处理强化。如向合金中加入能形成强化相的铜、镁等元素，则合金除能进行变质处理外，还能进行淬火时效。因而，可以显著提高硅铝明的强度。

2. 铝铜合金

铸造铝铜合金具有较高的强度和耐热性，但密度大，铸造性能差，有热裂和疏松倾向，耐蚀性也较差。主要用于要求在较高强度和较高温度下工作的零件。

3. 铝镁合金

铸造铝镁合金强度高，相对密度小（为 2.55），耐蚀性好，但铸造性能差，耐热性低。该合金可以进行淬火时效处理。主要用于制造能承受冲击载荷、可在腐蚀介质中工作的、外形不太复杂便于铸造的零件。

4. 铝锌合金

铸造铝锌合金价格便宜，铸造性能优良，经变质处理和时效处理后强度较高，但抗蚀性差，热裂倾向大。常用于制造汽车、拖拉机的发动机零件、仪器仪表零件及日用品等。

部分铸造铝合金的牌号、成分、性能和用途见表 7－2。

表 7－2　部分铸造铝合金的牌号、化学成分、机械性能及用途（参照 GB/T 1173—2013）

牌号	化学成分/(％)						铸造方法与热处理状态	力学性能			用途
	Si	Cu	Mg	Mn	其他	Al		R_m/MPa	A/(％)	硬度 HBW	
ZAlSi7-Mg	6.5～7.5		0.25～0.45			余量	J，T5	205	2	60	形状复杂的构件，如飞机、仪表的零件，抽水机壳体，工作温度不超过 185℃的汽化器等

续表

牌号	化学成分/(%)						铸造方法与热处理状态	力学性能			用途
	Si	Cu	Mg	Mn	其他	Al		R_m/MPa	A/(%)	硬度HBW	
ZAlSi12	10.0～13.0					余量	J,F	155	2	50	形状复杂的构件，如仪表、抽水机壳体，工作温度不超过200℃，要求高气密性、承受低载荷零件
ZAlSi5-Cu1Mg	4.5～5.5	1.0～1.5	0.4～0.6			余量	J,T5	235	0.5	70	形状复杂，在225℃以下工作的零件，如风冷发动机的气缸头，机匣、液压泵壳体等
ZAlSi2-Cu2Mg1	11.0～13.0	1.0～2.0	0.4～1.0	0.3～0.9		余量	J,T1	195		85	要求高温强度及低膨胀系数的内燃机活塞及其他耐热零件
ZAlSi9-Cu2Mg	8.0～10.0	1.3～1.8	0.4～0.6	0.1	Ti:0.1～0.35	余量	J,T6	315	2	100	250℃以下工作的承受重载的气密零件，如大马力柴油机缸体、活塞等

注:J表示金属型铸造。

7.2 钛及钛合金

7.2.1 工业纯钛及钛的合金化

1.纯钛性能

钛在地壳中的蕴藏量仅次于铝、铁、镁，居金属元素中的第4位。尤其在我国钛的资源十分丰富，是一种很有发展前途的金属材料。

钛的熔点为1 667℃，密度为4.5 g/cm³，约相当于铁密度的一半。

钛具有同素异构转变，低于882.5℃为密排六方结构，称为α-Ti，高于882.5℃为体心立方结构，称为β-Ti。

工业纯钛的力学性能与低碳钢相似，具有较高的强度和较好的塑性。钛在常温虽为密排六方结构，但由于其$c/a<1.633$(c,a均为晶格常数)，故滑移系较多，并且还容易出现孪生，因此其塑性比其他密排六方结构的金属要高，可以直接用于航空产品。常用来制造350℃以下工作的飞机构件，如超声速飞机的蒙皮、构架等。

2.钛的合金化及钛合金分类

钛中加入的合金元素会影响钛的同素异构转变温度，升高转变温度的合金元素，扩大α相区，称为α稳定元素，主要有铝、氮及硼等[见图7-2(a)]；降低转变温度的合金元素，扩大β相区，称为β稳定元素，主要有钒、钼、铬、锰等[见图7-2(b)]。锡、锆等元素对转变温度影响不明显，称为中性元素。

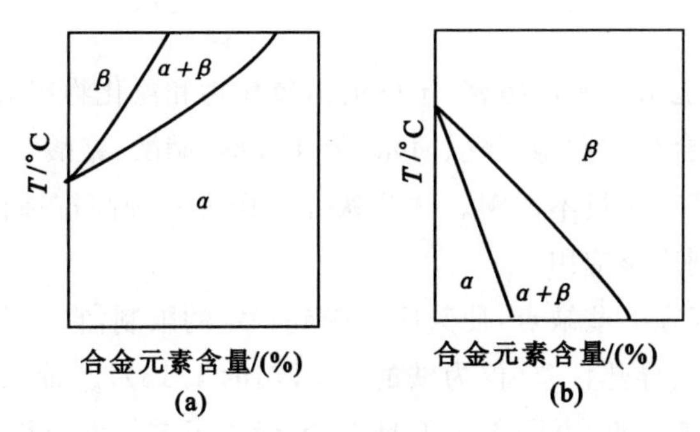

图7-2　合金元素对钛同素异构转变温度的影响

(a)提高转变温度，扩大α相区　(b)降低转变温度，扩大β相区

钛合金按其退火组织可分为三种类型。

(1)组织为α固溶体的合金，称为α型钛合金，其牌号以"TA"加序号表示，工业纯钛编号也与其相同。

(2)组织为β固溶体的合金，称为β型钛合金，其牌号以"TB"加序号表示。

(3)组织为$\alpha+\beta$两相固溶体的合金称为$\alpha+\beta$型钛合金，其牌号以"TC"加序号表示。工业上常用钛合金的牌号和成分见表7-3。

表7-3　常用钛合金的牌号和成分

类型	牌号	主要化学成分/(%)									
		Al	Cr	Mo	Sn	Mn	V	Fe	Cu	Si	Zr
α	TA7	4.0～5.5			2.0～3.0						
	TA8	4.5～5.5			2.0～3.0				2.5～3.2		1.0～1.5
β	TB1	3.0～4.0	10.0～11.5	7.0～8.0							
	TB2	2.5～3.5	2.5～8.5	4.7～5.7			4.7～5.7				
$\alpha+\beta$	TC2	2.0～3.5				0.8～2.0					
	TC4	5.5～6.8					3.5～4.5				
	TC9	5.8～6.8		2.8～3.8	1.8～2.8					0～0.4	
	TC10	5.5～6.5			1.5～2.5		5.5～6.5	0.35～1.0	0.35～1.0		

7.2.2　钛及其合金的主要特性

钛及钛合金有以下几方面的突出优点。

(1)比强度高：工业纯钛强度达350～700 MPa，钛合金强度可达1 200 MPa，和调质结构钢相近。由于钛合金的密度比钢低得多，因此钛合金具有比其他金属材料都高的比强度，这正是钛及钛合金适于用作航空材料的主要原因。

(2)热强度高：钛的熔点高，再结晶温度也高，因而钛及其合金具有较高的热强度，目前钛合金短时间使用温度可达700℃，但长期服役温度超过600℃的高温钛合金材料的研发仍迫在眉睫。

(3)抗蚀性高：钛表面能形成一层致密、牢固的由氧化物和氮化物组成的保护膜，因此具有很好的抗蚀性能。钛及钛合金在潮湿大气、海水、氧化性酸(硝酸、铬酸等)和大多数有机酸中，其抗蚀性与不锈钢相当，甚至超过不锈钢。钛及钛合金作为一种高抗蚀性材料，已在航空、化工、造船及医疗等行业得到广泛应用。

但是，钛及其合金还存在一些缺点，使其应用受到一定的限制，它的主要缺点有以下几点：

(1)切削加工性差：钛的导热性差(仅为铁的1/5，铝的1/13)，摩擦因数大，切削时容易升温，也容易黏刀，因而切削速度低，并降低了刀具寿命，影响了零件表面精度。

(2)热加工工艺性差：加热到600℃以上时，钛及钛合金极易吸收氢、氮、氧等气体而使其性能变脆，使得铸造、锻压、焊接和热处理等工艺都存在一定的困难，因此其热加工工艺过程只能在真空或保护气氛中进行。

(3)冷压加工性差：由于钛及其合金的屈强比较高，弹性模量又小，故冷压加工成形时回弹较大，成形困难，一般须采用热压加工成形。

(4)硬度较低，抗磨性较差：不宜用来制造耐磨性要求高的零件。

随着化学切削、激光切削、电解加工、超塑性成形及化学热处理工艺的发展，上述问题将逐步得到解决，钛合金的应用也必将更加广泛。

7.2.3 钛合金的热处理

钛合金的热处理主要有为强化而进行的淬火和时效，以及为提高塑性、韧性、消除应力、稳定组织而进行的退火。

1. 淬火

钛合金淬火时因合金成分及淬火温度不同，可形成不同的介稳定相，现以含有β稳定元素的钛合金相图(见图7-3)为例，说明钛合金淬火相变特点。

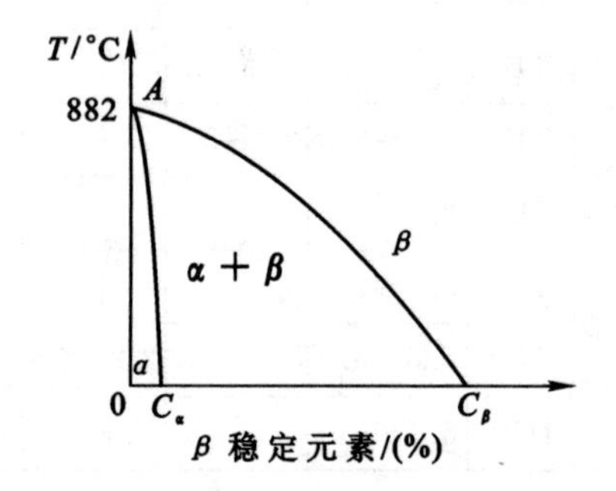

图7-3 含有β稳定元素的钛合金相图

当α钛合金和含β稳定元素较少的$\alpha+\beta$钛合金自高温β相区淬火时，可发生无扩散型的马氏体转变，其转变产物有α'和α''两种马氏体。α'和α''是β稳定元素在密排六方结构的α-Ti中的过饱和固溶体，α'具有板条或针状组织形态。α''具有正交结构，呈细针状。钛合金中的马氏体为置换式的过饱和固溶体，固溶强化作用较小，仍保持着α相较软的特性。

当β钛合金和含β稳定元素较多的$\alpha+\beta$钛合金自高温相区淬火时，来不及析出α相，形成过饱和的β固溶体，称为亚稳β相或β'相。在一定条件下，它能转变成平衡组织，起到时效强化作用。

α型钛合金淬火得不到亚稳的β相，得到的α'相强化效果又不大，因此α型钛合金一般不进行淬火，多在退火状态下使用。

$\alpha+\beta$钛合金的淬火加热温度一般选在$\alpha+\beta$两相区的上部范围，这样可以获得较多数量的亚稳β相，而且晶粒也不会长大。

β型钛合金（成分位于C_β稍左的合金，见图7-3）的淬火温度应选在AC_β线附近，淬火后得到亚稳的β相。加热到这个温度时，晶粒不会过分长大，因而不降低合金的力学性能。

2. 时效

与铝合金时效不同，钛合金时效主要是依靠β'，α''，α'等相在时效过程中分解析出高度弥散的$\alpha+\beta$组织，使合金强化。

钛合金的时效强化效果与淬火加热温度有关，这是因为淬火加热温度决定了淬火组织中亚稳β相的成分和数量。当淬火加热温度一定时，时效强化效果决定于时效温度。时效温度过高，析出的α相粗大，强化效果差；时效温度过低，保温时间需要很长。因此，钛合金的时效温度一般在500℃左右。

3. 退火

(1) 再结晶退火：其目的是为了消除加工硬化，恢复塑性，并获得比较稳定的组织。加热温度通常高于再结晶温度，但低于“$\alpha+\beta\rightarrow\beta$”相变温度（$\beta$型钛合金除外），以避免晶粒长大。

(2)去应力退火：其目的是消除机械加工或焊接过程中所形成的内应力。加热温度一般都低于再结晶温度。

(3)稳定化退火：对于一些含有铁、锰、铬等成分，并在高温下长期工作的钛合金，为使合金组织尽可能接近平衡状态，以免在使用过程中发生分解，使合金的热稳定性降低，须进行稳定化退火。这种退火多采用双重退火法（或称分级退火法），例如TC9合金退火时，先在930℃加热1 h，空冷进行再结晶，然后在530℃加热1 h，空冷，以稳定组织。

除了上述几种热处理方法外，为提高钛合金的耐磨性，还可进行渗氮等化学热处理。

7.2.4　常用钛合金

常用钛合金的牌号、成分、性能和用途分别列于表7-3和表7-4中。

表7-4　常用钛合金的牌号、性能及用途

类别	牌号	化学成分	热处理状态	室温力学性能		高温力学性能			用途
				R_m/MPa	A/%	试验温度/℃	R_m/MPa	R_{100h}/MPa	
α钛合金	TA4	Ti-3Al	退火	580	15				在500℃以下工作的零件，导弹燃料罐、飞机的涡轮机匣等
	TA5	Ti-4Al-0.005B	退火	685	15				
	TA6	Ti-5Al	退火	685	10	350	420	390	

续表

类别	牌号	化学成分	热处理状态	室温力学性能		高温力学性能			用途
				$\frac{R_m}{MPa}$	$\frac{A}{\%}$	$\frac{试验温度}{℃}$	$\frac{R_m}{MPa}$	$\frac{R_{100h}}{MPa}$	
β钛合金	TB1	Ti-3Al-8Mo-11Cr	淬火	1 100	16				在350℃以下工作的零件，压气机叶片、轴、轮盘等重载荷旋转件，飞机构件等
			淬火+时效	1 300	5				
	TB2	Ti-5Mo-5V-8Cr-3Al	淬火	≤980	18				
			淬火+时效	1 370	7				
α+β钛合金	TC1	Ti-2Al-1.5Mn	退火	600～800	15	350	345	325	在400℃以下工作的零件，有一定高温强度的发动机零件，低温用部件
	TC2	Ti-4Al-1.5Mn	退火	700	12	350	420	390	
	TC3	Ti-5Al-4V	退火	900	8～10	400	450	420	
	TC4	Ti-6Al-4V	退火	950	10	400	620	570	
			淬火+时效	1 200	8				

1.α型钛合金

这类合金的退火组织为单相α固溶体，不能进行热处理强化，只能进行退火处理，室温强度不高。但由于这类合金中含铝、锡较多，组织稳定，耐热性高于其他钛合金。

α型钛合金在室温下为密排六方结构，压力加工性较差，多采用热压加工成形。

2.β型钛合金

常用的β型钛合金是通过淬火得到介稳定β相的钛合金，这类合金可用热处理强化(淬火、时效)，故室温时强度较高。但由于淬火时效后的组织不够稳定，且含较少的铝、锡，故耐热性不高。

这类合金在室温、高温下均为体心立方结构，因而压力加工性能较好。由于它的冶炼工艺较复杂，热稳定性也较差，目前应用较少。

3.α+β型钛合金

这类合金的退火组织为α+β，兼有α型及β型两类钛合金的优点。从化学成分看，它既含有α稳定元素，又含有β稳定元素；从组织结构看，它包含α及β两种固溶体；从热处理方法来看，它既可以在退火状态下使用，又可以在淬火、时效状态下使用；从力学性能看，它既有较高的室温强度，又有较高的高温强度，而且塑性也较好。因此这类合金的应用最广泛。

这类合金虽然可以通过淬火和时效进行强化，但由于在较高温度下使用时，淬火及时效后的组织不如退火后的组织稳定，因此多在退火状态下使用。

这类合金中最常用、最典型的是TC4合金，通常以Ti-6Al-4V表示其成分，它具有良好的综合力学性能，组织稳定性也比较高，可用于制造火箭发动机外壳、航空发动机压气机盘和叶片。

7.3　铜及铜合金

7.3.1　纯铜

纯铜呈玫瑰色，当表面形成氧化膜后呈紫红色，因此称为紫铜。铜的密度为8.94 g/cm^3，熔点1 083℃，无同素异构转变，无磁性。

纯铜最突出的特点是导电、导热性好，仅次于银，故在电器工业和动力机械中得到广泛的应用，如用来制造电导线、散热器、冷凝器等。

纯铜具有很高的化学稳定性，在大气、淡水及蒸汽中均有优良的抗蚀性。但在氨、氯盐及氧化性的硝酸和浓硫酸中的抗蚀性很差，在海水中也易受腐蚀。

纯铜具有面心立方结构，其强度虽不高，但塑性高（延伸率A为35%～45%），所以有良好的冷加工成形性。

纯铜的力学性能不高，故在机械结构零件中使用的都是铜合金。常用的铜合金有黄铜和青铜两类。

7.3.2　黄铜

1. 黄铜的分类和编号

黄铜是以锌为主加元素的铜合金，因含锌而呈金黄色，故称黄铜，按其化学成分的不同，分为普通黄铜和特殊黄铜两类。

普通黄铜是铜锌二元合金，又称为简单黄铜。普通黄铜的牌号以“H”＋数字表示。“H”为“黄”字汉语拼音字首，数字表示铜的质量分数，如H80即表示含80%铜和20%锌的普通黄铜。

特殊黄铜是在铜锌合金中再加入其他合金元素的铜合金，又称为复杂黄铜。特殊黄铜的牌号用“H”＋主加元素的化学符号＋铜含量＋主加元素含量表示。如HPb59-1表示含59%铜，1%铅，其余为锌。

铸造用黄铜在牌号“H”前加“Z”（“铸”字汉语拼音字首），如ZHAl67-2.5表示含67%铜，2.5%铝的铸造铝黄铜。

2. 普通黄铜

普通黄铜中锌的质量分数对其力学性能有显著的影响。锌加入铜中不但使其强度增高，也能使其塑性增高。当含锌质量分数增加到30%～32%时，塑性最高，当含锌质量分数增加到40%～42%时，塑性下降而强度最高。在含锌质量分数超过45%～47%以后，强度和塑性均急剧下降。所以黄铜的含锌质量分数都低于50%。

从组织上来分析，含锌质量分数小于32%的为单相α固溶体，其塑性好，具有优良的冷变形加工能力，含锌质量分数大于32%（不超过45%～47%）为$\alpha+\beta$两相黄铜，β相是以电子化合物为基的固溶体，室温下为有序固溶体，脆性很大，加热到有序化温度以上，转变为无序固溶体，具有良好的塑性变性能力，因此黄铜适宜于热加工。

当黄铜以冷加工状态使用时，由于其中有残余内应力存在，在湿气（特别是含氨的气体）的作用下，腐蚀易沿着应力分布不均匀的晶界进行，并在应力作用下发生破裂。这一现象因常发生在空气潮湿的雨季，故亦称季裂。含锌质量分数超过20%的黄铜，发生这种现象的可能性更大。为防止季裂的产生，冷加工后的黄铜件须进行消除内应力退火（250～300℃保温1 h以上）。

常用普通黄铜的牌号、成分、性能和用途见表7-5。

3. 特殊黄铜

特殊黄铜除主加元素锌外，常加入的其他合金元素如铅、铝、锰、锡、铁、镍、硅等，又分别称为铅黄铜、铝黄铜、锰黄铜等。这些元素的加入都能提高黄铜的强度，其中铝、锰、锡、镍还能提高黄铜的抗蚀性和耐磨性。

特殊黄铜可分为压力加工用和铸造用两种。前者加入的合金元素较少，使之能溶入固溶体中，以保证较高的塑性；后者不要求高的塑性，目的是提高强度和铸造性能，故加入的合金元素较多。

常用特殊黄铜的牌号、成分、性能和用途见表7-5。

表7-5　常用普通黄铜和特殊黄铜的牌号、成分、性能和用途

类别		牌号	化学成分/(%)		力学性能(不小于)			用途
			Cu	其他	R_m/MPa	A/(%)	HB	
普通黄铜		H80	79～80	Zn	320	52	53	色泽美观，用于镀层及装饰品
		H70	69～72	Zn	320	55		多用于制造弹壳（又称弹壳黄铜）
		H62	60.5～63.5	Zn	330	49	56	价格较低，多用作散热器垫片，各种网、螺钉等
特殊黄铜	铅黄铜	HPb59-1	57～60	Pb0.8～0.9，其余为Zn	400	45	90	切削加工性良好，用于制造销子、螺钉、垫圈等
	铝黄铜	HAl59-3-2	57～60	Al2.5～3.5，Ni 2.0～3.0，其余为Zn	380	50	75	制造在常温下要求抗蚀较高的零件
	锰黄铜	HMn58-2	57～60	Mn1.0～2.0，其余为Zn	400	40	85	海轮制造业和弱电工业用的零件
	铸造硅黄铜	ZHSi80-3-3	79～81	Pb2.0～4.0，Si 2.5～4.5，其余为Zn	(S)250	7	90	减摩性好，用作轴承衬套
					(J)300	15	100	
	铸造铝黄铜	ZHAl67-2.5	66～68	Al2.0～3.0，其余为Zn	(S)300	12		在常温下要求抗蚀较高的零件
					(J)400	15	90	

7.3.3 青铜

1. 青铜的分类和编号

在青铜中使用最早的是铜锡合金，因其外观呈青黑色，故称之为锡青铜。近代工业中广泛应用了含铝、铍、铅、硅等的铜基合金，统称为无锡青铜。

青铜的牌号以“Q”(“青”字汉语拼音字头)为首，其后标出主要的合金元素及其含量。铸造用青铜，在牌号“Q”前冠以“Z”字，例如 ZQSn10 表示含锡 10%的铸造锡青铜。常用青铜的牌号、成分、性能和用途见表 7-6。

表 7-6　常用青铜的牌号、成分、性能和用途

类别		牌号	化学成分/(%)(其余为 Cu)	状态	力学性能			用途
					R_m/MPa	A/(%)	HB	
锡青铜	铸造锡青铜	ZQSn10-1	Sn6～11 P0.8～1.2	S	200～300	3	80～100	轴承、齿轮等
				J	250～350	7～10	90～120	
		ZQSn6-6-3	Sn5～7 Zn5～7 Pb2～4	S	150～250	8～12	60	轴承、轴套等
				J	180～250		65～75	
	压力加工锡青铜	QSn4-4-4	Sn3～5 Zn3～5 Pb3.5～4.5	软	310	46	62	航空仪表材料等
				硬	550～650	2～4	16～180	
		QSn6.5-0.1	Sn6～7 Pb0.1～0.25	软	350～450	60～70	70～90	耐磨零件和弹簧等
				硬	700～800	0.75～1.2	160～200	
无锡青铜	铝青铜	QAl9-4	Al8～9 Fe2～4	软	500～600	40	110	重要用途的齿轮、轴套等
				硬	800～1 000	5	160～200	
	铍青铜	QBe2	Be1.9～2.2	软	500	35	100	重要用途的弹簧、齿轮等
				硬	1 250	2～4	330	

2.锡青铜

锡青铜的力学性能随锡含量的不同而变化(见图 7-4)。当含锡质量分数在5%～6%以下时，锡溶于铜中形成固溶体，合金的强度随锡含量的增加而增高，当含锡质量分数超出5%～6%时，合金组织中出现脆性的 Cu31Sn8 化合物，使塑性急剧下降，工业用的锡青铜含锡质量分数都在 3%～14%之间。

含锡质量分数小于 8%的锡青铜具有较好的塑性，适用于压力加工；含锡质量分数大于10%的锡青铜，由于塑性低，只适于铸造。

锡青铜在铸造时，由于其流动性差，易于形成分散缩孔，因此铸造收缩率很小，适于铸造外形及尺寸要求较严的铸件(如艺术品)，但不宜用作要求致密度较高的铸件。

锡青铜对大气、海水与无机盐溶液有极高的抗蚀性，但对氨水、盐酸与硫酸的抗蚀性却不够理想。

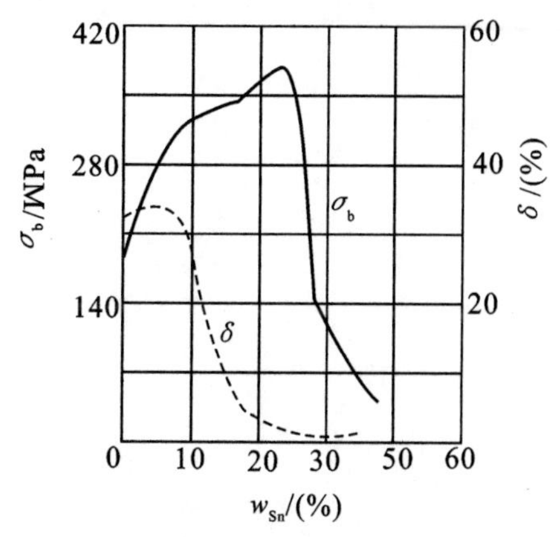

图 7-4　锡青铜的锡含量与力学性能的关系

磷及含铝的锡青铜具有良好的耐磨性，适

于用作轴承材料。

3. 铝青铜

铝青铜具有可与钢相比的强度，它还具有高的冲击韧性与疲劳强度、耐蚀、耐磨、受冲击时不产生火花等优点。铝青铜的结晶温度间隔小，流动性好，铸造时形成集中缩孔，可获得致密的铸件。含铝质量分数较高（$w_{Al}>10\%$）的铝青铜，还能通过热处理方法（淬火与回火）强化。

铝青铜常用来制造齿轮、摩擦片、涡轮等要求高强度、高耐磨性的零件。

4. 铍青铜

铍青铜是含铍质量分数 1.7%～2.5%的铜合金。因为铍在铜中的固溶度随温度下降而急剧降低，室温时仅能溶解 0.16%，所以铍青铜可以通过淬火和时效的方法进行强化，而且强化的效果很好。铍青铜的淬火加热温度为 700～800℃，水中淬火，得到过饱和的固溶体，然后在300～350℃温度范围内进行 2 h 的时效，从固溶体中析出弥散的强化相，使合金强化。

铍青铜的半成品多在淬火状态供应，制造零件后不再进行淬火，直接进行时效。铍青铜在淬火状态塑性很高，但切削加工性不好。为了改善切削加工性，可在淬火后先进行一次半时效处理（260℃保温 35～45 min），切削加工后再进行完全时效。

经热处理强化后的铍青铜，具有很高的强度和硬度（$R_m=1\ 200\sim1\ 500$ MPa，300～400 HB），远超过其他所有的铜合金，甚至可以和高强度钢相媲美。它的弹性极限、疲劳极限、耐磨性、抗蚀性也都很高，是综合性能很好的一种合金。另外，它还具有良好的导电、导热性能，具有耐寒、无磁、受冲击时不产生火花等一系列优点。只是由于价格昂贵，限制了它的使用。

铍青铜在工业上用来制造重要的弹性元件、耐磨零件和其他重要零件，如仪表齿轮、弹簧、航海罗盘、电焊机电极、防爆工具等。

第 8 章　非金属材料及复合材料

8.1　陶瓷材料

8.1.1　陶瓷材料的分类

陶瓷是无机非金属固体材料中的一类,大体可分为普通陶瓷(传统陶瓷)和特种陶瓷两大类。传统陶瓷是以黏土、长石和石英等天然矿物原料,经粉碎、成形和烧结而制成,按用途可分为日用陶瓷、建筑陶瓷、绝缘陶瓷、过滤陶瓷等。特种陶瓷是以人工制造的化合物为原料制成,具有特殊的力学、物理或化学性能。这类陶瓷按性能和用途可分为高强度陶瓷、高温陶瓷、耐磨陶瓷、耐酸陶瓷、电解质陶瓷、半导体陶瓷、磁性陶瓷、透明陶瓷、生物陶瓷等;按化学成分可分成氧化物陶瓷和非氧化物陶瓷两种。

陶瓷材料的性质,主要由陶瓷本身的物质结构和内部的显微组织(如晶粒大小和形状,非晶相大小和分布,气孔的多少、大小和分布以及其他杂质和缺陷等)决定。陶瓷材料的结构与组织在第 1 部分第 2 章中已有介绍,此处不再赘述。

8.1.2　陶瓷材料的性能

由于陶瓷材料是以共价键和离子键及其混合键相结合,而且键合能量高,通常具有熔点高、硬度高、化学和热稳定性好、耐高温、耐腐蚀等特点。但陶瓷的最大缺点是塑性很差,可以认为多数陶瓷材料在常温下没有塑性。由于陶瓷的键合特点,陶瓷材料还具有绝电、绝热的性能。有些陶瓷材料还有特殊的物理性能和能量转换功能。

1. 力学性能

(1)硬度:硬度是陶瓷材料重要的力学性能指标之一。陶瓷通常具有高硬度,而且耐磨性亦很高。

(2)强度:由于陶瓷材料的结合键是共价键、离子键或者它们的混合键,组织中难免含有气孔(起应力集中作用),而且晶体中的位错很难运动,所以在常温下的应力-应变曲线上通常只出现弹性变形,而不出现塑性变形。实际上在出现塑性变形之前它就发生脆性断裂,如图8-1 所示。

陶瓷材料在拉应力作用下,由于气孔的应力集中作用,裂纹(气孔本身也可看做是一种裂纹)迅速扩展,并引起脆断,所以抗拉强度低。但在压应力作用下,裂纹趋于愈合状态,不易造成破裂,因而陶瓷材料的抗压强度高。

陶瓷的应力-应变曲线与应变轴的夹角比金属大得多，说明弹性变形困难，即陶瓷材料的弹性模量 E 大，因而陶瓷材料的刚度大(比金属大得多)。

提高陶瓷材料强度的措施是减少杂质和气孔，增高致密和均匀度，同时还应使晶粒细化。陶瓷材料的纤维或很细的单晶体，由于不存在杂质，没有晶体和组织中的缺陷，陶瓷的强度可以接近理论强度值。

(3)塑性：由应力-应变曲线可知，陶瓷在常温下拉伸试验中延伸率为零。这种性能特征代表绝大多数陶瓷材料的性质，但个别陶瓷材料如 MgO 等，在常温下具有微量的塑性。陶瓷材料在高温受应力作用时则能显示出一定的延伸率(塑性)[见图 8-1(b)]。高温下能表现出塑性的原因，是晶界在高温和应力作用下产生的滑动及晶内位错可以产生运动。加载速度慢，有利于这两个过程的进行，故加载慢的要比加载快的显示出更大的高温塑性。

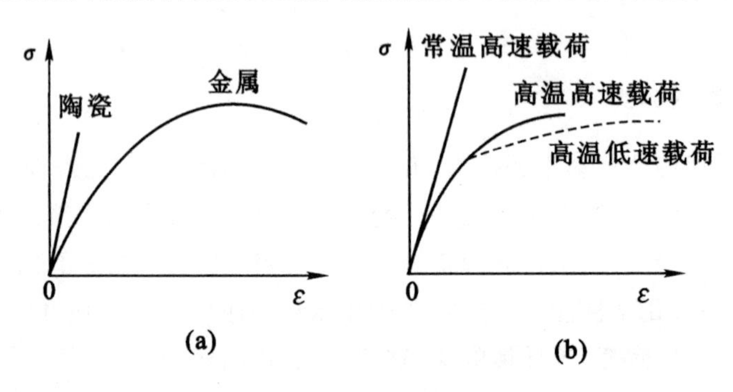

图 8-1 陶瓷材料的应力-应变曲线比较

(a)陶瓷与金属的应力-应变曲线比较 (b)陶瓷材料在高温与常温下的应力-应变曲线比较

(4)高温性能：高温性能是陶瓷材料的重要特点之一。耐高温包含陶瓷在高温下不易氧化和腐蚀以及具有高的硬度和蠕变抗力。不易氧化和腐蚀，是因为陶瓷结合键强固，不与周围介质起作用；蠕变强度高，一方面是因为陶瓷原子排列的结构复杂以致空位和间隙原子难以参与扩散，另一方面是因为虽然陶瓷材料的晶界可以滑动，位错可以运动，但比金属困难得多。由于陶瓷具备耐高温的特性，有可能作为高温结构件的材料，所以人们对陶瓷给予极大的关注。

陶瓷作为高温结构材料，其耐急冷、急热性不好。急冷、急热时，由于导热性差，陶瓷内部温度梯度很大，因而会引起很大的热应力，导致开裂。

2. 其他性能

(1)化学性能：陶瓷不仅抗氧化，而且对大多数酸、碱、盐物质具有良好的抗腐蚀能力。但一般大多数的陶瓷不耐熔盐、熔融金属的侵蚀。

(2)功能性能：在功能材料中，陶瓷占有重要地位。功能材料是指用于工业技术中具有特定物理功能，即具有特定电、磁、光、热等特性的材料，这些材料是能源、计算机、电子、通信、激光和空间现代技术的基础。陶瓷的功能特性非常广泛。

1)电性能。陶瓷具有极高的电阻率，可作为电气工业的绝缘材料。有些陶瓷具有半导体特性，可作整流器件。

2)磁性能。铁氧体是以氧化铁为主要成分的磁性氧化物，可用作软磁材料，也可用作硬磁材料。同时也是制作磁带的磁记录材料。

3)热性能。多孔泡沫陶瓷可用于－120～－240℃低温下的隔热材料,解决高速飞行器液氢、液化天然气的低温储藏和运输。用泡沫陶瓷或陶瓷毡制成骨架,将高分子烧蚀物质嵌于骨架中,可以解决重返飞船、卫星和洲际导弹 4 000～5 000℃高温的防热问题。

4)光学性能。一些金属氧化物如掺有铬离子时,可以产生激光。玻璃纤维可用作光通信的传输介质。

(3)功能转换性能:有些陶瓷材料在受应力作用时,可引起电极化并形成电场,即正压电效应;而有些陶瓷受电场作用时,产生与电场强度成正比的应变,即逆压电效应。这些陶瓷成为机械能与电能相互转换的材料。

8.1.3　工程结构陶瓷材料的应用

工程结构陶瓷材料从成分上讲,是指人工合成的氧化物及非氧化物陶瓷,从用途上讲,是指用来制作机械结构零件的陶瓷体及用作工模具的陶瓷体。工程结构陶瓷属特种陶瓷类型。工程结构陶瓷在航空和工模具范围内的主要应用见表 8-1。

表 8-1　工程结构陶瓷在航空和工模具上的应用

领域	用途	使用温度/℃	可用的陶瓷举例	性能要求
航空	涡轮叶片	1 400	SiC, Si_3N_4	热稳定性和热强度高
	火焰导管	1 400	Si_3N_4	热稳定性高
	雷达天线保护罩	≥1 000	Al_2O_3, ZrO_2	透过雷达微波
	燃烧室内壁、喷嘴	2 000～3 000	BeO, SiC, Si_3N_4	耐蚀、抗热冲击
	瞄准陀螺仪轴承	800	Al_2O_3	耐磨
	探测红外线窗口	1 000	透明的 MgO, Y_2O_3	高红外线穿透率
工模具	切削刀具	>600	Al_2O_3	硬且耐磨、热稳定
	冷变形模具		WC, TiC, TaC 与 Co, Ni, Cr 等金属组成的金属陶瓷	耐磨性高
	连续铸模	1 000	BN, B_4C	对铁水稳定、导热性高

1. 高温高强度陶瓷材料

这类陶瓷主要用于燃气轮机、发动机的高温零件。目前铁基、镍基耐热合金最高使用温度不超过 1 100℃,影响了发动机推力的提高。但 SiC, Si_3N_4 等陶瓷材料的使用温度可超过 1 200℃,而且具有较小的热膨胀系数、较高的热导率及较好的韧性。因此,与金属耐热合金相比,陶瓷材料的使用可提高工作温度(达到 1 400℃),从而提高发动机的推力;可提高零件的热强度和热稳定性,从而提高零件的使用寿命。

(1)氮化硅(Si_3N_4)陶瓷:它是键能高而稳定的共价键晶体,晶体内无正离子,也无自由电子。其性能特点是硬度高,摩擦因数低,有自润滑作用,是优良的耐磨材料;在 1 400℃以下,热强度和化学稳定性高,热膨胀系数小,而且抗热冲击,是优良的高温结构材料。

Si_3N_4 陶瓷的应用与制造方法和它的晶型有关。用反应烧结法得到 $\alpha-Si_3N_4$,用热压烧结法得到 $\beta-Si_3N_4$。用热压烧结的材料,其密度和弯曲强度要比用反应法制得的陶瓷高得多,这是因为热压烧结陶瓷气相数量少。但热压烧结法只适用于形状简单的零件。

近年来，在 Si_3N_4 中添加一定比例（如50%）的 Al_2O_3，可实现常压下的烧结，得到和热压烧结相近似的陶瓷，而且抗氧化性更高。这种添加 Al_2O_3 的 Si_3N_4 陶瓷又称赛伦陶瓷，可制作柴油机汽缸、活塞及燃气轮及转子叶片等零件。

（2）碳化硅（SiC）陶瓷：在低温下的强度不及热压烧结的 Si_3N_4，但随温度增高，各种方法下的SiC强度下降缓慢，以至同 Si_3N_4 强度相近。SiC陶瓷随温度升高，强度下降缓慢是其重要的特点，如图8－2所示。SiC陶瓷具有较高弹性和高的导热性，作为高温结构件还有待进一步改进。

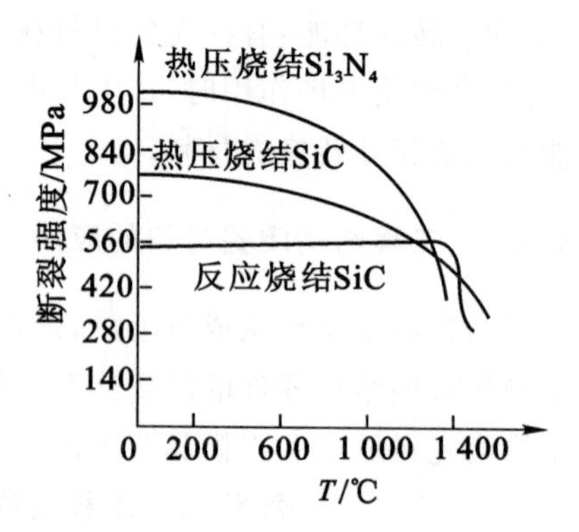

图8－2　SiC烧结陶瓷的强度与温度关系

2．工模具陶瓷材料

能制作工具、模具的陶瓷材料种类很多，例如上述的 Si_3N_4 陶瓷即是其中的一种。但具有典型用途的工模具陶瓷包括金属陶瓷中的硬质合金、氧化铝陶瓷、人工合成金刚石以及氮化硼陶瓷四类。作为切削工具，由于切削热将使刀具温度升高，当温度升高到一定值时，会使刀具软化而失去能正常工作的硬度。各类刀具材料的硬度软化到55 HRC以下的温度如图8－3所示。由图可知，硬质合金和陶瓷刀具在各类切削刀具材料中具有最高的红硬性。

碳素钢	350℃
合金钢	400℃
普通高速钢	510℃
含8%Co的高速钢	530℃
含12%Co的高速钢	595℃
硬质合金	1 040℃
陶瓷刀具	1 200℃

图8－3　各种刀具材料软化至低于55 HRC时的温度

（1）硬质合金：这种合金除制作不受冲击的模具外，常用来制造高速切削（100～300 m/min）和难切削材料的刀具，是属于金属陶瓷中的一类材料。

硬质合金的制造方法，是将WC，TiC，TaC的粉末与金属Co（黏结剂）粉末均匀混合，常温加压成形，并在1 400℃左右高温下烧结成各种不同的刀头。刀头用焊接或机械办法固定在刀体上，成为切削刀具。

硬质合金的组织，是钴基固溶体加大量的粒状碳化物。硬度高达86～93 HRA（1 000～1 750 HV），在800℃以下能保持高硬度。与高速钢相比，切削速度提高4～7倍，寿命提高5～8倍，但脆性大，易崩刃，只能被磨削，不能被切削加工。

常用硬质合金牌号、成分、性能和用途见表8－2。其中“YG”表示WC和Co制成的硬质合金，后跟数字表示Co含量的百分数。后面的“X”表示细颗粒碳化物，“C”表示粗颗粒碳化物。“YT”表示由WC，TiC和Co组成的硬质合金，后面的数字表示TiC的百分含量。“YW”表示由WC，TiC，TaC和Co组成的硬质合金，后面的数字只表示序号。

（2）氧化铝（Al_2O_3）陶瓷：氧化铝中的氧构成密排六方晶格，铝则处于间隙位置。如果其中含有不同的杂质原子，则为红宝石或蓝宝石。氧化铝陶瓷通常以 $\alpha-Al_2O_3$ 的含量来分类，含量为 75%、85%、95%的分别称为 75 氧化铝瓷、85 氧化铝瓷、95 氧化铝瓷，并统称为高铝瓷。由于氧化铝熔点高，热强度大，抗氧化，故耐热性好。常温下的硬度仅次于金刚石，而且具有高的电阻率和低的热导率，所以氧化铝除用作高温结构材料、绝电和绝热材料以及模具材料外，重要的应用就是制作切削刀具。

表 8-2　常用硬质合金的代号、成分及性能

类　别	代　号	化学成分/(%)				物理、力学性能		
		WC	TiC	TaC	Co	密度/$(g \cdot cm^{-3})$	硬度 HRA	抗弯强度/MPa
							≥	
钨钴类合金	YG3X	96.5	—	<0.5	3	15.0～15.3	91.5	1 100
	YG6	94	—	—	6	14.6～15.0	89.5	1 450
	YG6X	93.5	—	<0.5	6	14.6～15.0	91	1 400
	YG8	92	—	—	8	14.5～14.9	89	1 500
	YG8C	92	—	—	8	14.5～14.9	88	1 750
	YG11C	89	—	—	11	14.0～14.4	86.5	2 100
	YG15	85	—	—	15	13.9～14.2	87	2 100
	YG20C	80	—	—	20	13.4～13.8	82～84	2 200
	YG6A	91	—	3	6	14.6～15.0	91.5	1 400
	YG8A	91	—	<1.0	8	14.5～14.9	89.5	1 500
钨钴钛类合金	TT5	85	5	—	10	12.5～13.2	89	1 400
	YT15	79	15	—	6	11.0～11.7	91	1 150
	YT30	66	30	—	4	9.3～9.7	92.5	900
通用合金	YW1	84	6	4	6	12.8～13.3	91.5	1 200
	YW2	82	6	4	8	12.6～13.0	90.5	1 300

Al_2O_3 陶瓷刀具的主要成分有两种类型，一类是在 Al_2O_3 中加入 1%左右的 MgO；另一类是在 Al_2O_3 中加入较多(约 30%)的金属碳化物，如 TiC，WC 和 Mo_2C 等。添加物可提高刀具的韧性和抗弯强度。

Al_2O_3 陶瓷的制造方法有冷压加烧结、热压烧结、热等静压烧结。

Al_2O_3 陶瓷刀具的牌号和性能见表 8-3。由表可知，在 Al_2O_3 陶瓷中加入金属碳化物的刀具，其密度和抗弯强度高于加入 MgO 的陶瓷刀具。Al_2O_3 陶瓷刀具切削温度可达1 000℃以上，适用于难切削材料，如淬火钢、冷硬铸铁等的加工。

(3)氮化硼(BN)陶瓷：工业上使用的 BN 陶瓷有两种晶格类型，一种是六方晶格，另一种是立方晶格。

1)六方晶型 BN：这种陶瓷可用 BCl_4 和 NH_3 在一定条件下制成 BN 粉，而后压制、烧结。其性能特点是：①和石墨相似，硬度很低，耐热性好，且有自润滑性，故又称白石墨；②高温下绝缘、耐腐蚀，而且导热性和抗热冲击性能高。这种陶瓷主要用作高温耐磨(如高温轴承)、高温电绝缘材料和金属、非金属熔体的容器材料。

2)立方晶型 BN:将六方晶型 BN 在约 2 000℃的高温下,用碱金属作触媒,施加 8.1 GPa 左右的压力,便转变成立方晶型 BN。这种陶瓷硬度极高,与金刚石近似。所以用立方晶型 BN 粉经压制、烧结,可制成切削刀具,也可制作高温模具。

(4)人造金刚石:金刚石是碳的结晶体,为自然界中最硬的物质。人造金刚石以石墨为原料,以铁、钴、镍等金属作触媒,在 1 500℃左右的高温及 600 MPa 的压力作用下,使石墨转变成金刚石。其粉末经压制、烧结可制成超硬工模具,如高速切削刀具和拉丝模等。

表 8-3 Al_2O_3 氧化铝陶瓷刀具的牌号和性能

牌　号	产　地	主要成分	密度 $g \cdot cm^{-3}$	硬　度	抗弯强度 MPa	断裂韧性 $MPa \cdot m^{1/2}$
LT55	中国	Al_2O_3/TiC	4.96	93.7~94.8 HRA	900	5.04
SG-4		$Al_2O_3/(Ti,W)C$	6.65	94.7~95.3 HRA	850	4.94
JX-1		Al_2O_3/SiC_w	3.63	94~95 HRA	700~800	8.5
LP-1		Al_2O_3/TiB_2	4.08	94~95 HRA	800~900	5.2
LP-2		$Al_2O_3/TiB_2/SiC_w$	3.94	94~95 HRA	700~800	7.8
WG-300	美国	Al_2O_3/SiC_w	3.74		690	8.77
GEM2		Al_2O_3/TiC	4.25	94 HRA	800	
TD-35		Al_2O_3/TiB_2	4.05	94 HRA	950	
Kyon2500		Al_2O_3/SiC_w		93.5~94 HRA		6.6
CC620	瑞典	Al_2O_3/ZrO_2	3.98			
CC650		$Al_2O_3/TiC/TiN/ZrO_2$	4.30			
CC670		Al_2O_3/SiC_w		94~94.5 HRA		8.2
SN80	德国	Al_2O_3/ZrO_2	4.12	2 000 HV	510	
MC2		Al_2O_3/TiN	4.25	95 HRA	600	
NB90S	日本	Al_2O_3/TiC	4.33	95 HRA	950	
LXB		Al_2O_3/TiC	4.2	94~95 HRA	800	
NTK-Cx2		Al_2O_3/TiN	4.5	94 HRA	760	
CA200		Al_2O_3/SiC_w	3.7	2 000 HV	1 000	5.6
CA100		Al_2O_3/TiC	4.2	2 130 HV	800	4.1

3.其他陶瓷材料

(1)化工陶瓷:这类陶瓷要求具有优异的抗蚀性、抗氧化性,并具有较好的耐磨性。但化工陶瓷的脆性大、抗拉强度低。因为这类陶瓷的主要原料是天然的黏土、长石和石英,人工化合物如 Al_2O_3 和 CaF_2 只占一部分。加入人工化合物,特别是 CaF_2 可明显提高耐腐蚀性能。这类材料主要用于石化、化肥、化纤、制药、造纸及冶金等方面。

(2)能源开发用高温陶瓷:能源开发方面,如磁流体发电、太阳能集热等都需要高温陶瓷。

磁流体发电是将等离子气体或含有钾化合物的石油燃烧,高温燃气高速流过磁场,由于电离的气体在流过磁场时产生电磁感应,因而可产生电流。这种发电装置燃烧室中的高温部件要求高熔点,低挥发性,耐钾化合物腐蚀,抗氧化,耐高速气流的磨损及具有优良的电性能。能满足这些性能要求的是 ThO_2,MgO 和 ZrO_2 等原料制成的陶瓷。

太阳能集热材料,要求对太阳能的吸收率高而不易辐射热能。目前主要是在不同金属基材上蒸镀一层陶瓷薄膜,如在镍基材上蒸镀 CuO,Co_2O_4,在钼基材上镀 Al_2O_3,在不锈钢-钼基材上镀 CeO,Mg_2F 等。

8.2 复合材料

8.2.1 复合材料的含义

单一的金属、高聚物或陶瓷材料在性能上各有优点和不足。因而近 30 年来出现了一种新型工程材料,它是把两种或两种以上物理和化学性质不同的物质,组合为一种新型的固体材料,这种材料就是所谓的复合材料。

复合材料一般由强度低、韧性好、低模量的材料作为基体材料,用高强度、高模量、脆性大的材料作为增强材料复合而成,既可克服单一材料的弱点,又可充分发挥材料的综合性能。

其实,人们早就在使用复合材料。如古代在泥浆中掺入麦秸(或稻草)做成原始的建筑复合材料。近代用的水泥、砂、石子和钢筋组成的钢筋混凝土材料也可看成是复合材料。

复合材料的主要优点是能根据人们的要求来改善材料的使用性能,取长补短,保持各组成材料的最佳特性,从而有效地利用材料。例如由树脂和玻璃纤维复合而成的玻璃钢,既提高了树脂的强度和刚度,又改善了玻璃纤维的脆性。原来玻璃纤维的断裂性能只有7.5×10^{-4} J,树脂的断裂性能也只有 22.6×10^{-3} J 左右,而玻璃钢的断裂性能可达 17.6 J。可见,用复合的办法的确能有效地改变材料的性能。

8.2.2 复合材料的分类

复合材料由基体和增强材料构成。按基体材料的不同,复合材料可分为非金属基体复合材料和金属基体复合材料两种。其中非金属基体包括有机材料如塑料、橡胶等,无机材料如陶瓷、玻璃等。

按其结构特点,复合材料又可分为纤维复合材料、层合复合材料、颗粒复合材料和骨架复合材料等。其中纤维复合材料应用最广。

8.2.3 复合材料的性能特点

复合材料和其他材料相比有以下特点:

(1)比强度(强度极限与相对密度之比)及比模量(模量与相对密度之比)高于其他材料。其中以纤维复合材料比强度和比模量最高。

(2)具有良好的抗疲劳性能。如多数金属疲劳极限是拉伸强度的 40%～50%,而碳纤维增强复合材料可高达 70%～80%。

(3)复合材料吸振能力强。这是由于复合材料自振频率高,不易产生共振,同时纤维与基体之间有界面存在,对振动有反射和吸收作用。

(4)复合材料高温性能好。与某些金属相比,具有明显的高温性能。如铝合金在400℃时弹性模量已接近于零,强度也显著下降,而碳或硼纤维增强的铝合金复合材料,在此温度下弹性模量和强度基本不变。

此外,复合材料还具有良好的减摩、耐磨、自润滑性能、隔音性、化学稳定性及电、光、磁等特殊性能。

8.2.4 常用复合材料

1.纤维增强复合材料

(1)玻璃纤维-树脂复合材料:玻璃纤维是增强材料中使用最多的一种。它的主要成分是SiO_2,其次是各种金属氧化物。玻璃性脆,但拉成纤维后就非常柔软。纤维愈细强度愈高,单丝强度可高达1 000~3 000 MPa。玻璃纤维的弹性模量为$(30\sim70)\times10^3$ MPa,约为钢的1/3~1/6,而相对密度仅为2.5~2.7,因此它的比强度和比模量均高于钢。

以塑料为基体与玻璃纤维复合,俗称玻璃钢。按所用塑料基体不同,玻璃钢分为热塑性玻璃钢和热固性玻璃钢两种。前者以热塑性塑料(如尼龙、聚苯乙烯等)为基体;后者以热固性塑料(如环氧树脂、酚醛树脂等)为基体。

热塑性玻璃钢与热塑性塑料相比,基体材料相同时,强度和疲劳性能可提高2~3倍以上,冲击韧性可提高2~4倍,达到或超过某些金属强度。例如,40%玻璃纤维增强尼龙6、尼龙66的抗拉强度超过铝合金。

热固性玻璃钢的性能特点是强度较高,接近或超过铜合金和铝合金,由于相对密度(1.5~2)小,所以比强度高于铜、铝合金,甚至超过高级合金钢。此外,它的耐蚀性、介电性优良,加工成形性良好。

玻璃钢的缺点是刚度差、易变形、耐热性差(不超过200℃)、导热性差、易蠕变等。

玻璃钢主要用于要求自重轻的受力结构件,如汽车和机车车身、车门、窗框、直升飞机的旋翼、氧气瓶等,还用于耐腐蚀结构件,如轻型船体、扫雷艇、石油化工管道、阀门等,代替有色金属制造轴承、轴承架、齿轮、仪表壳及电器上的绝缘零件等。

(2)碳纤维-树脂复合材料:碳纤维是以人造纤维或天然纤维为原料,在隔绝空气条件下经高温碳化而成。目前,工业上用来生产碳纤维的原料主要有聚丙烯氰纤维、人造黏胶纤维和沥青纤维。它的制作过程是先在200~300℃空气中施加一定的张力,进行预氧化处理,然后在惰性气体的保护下,经1 000~1 500℃高温碳化处理,便可得到含碳质量分数为85%~95%的碳纤维。若再将碳纤维放在氩气中进行2 500~3 000℃高温石墨化处理,则可得到高弹性模量的石墨纤维。

碳纤维抗拉强度比玻璃纤维略高,而弹性模量是玻璃纤维的4~6倍。碳纤维还具有较好的高温性能。

碳纤维和环氧树脂、酚醛树脂、聚四氟乙烯树脂等基体组成的复合材料,既保持了玻璃钢的优点,又弥补了玻璃钢弹性模量低的缺点。其密度比玻璃钢还要小,它是目前比强度和比模量最高的复合材料之一。此外,它在抗冲击性能、抗疲劳性能、减摩性能、耐磨性能、自润滑性、耐腐蚀性及耐热性等方面都有显著优点。

碳纤维在机械工业中主要用于一些承载零件(如连杆、齿轮)、耐磨零件(如轴承、密封圈、活塞)、耐腐蚀零件(如化工泵、高压泵、管道、容器)等。此外,它还可用于航空、航天器的构件材料，如飞机翼尖、尾翼、起落架、人造卫星支架、火箭喷嘴等。

(3)其他纤维增强复合材料：

1)硼纤维与树脂复合材料。硼纤维的抗拉强度与玻璃纤维相近，而其弹性模量却比玻璃纤维高 5 倍。但由于成本高或技术上的原因，目前其应用不如前两种普遍。

2)晶须增强复合材料。晶须是一种自由长大的金属或陶瓷型针状单晶纤维，直径在 30 μm以下，长度约为几毫米，它的强度极高，因此，用它作为增强材料的复合材料，其性能优良。但由于晶须制造成本高，目前多用于尖端工业或用作玻璃钢制品的局部辅助增强材料。

3)金属纤维复合材料。用钨纤维增强镍基合金复合材料、钼纤维增强钛合金复合材料均可大大提高高温强度。

2. 层合复合材料

层合复合材料是由两层或两层以上不同材料结合而成。其目的是发挥各组成材料的最佳性能，得到更有用的材料。用层合法增强的复合材料可使强度、刚度、耐蚀、绝热、隔热、隔音等若干性能分别得到改善。常见的层合复合材料有以下几种。

(1)双金属复合材料：用压力加工、铸造、热压、焊接、喷涂等方法将两种不同金属复合在一起，如化工设备上用的包钛钢代替全钛材料制造容器、不锈钢-普通钢复合钢板等。

(2)塑料覆层材料：近年来国际上盛行一种彩色涂层钢板，就是以锌板或酸洗后冷热轧带钢为基底，表面涂覆聚氯乙烯、聚四氟乙烯、环氧树脂等配制成多种色彩的有机涂料。这种材料常用于化工和食品工业。

(3)夹层玻璃：两层玻璃板夹一层聚乙烯醇缩丁醛可制成安全玻璃。

(4)SF 性三层复合材料：以钢板为基体，烧结铜网或多孔性青铜为中间层，塑料为表面层的一种自润滑材料。常用于表面层的塑料为聚四氟乙烯(如 SF－1 型)和聚甲醛(如 SF－2 型)。这种材料能承受的最高应力为 140 MPa，使用温度范围－195～270℃。其混入 20％铅粉后是制造无油润滑轴承的好材料。目前已用于汽车、矿山机械、化工机械等方面。

3. 颗粒复合材料

颗粒复合材料是由一种或多种材料的颗粒均匀分散在基体内所组成的材料。

混凝土实际上就是非金属颗粒增强非金属基体的颗粒复合材料。金属陶瓷是最常见的一种颗粒复合材料，如常用的硬质合金就是 WC，TiC 陶瓷和 Co 金属组成的陶瓷颗粒增强金属基体的复合材料。

此外，还有石墨-铝合金颗粒复合材料。用它浇注的铸件具有优良的减摩、消振性能及较小的相对密度，是新型的轴承制造材料。

4. 骨架复合材料

这类材料常见的有两种：一种是多孔浸渍材料。如多孔性铁基和青铜基浸渗油脂或氟塑料作自动润滑衬套；浸树脂的石墨可作抗磨材料。另一种是夹层结构材料，它是由两层薄而强的面板(又称蒙皮，该面板可采用金属、玻璃钢或增强塑料等)，中间夹一层轻质的芯子(如填充蜂窝结构或泡沫塑料)，通过互相胶接而成整体的复合材料。这种材料具有质轻、刚度大的特点，特别适宜制作自重要求轻的构件，如飞机机翼、雷达罩等。

总之，复合材料是一种新型的、前途广阔的工程材料。有人预言，21 世纪将是复合材料的时代。

第9章　机械零件失效分析及选材

9.1　机械零件失效及分析

机械产品丧失其规定功能的现象称为失效。轻度失效机械虽能工作，但性能劣化，或机械无法安全工作；严重失效则导致机械完全不能工作，甚至造成机毁人亡的重大事故。对失效零件进行分析的目的是找到引起失效的原因，研究采取补救和预防措施，杜绝类似失效事件再次出现，为改进产品设计、提高产品质量、使产品安全可靠提供依据。

9.1.1　失效原因

机械产品失效的原因诸多，错综复杂，主要有设计、材质、加工、装配、使用等方面的问题。

1.设计失误引起的失效

设计上导致失效的最常见原因是零件结构外形不合理，零件受力较大部位存在尖角、槽口、过渡圆角过小，在这些地方易产生较大的应力集中，而成为失效源。

设计上引起失效的另一原因，是对零件的工作条件估算不当或对应力计算错误，从而使零件因过载而失效。再有设计时选材错误，或材料的失效抗力指标规定不妥，或要求不当，也会导致零件失效。

2.材料引起的失效

(1)选材不当导致失效：由于设计者的失误，材料的性能指标不能满足服役条件，是引起零件失效的主要原因。

(2)材质与加工缺陷导致失效：材料的生产一般要经过冶炼、铸造、锻造、轧制、焊接、热处理、机械加工等几个阶段，在这些工艺过程中所造成的缺陷往往会导致零件的早期失效。

1)冶炼中的缺陷。冶炼工艺的好坏将直接影响零件的使用寿命。冶炼工艺较差，会使钢中有较多的氧、氢、氮，并形成非金属夹杂物，这不仅使材料变脆，甚至还会成为疲劳源，导致零件的早期失效。

2)铸造中的缺陷。由于铸造工艺不当，可产生一些铸造缺陷。这些缺陷有疏松、裂纹、夹杂等。铸件中疏松破坏了材料的连续性，使材料强度大大下降；铸件在冷却过程中产生的裂纹可导致铸件早期失效；铸件中由于碳化物、氮化物和硫化物等沿晶界的析出，会引起铸件产生沿晶断裂。

3)锻造或轧制中的缺陷。锻造可明显改善材料的力学性能，但如果锻造工艺不当，会在锻造过程中产生各种缺陷，如过热、过烧、锻造或轧制裂纹、流线分布不良及折叠等，它们会引起零件早期失效。

4)焊接缺陷。焊接时产生的气孔、未焊透、焊接裂纹等均会引起残余应力，也会引起零件的早期失效。

5)热处理中的缺陷。热处理的不当是导致工件失效的重要原因，常见的缺陷有氧化与脱碳、变形与开裂、过热与过烧、回火不足以及组织缺陷等，这些均能导致工件失效。模具的失效大部分是由热处理不当造成的。

6)冷加工缺陷。许多机械产品往往要经过车、铣、刨、磨等加工工序，由于加工工艺不当，会给工件带来各种缺陷。磨削时磨削深度过大或冷却不充分，将使表面出现回火组织而使表面硬度降低，有时甚至会形成磨削裂纹；零件表面加工粗糙，会造成应力集中而引起疲劳断裂。以上各种情况均有可能导致零件的早期失效。

3. 安装使用不当引起失效

工件安装不良、操作失误、过载使用、维修保养不当等，均可导致在使用中失效。

零件失效类型和相应的失效抗力指标见表9-1。

表9-1　零件失效类型和相应的抗力指标

失效类型	相应的主要抗力指标
变形失效	$E,G,R_c,R_e,R_{0.2}$，松弛稳定性等
一次断裂失效	R_m,a_k,CVN,K_{IC},Z,A，脆性转变温度等
疲劳失效	R_r，da/dN等
应力腐蚀失效	K_{ISCC}等
磨损失效	耐磨性，接触疲劳抗力等

9.1.2　失效形式

工程上产品种类繁多，同类产品或零件可能以不同方式失效，而不同产品又会有相同或相似的失效特征。根据零件损坏的特点，所承受载荷的形式及外界条件，可将失效分为下列几种类型。

1. 变形失效

变形失效包括弹性变形失效、塑性变形失效和蠕变变形失效。其特点是非突发性失效，一般不会造成灾难性事故。但塑形变性失效和蠕变变形失效有时也可造成灾难性事故，应引起充分重视。

2. 断裂失效

断裂失效包括以下几类。

(1)塑性断裂失效：其特点是断裂前有一定程度的塑性变形，一般是非灾难性的，用电镜观察断口时，到处可见韧窝断裂形貌，观察断口附近金相组织，可见到有明显塑性变形层组织。

(2)脆性断裂失效：断裂前无明显的塑性变形，它是突发性的断裂。电镜下它的特征为河流花样或冰糖状形貌，如解理断裂和沿晶界断裂。

(3)疲劳断裂：疲劳的最终断裂是瞬时的，因此它的危害性较大，甚至会造成重大事故。电镜观察断口时，在疲劳扩展区可看到疲劳特征的条纹。工程上疲劳断裂占大多数，约占失效总数的80%以上。

(4)蠕变断裂失效:在高温缓慢变形过程中发生的断裂属于蠕变断裂失效。最终的断裂也是瞬时的。在工程中常见的多属于高温低应力的沿晶蠕变断裂。

3.腐蚀失效

金属与周围介质之间发生化学或电化学作用而造成的破坏,属于腐蚀失效。其中应力腐蚀、氢脆和腐蚀疲劳等是突发性失效,而点腐蚀、缝隙腐蚀等局部腐蚀和大部分均匀腐蚀失效不是突发性的,而是逐渐进展的。腐蚀失效的特点是失效形式众多,机理复杂,占金属材料失效事故中的比率较大。

4.磨损失效

凡相互接触并作相对运动的物体,由机械作用所造成的材料位移及分离的破坏形式称为磨损。磨损失效所造成的后果一般不像断裂失效和腐蚀失效那么严重,然而近年来却发现一些灾难性的事故来自磨损。磨损失效主要有黏着磨损、磨粒磨损、接触疲劳磨损、微动磨损、气蚀等几种失效形式。

9.2 选材的一般原则

选材是机械零件设计中不可缺少的工作。机械零件选材的一般原则是:①所选材料应具有满意的使用性能,除特殊要求具有某些物理性能、化学性能的机械零件外,一般主要要求的是力学性能,即材料抵抗外加载荷而不致失效的能力——失效抗力;②材料应具有良好的或可行的加工性;③材料的价格或成本应尽可能低廉。在这三条原则中使用性能是首先要考虑的,以确保零件服役时安全可靠。

9.2.1 材料的失效抗力

1.零件服役条件与选材

分析零件服役条件,第一要考虑零件所承受载荷的性质(静载荷、冲击载荷、交变载荷)、载荷大小、分布形式、服役时间长短。第二要考虑零件工作温度、环境介质(空气中水分、腐蚀介质等)。通常根据工作条件,采用分析计算或试验应力测定方法,确定零件最主要的力学性能指标,以此来选择满足要求的材料。

2.失效分析与选材

通过失效分析可判断所提出的抗力指标是否恰当,选材是否合理。

对于新设计的重要零(部)件,有时需要对试制样品进行装机运载考核或模拟台架试验,分析其失效原因。如确系因材料问题引起的失效,则由失效形式可确定零件的失效抗力指标。

3.根据抗力指标选材需注意的问题

(1)材料性能指标与结构强度关系:材料性能指标一般是使用形状比较简单、尺寸较小的标准试样以较简单的加载方法取得的。机械零件的结构强度是一个综合性能,它在很大程度上表示零件的承载能力及寿命与可靠性,它是由工作条件(应力,零件形状、尺寸,环境等)、材料(材料成分、组织、性能)、工艺(加工工艺方法及过程)诸因素所决定的,评定结构强度所用的性能指标是否正确,其重要标志是实验室试样的失效形式与实际零件服役条件下的失效形式要相似。考虑两者加载、尺寸等条件的不同,在应用相关手册上的性能数据时要考虑一定的安全系数,十分重要的零件或构件,要从预选材料制成的实际零件上取样试验或模拟工作条件试验，以验证所选性能指标及其大小是否恰当。

(2)性能指标在设计中的作用：有些性能指标，如 R_m，$R_{r0.2}$，R_r 和 K_{IC} 等可直接用于设计计算。可是有些指标如 A，Z 和 a_k 等不能直接用于设计计算，而是根据这些性能指标的数值大小，估计它们对零件失效的作用。一般认为，这些指标是保证安全性的。可是对于特定零件，这些指标的数值大小，要根据零件之间类比、零件和使用安全等方面的经验来确定。正因为如此，有时因性能指标规定不恰当，不能充分发挥材料的潜力。例如为避免疲劳破坏，用降低强度、提高塑性和韧性的办法将零件设计得又大又笨重，导致浪费材料。

对一定的材料，在特定的状态下，它的硬度与强度、塑性指标间存在一定的关系，对于一般的机械零件，图纸上只提出硬度要求，只要硬度达到规定的要求范围，R_m，A 甚至一定条件下的 a_k 值也就具有相当的数值。只有重要的零件，才在图纸上标出其他指标的具体数值。

(3)注意性能数据的试验条件：相关手册上所列的性能数据是用规定尺寸和形状的试样来测定的，试样尺寸不同，对 R_m，R_e 及 Z 等性能指标影响不大，但对 A 有影响，a_k，R_r，K_{IC} 等性能指标受试样尺寸和形状的影响更大。

相关手册上的性能数据是材料处于某种处理状态时测定的，同一牌号的材料，在不同的状态，它们的性能值不同。同一牌号的材料，锻造与铸造状态的性能值不同；不仅未经冷变形与冷变形后的性能值不同，而且冷变形程度不同，其性能值也不一样；不同的热处理工艺也得到不同的性能值。所以，选用材料时必须注意它是在何种状态下的性能值，通常在设计图纸上除了注明材料牌号外，还在技术条件中注明对加工工艺的要求。

试样的取样部位对测定性能也有影响。例如，锻件在顺纤维方向的性能较好；铸件的心部晶粒比表层粗，因此，心部力学性能较低。所以，重要零件的锻、铸毛坯要在图纸上注明切取检验试样的部位。

9.2.2　材料的工艺性

机械零件都是由设计选用的工程材料，通过一定的加工方式制造出来的，金属材料有铸造、压力加工、焊接、机械加工、热处理等加工方式。陶瓷材料通过粉末压制烧结成形，有的还须进行磨削加工、热处理；高分子材料利用有机物原料，通过热压、注塑、热挤等方法成形，有的再进行切削加工、焊接等加工过程。

材料的加工方法、加工工艺性不仅影响机械零件外观，还影响零件性能，甚至影响到生产率和成本。因此，选用的材料应具有良好的工艺性，至少要有可行的工艺性。几种主要加工方法的良好工艺性表现如下：

(1)铸造合金应有高的流动性，小的疏松、缩孔、偏析和吸气性倾向。

(2)塑性加工材料应有高的塑性和低的变形抗力。

(3)切削加工的材料应有小的切削力，切屑处理容易，对刀具的磨损小等。

(4)热处理要求材料过热敏感性小，氧化和脱碳倾向小，淬透性高，变形和开裂倾向小等。

应当指出，材料在不同的状态具有不同的工艺性，而且某种工艺性好，不等于其他工艺性也好。例如，2Cr13 等马氏体不锈钢退火后切削加工性尚好，但焊接时容易开裂。奥氏体不锈钢塑性加工性好，但切削加工性差。镁合金和有些钛合金冷变形性差，而在加热状态下则有良好的变形加工能力。

9.2.3 注意经济性

在首先满足零件性能要求的前提下，选材应使总成本(包括材料和加工费用)尽可能地低。

(1)材料选用应考虑我国资源，例如尽可能选择那些以锰、硅、钼、稀土等元素完全或部分代替镍、铬等稀缺元素的合金。

(2)应考虑国内生产和供应情况，品种不宜过多。

(3)考虑选用节省材料和加工成本的工艺方法，如精铸和精锻等。

9.3 选材的实际过程

(1)分析零件的工作条件、尺寸形状和应力状态，确定对材料的使用性能要求。表 9-2 为一些常见机械零件的工作条件、失效形式及技术要求。

表 9-2 几种常见零件工作条件、失效形式及要求的力学性能

零件	工作条件			常见失效形式	力学性能指标
	变形方式	载荷性质	其他		
紧固螺栓	拉、剪	静		过量变形、断裂	强度、塑性
传动轴	弯、扭	循环、冲击	轴颈处摩擦、振动	疲劳破坏、过量变形、轴颈处磨损	综合力学性能
齿轮	压、弯	循环、冲击	强烈摩擦、振动	磨损、疲劳麻点、齿断裂	表面有高硬度及高的疲劳极限，心部有较高强度及韧性
弹簧	扭(螺旋簧)	循环、冲击	振动	弹性丧失、疲劳破坏	弹性极限、屈强比、疲劳极限
油泵柱塞副	压	循环、冲击	摩擦、油的腐蚀	磨损	硬度、抗压强度
冷作模具	复杂组合变形	循环、冲击	强烈摩擦	磨损、脆断	高硬度、高强度、足够的韧性
压铸模	复杂组合变形	循环、冲击	高温、摩擦、金属液腐蚀	热疲劳、磨损、脆断	高温强度、抗热疲劳性、足够韧性与热硬性

(2)根据机械零件的加工路线，确定对材料的工艺性能要求。

将合乎上述要求的待选材料的各项使用性能、工艺性能以及经济性评分列表加以比较，表 9-3 即为一例。表中每种材料的各项性能分值从最差的 1 至最好的 5，每种材料综合等级分是以该材料各项性能分值的和为分子与以各项性能中最大分值的和为分母之比。材料 M6 的综合等级分为 0.75 是最高值，故 M6 为首选材料。

在有精确定量的数据可供利用时，将各项性能指标归一化成相对值，并乘以权重加以计算。如选用某航天器表面材料时，考虑的性能指标有 A：R_e/ρ(权重为 10)、B：K_C/R_e(权重为 10)、C：$E^{1/3}/\rho$(权重为 10)、D：温度极限(权重为 20)及 E：成本(权重为 1)。将待选材料的性能比较列于表 9-4。表中的综合等级=[(10A+10B+10C+20D)+(1-E)]÷51，不锈钢的综合等级为 0.76，是最高的，故不锈钢为首选材料。

表 9－3　选材实例

材　料	性 能 1	性 能 2	性 能 3	加 工 性	综合等级分
M1	4	3	3	3	13/20＝0.65
M2	2	3	4	3	12/20＝0.60
M3	5	4	1	1	11/20＝0.55
M4	1	1	4	3	9/20＝0.45
M5	4	5	1	3	13/20＝0.65
M6	3	2	5	5	15/20＝0.75

表 9－4　某航天器表面材料的评定选择

材　料	A:R_e/ρ		B:K_C/R_e		C:$E^{1/3}/\rho$		D:温度极限		E:成本		综合等级
	绝对值	相对值	绝对值	相对值	绝对值	相对值	绝对值	相对值	绝对值	相对值	
铝合金 1	130	0.64	16.5	1.00	1.50	1.0	150	0.38	590	0.11	0.55
铝合金 2	204	1.00	2.1	0.13	1.50	1.0	150	0.38	700	0.13	0.45
钛合金	196	0.96	4.6	0.27	1.06	0.71	300	0.75	5500	1.00	0.67
不锈钢	115	0.56	12.3	0.75	0.75	0.50	400	1.00	500	0.09	0.76

在机械制造的不同领域中对各性能的权重系数有不同的考虑，在一些尖端技术的领域中较少考虑材料的成本和工艺性能，而在大批量生产的民用工业产品中，成本和工艺性能的权重系数往往要高于主要力学性能指标的权重系数。

第 2 部分
材料成形工艺基础

第10章　铸　　造

铸造是将熔融金属浇注、压射或吸入铸型型腔，冷却凝固后获得一定形状和性能的零件或毛坯的金属成形工艺。它是金属材料液态成形的一种重要方法。

铸造的特点是使金属一次成形，工艺灵活性大，各种成分、尺寸、形状和质量的铸件几乎都能适应，且成本低廉。其适用于形状复杂、特别是具有复杂内腔的毛坯或零件；对于不宜锻压生产和焊接的材料，铸造生产方法具有特殊的优势。因此，铸造在机器制造业中应用极其广泛。金属铸造成形的原理和方法，还被广泛借鉴，应用于高分子材料、陶瓷材料及复合材料的成形。

铸造生产也存在着不足之处：铸造组织的晶粒比较粗大，且内部常有缩孔、缩松、气孔、砂眼等铸造缺陷，因而铸件的力学性能一般不如锻件；铸造生产工序繁多，工艺过程较难控制，致使铸件的废品率较高；铸造的工作条件较差，工人的劳动强度比较大。

随着科学技术的不断进步，铸造技术也获得了飞速发展。现代铸造技术是集计算机技术（如计算机凝固模拟、应力计算、计算机辅助铸造工艺设计、计算机熔炼控制及型砂质量监控、铸件检验及尺寸测量等）、信息技术、自动控制技术、真空技术、电磁技术、激光技术、新材料技术、现代管理技术与传统铸造技术之大成，形成了优质、高效、低耗、清洁、灵活的铸造生产的系统工程。这些现代技术的应用使铸件的表面精度、内在质量和力学性能都有显著提高，使铸造的生产率及铸件的成品率大大提高，也使工人的劳动强度减小，劳动条件大为改善。在21世纪，铸造生产正朝着绿色、高度专业化、智能化和集约化生产的方向发展。

10.1　铸造成形理论基础

在液态合金成形过程中，合金铸造性能的优劣对能否获得优质铸件有着重要影响。合金铸造性能包括液态合金的充型能力、收缩、偏析、氧化和吸气等。液态合金的充型及收缩是影响成形工艺及铸件质量的两个最基本的问题，许多工艺参数及工艺方案（如熔炼和浇注温度、浇冒系统位置及尺寸等）和铸造缺陷（如冷隔、浇不足、缩松、缩孔、变形、应力、裂纹等）都与这两大问题有关。下面分别予以讨论。

10.1.1　液态合金的充型能力

液态合金充满铸型型腔，获得形状完整、轮廓清晰的铸件的能力，称为液态合金的充型能力。充型能力不足，铸件易形成冷隔、浇不足等缺陷。液态合金的充型能力首先取决于合金本身的流动性，同时又受某些工艺因素的影响。

1.合金的流动性

合金的流动性是指液态合金本身的流动能力。液态合金具有良好的流动性，不仅易于获得形状复杂、轮廓清晰的薄壁铸件，而且有利于气体和夹杂物在凝固过程中向液面上浮和排出，有利于补缩，从而能有效地防止铸件出现冷隔、浇不足、气孔、夹渣及缩孔等铸造缺陷。因此，合金的流动性是衡量铸造合金的铸造性能优劣的主要标准之一。

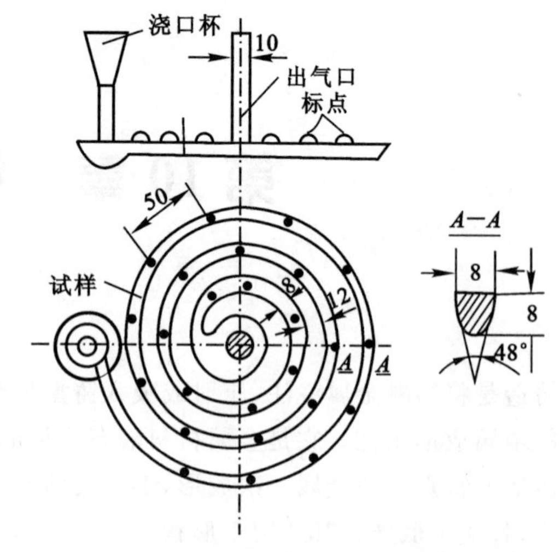

图 10-1　测定合金流动性的螺旋形试样

合金流动性的大小通常用浇注螺旋形流动性试样的方法来衡量。它是将液态合金在相同的浇注温度或相同的过热度条件下，浇注成如图 10-1 所示的试样，然后比较各种合金浇注的试样的长度。浇注的试样越长，合金的流动性越好。表 10-1 为常用铸造合金流动性的比较。由表可见，灰口铸铁和硅黄铜的流动性最好，铸钢的流动性最差。

表 10-1　常用合金的流动性

合　　金	造型材料	浇注温度/℃	螺旋线长度/mm
灰铸铁 $w_{C+Si}=6.2\%$	砂　型	1 300	1 800
$w_{C+Si}=5.2\%$	砂　型	1 300	1 000
$w_{C+Si}=4.2\%$	砂　型	1 300	600
铸　钢 $w_C=0.4\%$	砂　型	1 600	100
	砂　型	1 640	200
锡青铜 $w_{Sn}=9\%\sim11\%$ $w_{Zn}=2\%\sim4\%$	砂　型	1 040	420
硅黄铜 $w_{Si}=1.5\%\sim4.5\%$	砂　型	1 100	1 000
硅铝明	金属型(300℃)	680～720	700～800

2.影响液态合金流动性的因素

影响液态合金流动性的主要因素有合金的成分、温度、物理性质、不溶杂质和气体等。

(1)液态合金的成分：液态合金的流动性主要取决于合金的成分。纯金属和共晶成分的合金在恒定温度下凝固，已凝固层和未凝固层之间界面分明、光滑，对未凝固液体的流动阻力小，因而流动性好。

具有宽的凝固温度范围的合金凝固时，在铸件断面上存在既有发达的树枝晶，又有未凝固液体合金相混杂的固液两相区。初生的树枝晶阻碍剩余液体合金的流动，因而合金的流动性差。合金的凝固温度范围越宽，其流动性也越差，如图 10-2 所示。

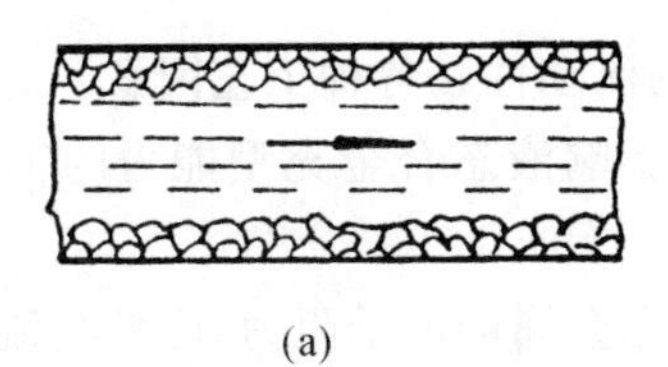
(a)

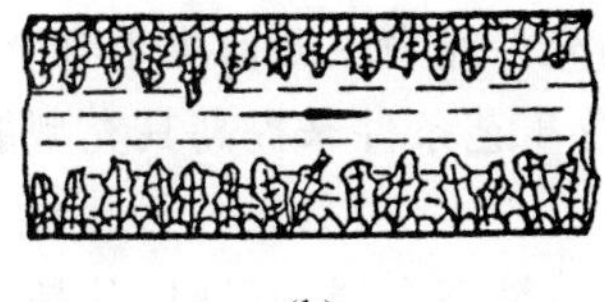
(b)

图 10-2 结晶特性对流动性的影响

(a)在恒温下凝固的合金 (b)在一定的温度范围凝固的合金

在相同过热度的条件下,铁碳合金的流动性与含碳质量分数的关系如图 10-3 所示。可见,纯铁的流动性好;随含碳质量分数的增加,合金的凝固温度范围增大,流动性也随之下降。在亚共晶铸铁中,越靠近共晶成分,合金的凝固温度范围越小,其流动性越好;共晶成分铸铁在恒温下凝固,流动性最好。

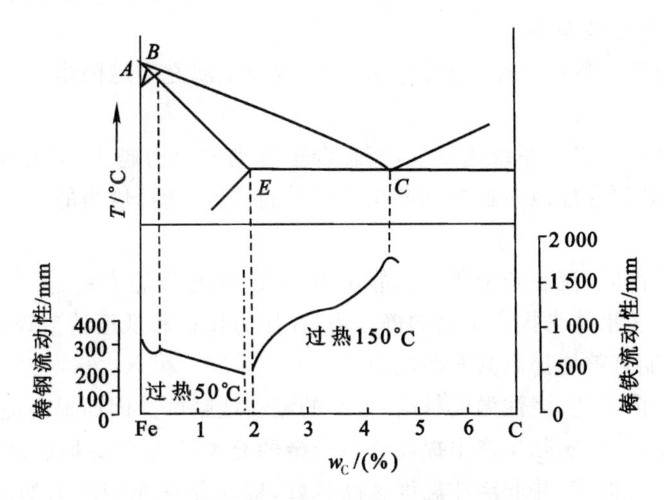

图 10-3 铁碳合金流动性与含碳质量分数的关系

液态合金中所含的某些合金元素,对其流动性也有一定影响。如灰口铸铁随含磷量的增加,开始凝固的温度下降,其流动性有所提高。另外,液态合金中的不溶杂质和气体对流动性也有很大影响。

因此,从合金流动性的角度考虑,在铸造生产中,都应尽量选择共晶成分、近共晶成分或凝固温度范围小的合金作为铸造合金。

(2)合金的物理性质:与合金流动性有关的物理参数有比热容、密度、热导率、结晶潜热和黏度等。液态合金的比热容和密度越大,热导率越小,凝固时结晶潜热释放得越多,能使合金较长时间地保持液态,因而流动性越好;液态合金的黏度越小,流动时的内摩擦力也就越小,流动性当然越好。

(3)液态合金的温度:在一定温度范围内,液态合金的流动性随其温度的升高而大幅增加。但如液态合金的温度过高,会造成液态合金的氧化、吸气非常严重,易使铸件产生气孔、夹渣、黏砂、缩松、缩孔等铸造缺陷。因此液态合金的浇注温度必须合理。

3.影响液态合金充型能力的因素

液态合金的充型能力主要取决于合金本身的流动性和各种工艺因素。对于流动性较差的合金,可通过改善工艺条件来提高其充型能力。影响液态合金充型能力的工艺因素主要有以下几点。

(1)铸型条件:液态金属充型时,凡是增加液态金属的流动阻力,降低其流动速度以及提高其冷却能力的因素,均降低液态合金的充型能力。

1)铸型的蓄热能力。铸型的蓄热能力越大,即铸型从液态合金吸收并储存热量的能力越强,铸型对液态合金的冷却能力越强,使合金保持在液态的时间就越短,充型能力下降。如液态合金在金属型中比砂型中的充型能力差。

2)铸型的发气。在液态金属的热作用下,铸型中将产生大量的气体,如果铸型的排气能力差,型腔中气体的压力增大,则阻碍液态金属充型。因而在砂型铸造中,应设法减少型腔中的气体,提高其透气性,必要时可在远离浇口的最高部位开设出气口。

3)铸型温度。铸型温度越高,铸型对液态金属的冷却能力越小,可使液态金属较长时间保持液态,因而提高了其充型能力。

4)铸件结构。铸件结构越复杂,铸件壁厚越薄,液态金属充型越困难。

(2)浇注条件:

1)浇注系统的结构。浇注系统越复杂,液态合金流动的阻力越大,其充型能力有所下降。在设计浇注系统时,必须合理地布置内浇道在铸件上的位置,选择恰当的浇注系统结构及各组元的尺寸。

2)充型压力。浇注时,液态合金所受的静压力越大,其充型能力就越好。在砂型铸造中,常用加高直浇道等工艺措施来提高金属的静压力;在压力铸造和低压铸造等特种铸造中,液态合金在压力下充型,能有效地提高其充型能力。

3)浇注温度。如前所述,浇注温度越高,合金的流动性越好。因而提高浇注温度能显著地提高液态合金的充型能力,实际生产中提高液态合金的充型能力主要是通过提高浇注温度来实现的。但对铸件质量而言,并非浇注温度越高越好,应在保证充型能力的前提下,采用较低的浇注温度。对铸铁件,可采用“高温出炉,低温浇注”。高温出炉能使铁水中一些难熔的固体质点熔化,铁水中的未溶质点和气体在浇包中的镇静阶段有机会上浮而除去。在保证铁水具有足够流动性的条件下,应选择尽可能低的浇注温度。

通常,灰口铸铁的浇注温度为1 200～1 380℃,碳素铸钢的为1 500～1 550℃,铝合金的为680～780℃。

10.1.2 铸造合金的收缩

1.收缩的概念

合金在从液态冷却至室温的过程中,其体积或尺寸缩小的现象称为收缩。收缩是铸造合金本身的物理性质,是铸件产生缩孔、缩松、热应力、变形及裂纹等铸造缺陷的基本原因。

任何一种液态金属注入铸型以后,从浇注温度冷却到常温都要经历三个互相联系的收缩阶段:

(1)液态收缩:这是指液态金属由浇注温度冷却到凝固开始温度(液相线温度)之间的收缩。此阶段,金属处于液态,体积的缩小仅表现为型腔内液面的降低。

(2)凝固收缩:这是指从凝固开始温度到凝固终了温度(固相线温度)之间的收缩。合金结晶的温度范围越大,则凝固收缩越大。液态收缩和凝固收缩使金属液体积缩小,一般表现为型内液面降低,因此,常用单位体积收缩量(即体收缩率)来表示,它们是缩孔和缩松形成的基本原因。

(3)固态收缩:这是指合金从凝固终了温度冷却到室温之间的收缩,这是处于固态下的收缩。该阶段收缩不仅表现为合金体积的缩减,还直接表现为铸件的外形尺寸的减小,因此常用单位长度收缩量(即线收缩率)来表示。

该阶段金属的收缩是产生铸造应力、变形和裂纹的基本原因。

2.影响收缩性的因素

铸件收缩的大小主要取决于合金成分、浇注温度、铸件结构和铸型。

(1)合金成分:常用铸造合金中,灰铸铁的体收缩率约为7%,线收缩率为0.7%～1.0%;碳素铸钢的体收缩率为12%,线收缩率为1.5%～2.0%。这是因为铸铁中的碳大部分以石墨形式存在,而石墨比容大,其体积膨胀会补偿一部分收缩。因此灰铸铁中增加碳、硅含量和减少硫含量均可使其收缩减小。

(2)浇注温度:浇注温度越高,合金的液态收缩增加,因而体收缩也越大。

(3)铸件结构和铸型:铸件的收缩不同于合金的自由收缩,它要受到因铸件各部分冷却速度不同而导致收缩不一致造成的牵制;还要受到铸型和型芯的阻碍,属于受阻收缩。因此铸件的实际线收缩率(受阻收缩)总比其自由线收缩率要小。

3.铸件中的缩孔和缩松

在铸件的凝固过程中,由于合金的液态收缩和凝固收缩,铸件的最后凝固部位会出现孔洞,容积较大而集中的孔洞称为缩孔,细小而分散的孔洞称为缩松。铸件中存在任何形态的孔洞,都会减少铸件的有效受力面积,产生应力集中,使其承载能力和气密性等使用性能下降,因此,缩孔和缩松是铸件的重要缺陷,必须设法防止。

(1)缩孔:通常隐藏在铸件上部或最后凝固部位,经机械加工后,可暴露出来。有时,缩孔产生在铸件的上表面上,呈明显凹坑。缩孔的外形特征是多近似于倒锥形,内表面不光滑。

缩孔的形成过程如图10-4所示。假定合金在恒温下凝固或凝固温度范围很窄,合金由表及里逐层凝固。液态金属填满铸型[见图10-4(a)]以后,由于铸型的吸热及不断向外散热,使靠近型腔表面的金属温度很快就降低到凝固温度,凝固成一层外壳[见图10-4(b)]。温度继续下降,外壳不断加厚。同时内部的剩余液体,由于本身的液态收缩和补充凝固层的凝固收缩,而体积减小,液态收缩和凝固收缩造成的体积缩减逐渐积累,在重力的作用下,液面就和顶面脱离[见图10-4(c)]。如此进行下去,外壳不断加厚,液面不断下降。待合金完全凝固,就在铸件中形成了缩孔[见图10-4(d)]。已经产生缩孔的铸件自凝固终了温度冷却到室温,因固态收缩使外形尺寸略有缩小[见图10-4(e)]。

可见,铸件中的缩孔是由于合金的液态收缩和凝固收缩得不到补充而产生的。

(2)缩松:多分布于铸件的轴线区域、内浇口附近甚至厚大铸件的整个断面,它分布面广,难以控制,因而对铸件的力学性能影响很大,是铸件最危险的缺陷之一。

缩松的形成过程如图10-5所示。具有较宽凝固温度范围的合金在铸件的断面上温度梯度又较小的条件下凝固时,合金液最后在心部较宽的区域内同时凝固[见图10-5(a)],初生的树枝晶把液体分隔成许多小的封闭区[见图10-5(b)]。这些小封闭区液体的收缩得不到外界的补充，就形成了细小、分散的孔洞[见图 10-5(c)]即缩松。

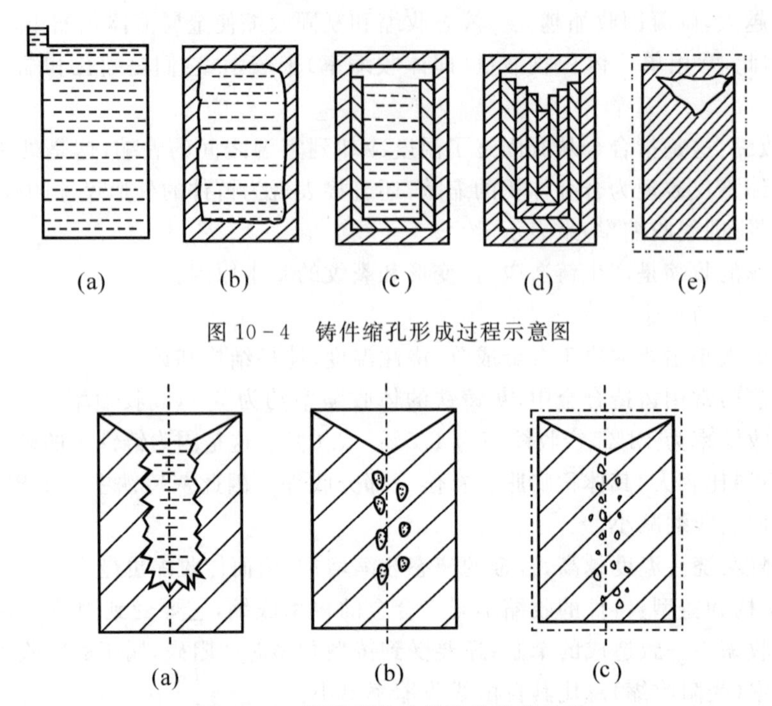

图 10-4　铸件缩孔形成过程示意图

图 10-5　圆柱形铸件缩松的形成过程

(a)锯齿形凝固前沿　(b)形成液体孤岛　(c)形成缩松

综上所述，缩松形成的基本原因和缩孔一样，是合金的液态收缩和凝固收缩所致。

由以上分析可见：

1)纯金属及共晶成分的合金在恒温下凝固，其铸件通常逐层由表向里凝固，倾向于形成集中缩孔；凝固温度范围宽的合金，其铸件通常在截面上较宽的区域内同时凝固，易于形成缩松。缩孔比缩松易于检查和修补，也便于采取工艺措施来防止。因此，从收缩的角度考虑也应在生产中尽量选择共晶成分、近共晶成分或凝固温度范围小的合金作为铸造合金。

2)对于给定成分的铸件，在一定的浇注条件下，缩孔和缩松的总容积是一定值。适当地增大铸件的冷却速度可促进缩松向缩孔转化。例如，在砂型铸造中，湿型比干型对铸件的激冷能力强，使铸件的凝固区域变窄，缩松量减少，而缩孔体积增加；在金属型铸造中，铸型的激冷能力更大，缩松的量显著减小。

3)合金的液态收缩和凝固收缩越大(如铸钢、白口铸铁、锡青铜等)，铸件的缩孔体积越大。

4)铸造合金的浇注温度越高，液态收缩越大，缩孔的体积也越大。

5)缩孔和缩松总是存在于铸件的最后凝固部位。如果铸件设计得壁厚不均匀，则在厚壁处易于出现缩孔或缩松。

(3)防止铸件产生缩孔的方法：虽然收缩是铸造合金的物理本性，但铸件中的缩孔并不是不可避免的。进行铸造工艺设计时，只要采取一定的工艺措施，就能有效地防止在铸件中产生缩孔。

在实际生产中，通常采用顺序凝固原则，并设法使分散的缩松转化为集中的缩孔，再使集中的缩孔转移到冒口中，最后将冒口割去，即可获得健全的铸件。也就是通过设置冒口和冷铁,使铸件从远离冒口的地方开始凝固并逐渐向冒口推进,冒口最后凝固——亦即使铸件进行顺序凝固。在铸件凝固过程中,冒口始终保持液态并对铸件的液态收缩和凝固收缩进行补充,合金的液态收缩和凝固收缩转移到冒口中,最终获得健全的铸件。

为了实现铸件的顺序凝固,可采取下列工艺措施:

1)合理地选择内浇口在铸件上的引入位置。内浇口开在铸件的厚实处,可增大铸件各部分的温差,有利于实现顺序凝固。内浇口开在铸件顶部时,有利于实现自下向上的顺序凝固。

2)开设冒口。冒口是为了防止铸件产生缩孔而专门设置的储存液体合金的空腔,其主要作用是补缩,其次还有出气和集渣的作用。冒口通常设置在铸件易产生缩孔的部位。图10-6为冒口补缩示意图。

生产上为提高液态金属的补缩效果,减小冒口尺寸,常采用保温冒口。

3)冷铁。冷铁是用来控制铸件凝固顺序、加速铸件某些部位冷却的激冷物,通常用铸铁或钢制成。使用冷铁可以减小铸件补缩所需的冒口的尺寸和数量,消除铸件局部热节(即铸件上内切圆直径大于壁厚的地方)可能产生的缩孔和缩松,还可以细化冷铁所在部位的晶粒,提高铸件的硬度和耐磨性。

图10-7为铸件顺序凝固示意图。

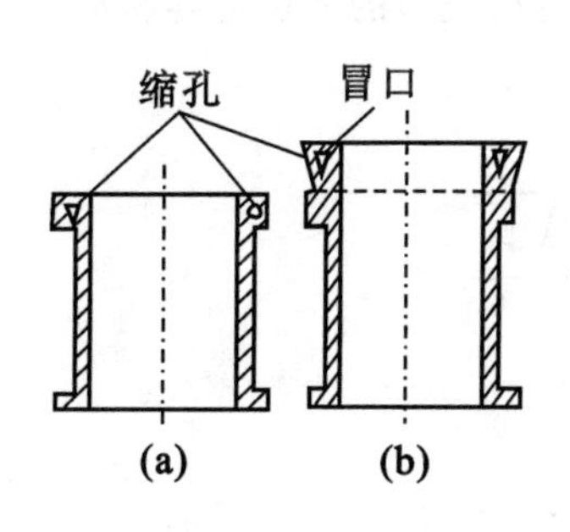

图10-6　冒口补缩示意图

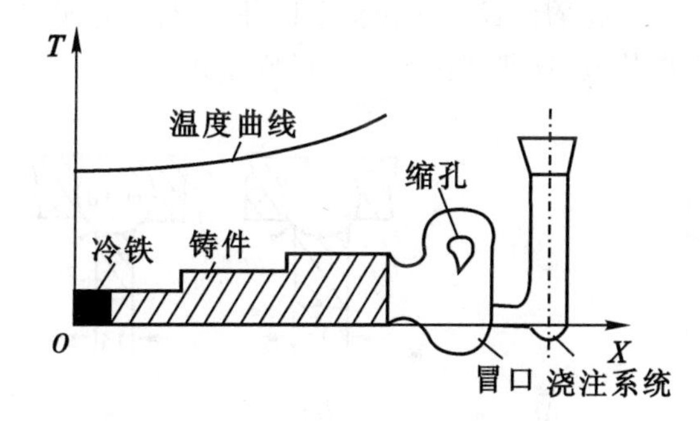

图10-7　顺序凝固示意图

(4)缩孔位置的确定:准确地估计铸件上缩孔可能产生的位置是合理安置冒口和冷铁的主要依据。在生产中,确定缩孔位置的常用方法有“凝固等温线法”“内切圆法”“计算机凝固模拟法”等。

1)凝固等温线法。这种方法一般用于形状较为简单的铸件。

由于集中缩孔产生在铸件最后凝固的区域,因此,确定缩孔的位置就是确定铸件中最后凝固的区域。

对于在恒定温度下结晶或结晶温度间隔很小的合金,可将结晶前沿视为固液相的分界线,也是一条等温线。所谓凝固等温线法,就是在铸件截面上从冷却表面开始逐层向内侧绘制凝固等温线,直到与最窄截面上的凝固等温线接触为止。此时,凝固等温线不相接连的地方,就是铸件最后凝固区域,也就是缩孔的位置。

用凝固等温线法确定工字形截面铸件的缩孔位置如图10-8所示。图10-8(a)是凝固等温线法确定的缩孔位置。图10-8(b)是实际铸件解剖后的缩孔位置。如果在铸件的底部安放外冷铁,由于加大了该处的冷却速度,凝固等温线上移,缩孔全部集中在铸件上部[见图10-8(c)]。如果冷铁尺寸适当,并在铸件上部安置冒口,就可以使铸件中的缩孔转移到冒口中,从而得到健全的铸件[见图 10-8(d)]。

在同一个铸件中,如果各部分的散热条件不同,则凝固等温线位置会有所改变。

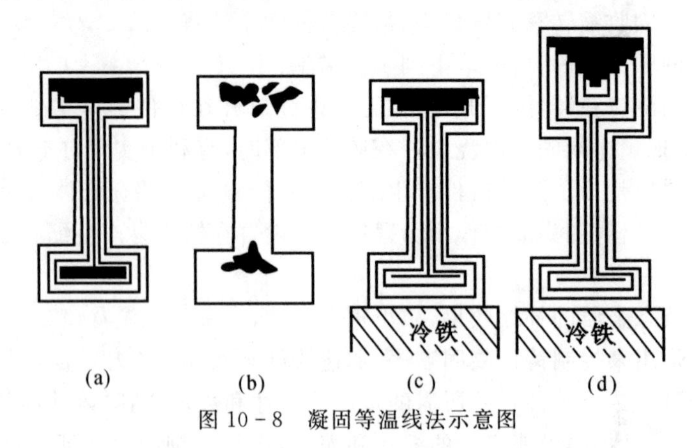

图 10-8 凝固等温线法示意图

2)内切圆法。这种方法常用来确定铸件中相交壁处的缩孔位置,如图 10-9 所示。从图中可见,即使铸件两个相交壁的厚度相同,在结合处内切圆直径也较大,最后凝固时,也成为容易产生缩孔的位置。除相交壁以外,铸件肥厚处、转角处和靠近内浇口的部位也容易形成凝固缓慢的热节,这些部位最容易形成缩孔。

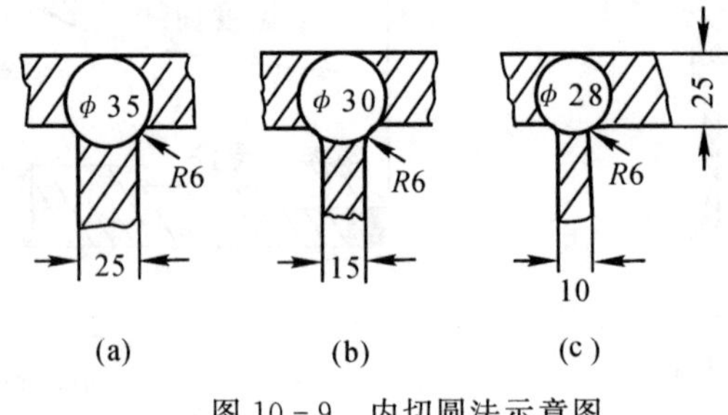

图 10-9 内切圆法示意图

3)计算机凝固模拟法。在计算机上利用凝固模拟软件对实际铸件的凝固过程进行模拟计算,可以较为准确地给出铸件最后凝固的部位,从而给出铸件上可能产生缩孔的位置。这种方法不仅能给出缩孔的位置,更重要的是能优化铸造工艺,提高铸件的工艺出品率。该方法已在实际生产中得以应用。

在铸件易产生缩孔的部位安放冒口和冷铁,使铸件进行顺序凝固,虽可有效防止缩孔和缩松,但却降低了铸件的工艺出品率(如 1 t 钢水只能浇出 600~700 kg 铸件),提高了铸件成本,同时顺序凝固加大了铸件各部分的温度差,促进铸件产生应力、变形和裂纹的倾向。因此,这种方法主要用于液态收缩和凝固收缩较大、必须补缩的场合,如铸钢、铝青铜、铝硅合金等。

10.1.3 铸造内应力及铸件的变形、裂纹

铸件凝固后将在冷却至室温的过程中继续收缩,有些合金甚至还会因发生固态相变而引起收缩或膨胀,这些收缩或膨胀如果受到阻碍或因铸件各部分互相牵制,都将使铸件内部产生应力。内应力是铸件产生变形及裂纹的主要原因。

1. 热应力

铸件在凝固和其后的冷却过程中，因壁厚不均，各部分冷却速度不同，造成同一时刻各部分收缩不一致，从而在铸件中产生内应力，这种内应力称为热应力。

金属在冷却过程中，从凝固终了温度到再结晶温度阶段，处于塑性状态。在较小的外力下，就会产生塑性变形，变形后应力可自行消除。低于再结晶温度的金属处于弹性状态，受力时产生弹性变形，变形后应力继续存在。

下面用图 10-10 中的框形铸件来分析热应力的产生过程。Ⅰ杆比Ⅱ杆的直径大。凝固开始时 Ⅰ，Ⅱ两杆均处于塑性状态，冷却速度虽不同，但不产生应力。继续冷却，冷速大的Ⅱ杆已进入弹性状态，而Ⅰ杆仍处于塑性状态，此时，因小杆Ⅱ冷却快，收缩大于厚杆，必然压缩厚杆，所以小杆受拉，大杆受压[见图 10-10(b)]。厚杆Ⅰ在应力作用下，发生微量塑变而被压短，内应力消失[见图 10-10(c)]。进一步冷却，厚杆Ⅰ处于弹性状态，进行较大的固态收缩，此时Ⅱ杆处于更低温度，其收缩已很小或收缩已趋停止，将阻碍厚杆Ⅰ的收缩。结果，厚杆Ⅰ受拉伸，薄杆Ⅱ受压缩[见图 10-10(d)]，直到室温，形成了内应力。

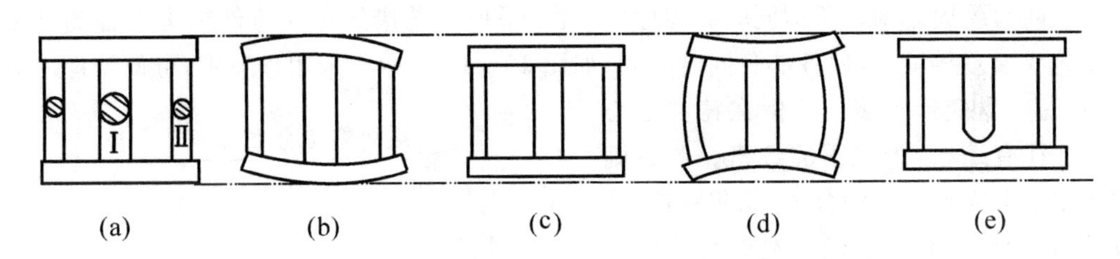

图 10-10　铸造热应力与变形

(a)无应力　(b)产生应力　(c)应力消失　(d)又产生应力　(e)断裂

综上所述，固态收缩使铸件厚壁或心部受拉伸，薄壁或表层受压缩。合金固态收缩率愈大，铸件壁厚差别愈大，形状愈复杂，所产生的热应力愈大。

目前，对铸件的残余应力，不仅能进行定性分析(分析其应力状态)，还能利用有限元法或有限差分法进行计算机定量模拟计算，以求得铸件不同温度下的应力场。

2. 机械应力

铸件收缩受到铸型、型芯及浇注系统的机械阻碍而产生的应力称为机械阻碍应力，简称“机械应力”。

铸型或型芯退让性良好，机械应力则小。机械应力在铸件落砂之后可自行消除。但是机械应力在铸型中能与热应力共同起作用，增加了铸件产生裂纹的可能性。

铸造内应力的存在，将引起铸件变形和裂纹等缺陷。

3. 铸件的变形及其防止

如果铸件存在内应力，则铸件处于一种不稳定状态。铸件厚的部分受拉应力，薄的部分受压应力。如果内应力超过合金的屈服极限，则铸件本身总是力图通过变形来减缓内应力。因此细而长或大又薄的铸件易发生变形。

如图 10-11 所示，车床床身的导轨部分因较厚而受拉应力，床壁部分因较薄而受压应力，于是导轨向下产生挠曲变形。

图 10-12 为一平板铸件，尽管其壁厚均匀，但其中心部分因比边缘散热慢、收缩慢而受拉

应力，其边缘处则散热较快、收缩较快而受压应力。由于铸型上面比下面冷却快，于是该平板发生图示方向的变形。

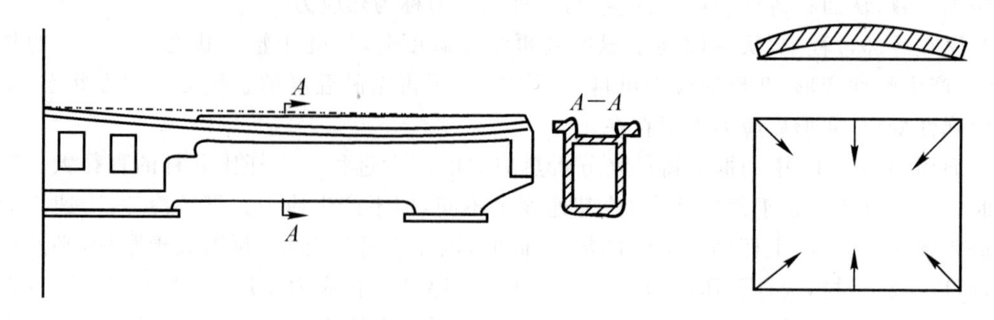

图 10－11　机床床身的挠曲变形　　　　图 10－12　平板铸件的变形

为了防止铸件变形，设计时应使铸件各部分壁厚尽可能均匀或形状对称。在铸造工艺上可采取同时凝固原则。所谓同时凝固原则，就是采取工艺措施保证铸件结构上各部分之间没有温差或温差尽量小，使各部分同时凝固，如图 10－13 所示。采用该原则，可使铸件内应力较小，不易产生变形和裂纹。但在铸件中心区域往往有缩松，组织不够致密。此原则主要用于凝固收缩小的合金(如灰铸铁)以及壁厚均匀、结晶温度范围宽而对铸件的致密性要求不高的铸件等。此外，还可在制模时采用反变形法(将模样制成与铸件变形方向相反的形状，此时应较精确地计算铸件的变形量)，有时也在薄壁处附加工艺筋。

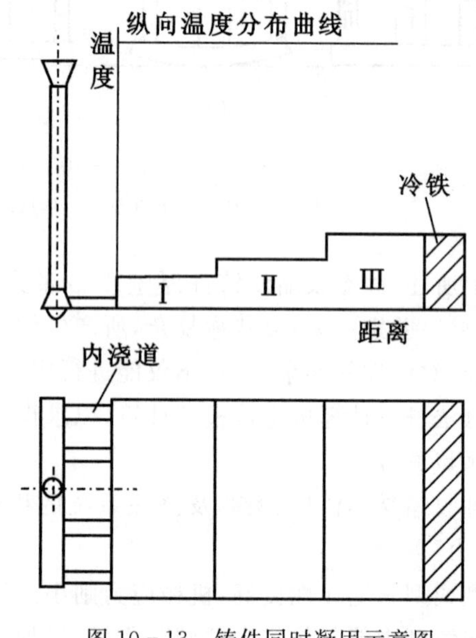

图 10－13　铸件同时凝固示意图

实践证明，尽管铸件冷却时发生部分变形，但内应力仍未彻底消除。在经过机加工后内应力发生重新分布，铸件仍会发生变形，影响零件的精度。因此，对某些重要的、精密的铸件，如车床床身等，必须采取去应力退火或自然时效等方法，将残余应力消除；必要时还可在粗加工后进行去应力退火或人工时效，然后再进行精加工，以确保零件的精度。

4. 铸件的裂纹及防止

如果铸造内应力超过合金的强度极限时，铸件便会产生裂纹。裂纹分为热裂和冷裂两种。

(1)热裂：热裂是在凝固后期高温下形成的，主要是由于收缩受到机械阻碍作用而产生的。它具有裂纹短、形状曲折、缝隙宽、断面有严重氧化、无金属光泽、裂纹沿晶界产生和发展等特征，在铸钢和铝合金铸件中常见。

防止热裂的主要措施是：除了使铸件的结构合理外，还应合理选用型砂或芯砂的黏结剂，以改善其退让性；大的型芯可采用中空结构或内部填以焦炭；严格限制铸钢和铸铁中硫的含量;选用收缩率小的合金。

(2)冷裂:冷裂是在较低温度下形成的,常出现在铸件受拉伸部位,特别是有应力集中的地方。其裂缝细小,呈连续直线状,缝内干净,有时呈轻微氧化色。

壁厚差别大,形状复杂或大而薄的铸件易产生冷裂。因此,凡是能减少铸造内应力或降低合金脆性的因素,都能防止冷裂的形成。同时在铸钢和铸铁中要严格控制合金中的磷含量。

10.2　砂型铸造

10.2.1　砂型铸造的生产过程及其特点

砂型铸造是应用最广泛的铸造方法,其生产过程如下。

如图10-14所示,砂型铸造首先是根据零件图设计出铸件图及模型图,制出模型及其他工装设备,并用模型、砂箱等和配制好的型砂制成相应的砂型,然后把熔炼好的合金液浇入型腔。等合金液在型腔内凝固冷却后,就可以把砂型破坏,取出铸件。最后清除铸件上附着的型砂及浇冒系统,经过检验,就可获得所需要的铸件。砂型铸造的生产过程是周期性循环的。

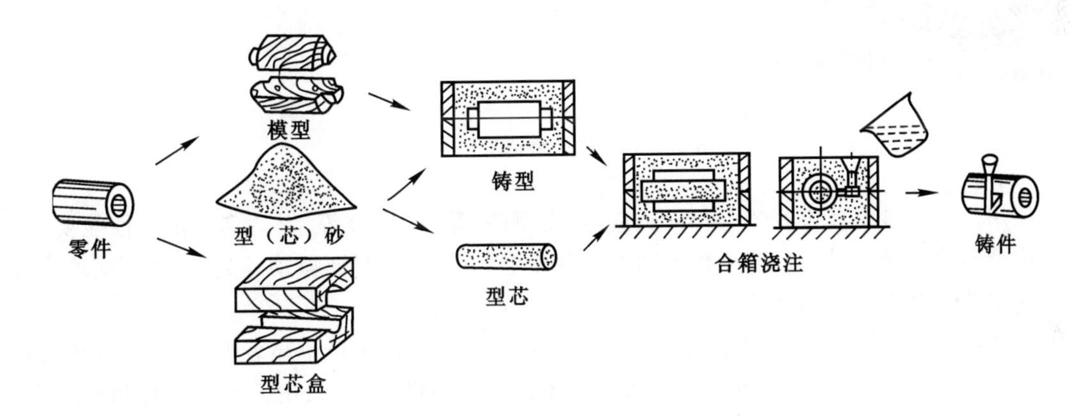

图10-14　砂型铸造的生产工艺流程

在单件、小批量或生产批量不太大的现代铸造车间中(但有一定的年产量),通常采用机械化的砂处理及输送系统,而造型则采用手工造型、机器造型或手工结合机器造型,铸型、合金液及铸件的搬运、浇注则采用起吊设备来完成,生产效率较低。

在大批量生产的机械化铸造车间中,生产过程是按流水作业连续进行的。型砂的处理及输送、造型、制芯、合箱、浇注、落砂及清理、砂箱、铸型、合金液及铸件的输送等绝大部分工作都是由机器来完成的。图10-15为机械化铸造车间的造型—浇注—落砂生产线(黏土砂)部分。它是由铸型输送机或传输轨道将造型机和铸造辅助设备(如翻箱机、合箱机、压铁机、分箱机、落砂机、捅箱机、台面清扫机、浇注机、过渡小车、冷却装置等)有机地结合在一起而组成的。各台造型机上制成的砂型都安放到输送机上。输送机缓慢移动。在砂型被输送到浇注台前,就进行浇注。浇注台是一条循环转动的履带,与输送机的移动速度同步,使整个铸造过程协调、连续地循环进行。

浇注后的砂型先通过冷却箱,然后被送到落砂机前,并由推杆迅速推到震动着的落砂机上，砂型被震碎后，型砂就散落到坑道底部的型砂输送带上，并被送到型砂处理工段。铸件则跌落到坑道中部的另一条铸件输送带上，被送到铸件的清理工段。空砂箱则被推到砂箱输送带上，被送回到造型机旁，以供继续造型之用。

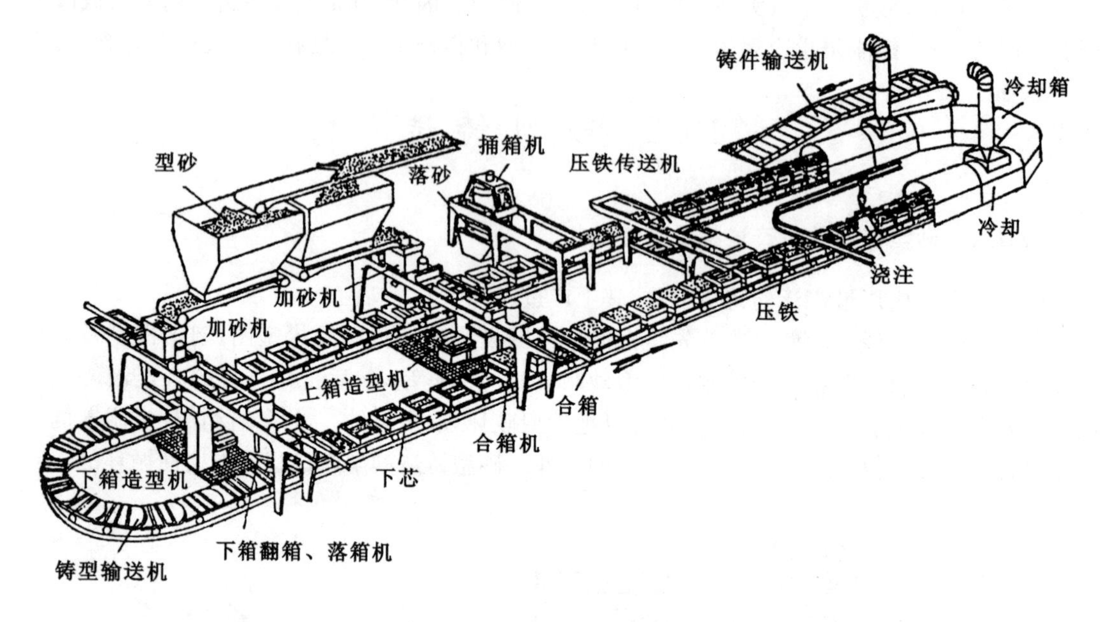

图 10-15　砂型铸造造型生产线

使用过的型砂要经过冷却、破碎、磁选，补充新砂、黏土、水分等，以达到一定的性能要求，然后由型砂输送带送进每台造型机上面的储砂斗里。造型时，只要掀动开关，定量的型砂就从储砂斗中落入选型机上的砂箱里。

由此可见，在机械化铸造车间里，由于劳动组织合理，所以生产率显著提高。但是，在这样的生产流水线上，不能生产厚壁和大型铸件。在各种造型机上，都只用模型板进行两箱造型，因此铸件的外形受到一定的限制。又因砂型铸造的工艺烦琐，许多操作(如安装型芯)仍然离不开手工劳动，所以砂型铸造的机械化程度至今仍受到一定的限制。

手工造型的操作灵活，可应用各种造型方法，生产各种尺寸和形状十分复杂的铸件。所以在砂型铸造中，手工造型至今仍占有重要的地位。

砂型铸造的缺点是一个砂型只能使用一次，要耗费大量的造型工时。而且，每生产 1 t 合格的铸件，须使用 4～5 t 型砂，处理大量型砂的工作十分繁重。此外，车间中有砂尘污染，劳动条件较差。

但是，砂型铸造适合于在各种生产条件下，生产各种合金的铸件，所以仍是当今普遍应用的铸造方法。

10.2.2　砂型铸造工艺过程简介

1. 造型

造型是指用型砂及模样等工艺装备制造铸型的过程。通常分为手工造型和机器造型。

(1)手工造型：手工造型指全部用手工或手动工具完成的造型工序。手工造型按起模特点分为整模、挖砂、分模、活块、假箱、三箱等造型方法。几种手工造型方法的特点及其适用范围见表10－2。

手工造型方法比较灵活，适应性较强，生产准备时间短，但生产率低、劳动强度大，铸件质量较差。因此，手工造型多用于单件小批量生产。在大批量生产中，普遍采用机器造型方法。

表10－2 几种常用手工造型方法的特点和适用范围

造型方法	主要特点	适用范围
整模造型	模型是整体的，分型面是平面，铸件型腔全部在下砂箱内，造型简单，可避免铸件产生错箱缺陷	适用于形状简单的铸件，或最大截面在一端且为平面的铸件
分模造型	模型沿截面最大处分为两半，型腔位于上下两个砂箱内，该法造型简单，省工省时	适用于最大截面在中部的铸件
挖砂造型	模型虽是整体的，但铸件的分型面为曲面。为起出模型，造型时用手工挖去阻碍起模的型砂。造型费工时，生产率低，要求技术性高	适用于单件、小批量生产且分型面不是平面的铸件
假箱造型	为克服挖砂造型的缺点，造型前预先做个底胎（即假箱），将模型放在假箱上造下箱，省去挖砂的操作。操作简便，分型面整齐	适用于成批生产需要挖砂的复杂铸件
三箱造型	铸型由上、中、下三箱组成，中箱高度须与铸件两个分型面的间距相适应。三箱造型费工时，中箱须有合适的砂箱	用于单件小批量生产具有两个分型面的铸件

(2)机器造型：机器造型指用机器完成全部或至少完成紧砂和起模操作的造型工序。机器造型可大大提高生产率和铸件尺寸精度，降低表面粗糙度，减少加工余量，并改善工人的劳动条件，目前正日益广泛地应用于大批量生产中。各种造型机的紧砂特点和应用范围见表10－3。

表10－3 各种造型机的紧砂特点和应用范围

种类	主要特点	适用范围
压实式	用较低的比压压实铸型，机器结构简单，噪声小，生产率较高，但铸型紧实度不均匀	大量或成批生产较小的铸件
震击式	靠机器的震击来紧实铸型，结构简单，对厂房基础要求高，噪声大，生产率低	大量或成批生产的中、大型铸件
震压式	在震击后加压紧实铸型，造型机制造成本低，噪声大，生产率较高	大量或成批生产小型铸件
抛砂紧实	用抛砂的方式充填和紧实型砂。可同时完成填砂和紧实两道工序，生产率较高，型砂紧实度均匀	抛砂机适应性强，适用于任何批量的大中型铸件或大型芯的生产
射砂紧实	利用压缩空气将型（芯）砂高速射入砂箱（或芯盒）而进行紧实，将填砂紧实两道工序同时完成，生产率高，但紧实度不够高	用于造芯和造型

(3)造芯：砂芯主要用于形成铸件的内腔及尺寸较大的孔，也可用于成形铸件外形。最常用的造芯方法是用芯盒造芯。

短而粗的圆柱型芯宜采用分开式芯盒制作；形状简单且有一个较大平面的砂芯宜用整体

式芯盒制作。无论哪种造芯方法，都要在砂芯中放置芯骨，并将砂芯烘干，以增加砂芯的强度。通常还在砂芯中扎出通气孔或埋入蜡线形成通气孔。

在大批量生产中，应采用机器造芯。

(4)涂料：为了防止铸件产生黏砂、夹砂及砂眼等缺陷，提高铸件表面质量，将一些防黏砂材料制成悬浮液，涂刷在铸型和型芯表面上，这种防黏砂材料悬浮液称为铸造涂料。

为达到防黏砂的目的，要求涂料的耐火度高，不会在高温金属液的作用下被烧结；化学稳定性好，不会或不易和金属氧化物、杂质或造型材料发生化学反应；发气量小；黏附性好，涂料烘干后，不会开裂或脱落；易于涂刷均匀。

铸造涂料由耐火材料、黏结材料(如酚醛树脂)、悬浮稳定剂(常用钠基或锂基膨润土)、稀释剂(水或工业酒精)及附加物组成。

耐火材料是涂料的基本组分。根据金属特性不同，应选用不同的耐火材料，铸铁件用石墨粉；铸钢件用石英粉、镁砂粉或锆英粉等；有色金属多用滑石粉。

在现代铸造中，由于对铸件的表面质量和尺寸精度要求越来越高，通常均在铸型和型芯表面涂刷铸造涂料。

(5)开设浇注系统：浇注系统是指为填充型腔和冒口而开设于铸型中的一系列通道。通常由浇口杯、直浇道、横浇道和内浇道组成，如图 10－16 所示。浇口杯承接浇注的熔融金属；直浇道是以其高度产生的静压力，使熔融金属充满型腔的各个部分，并能调节熔融金属流入型腔的速度；横浇道将熔融金属分配给各个内浇道；内浇道的方向不应对着型腔壁和砂芯，以免型壁或型芯被熔融金属冲坏。

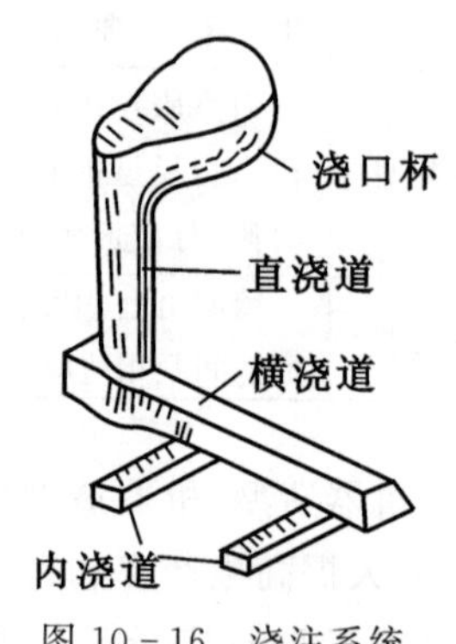

图 10－16　浇注系统

(6)合型：合型指将铸型的各个组元如上型、下型、砂芯等组合成一个完整铸型的操作过程。合型后即可准备浇注。

2. 熔炼与浇注

(1)熔炼：熔炼指使金属由固态转变成熔融状态的过程。熔炼的目的是提供化学成分和温度都合格的熔融金属。

(2)浇注：浇注指将熔融金属从浇包注入铸型的操作。浇注时，浇注温度应尽可能低些，以减少气体的溶解量及液态收缩量，从而减少气孔、缩孔等铸件缺陷。但熔融金属出炉的温度应尽可能高些，以利于熔渣上浮，从而便于清渣和减少夹杂物类铸件缺陷。

3. 落砂与清理

落砂是指用手工或机械使铸件与型砂、砂箱分开的操作。落砂时间过早可能导致灰铸铁铸件表层产生白口组织，难以进行切削加工；落砂时间过晚，则可能由于收缩应力过大而使铸件产生裂纹。因此，浇注后应及时落砂。

清理是指落砂后从铸件上清除表面黏砂、型砂、多余金属(包括浇冒口、氧化皮)等过程的总称。落砂后应及时清理铸件。

清理后的铸件应根据其技术要求仔细检验，判断铸件是否合格。技术条件允许焊补的铸造缺陷应进行焊补。合格的铸件应进行去应力退火或自然时效。变形的铸件应加以矫正。

10.2.3　铸造工艺图

铸造生产必须首先根据零件结构特点、技术要求、生产批量和生产条件等进行铸造工艺设计，并绘制铸造工艺图。铸造工艺图是直接在零件图上绘出制造模样和铸型所需的资料，并表达铸造工艺方案的图形。

1.浇注位置的选择

铸件的浇注位置是浇注时铸件在铸型内所处的空间位置。铸件浇注时的位置，对铸件质量、造型方法、砂箱尺寸、机械加工余量等都有着很大的影响。在选择浇注位置时应以保证铸件质量为主，一般应注意以下几个原则。

(1)将铸件上质量要求高的表面或主要的加工面，放在铸型的下面。如果做不到这一点，也应将该表面置于铸型的侧面或倾斜放置进行浇注。图10－17表示圆锥齿轮的两种不同的浇注位置，上图的选择是正确的，它将齿轮要求较高并需要进行机械加工的轮齿，放在铸型的下面。图10－18表示卷扬筒的浇注位置，它将铸件的主要加工面放在铸型侧面，而将次要的且面积也较小的凸缘放在上面。

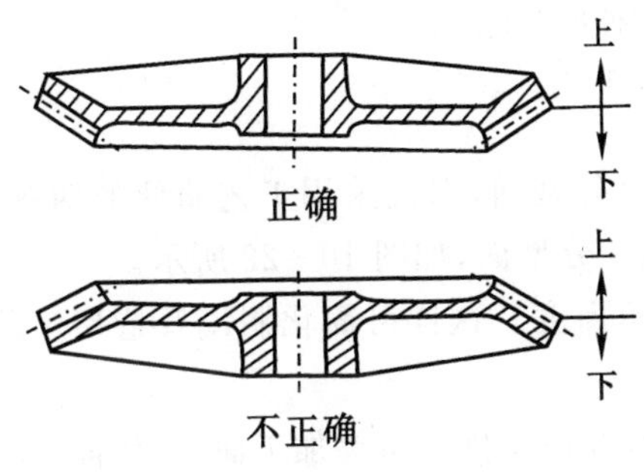

图10－17　圆锥齿轮的浇注位置

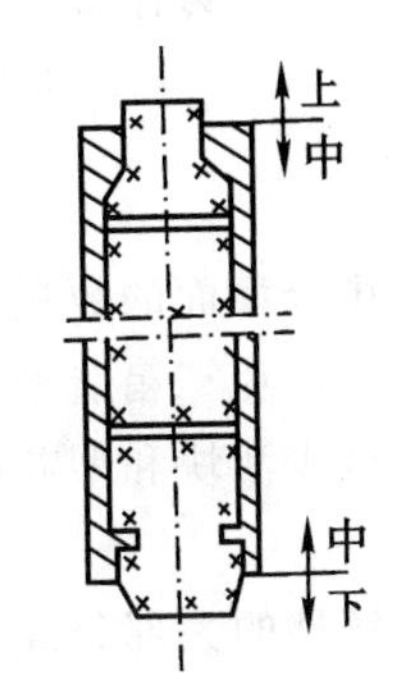

图10－18　卷扬筒的浇注位置

(2)对于一些需要补缩的铸件，应把截面较厚的部分放在铸型的上部或侧面。这样便于在铸件的厚壁处放置冒口，造成良好的顺序凝固，有利于铸件补缩。

(3)对于具有大面积的薄壁铸件，应将薄壁部分放在铸型的下部，同时尽量使薄壁立着或倾斜着浇注，这样有利于金属的充填。图10－19为箱盖的两种浇注位置，图10－19(b)表示的位置是合理的，它将铸件大面积的薄壁部分放在铸型的下面，使其能在较高的金属液压力下充满铸型，以防止浇不足。

(4)对于具有大平面的铸件，应将铸件的大平面放在铸型的下面。例如，在浇注带有筋条的平板时，应选图10－20的浇注位置，这样可使铸件的大平面不容易产生夹砂等缺陷。

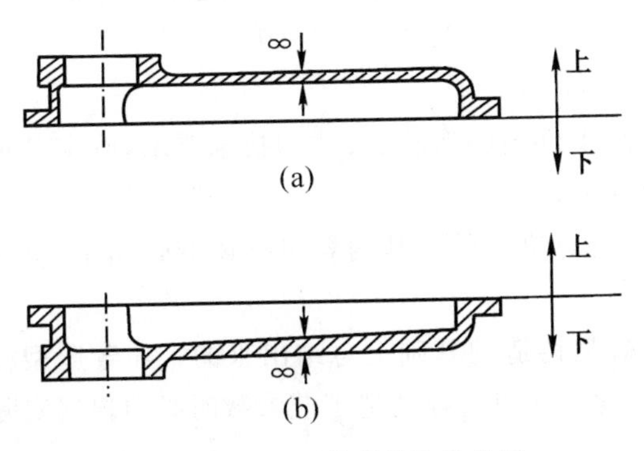

图10－19　箱盖的浇注位置

(a)不合理　(b)合理

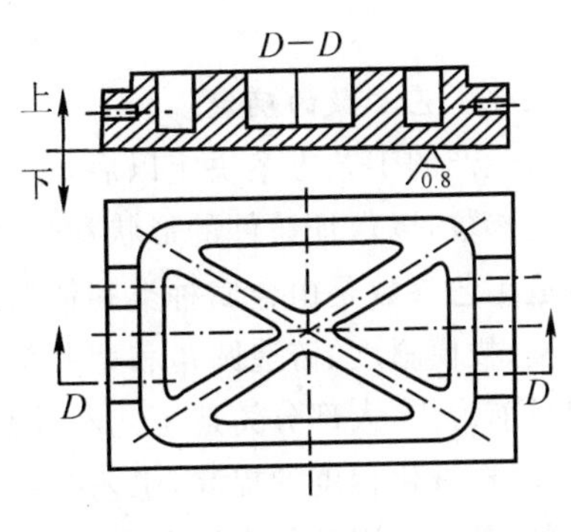

图10－20　平板铸件的浇注位置

2.铸型分型面的选择

分型面是指两半铸型相互接触的表面。分型面的选择合理与否，对铸件质量及制模、造型、造芯、合型及清理等工序的复杂程度均有很大影响。在选择铸型分型面时应考虑以下原则。

(1)分型面应选在铸件的最大截面上，并力求采用平面。这样可使模样顺利取出，简化造型工艺，不用或少用挖砂造型或假箱造型，如图 10－21 所示。

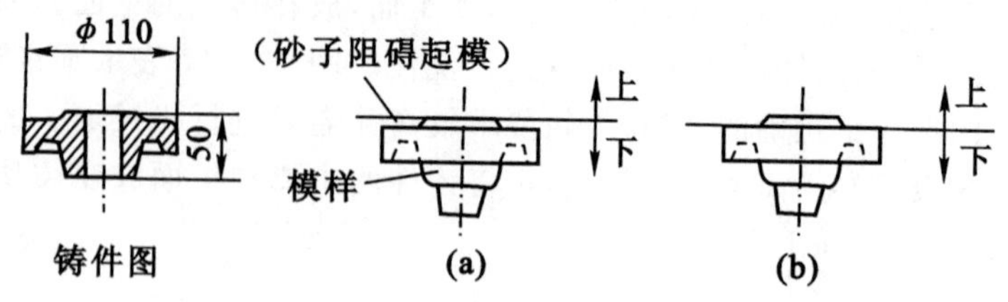

图 10－21 分型面应选在铸件最大截面上

(a)不合理 (b)合理

(2)尽量减少分型面的数量，并尽量做到只有一个分型面，以便采用工艺简便的两箱造型或采用机器造型，避免三箱造型。有时可用型芯来减少分型面，如图 10－22 所示。

(3)尽可能减少活块和型芯的数量，注意减少砂箱高度。这样可简化制模及造型工艺，便于起模和修型。

(4)尽量把铸件的大部分或全部放在一个砂箱内，并使铸件的重要加工面、工作面、加工基准面及主要型芯位于下型内。这样便于型芯的安放和检验，还可使上型的高度减小，便于合箱，并可保证铸件的尺寸精度，防止错箱。图 10－23 是铸件分型面的选择，图 10－23(a)是正确的，它将铸件全部放在下型，避免错箱，保证了铸件质量。

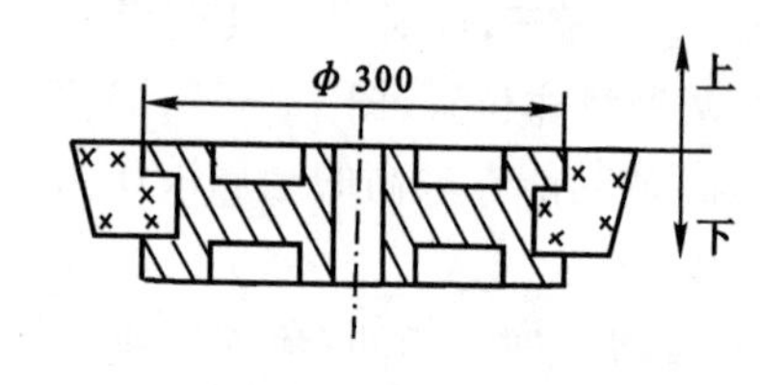

图 10－22 用型芯减少绳轮铸件分型面

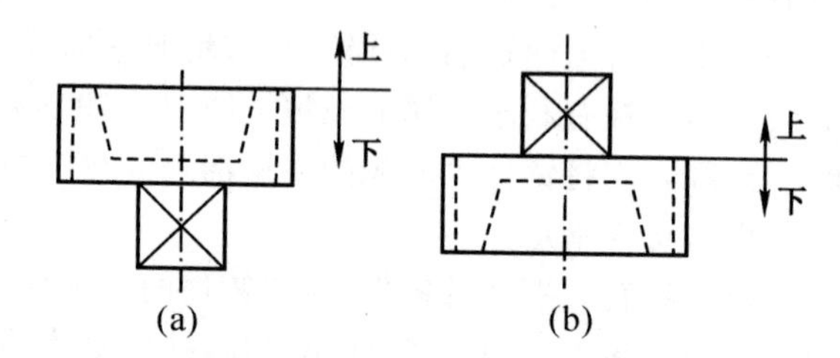

图 10－23 管子堵头分型面选择

(a)合理 (b)不合理

3.主要工艺参数的确定

铸造生产的工艺方案决定以后，还应根据产品零件图的形状、尺寸和技术要求，确定各种铸造工艺参数，以保证铸件的形状和尺寸等符合要求。

铸造工艺参数是由金属种类和铸造方法等的特点决定的。其内容包括铸造收缩率、机械加工余量、拔模斜度、铸造圆角和型芯头尺寸等。

到目前为止，大部分铸造工艺参数是在黏土砂型铸造的基础上总结出来的。随着造型材料的发展，机械化程度的提高，工艺参数也必将变化。所以选择铸造工艺参数时必须根据实际生产情况，灵活运用各种表格和数据。

(1)铸造收缩率：由于合金的收缩，铸件的实际尺寸要比模样的尺寸小。为确保铸件的尺寸，必须按合金收缩率放大模样尺寸。合金的收缩率受多种因素的影响，不同成分合金的收缩率相差较大。通常灰铸铁的收缩率为0.7%～1.0%，铸钢为1.6%～2.0%，非铁合金为1.0%～1.5%。

(2)机械加工余量：在铸件加工表面上留出的、准备切去的金属层厚度，称为机械加工余量。机械加工余量过大，浪费金属和机械加工工时，增加成本；机械加工余量过小，则不能完全去除铸件表面的缺陷，甚至露出铸件表皮，达不到设计要求。机械加工余量的具体数值取决于铸件的生产批量、合金的种类、铸件的大小、加工面与基准面的距离以及加工面在浇注时的位置等。机器造型铸件精度高，余量小；手工造型误差大，余量应加大。灰铸铁表面平整，加工余量小；铸钢件表面粗糙，加工余量应加大。铸件的尺寸愈大或加工面与基准面的距离愈大，加工余量也愈大。铸铁件的机械加工余量通常取在3～15 mm之间。具体选择时可参阅具体选择时可参阅《铸件　尺寸公差、几何公差与机械加工余量》(GB/T 6414—2017)。

(3)拔模斜度：为方便起模，在模样、芯盒的出模方向留有一定斜度，以免损坏砂型或砂芯。这个在铸造工艺设计时所规定的斜度，称为拔模斜度。拔模斜度应留在铸件垂直于分型面的要加工表面上。拔模斜度的大小取决于立壁的高度、造型方法、模型材料等因素，通常为15′～3°，如图10-24所示。图中α,β,γ表示不同侧面的拔模斜度，a,b,c表示铸件不同表面上的机械加工余量。

(4)铸造圆角：为了便于造型，避免铸件在尖角处产生裂纹和应力集中，避免因尖角砂在浇注时造成冲砂、砂眼和黏砂等缺陷，提高铸件强度，应将模样上的尖角做成圆角。因此铸件的最明显的特征结构就是铸造圆角。

铸件的圆角半径可取铸件转角处两壁平均壁厚的1/4左右，如图10-25所示。

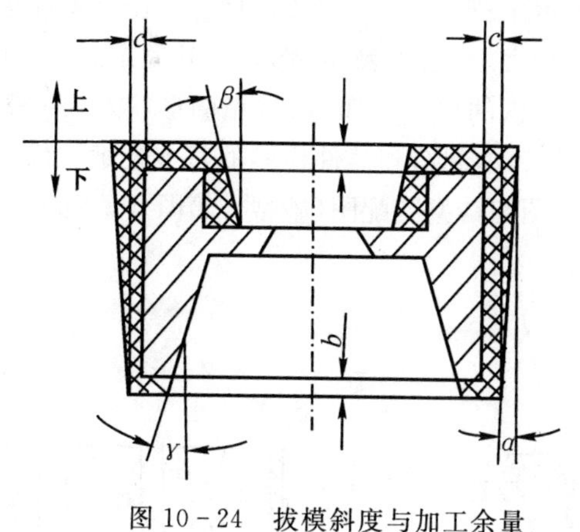

图10-24　拔模斜度与加工余量

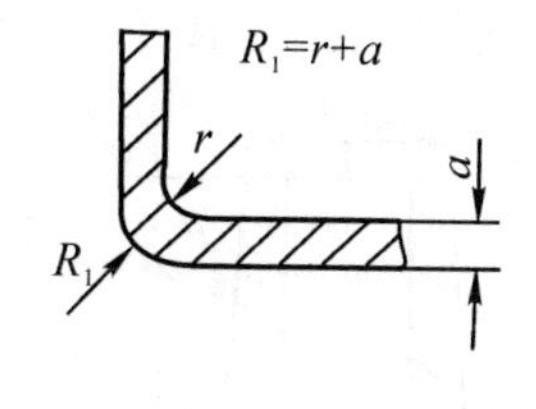

图10-25　铸造圆角

(5)型芯头：指伸出铸件以外不与金属接触的砂芯部分。它主要用于定位、支承和固定砂芯，使砂芯在铸型中有准确的位置。要使型芯工作可靠，就须使芯头有合适的尺寸，如芯头长度、芯头斜度和芯头装配间隙等。

按芯头在砂型中所处的情况，大致可以分为垂直芯头和水平芯头两种(见图10-26)。垂直型芯一般都有上、下芯头，短而粗的型芯可不留上芯头。芯头高度主要取决于芯头直径。为增加芯头的稳定性和可靠性，下芯头的斜度小，高度大；为便于合型，上芯头的斜度大，高度小。水平芯头的长度主要取决于芯头的直径和型芯的长度。为便于下芯及合型，铸型上的芯座端部也应有一定的斜度。

为便于铸型的装配，芯头与铸型芯座之间应留 1～4 mm 的间隙。

(6)最小铸出孔及槽：零件上的孔、槽、台阶等，究竟是铸出来好，还是靠机械加工出来好，应从质量及经济性两方面综合考虑。一般来说，较大的孔、槽等，应铸出来，以便节约金属和加工工时，同时，还可避免铸件的局部过厚所造成的热节，提高铸件质量。较小的孔、槽，则不宜铸出，直接进行加工反而更方便。有些特殊要求孔，如弯曲孔，无法进行机械加工，则必须要铸出。可用钻头加工的受制孔(有中心线位置精度要求)最好不铸出，铸出后很难保证铸孔中心位置准确，即便用钻头扩孔也无法纠正孔的中心位置。表 10-4 为最小铸出孔的数值。

表 10-4　铸件的最小铸出孔

生产批量	最小铸出孔直径/mm	
	灰铸铁件	铸钢件
大量生产	12～15	
成批生产	15～30	30～50
单件、小批量生产	30～50	50

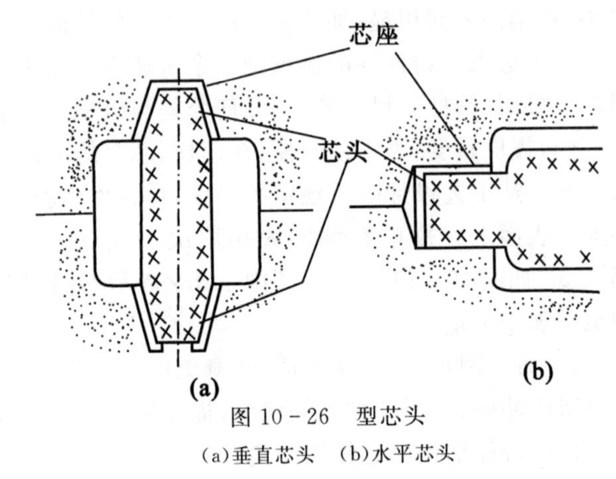

图 10-26　型芯头

(a)垂直芯头　(b)水平芯头

4. 铸造工艺图

铸造工艺图是在零件图上用各种工艺符号表示出铸造工艺方案的图形，是在对铸件进行工艺分析的基础上，来确定出的铸件的浇注位置、分型面、型芯的数量、形状及其固定方法、加工余量、拔模斜度、收缩率、反变形量、浇注系统、冒口、冷铁的尺寸及布置、砂箱的形状及尺寸等。铸造工艺图是指导模型(芯盒)设计及制造、生产准备、铸型制造和铸件检验的基本技术文件。完整的铸造工艺图一般包括铸件(毛坯)图、模型(芯盒)图和铸型装配图(砂型合箱图)(见图 10-27)。

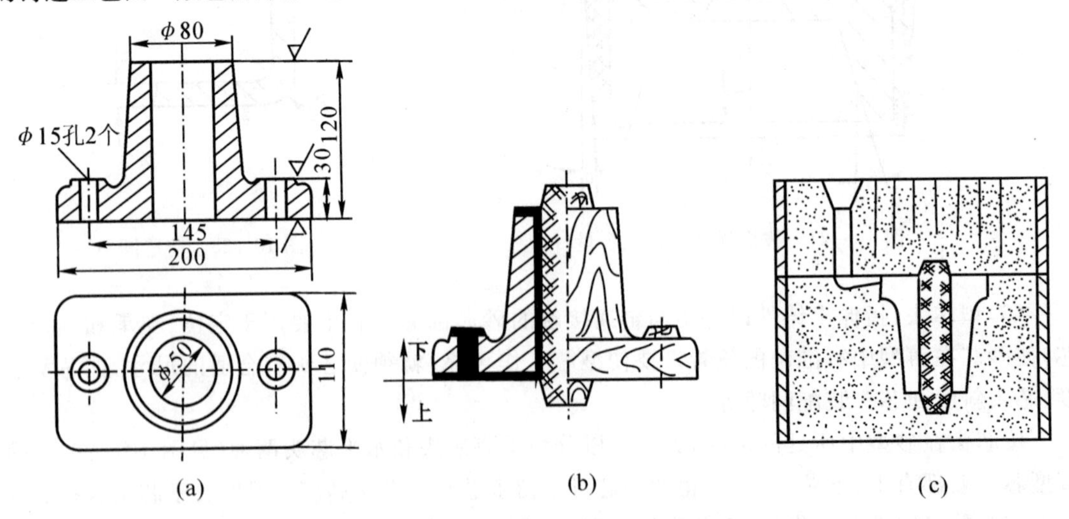

图 10-27　支座的铸造工艺图

(a)零件图　(b)铸件图(左半)和模型图(右半)　(c)铸型装配图

10.3 特种铸造

虽然砂型铸造具有适应性强、生产准备简单等优点,被广泛用于制造业,但是砂型铸造生产的铸件的尺寸精度较低,表面粗糙,内在质量较差,生产过程较复杂,不易实现机械化,工人的劳动条件差,劳动强度大。为避免砂型铸造的这些缺点,人们在砂型铸造的基础上,通过改变铸型的材料(如金属型、磁型、陶瓷型铸造)、模型材料(如熔模铸造、实型铸造)、浇注方法(如离心铸造、压力铸造)、金属液充填铸型的形式或铸件凝固的条件(如压铸、低压铸造)等,又创造了许多其他的铸造方法。通常把这些不同于普通砂型铸造的其他铸造方法统称为特种铸造。常用的特种铸造方法有熔模铸造、金属型铸造、压力铸造、离心铸造、低压铸造、陶瓷型铸造等。这些特种铸造工艺各有优缺点,都能对铸件质量、劳动生产率、生产成本和劳动条件等不同方面做出改善。近年来,特种铸造在我国发展非常迅速,尤其在有色金属的铸造生产中占有重要的地位。

10.3.1 熔模铸造

熔模铸造又称精密铸造,是用蜡料制成模样,然后在蜡模表面涂覆多层耐火材料,待硬化干燥后,将蜡模熔去,从而获得具有与蜡模形状相应的空腔型壳,再经焙烧后进行浇注而获得铸件的一种方法。

1. 熔模铸造的工艺过程

熔模铸造的工艺过程如图10-28所示。

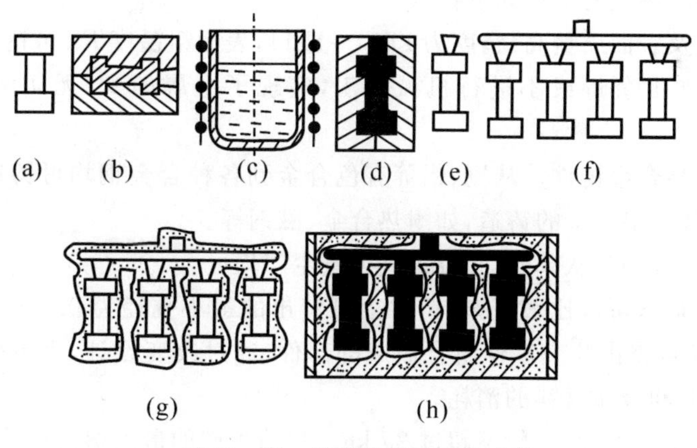

图10-28 熔模铸造的工艺过程

(a)母模 (b)压型 (c)熔蜡 (d)制造蜡模 (e)蜡模
(f)蜡模组 (g)结壳、熔去蜡模 (h)造型、浇注

(1)母模:母模[见图10-28(a)]是铸件的基本模样,多用钢或黄铜经机械加工制成。其形状与铸件相同,但尺寸比铸件稍大,必须加上蜡料和铸造合金的收缩量,才能获得合格的铸件。

(2)压型:用来制造蜡模的特殊铸型。为保证蜡模质量,压型必须有很高的精度和低的粗糙度。当铸件精度高或大批量生产时,压型常用钢或铝合金经加工而成;小批量生产时,可采用易熔合金(Sn,Pb,Bi 等组成的合金)、塑料或石膏直接在模样(母模)上浇注而成。

(3)蜡模的压制：制造蜡模的材料有石蜡、蜂蜡、硬脂酸和松香等，最常用的是质量分数各为 50%的石蜡和硬脂酸的混合料。

压制时，将蜡料加热至糊状后，在 0.2～0.3 MPa 压力下，压入压型内，待蜡料冷却凝固后便可从压型内取出，然后修分型面上的毛刺，即可得到单个蜡模。为了提高生产效率，常须将单个蜡模黏焊在预制好的蜡质浇口棒上，制成蜡模组。

(4)结壳：先将蜡模浸挂一层用水玻璃和石英粉配成的涂料，再向其表面撒一层石英砂。然后将其放入硬化剂(通常为氯化铵溶液)中，使涂层硬化。如此反复 3～7 次，直至结成 5～10 mm 硬壳为止。

(5)脱模：将结壳后的型壳放入 85～95℃的水中(或放在高压釜中，通入 0.2～0.5 MPa 压力的水蒸气)，使蜡模熔化而脱出，型壳则形成了铸型空腔[见图 10-28(g)]。

(6)造型：为了提高型壳的强度，防止浇注时变形或破裂，将型壳置于铁箱中，周围用干砂填紧。

(7)焙烧：将铸型在 850～950℃的温度下焙烧，使其中所含的残余挥发物得到进一步排除。

(8)浇注：为了提高液态合金的填充能力，防止浇不足缺陷，常在焙烧后趁热(600～700℃)进行浇注[见图 10-28(h)]。

待铸件冷却后毁掉铸型，切去浇口，清理毛刺即得到铸件。对于铸钢件，还须进行退火或正火。

2. 熔模铸造的特点及适用范围

与砂型铸造比较，熔模铸造有如下特点。

(1)铸件的精度及表面质量高(精度为 IT14～IT11，表面粗糙度 Ra 可达 12.5～1.6 μm)，可以大大减小机械加工余量或不进行机械加工，实现了金属的少、无切削加工，节约了金属材料。

(2)能够铸造各种合金铸件。从铜、铝等有色合金到各种合金钢均可铸造，尤其适用于那些高熔点及难以切削加工合金的铸造，如耐热合金、磁钢等。

(3)生产批量不受限制，从单件、小批量到大量生产均可。

(4)熔模铸件的形状可以比较复杂，铸件上可铸出的最小孔径为 0.5 mm，铸件的最小壁厚为 0.3 mm。有时可将由几个零件组合而成的部件，通过改变设计，由熔模铸造整体铸出，节省了机械加工工时和金属材料的消耗。

(5)铸件的质量不宜太大，一般不超过 25 kg。目前生产的最大熔模铸件为 80 kg 左右。

熔模铸造工艺过程较复杂，且不易控制，使用和消耗的材料较贵，因而适用于生产形状复杂，精度要求较高，或难以进行机械加工的小型零件，如涡轮发动机叶片和叶轮、高速钢切削刀具等。

10.3.2 金属型铸造

将金属液浇入用金属制成的铸型型腔中，以获得铸件的方法，称为金属型铸造。金属型可反复多次使用，故又称永久型铸造。金属型铸造大大地提高了铸造的生产率。

1.金属型铸件的工艺特点

根据分型面的位置不同,金属型的结构可分为整体式、垂直分型式、水平分型式和复合分型式。其中垂直分型式使用方便,应用最广,如图10-29所示。

金属铸型多由灰口铸铁制造,有时在工作条件恶劣时,用45钢制造。为了使铸件能在高温下自铸型内取出,大部分金属型设有铸件顶出机构。

铸件的内腔用型芯获得。通常有色合金铸件使用金属型芯,薄壁复杂件或高熔点合金(铸钢、铸铁等)铸件使用砂芯。为了便于取芯,金属型芯往往由几块拼合而成,浇注后按先后次序逐块抽出。

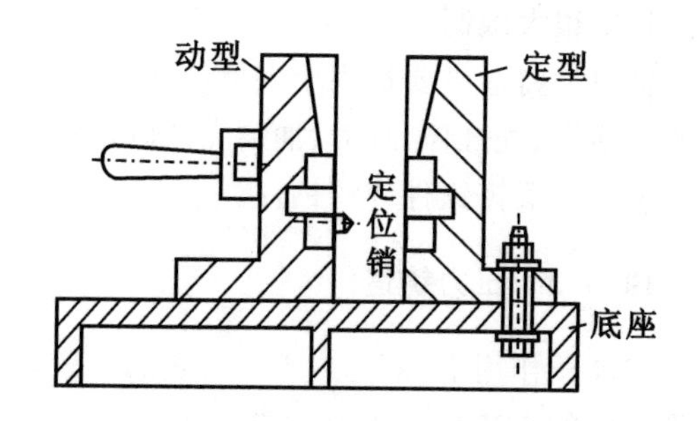

图10-29 垂直分型式金属型

用金属型代替砂型,克服了砂型的许多缺点,但也带来一系列新问题。如金属型导热快,没有退让性,所以铸件易产生冷隔、浇不足、裂纹等缺陷,灰口铸铁件常产生白口组织。为了确保铸件质量和延长铸型寿命,金属型铸造必须采取下列措施。

(1)浇注前必须预热金属型:由于金属型导热性好且无退让性,因此液态金属冷却快,流动性差,铸件容易产生浇不足、冷隔、裂纹等缺陷。对铸铁件还会产生白口组织。因此在浇注前必须预热金属型;工作过程中,金属型因吸热而温度过高时,会造成晶粒粗大,降低机械性能。应对金属型强行冷却以延长金属型寿命。金属型合理的工作温度是有色金属铸件为100~250℃,铸铁件为250~350℃。

(2)加强金属型的排气:由于金属型无透气性,铸件易产生气孔。因此在金属型的分型面上做出通气槽,在容易积聚气体的部位开设排气孔,都有利于气体的排出。

(3)金属型的型腔应喷刷涂料:由于金属型的耐热性比砂型差,在高温金属液的反复浇注下,型腔容易破坏。在型腔表面喷刷耐火涂料,使金属液和铸型隔开,以延长金属型的寿命和获得表面光洁的铸件。

(4)应尽早开型取出铸件:由于金属型无退让性,在铸件中会产生较大的内应力及裂纹。当铸件凝固后已有足够强度时,就要趁热取出铸件。为防止铸铁件产生白口组织,在实际生产中通常在取出铸件后立即进行高温退火,消除白口组织。

(5)防止铸铁产生白口组织:铸铁件壁厚不宜过薄(一般应大于15 mm),并控制铁液中的碳、硅总含量应不小于6%。采用孕育处理的铁液来浇注,对预防产生白口组织非常有效,对已产生的白口组织,应利用出型时的余热及时进行退火。

2.金属型铸造的特点及应用范围

与砂型铸造比较,金属型铸造有如下特点:

(1)实现了“一型多铸”,从而节约了大量造型工时和型砂,提高了劳动生产率,改善了劳动条件。

(2)铸件的力学性能高,如铝合金的金属型铸件比砂型铸件的抗拉强度平均可提高20%,同时抗腐蚀性和硬度也显著提高,这是因为金属型铸件的冷却速度较快,组织比较致密。

(3)铸件的精度较高,可达IT12~IT16,表面粗糙度 Ra 可达6.3~12.5 μm,可少加工或不加工,提高了金属材料的利用率,减少了机械加工费用。

(4)金属型的制造成本高、周期长;铸型透气性差、无退让性,易使铸件产生冷隔、浇不足、裂纹等铸造缺陷;受铸型的限制,金属型铸件合金的熔点不宜太高,重量也不易太大;金属型铸造必须采用机械化或自动化装置,否则,劳动条件反而更加恶劣。因此,金属型铸造的适用范围受到了很大限制。

金属型铸造主要适用于大批量生产有色合金铸件,如飞机、汽车、拖拉机、内燃机、摩托车等的铝活塞、气缸体、缸盖、油泵壳体以及铜合金轴瓦等。金属型铸造有时也可用来制造形状较简单的可锻铸铁件或铸钢件。

10.3.3 压力铸造

在高压作用下,液态或半液态金属以较高的速度填充铸型的型腔,并在压力作用下凝固而获得铸件的方法称为压力铸造。高压和高速充型是压力铸造的两大特点,常用的压射比压从几千兆帕到几万兆帕,充填速度约为 0.5～50 m/s,充填时间约为 0.01～0.2 s。

1.压力铸造的工艺过程

压力铸造在压铸机上进行。压铸机按压射部分的特征分为热压室式和冷压室式两大类。热压室式压铸机上装有储存液态金属的坩埚,压室浸在液态金属中,因此只能压铸低熔点合金,应用较少。目前广泛应用的是冷压室式压铸机,金属的熔炼设备不在压铸机上。卧式冷压室式压铸机的工作过程如图 10-30 所示。

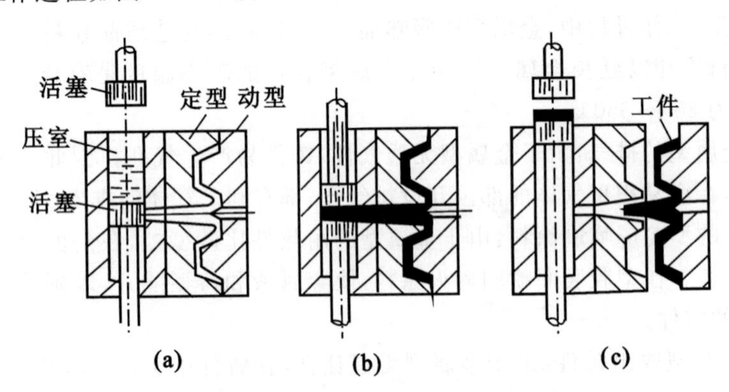

图 10-30 卧式压铸机的压铸过程示意图

(a)合型浇注 (b)压射 (c)开型顶件

压铸所用的铸型称为压型或压铸模,用耐热钢制成。压型与垂直分型的金属型相似,一半固定在压铸机上,称为定型;另一半可水平移动,称为动型。压铸时,首先动型和静型以很大的合型力合型,常用比压为 500～15 000 MPa,随后将液态金属注入压室[见图 10-30(a)],然后压射活塞向前推进,将金属液高速压入型腔,并使金属液在高压下凝固[见图 10-30(b)]。开模后,用顶杆将铸件与余料一起顶出[见图 10-30(c)],完成一个压铸循环。

2.压力铸造的特点及应用范围

与砂型铸造相比较,压力铸造有如下优点:

(1)铸件的尺寸精度高,一般精度可达到 IT11～IT13,表面光洁,表面粗糙度 Ra 可达 0.8～3.2 μm,有时达 0.4 μm,一般可不经机械加工直接使用。

(2)铸件的强度和表面硬度高。因为液态金属在压力下结晶,冷却速度又较快,所以压铸件的组织致密，晶粒较细，其抗拉强度可比砂型铸件提高25%～30%，但延伸率有所下降。

(3)可压铸形状复杂的薄壁铸件，如铝合金压铸件的最小壁厚可为0.5 mm，最小铸出孔直径可为0.7 mm。

(4)压铸件中可嵌铸其他材料(如钢、铁、铜合金、钻石等)的零件，以节省贵重材料和机械加工工时。有时嵌铸还可以代替部件的装配过程。

(5)生产效率高，一般班产600～700件，是所有铸造方法中生产率最高的方法。

压力铸造虽然是实现金属零件少、无切削加工的有效方法，但也存在着若干不足之处，主要如下：

(1)设备投资大，制作压型的成本高。

(2)压铸高熔点合金(如钢、铸铁等)时，压型的寿命低，因而限制了压力铸造的应用范围。

(3)由于液态金属高速充型，液流会包裹住大量空气，最后以气孔的形式留在压铸件中。因此，压铸件不能进行大余量的机械加工，以免气孔暴露，削弱铸件的使用性能。有气孔的压铸件也不能进行热处理，因为在高温时，气孔内气体膨胀会使铸件表面鼓泡。

压力铸造是目前应用较广泛的一种铸造方法，主要适用于中小型的、低熔点的锌、铝、镁及铜等有色合金铸件的大批量生产，如用来生产发动机汽缸体、汽缸盖、变速箱体、发动机罩、仪表和照相机壳体及支架、管接头等。

10.3.4 离心铸造

将液态金属浇入高速旋转的铸型中，使金属在离心力的作用下填充铸型并凝固成形的铸造方法称为离心铸造。

离心铸造的铸型有金属型和砂型两种。目前广泛应用的是金属型离心铸造。

离心铸造在离心铸造机上进行。根据铸型旋转轴在空间的位置，离心铸造机分为立式离心铸造机和卧式离心铸造机两类。

立式离心铸造机上的铸型是绕垂直轴旋转的[见图10-31(a)]，它主要用来生产高度小于直径的圆环类铸件。卧式离心铸造机的铸型是绕水平轴旋转的[见图10-31(b)]，主要用来生产长度大于直径的套类和管类铸件。

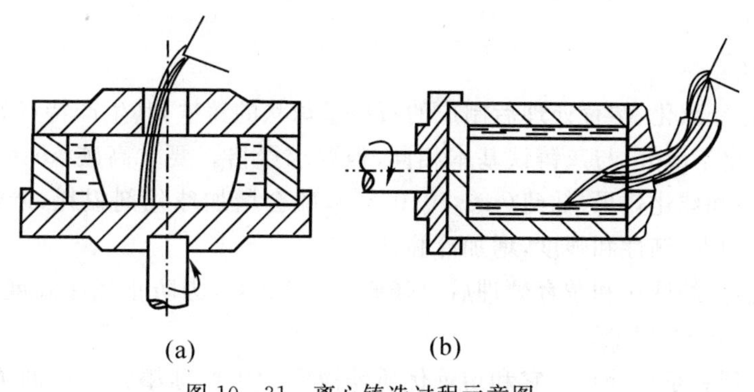

图10-31 离心铸造过程示意图

(a)绕垂直轴旋转 (b)绕水平轴旋转

与砂型铸造相比较，离心铸造有如下特点：

(1)工艺过程简单，铸造中空筒类、管类零件时，省去了型芯、浇注系统和冒口，节约金属和其他原材料。

(2)离心铸造使液态金属在离心力作用下充型并凝固,其中密度较小的气体、夹渣等均集中于铸件内表面,而金属则从外向内呈方向性结晶,因而铸件组织致密,无缩孔、气孔、夹渣等缺陷,力学性能较好。

(3)便于铸造"双金属"铸件,如制造铜套挂衬滑动轴承,既可达到滑动轴承的使用要求,又可节约较贵的滑动轴承合金材料。

在离心铸造中,铸造合金的种类几乎不受限制。目前已有高度机械化、自动化的离心铸造机,有年产量达 10 万吨的机械化离心铸管厂。

离心铸造的不足之处是铸件的内表面质量差,孔的尺寸不易控制,但这并不妨碍其作为一般管道的使用要求。对于内孔待加工的机器零件,则可采用加大内孔加工余量的方法来解决。

目前离心铸造已广泛用于大批量生产灰口铸铁及球墨铸铁管、缸套及滑动轴承等中空件,也可采用熔模离心铸造浇注刀具、齿轮等成形铸件。

10.4 常用合金铸件的生产特点

10.4.1 铸铁件

铸铁是近代工业生产中应用最为广泛的一种铸造合金。铸铁的分类、特点及应用在第 1 部分第 5 章中已有阐述,这里重点介绍常用铸铁件的生产特点。

1. 灰铸铁

目前大多数灰铸铁采用冲天炉熔炼,冲天炉炉料由金属炉料、燃料(焦炭、天然气)和熔剂(石灰石、萤石)组成。金属炉料包括高炉铸造生铁、回炉铁(废旧铸件、浇冒口等)、废钢和铁合金(硅铁、锰铁等)。近年来已有不少工厂采用工频感应炉来熔炼灰铸铁,可获得洁净、高温、成分准确的优质铁水。

灰铸铁件主要采用砂型铸造,因其铸造性能优良,便于制出薄而复杂的铸件,一般不需要设置冒口和冷铁,使铸造工艺简化;又因其浇注温度较低,故中、小型铸件多采用经济简便的湿型铸造。

2. 球墨铸铁

球墨铸铁是经球化、孕育处理后制成的石墨呈球状的铸铁,其生产特点如下。

(1)铁液的化学成分:与灰铸铁基本相同,但要求严格。要求高碳($w_C=3.6\%\sim4.0\%$),以改善铸造性能和球化效果;低硫($w_S<0.06\%$),硫会增加球化剂损耗,严重影响球化效果;低磷,磷会降低塑性、韧性和强度,增加冷脆性。

由于铁液温度经球化和孕育处理后要降低 50～100℃,为防止浇注温度过低,出炉的铁液温度必须高达 1 400℃以上。

(2)球化处理和孕育处理:它和熔炼优质铁液同为生产球墨铸铁件的关键环节。球化剂的作用是使石墨呈球状析出,常使用的是稀土镁合金。其球化能力强,球化效果好,与铁液反应平稳,工艺过程简便。

孕育剂的作用主要是进一步促进铸铁石墨球化,防止球化元素所造成的白口倾向。同时,通过孕育还可使石墨圆整、细化,改善球墨铸铁的力学性能。常用孕育剂是含硅量为 75%的硅铁，加入量为铁液质量的0.4%～1.0%。

球化处理普遍采用冲入法，如图10－32所示。冲入法是在浇包底部修成“堤坝”，把球化剂置于坝内，盖以硅铁粉和铁屑，以防球化剂上浮，延缓反应速度，使处理过程充分进行。球化剂的加入量约为铁液质量的1.3%～1.8%(含硫高时取上限)。处理时，先冲入铁液总量的1/3～1/2，待反应完毕后，加草灰扒渣，再加入其余铁液，经孕育处理，炉前检验合格后即可浇注。

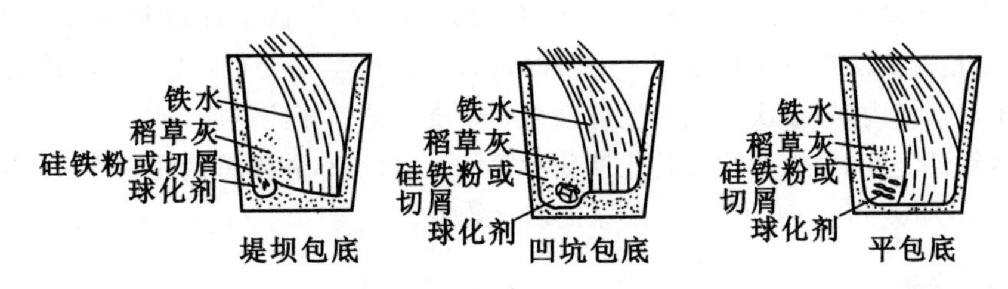

图10－32 冲入法球化处理示意图

(3)球墨铸铁的铸造工艺特点：球墨铸铁含碳质量分数高，接近共晶成分，其流动性与灰铸铁相近，可生产最小壁厚为3～4 mm的铸件。球墨铸铁在浇注后的一段时间，内外壁与中心几乎同时凝固，造成凝固后期外壳强度低，同时球状石墨析出时膨胀力很大，若铸型刚度不够，则易造成铸件内部金属液的不足，于是易产生缩孔和缩松。因此，常增设冒口和冷铁，采用顺序凝固，同时使用干型或水玻璃快干型等措施增大铸型刚度，以防止上述缺陷的产生。

另外，由于铁液中MgS与型砂中水分作用，生成H_2S气体，易产生皮下气孔，所以应严格控制型砂中水分和铁液中硫的含量。

3. 可锻铸铁

可锻铸铁是用低碳、低硅的铁水浇注出白口组织的铸件毛坯，然后经长时间高温(900～950℃)石墨化退火使白口铸件中的渗碳体分解为团絮状石墨，从而得到由团絮状石墨和不同基体组成的铸铁。

可锻铸铁由于碳、硅含量低，凝固时没有石墨析出，凝固收缩大，熔点比灰铸铁高，结晶温度范围较宽，故其流动性差，所以易产生浇不足、冷隔、缩孔、缩松、裂纹等缺陷。因此在工艺设计时，应特别注意冒口及冷铁的位置，以增强补缩能力。同时要求铁液出炉温度要高，一般不低于1 360℃。另外，由于白口铁液比灰铸铁的含气量要高，加上黏度大，易产生皮下气孔，为此，要求型砂的含水量要低，并有足够的透气性。可锻铸铁主要用于制造形状复杂、承受冲击载荷的薄壁小件。

4. 蠕墨铸铁

蠕墨铸铁件的生产与球墨铸铁件较为相似，但也具有不同的特点。

(1)蠕墨铸铁的铸造性能：在充分蠕化的条件下，其铸造性能与灰铸铁相近；它具有比灰铸铁更高的流动性(因除气和净化好)，可浇注复杂铸件及薄壁铸件；收缩性介于灰铸铁和球墨铸铁之间，倾向于形成集中缩孔；因具有共晶成分或接近于共晶成分，故热裂倾向小；有一定的塑性，不易产生冷裂纹。

(2)蠕墨铸铁铸造工艺特点：蠕墨铸铁件的生产过程与球墨铸铁件相似，主要包括熔炼铁液、蠕化孕育处理和浇注等。但一般不进行热处理，而以铸态使用。为此，须特别重视其化学成分和蠕化孕育效果。蠕墨铸铁件的含碳质量分数也较高，一般为4.3%～4.6%，但以低碳高硅为原则，利于形成蠕虫状石墨。一般含碳质量分数为3.4%～3.6%，铁素体蠕墨铸铁件含硅质量分数为2.6%～3.0%，珠光体蠕墨铸铁件含硅质量分数为2.4%～2.6%。原铁液含硫质量分数控制在0.02%～0.06%以下（感应电炉熔炼时的控制严格一些，冲天炉熔炼时适当放宽），含磷质量分数控制在0.07%以下。蠕化孕育处理时，常用的蠕化剂是稀土硅铁蠕化剂（RE17%～20%，Si40%，Mg0.5%～1.0%，Ca2%，其余为铁）、镁钛铈蠕化剂和稀土硅钙合金等，一般也采用冲入法，把蠕化剂埋入浇包底部凹坑内，用铁水冲熔和吸收。孕育剂采用75%硅铁，多用液流法进行孕育处理。必要时可采用两次孕育处理：第一次在蠕化处理时，把硅铁块放于出铁槽内，第二次把细粒度硅铁撒布于浇注的铁液流中。

蠕墨铸铁件浇注时，也要注意防止蠕化孕育的衰退现象，并须特别注意铁液中有适宜的残留稀土量（RE为0.02%～0.03%），以保证蠕化效果。

10.4.2 铸钢件

1.概述

铸钢也是一种重要铸造合金。按照化学成分，铸钢可分为铸造碳钢和铸造合金钢两大类。铸造碳钢应用最广，占总产量的80%以上。

铸钢的综合力学性能高于各类铸铁，不仅强度高，且具有优良的塑性和韧性。此外，铸钢的焊接性好，可实现铸焊联合，制造重型零件。

铸钢件晶粒粗大，组织不均，且常存在残余内应力，致使铸件的强度，特别是塑性和韧性不够高。因此，铸件必须进行热处理，一般采用正火或退火。正火后铸钢的力学性能较退火高，且成本低，所以一般采用正火。但正火较退火的内应力大，因此，对易产生裂纹或易硬化的铸钢件，应进行退火。

2.铸钢的熔炼

目前在铸钢生产中应用最普遍的炼钢设备是三相电弧炉。图10-33为三相电弧炉。近年来，感应电炉炼钢发展得很快。感应电炉炼钢的加热速度较快，氧化烧损较少。尤其采用酸性感应电炉不氧化法炼钢时，其熔炼过程基本上就是炉料的重熔过程，操作简便，因此，广泛地应用于精密铸造生产。用于炼钢的感应电炉多为中频炉（500～1 000 Hz），其容量多为0.25～30 t。

在重型机械厂中，也有使用平炉作为炼钢设备的，通常容量在100 t以下，适于浇注重型铸件。

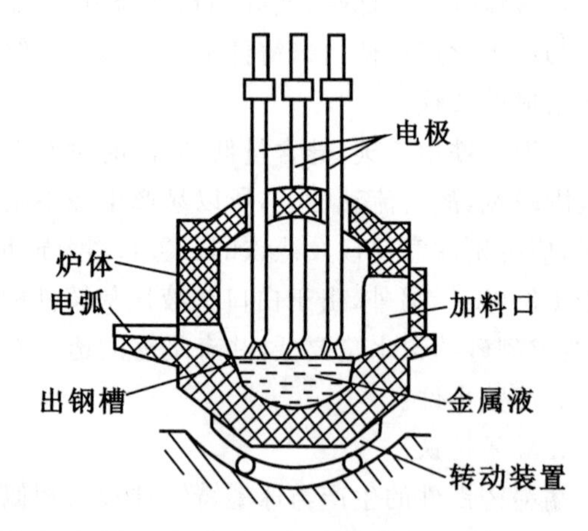

图10-33　三相电弧炉

3.铸钢的铸造工艺特点

铸钢的熔点高（约1 500℃）、流动性差、收缩率高（达到2%）。在熔炼过程中，易吸气和氧化，在浇注过程中易产生黏砂、浇不足、冷隔、缩孔、变形、裂纹、夹渣和气孔等缺陷。因此，在工艺上必须采用相应措施来防止上述缺陷。

铸钢所用型(芯)砂须有良好的透气性、耐火性、强度和退让性。原砂要用颗粒大而均匀的硅砂,大铸件用人造硅砂。为防止黏砂,型腔表面要涂以石英粉或锆砂粉涂料。为减少气体来源,提高强度,改善填充条件,大件多采用干砂型或水玻璃砂快干型。

由于铸钢的流动性差,收缩率大,其浇注系统的形状较简单,截面积较大,并且应遵守顺序凝固原则进行工艺设计,配置大量冒口和冷铁来防止缩孔的产生。对薄壁或易产生裂纹的铸钢件,采用同时凝固原则。

4. 铸钢的应用

铸钢主要用于一些形状复杂,用其他方法难以制造,而又要求有较高力学性能的零件,如高压阀门壳体、轧钢机的机架、某些齿轮等。某些有很高耐磨性要求的零件,如碎石机颚板、挖掘机铲齿、坦克履带等,采用 ZGMn13 制造,由于材料切削性极差,只能用铸造生产。许多特大型的零件,如大型发电机轴、轧辊、水压机缸体等零件也只能用铸钢件。航空发动机上的轴流转子、导风轮等零件,用沉淀硬化不锈钢制造,由于其零件形状复杂,材料切削性很差,因此采用熔模精密铸造生产,铸件只须经少量磨削就可以装配使用。高精度的无余量精密铸件,只须抛光加工就可以使用。有些钢件为了节省材料,减少切削加工量,降低生产成本,提高生产效率,也采用铸造方法生产,如齿轮、支架、连轴器、接头等。铸钢可用砂型铸造、熔模铸造等方法生产。

10.5　现代铸造技术与发展趋势

10.5.1　反压铸造

反压铸造又称压差铸造,它是使液体金属在压差作用下,充填到预先有一定压力的铸型型腔内,进行结晶、凝固而获得零件毛坯的一种工艺方法。

反压铸造按压差产生的方式不同,可分为增压法和减压法两种(见图 10-34)。

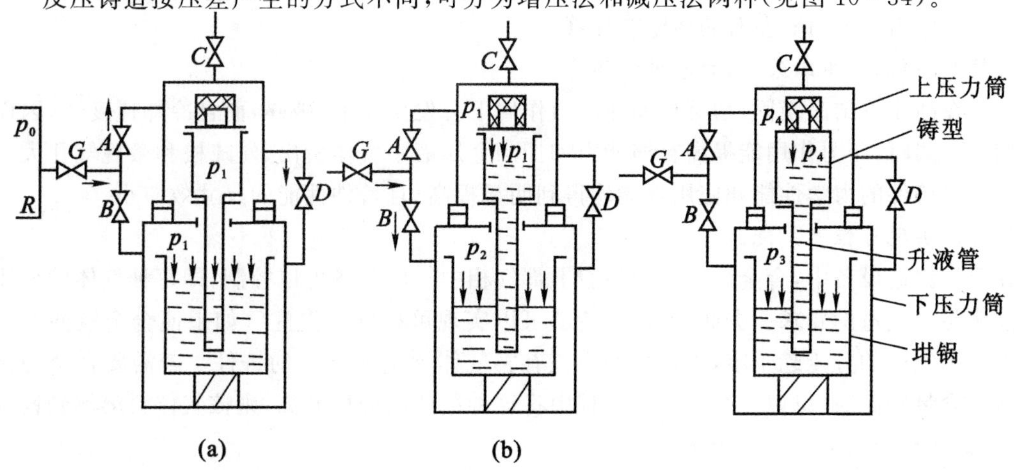

图 10-34　反压铸造工艺原理

(a)充气　(b)增压法　(c)减压法

增压法的工艺过程如图 10－34(a)(b)所示。先开启总阀 G、分阀 A 和互通阀 D，使压力为 p_0 的干燥压缩空气平稳地进入互通的上、下压力筒内。当上、下压力筒内的压力均达到额定的结晶压力 p_1 时，先关闭分阀 A，此时，升液管内外的金属液面上所受的压力相等，金属液不会沿升液管上升。此后，关闭阀 D，使上、下筒隔绝。开启阀 B，压缩空气向下压力筒充气，使其压力由 p_1 增至 p_2，于是，在上、下压力筒之间就产生压差 $\Delta p = p_2 - p_1$，在压差 Δp 的作用下，坩埚内的金属液沿升液管经浇注系统平稳进入型腔。充型结束后，继续充气升压，使铸件在较高的压力下结晶凝固。关闭阀 B，并保压一定时间，待铸件全部凝固后，打开互通阀 D，而后打开排气阀 C，使上、下压力筒同时排气，升液管内未凝固的金属液依靠重力流回坩埚，吊起上压力筒，开型取出铸件。

减压法则在上、下压力筒充气加压后，打开放气阀，靠减低上压力筒的压力在上、下压力筒间形成压差，从而完成反压铸造(其他与增压法相同)。

从以上工艺过程可见，反压铸造虽然和低压铸造(或真空吸铸)一样，金属液是在压差作用下沿升液管上升充型的，但反压铸造在充型过程中型腔内始终有较大的反压作用，且铸件的结晶凝固又类似于压力铸造，是在额定的结晶压力下完成的，这使反压铸造既有低压铸造、真空吸铸的优点，又有压力铸造的优点，其主要特点表现在下述几方面。

1. 充型速度可以控制

反压铸造的充型压力和型腔内的反压力均可以随意调节，能够针对同一铸件、不同的高度给出最佳的压力差，以获得最佳的充型速度。反压铸造由于型腔内有较高的反压力，更不容易引起金属液喷射、飞溅，因而能实现平稳充型，避免液流氧化、卷入气体和冲刷型壁，为铸造冶金质量要求高的大型复杂铸件提供了有利条件。

2. 铸件成形性好，表面粗糙度小

反压铸造时，金属液是在高的反压下充填成形的，所获得的铸件轮廓清晰；反压铸造的高压气体充塞于砂型空隙，且在金属液与砂型之间形成一层气相保护层，将两者隔开，以减少金属液对铸型的热作用及化学作用，从而降低了铸件的表面粗糙度。目前，生产上已能用反压铸造浇注出壁厚为 0.8 mm 左右的薄壁波导管。

3. 铸件晶粒细，组织致密，力学性能高

金属在高压下结晶凝固，初凝枝晶在压力作用下会发生变形、破碎，而且冷却速度快，因而晶粒细小。同时，压力作用能提高补缩能力和抑制金属液中气体析出，使疏松和微观气孔大为减少。所以铸件的力学性能和使用性能均得到明显提高，且铸件性能的尺寸效应小。

4. 可以实现可控气氛浇注

在反压铸造设备中，合金液和铸型型腔上部气相中气体分压可以控制，即每种气体的分压比例能满足含气量的要求。据此，反压铸造就可以实现可控气氛浇注。如果使合金液面上的气相中有害气体的分压趋于零，则可生产出该有害气体含量非常低的铸件。若需要合金中某种气体的含量较高时，可以在合金凝固过程中将这种气体的分压升高，则该气体会溶解到铸件中去，从而实现金属的气体合金化。

5. 提高了金属利用率

在反压铸件的凝固过程中，浇注系统中的金属液保持与升液管内金属液连通，铸件凝固收缩所需要的金属液可以不断地得到来自内浇口金属液的补充；加之压力对金属具有很强的挤滤作用和塑性变形作用，反压铸造的结晶条件和补缩条件大大提高，从而强化冒口的补缩效果，冒口尺寸可相应减小，有时甚至不设置冒口也可以获得无缩孔和缩松的铸件。

6.劳动条件好

反压铸造合金的熔化及浇注都是在密闭的压力筒内进行的，所产生的有害气体便于引出处理，而且反压铸造设备系统可以实现自动控制，因此劳动条件和生产环境较好。

10.5.2　挤压铸造

挤压铸造(又称液态模锻)是对定量浇入铸型型腔中的液态金属施加较大的机械压力，使其成形、凝固而获得零件或毛坯的一种工艺方法。

挤压铸造的工艺过程如图10－35所示。其步骤如下：

(1)铸型准备：清理型腔，喷刷涂料，将铸型预热至所需温度，并使铸型处于待浇的状态。

(2)浇注：将定量的金属液浇入铸型内。

(3)合型加压：将上下型锁紧，依靠冲头的压力使液态金属充满型腔，升压并在预定的压力下保持一定时间，使液态金属在较高的机械压力下结晶凝固。

(4)卸压、开型、顶出铸件。

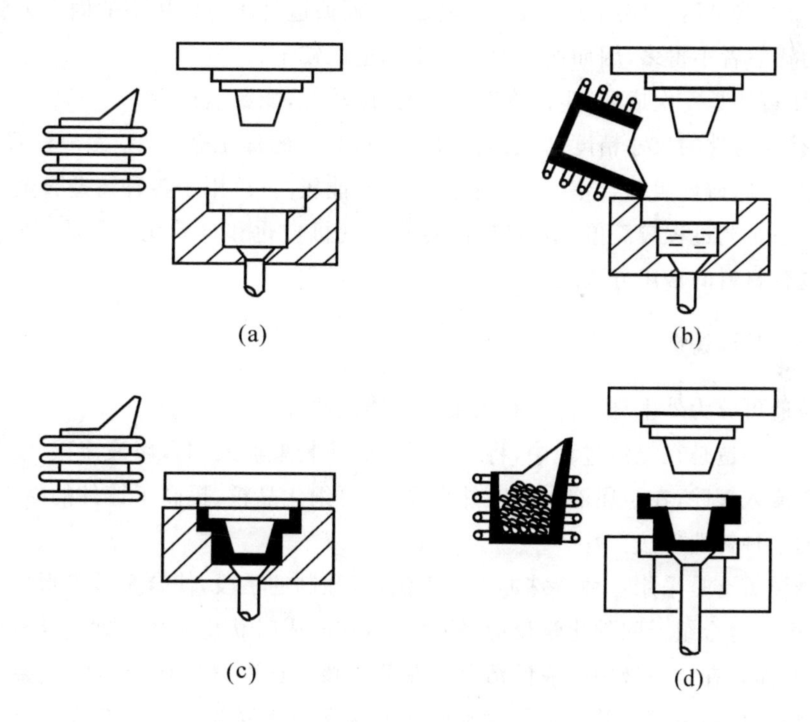

图10－35　挤压铸造工艺过程示意图

(a)准备铸型　(b)浇注　(c)合型加压　(d)开型、取铸件

按加压时型腔中金属的状态，可将挤压铸造分为液态成形和半固态成形两种。液态成形是将金属液浇入铸型后立即挤压成形。半固态成形是将金属液浇入铸型后，待一定时间使其结晶成半固态时再加压成形，而且压力一直作用至金属凝固完毕。

挤压铸造是介于铸造与锻造之间的一种新工艺方法，它兼有二者的一些优点。与压力铸造相比，其特点如下：

(1)压力铸造时金属在高压作用下,以极快的速度充填铸型,卷入气体,型腔里的空气难以全部排出,铸件中气体的含量较多,不能热处理。挤压铸造金属液直接浇入型腔中而不经过浇注系统,吸气少,铸件可进行热处理。

(2)压力铸造时金属液的流程长,冷却凝固快,而且浇道里的金属液比铸件先凝固,压力不可能维持到铸件结晶凝固终了,铸件得不到补缩。因此,铸件厚壁处的组织不够致密,晶粒也较粗大。挤压铸造时没有浇注系统,金属液在压力作用下充型、结晶凝固,补缩效果好,晶粒较细,组织致密均匀。

(3)压力铸造的模具结构复杂,加工工时多,加工费用高,金属的利用率低。挤压铸造的模具结构较简单,加工费用较低,寿命较长,金属的利用率较高。

与锻造相比,挤压铸造具有如下特点:

(1)锻件的力学性能一般比挤压铸件高,但通常存在各向异性,尤其是塑性指标在纵向与横向之间的差别很大(横向低得多)。挤压铸件的力学性能虽稍低于锻件,但只要工艺正确,其力学性能可接近或达到锻件的水平,且各方向性能均匀。

(2)挤压铸造是压力作用下的液态金属成形,而锻造是压力作用下的固态金属成形。前者所需的压力比后者小得多,因而所需设备的功率也比较小。

(3)挤压铸造是一次成形,生产率高,劳动强度较低,能源消耗少。

总之,挤压铸件的尺寸精度高,表面粗糙度小,铸件的加工余量小,无须设置浇冒口系统,金属的利用率高;铸件组织致密,晶粒细化,力学性能较高;可用于各种铸造合金和部分变形合金,适应性广;工艺过程较简单,节省能源,容易实现机械化和自动化。目前,挤压铸造也是生产金属基复合材料的常用方法之一。

10.5.3 悬浮铸造

悬浮铸造可分为外生悬浮铸造和内生悬浮铸造两种。

外生悬浮铸造是在浇注过程中,将一定量的金属粉末加入到金属液流里,使其与金属液流掺和在一起流入型腔,在金属液中引入外来晶核,可细化晶粒,提高了铸件的凝固速度,增强了容积凝固的一种铸造方法。

内生悬浮铸造是采用各种特殊的工艺方法,以强制的手段,使合金液中形成结晶核心的固相质点;或由于合金组元间的化学反应,铸件可以在凝固时获得晶核。即金属液中的固相质点不是外加的,而是在金属液中生成的活化内在的晶核。这种方法在金属中不会产生附加的非金属夹杂物,铸件质量好。其工艺及设备比外生悬浮铸造复杂得多。本节仅简要介绍外生悬浮铸造。

悬浮铸造时,金属粉末是在浇注过程中加到浇注系统里。如将金属粉末加到浇包里,将会显著地降低金属液的温度,而直接加到铸型型腔里,金属粉末很难均匀分布。因此,悬浮铸造铸型与普通砂型虽基本相同,但其浇注系统的结构有较大差别,如图 10-36 所示,前者有一个离心式集液包。当金属液从浇口杯沿着斜面呈切线方向进入集液包后,绕其中心线旋转后再通过直浇道流入型腔。由于金属液旋转的结果,在集渣包中形成一个漏斗形的空穴,产生负压,吸住供料斗撒下来的金属粉末,并将其卷入液流中去,避免金属粉末黏附在浇道壁上。金属粉末在浇道里逐渐散开，均匀分布在金属液里，并随金属液流入铸型型腔。这样流入型腔里的不再是通常过热的金属液，而是含有固态颗粒的悬浮金属液。所加入的金属粉末称为悬浮剂，又称弥散成核剂。悬浮剂也具有通常的内冷铁作用，因此又称为微型冷铁。悬浮铸造与其他铸造方法的根本区别，在于金属液中加入一定量的悬浮剂，改变了铸件凝固时宏观及微观的温度梯度，从而提高铸件质量和力学性能。

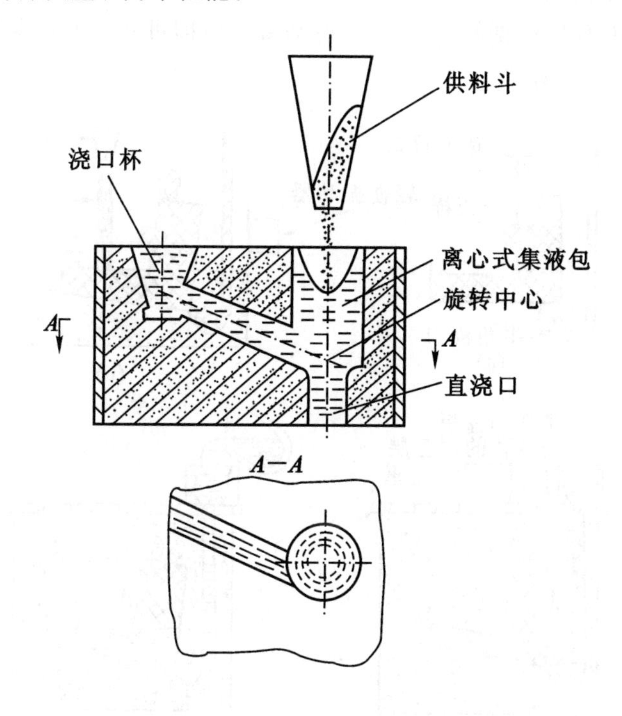

图 10-36　悬浮铸造浇注系统结构

悬浮铸造对提高铸件和铸锭的质量有很大的作用，它不仅用于控制铸锭的凝固过程，而且用于成形铸件的生产，目前已发展成为一种有实用价值的铸造生产工艺方法。与普通铸造生产方法相比，悬浮铸造可降低铸件热裂与横截面和轴向偏析的发展；提高力学性能；减少缩孔体积，减轻铸件的缩松缺陷；铸件力学性能在截面上各方向均匀性也得以提高；对铸铁件而言，还可提高石墨化程度，消除白口。

悬浮铸造不仅用于制造金属件，也广泛用于制造金属基复合材料甚至多元复相陶瓷。将陶瓷增强相粉末以悬浮铸造的方法加入金属液中（或通过机械或电磁搅拌），使陶瓷粉末分散均匀，凝固后即得到陶瓷颗粒增强的金属基复合材料。也可通过内生悬浮铸造法，借助原位反应在金属液中生成陶瓷增强相，凝固后也得到陶瓷增强的金属基复合材料，该法可避免外加陶瓷粉末表面的污染及氧化，提高了陶瓷颗粒与基体的结合力。

悬浮铸造也存在一些不足之处，主要有金属粉末质量要求高，必须严加控制，防止发生氧化；浇注时，必须有金属粉末的加入装置，浇注过程的组织工作应严密；要求金属浇注温度应适当提高并严格控制，这对采用普通冲天炉熔化生产铸铁件的工厂将带来困难。同时，悬浮铸造由于金属粉末的加入，将使金属液中非金属夹杂物的含量增加。因此，金属粉末的加入量不宜过多，应控制在 2%～3%。

10.5.4 真空实型铸造

真空实型铸造又称气化模铸造、消失模铸造。这种铸造方法是采用聚苯乙烯泡沫塑料模样代替普通模样，将刷过涂料的模样放入可抽真空的特制砂箱，填干砂后振动紧实，抽真空，不用取出模样就浇入金属液，在高温液体金属的热作用下，泡沫塑料模气化、燃烧而消失，金属液取代了原来泡沫塑料模所占据的空间位置，冷却凝固后即可获得所需要的铸件。真空实型铸造工艺过程如图 10－37 所示。

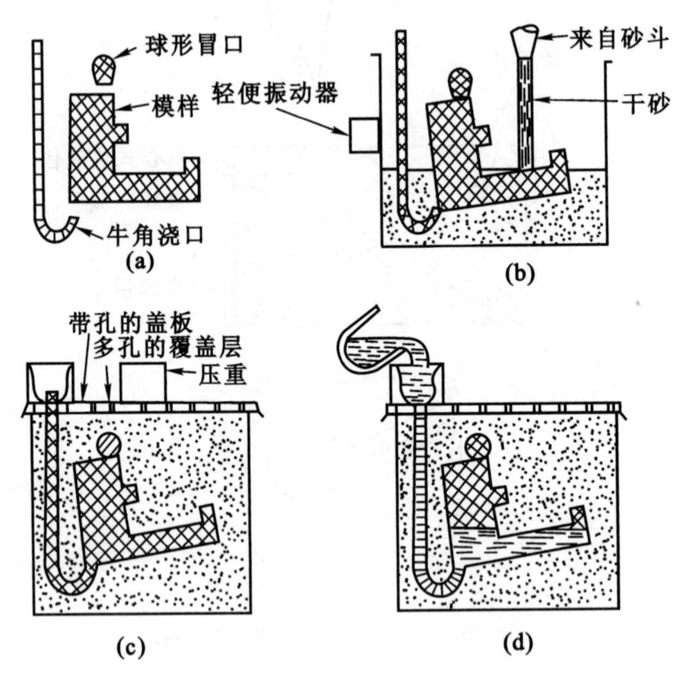

图 10－37　真空实型铸造的工艺过程

(a)带涂料的气化模　(b)填干砂　(c)振动紧实、抽真空　(d)浇注

与砂型铸造相比，这种铸造方法具有下列特点。

(1)铸件尺寸精度较高：造好型后不起模、不分型，没有铸造斜度和活块，在许多情况下取消砂芯，有时砂芯只用来制造水平小孔。避免普通砂型铸造时因起模、组芯及合箱等所引起的铸件尺寸误差和缺陷，提高了铸件尺寸精度。

(2)增大了设计铸造零件的自由度：设计机械产品时，必须对铸造零件进行结构工艺分析，包括该铸件结构是否合理，制模、起模、下芯是否方便，铸件的尺寸精度及冶金质量能否保证等。真空实型铸造由于模样没有分型面，不存在分型起模等问题，因而改变了砂型铸造时铸件结构工艺性的内涵，很多普通砂型铸造难以解决的问题对于实型铸造则不构成任何困难，产品设计者可根据总体的需要设计铸件的结构，增大了铸件设计的自由度。

(3)简化了铸件生产工序，缩短了生产周期，提高了劳动生产率：实型铸造采用聚苯乙烯泡沫塑料制模比用木材或金属制模过程简单得多，加工容易，黏合方便，制模效率一般可提高1～3倍。在多数情况下不用砂芯，省去芯盒制造、芯砂配制、芯骨准备、砂芯的制造及烘干等工序。造型时，不起模，不修型，不下芯和配箱等，造型效率可提高2～5倍。同时，降低了劳动强度，改善了劳动条件。

(4)提高冒口的金属利用率：真空实型铸造的冒口模样也是采用聚苯乙烯泡沫塑料制成的，由于不起模，可安放在铸件上的任何位置，可制成所需的各种形状，包括半球形的暗冒口，可显著地提高冒口的金属利用率。

(5)减少材料消耗，降低铸件成本：采用真空实型铸造可节省大量木材，所用泡沫塑料模的成本，一般只为木模的1/3左右。采用无黏结剂干砂真空实型铸造，可节省大量的型砂黏结剂，砂子可以回用，型砂处理简单，所需的设备少，可节省投资60%～80%。就总体来说，真空实型铸件的制造费用，一般比普通砂型铸件便宜。

真空实型铸造也存在一些缺点：聚苯乙烯泡沫塑料模只能浇注一次，每生产一个铸件就消耗一个模样，增加了铸件的成本；泡沫塑料的密度小、强度低，如采用普通型砂造型，模样易产生变形，影响铸件尺寸精度；聚苯乙烯泡沫塑料模样在浇注过程中气化、燃烧，产生大量的烟雾和碳氢化合物，影响工人浇注操作和车间的环境卫生；对于具有凹深空腔、形状复杂的铸铁件，采用实型铸造，铸件容易产生皱皮缺陷；铸钢件采用实型铸造时，铸件经常产生渗碳或增碳现象。

10.5.5 磁型铸造

磁型铸造是在实型铸造的基础上发明的一种新的铸造方法。它是用聚苯乙烯泡沫塑料制成气化模，在其表面上刷涂料，放进特制的砂箱内，填入磁丸(又称铁丸)并微振紧实，再将砂箱放在磁型机里通电，使磁丸相互吸引，形成强度好、透气性高的铸型。浇注时，气化模在液体金属的热作用下气化消失。金属液取代了气化模原来的位置，待金属凝固冷却后解除磁场，磁丸恢复原来的松散状态，可方便地取出铸件。图10-38为磁型铸造原理示意图。

磁型铸造用气化模的材料与实型铸造基本相同，所用的铁丸在未通电时与无黏结剂的干砂一样，具有良好的流动性，可充填到砂箱的各部位。

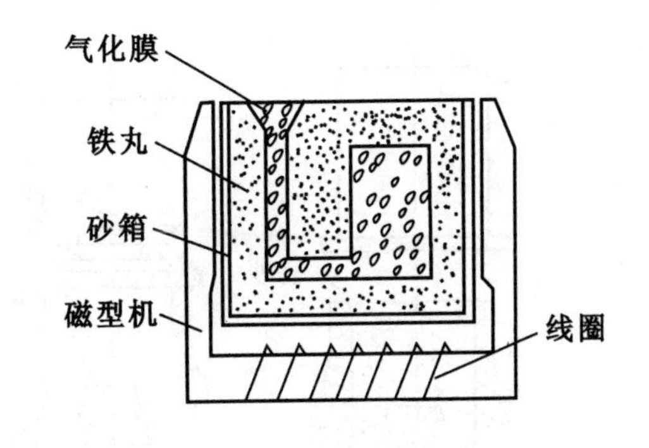

图10-38 磁型铸造原理示意图

磁型铸造的实质是采用铁丸代替型砂及芯砂，用磁场代替铸造黏结剂，用泡沫塑料气化模代替普通模样的一种崭新的铸造方法。与砂型铸造相比，磁型铸造具有以下特点。

(1)提高了铸件的质量：磁型铸造采用气化模造型，可不分型、不起模，在一般的情况下不用砂芯，且铸件很少产生披缝、毛刺、错箱和偏心等缺陷。铸件的尺寸精度较高，比砂型铸件高1～2级，铸件表面粗糙度也比砂型铸件小。

磁型铸造采用铁丸作为造型材料，不用黏结剂，铁丸的颗粒均匀，流动性及透气性好，不含水分，发气性小，铸件产生气孔、夹砂等缺陷少。磁型的冷却速度比砂型约快3倍以上，但无一般金属型的激冷作用，改善了铸件的凝固条件，细化了金属组织，提高了铸件的力学性能。

(2)所需的工装设备较少,通用性较大,且易于实现机械化及自动化:磁型铸造不需要造型、制芯及型砂处理设备,所用的工装设备少,通用性强。一条磁型生产线可以生产几十种甚至上百种不同品种及规格的铸件,可将单件生产的几种铸件混合装在一个砂箱里进行浇注,简化了铸件的落砂清理设备。

(3)节省金属材料和其他辅助材料的消耗:磁型铸件的尺寸精度较高,铸件的机械加工余量较小,铸件产生毛刺、披缝等缺陷少。浇注时可采用串浇、叠浇和组合浇注等工艺方法,减少浇冒系统的金属消耗,提高了金属利用率。

(4)降低了劳动强度,改善了劳动条件:磁型铸件的清理工作少,无须配制、运输型砂,落砂容易。埋模、浇注、落砂等工序紧凑,可集中采用吸尘排烟设备,减少污染,改善了劳动条件。

(5)降低铸件成本,提高了经济效益:磁型铸造的生产面积较小,设备投资少,原材料消耗少,金属的利用率高,可提高经济效益。

10.5.6　气冲造型法

气冲造型是20世纪80年代发展起来的一种重要造型工艺方法。它是将储存在压力罐内的压缩空气突然释放出来,作用在砂箱里松散的型砂上面,使其紧实成形,或利用可燃气体燃烧爆炸产生的冲击波使型砂紧实成形。气冲造型工艺过程如图10-39所示,具体工序如下:

(1)向压力罐里充入压力为0.3～0.7 MPa的压缩空气。

(2)向砂箱及辅助砂框里加入松散的型砂,然后使其上升与空气冲击装置接触并压紧,如图10-39(b)所示。

(3)打开冲击阀,压力罐内的压缩空气迅速地进入型砂上面冲击型砂,使型砂紧实,如图10-39(c)所示。

(4)关闭冲击阀,排除砂箱的残留压缩空气,将模板、砂箱及辅助砂框分别下降到不同高度的位置上,并回程起模,如图10-39(d)所示。

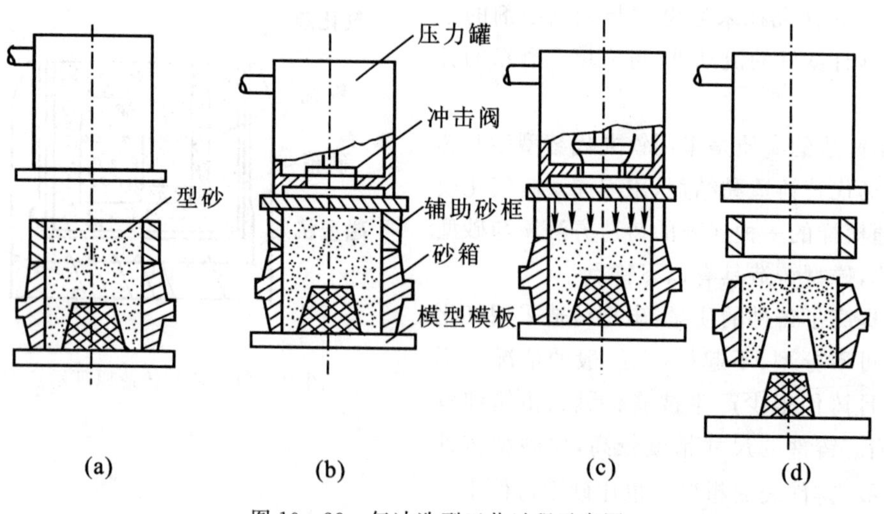

图10-39　气冲造型工艺过程示意图

空气冲击紧砂过程简单,速度快,型砂在没有振击与压实的条件下被紧实。与其他造型方

法相比,气冲造型具有以下特点:

(1)铸型的紧实度高且均匀。

(2)铸件的吃砂量较小,砂箱的利用率高。

(3)铸件的尺寸精度高,表面粗糙度低。

(4)铸造劳动生产率高,每次冲击紧砂的时间不足 0.1 s,制造一个铸型只要 0.5 s 左右。

(5)改善了劳动条件,空气冲击造型机无振击机构,无连续的噪声。在冲击紧砂的瞬间,噪声虽达 100 dB 左右,但一般都在 86 dB 以下。

(6)节省能源,空气冲击紧砂的时间短,能量利用充分。与目前几种新的机器造型方法相比,空气冲击造型的成本最低。

(7)机器的安装、维修较容易。由于空气冲击造型机没有振动部分,结构较简单,运动部件少,机器的安装容易,产生的事故较少,维修工作量小。

气冲造型也存在一些问题。在冲击紧砂过程中,砂箱受到气体压力和型砂侧压力的作用,它相当于一个压力容器。因此,要求砂箱必须具有较高的强度及刚度,否则,容易破坏。空气冲击紧砂时,为了防止漏气跑砂,要求砂箱的顶面和底面加工精度要高,砂箱的密封性要好;冲击紧砂后,砂箱上部有一层高度约为 30~50 mm 松砂层,强度低,必须刮掉,增加了造型工作量和型砂的消耗量。这些问题有待进一步解决。

10.5.7 定向凝固铸造技术

定向凝固(又称为定向结晶)是指使金属或合金在熔体中定向生长晶体的一种工艺方法。定向凝固铸造技术是在铸型中建立特定方向的温度梯度,使熔融合金沿着热流相反方向,按要求的结晶取向进行凝固铸造的工艺。它能大幅度地提高高温合金综合性能。

传统的定向凝固铸造技术主要有炉外结晶法和炉内结晶法两种,炉外结晶法又称为发热剂法,炉内结晶法根据加工工艺的不同又可分为功率降低法、快速凝固法和液态金属冷却法三种,其具体工艺原理见表 10-5。

表 10-5　传统定向凝固铸造技术分类

炉外结晶法	发热剂法	将铸型预热到一定温度后,迅速放到激冷板上并进行浇铸,激冷板上喷水冷却,在金属液和已凝固金属中建立一个自上而下的温度梯度,从而实现单向凝固	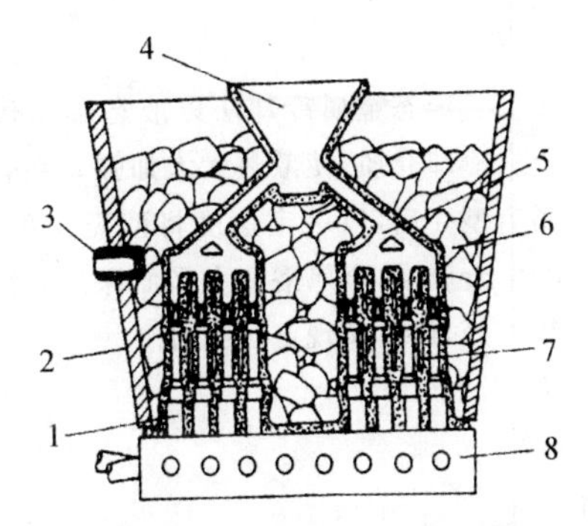 1—起始段 2—隔热层 3—光学测温架 4—浇口杯 5—浇道 6—发热剂 7—零件 8—水冷铜底座

续 表

炉内结晶法	功率降低法	对保温炉分段加热，将熔融的金属液置于保温炉内后，在从底部对铸件冷却的同时，自下而上顺序关闭加热器，金属则自下而上逐渐凝固，从而在铸件中实现定向凝固	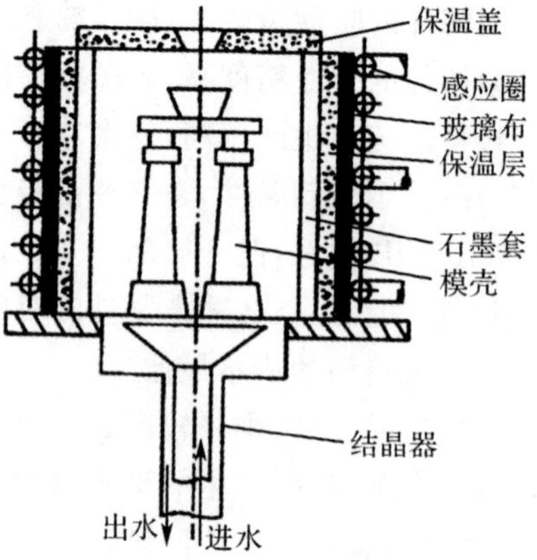
	快速凝固法	快速凝固法在功率降低法装置基础上多了一个拉锭机构，使模壳按一定速度向下移动，将铸型以一定速度从炉中移出，并采用空冷方式。快速凝固法在热区底部使用辐射挡板和水冷套，在挡板附近能够产生较大的温度梯度	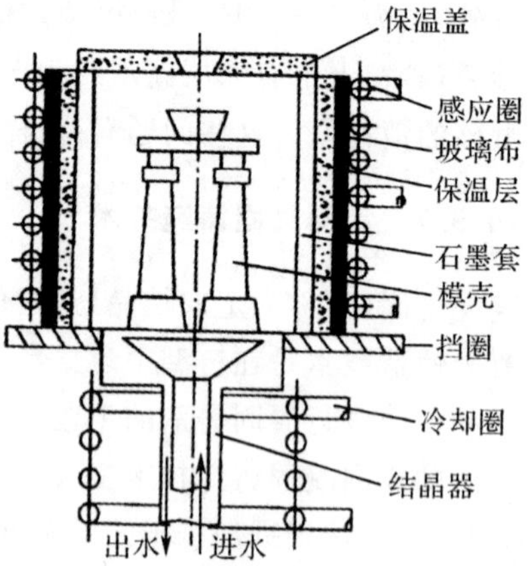
	液态金属冷却法	液态金属冷却法以液态金属代替水作为冷却介质，使散热大大加强。在合金液浇入型壳后，以一定速度将型壳拉出炉体，浸入金属浴，金属浴的水平面保持在固液界面近处，最终实现定向凝固	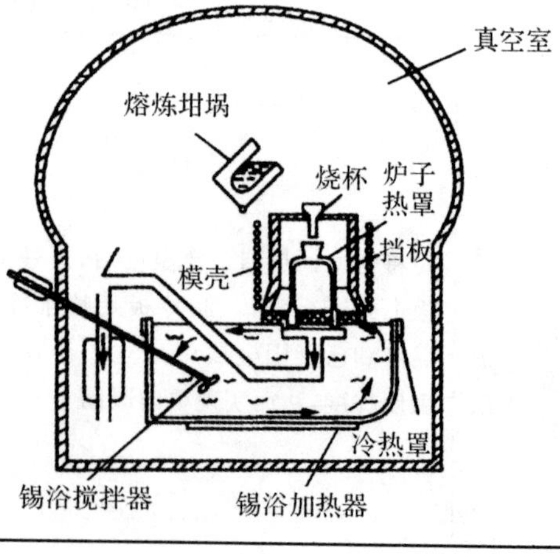

无论是炉内结晶法还是炉外结晶法，主要缺点是冷却速度太慢，由于凝固组织有充分的时间长大、粗化，从而产生严重的枝晶偏析，限制了材料性能的提高。

为进一步细化材料组织结构，有效提高材料性能，就需要提高凝固过程的冷却速率，一些新型的定向凝固铸造方法通过提高凝固过程中固液界面的温度梯度和生长速率来实现冷却速率的提高。新型的定向凝固铸造方法主要有区域熔化液态金属冷却法、深过冷定向凝固技术、电磁约束成形定向凝固技术和激光超高温度梯度快速定向凝固技术等，其具体工艺原理见表10-6。

表 10-6 新型定向凝固铸造技术分类

区域熔化液态金属冷却法	该方法在距液固界面极近的位置处设置感应线圈进行强制加热，使金属局部熔化过热，产生的熔化区很窄，从而将液固界面位置下压，同时使液相中的最高温度尽量靠近凝固界面，启动抽拉装置，不断地向下抽拉熔化的试样进入液态合金中冷却。最高温度梯度可达1 300 K/cm，最大冷却速度可达50 K/s，凝固速率可在61 000 μm/s内调节	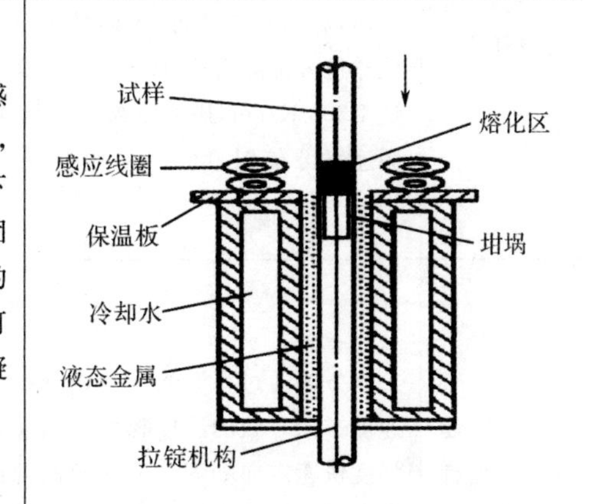
深过冷定向凝固技术	将盛有金属液的坩埚置于一个激冷基座上，通过净化剂的吸附作用消除和钝化合金的异质核心，在金属液被动力学过冷的同时，金属液内建立起一个自下而上的温度梯度，冷却过程中温度最低的底部先形核，晶体自下而上生长，形成定向排列的树枝晶骨架，其间是残余的金属液。在随后的冷却过程中，这些金属液依靠向外界散热而在已有的枝晶骨架上凝固	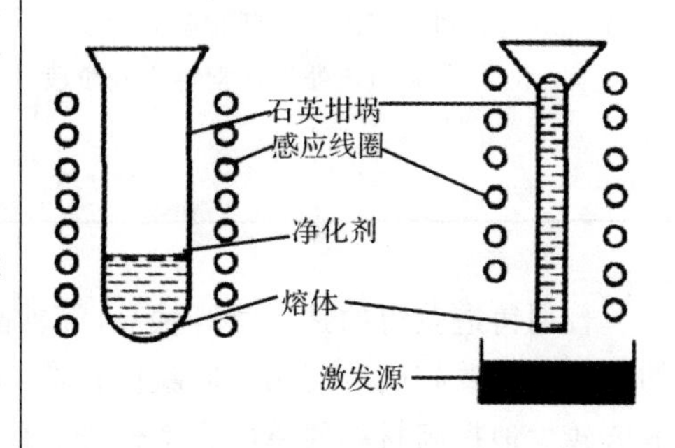
电磁约束成形定向凝固技术	该技术利用电磁感应加热熔化感应器内的金属材料，并利用在金属熔体表层部分产生的电磁压力来约束已熔化的金属熔体成形。同时，冷却介质与铸件表面直接接触，增强了铸件固相的冷却能力，在固-液界面附近熔体内产生很高的温度梯度，使凝固组织超细化，可显著提高铸件的表面质量和内在综合性能	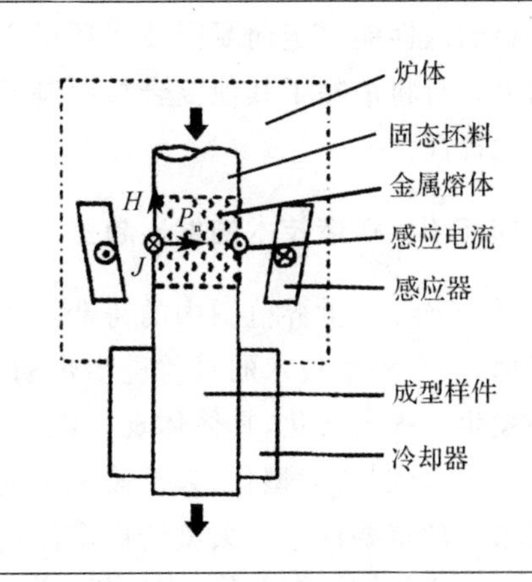

续表

区域熔化液态金属冷却法	该方法在距液固界面极近的位置处设置感应线圈进行强制加热，使金属局部熔化过热，产生的熔化区很窄，从而将液固界面位置下压，同时使液相中的最高温度尽量靠近凝固界面，启动抽拉装置，不断地向下抽拉熔化的试样进入液态合金中冷却。最高温度梯度可达 1 300 K/cm，最大冷却速度可达 50 K/s，凝固速率可在 61 000 μm/s 内调节	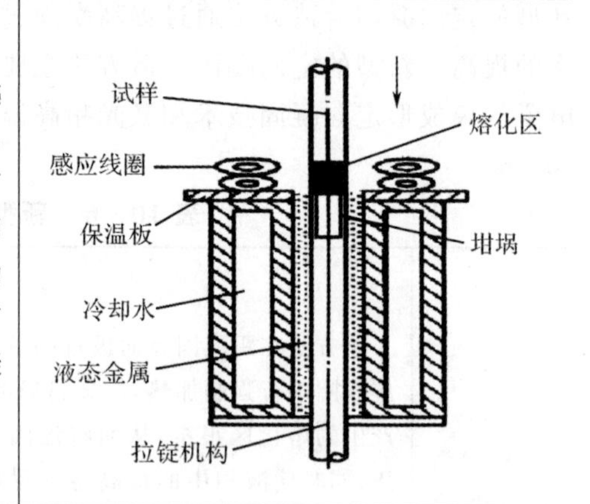
激光超高温度梯度快速定向凝固技术	该方法通过在激光熔池内获得与激光扫描速度方向一致的温度梯度从而实现超高温度梯度快速定向凝固。激光超高温度梯度快速定向凝固能够获得比常规定向凝固技术包括区域熔化液态金属冷却法高得多的温度梯度和凝固速率。目前激光超高温度梯度快速定向凝固还处于探索性实验阶段	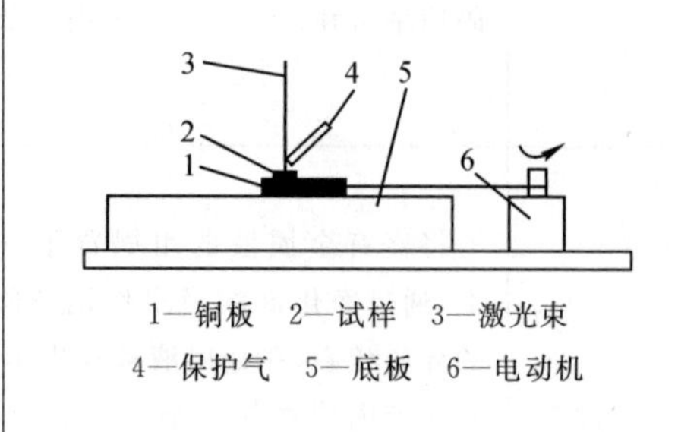 1—铜板　2—试样　3—激光束 4—保护气　5—底板　6—电动机

普通铸造获得的是大量等轴晶，等轴晶粒的长度和宽度大致相等，其纵向晶界与横向晶界的数量也大致相同。应用定向凝固铸造方法得到的是单方向生长的柱状晶，不产生横向晶界，能够较大地提高材料的单向力学性能。应用单晶铸造获得的单晶叶片可显著提高现代航空对于磁性材料的性能要求，应用定向凝固技术，可使柱状晶排列方向与磁化方向一致，大大改善了材料的磁性能。定向凝固技术还可广泛用于自生复合材料的生产制造，用定向凝固方法得到的复合材料消除了其他复合材料制备过程中增强相与基体间界面的影响，使复合材料的性能大大提高。

10.5.8　铸造技术的发展趋势

近 30 年来，世界范围内的铸造技术取得了巨大的进步，铸造技术作为现代化工业的重要组成部分，在科学技术的日益进步带动下变得更加先进，这也使得我国的铸造行业的未来发展趋势发生了很大变化，具体体现在以下几个方面。

(1)铸件制造大型化：大型铸钢件的制造是国家装备制造的基础，是衡量一个国家制造业发展水平的重要标志。大型铸件广泛用于电站、石油化工、冶金、船舶等装备及装备制造业，如核电中的不锈钢主泵泵体，汽轮机缸体，水电组的叶轮、叶片、上冠、下环，火电机组中的气缸体件，大型冶金设备中的轧机机架、轧辊、大型轴承座等。这些大型铸件的制造直接关系到国家重点工程项目的质量、安全及进度，对于国计民生具有重要的意义。

(2)铸件制造轻量化：随着现代民生制造方面对节能环保以及降低成本等要求的不断提高，铝、镁等合金在铸件生产中得到广泛应用，使铸件重量不断减轻。特别是在汽车行业，汽车零件中大约有15％～20％为采用不同铸造方法生产的铸件，这些铸件主要为动力系统关键部件和重要的结构部件。使用铝镁等轻合金材料是目前各国汽车制造商的主要减重措施。铝的密度仅为钢的1/3，且具有优良的耐蚀性和延展性。镁的密度更小，只有铝的2/3，在高压铸造条件下流动性优异。铝和镁的比强度(强度与质量之比)都相当高，对减轻自重，提高燃油效率有举足轻重的作用。

(3)铸件生产精确化：精确成形或近终成形铸造技术能确保短流程、洁净化生产出高精度、高品质的铸件，先进的精确成形铸造技术如消失模铸造、半固态铸造、定向凝固溶模铸造以及快速或直接铸造成形技术等，设计制造过程较为灵活，可生产复杂铸件，生产工序简捷，生产效率高，铸件质量好且绿色环保，被专家学者称为21世纪新一代金属成形技术。这些技术体现了材料与成形技术的高度集成，极大地缩短了铸件的生产周期，不仅能够提高铸件质量，并且减少了机械加工的费用。

(4)铸造技术数字化、网络化、智能化：数字化、网络化和智能化也是提高铸造技术水平的重要手段，可实现铸件成形制造过程的工艺优化，预测铸件组织、性能与使用寿命，确保零件的质量，显著缩短产品研发周期，降低生产费用，大量节约资源与能源。数值模拟、互联网＋、人工智能、智能装备、数字化工厂、物联网与在线检测等则是铸造成形信息化的核心技术。因此，铸造行业对数字化、网络化、智能化技术有迫切需求，铸造过程的数字化、网络化、智能化是我国铸造行业进一步发展壮大、成为世界铸造强国的重要保障。

(5)铸造过程绿色化：铸造是机械制造行业中高能耗、高污染的行业，许多发达国家十分重视开发新型节能、清洁、低排放、低污染的铸造材料，在生产全过程中以循环经济的减量化、再利用、再循环、再回收为行业准则，重视在企业的全体员工中树立“环境-健康-安全”的意识，强调“以人为本”，同时加大对企业中环境保护和节能减排的设备投入。随着我国工业化、城镇化进程的加快，人均消耗铸件量呈上升趋势，我国铸造行业所需的资源和能源形势非常严峻，因此，必须加大废旧金属的循环利用，逐渐使其成为铸造的主要原料来源；集成先进熔炼、先进造型、计算机技术、烟尘治理与废渣综合利用等多项国内外先进技术与装备，形成铸件清洁生产的复合工艺，降低铸件生产成本，实现在铸件生产过程中的大幅度节能减排，为铸造产业的可持续发展奠定基础。

第11章 压力加工

压力加工是使金属坯料在外力作用下产生塑性变形，从而获得具有一定形状、尺寸和性能的毛坯或零件的加工方法。

压力加工方法主要有轧制、挤压、拉拔、自由锻造、模型锻造和板料冲压等(见表 11－1)。前三种方法以生产原材料为主，后三种方法以生产毛坯为主。

表 11－1 压力加工方法的工作原理、应用和发展趋势

名 称	示意图	工作原理	应用与发展趋势
轧 制	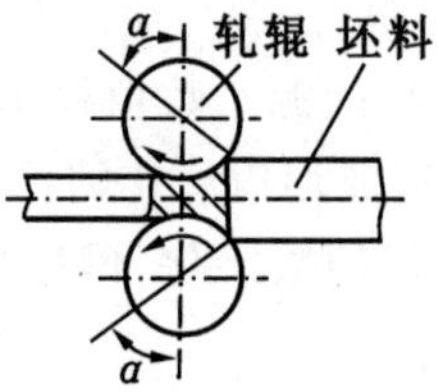 α 轧辊 坯料 α	使金属坯料通过一对回转轧辊间的空隙而产生连续变形	应用：生产钢板、无缝钢管及各种型钢(如圆钢、方钢、扁钢、角钢、槽钢、工字钢、钢轨等) 发展趋势：高速轧制、精密轧制、轧锻组合等
挤 压	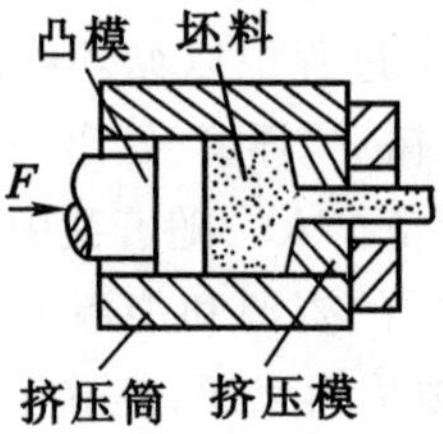 凸模 坯料 F 挤压筒 挤压模	使金属坯料从挤压模的模孔中挤出而变形	应用：生产低碳钢、有色金属及其合金的型材、管件和零件 发展趋势：高速精密挤压、挤锻结合
拉 拔	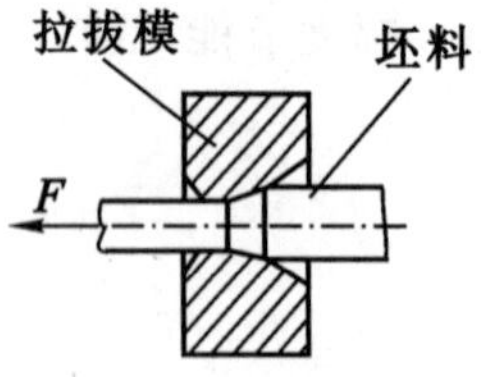 拉拔模 坯料 F	将金属坯料从拉拔模的模孔中拉出而变形	应用：可拉制直径仅为 0.02 mm 的金属丝和薄壁管，也可用于提高轧制型材和管材的精度和表面质量 发展趋势：高尺寸精度、低表面粗糙度
自由锻造	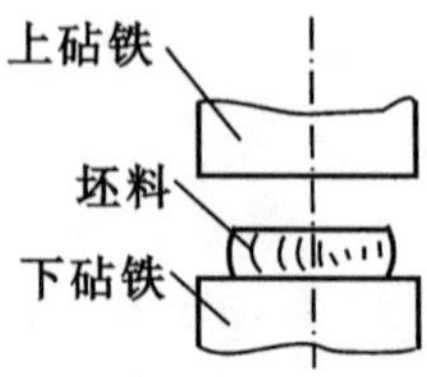 上砧铁 坯料 下砧铁	将金属坯料放在上、下砧铁间受冲击力或压力而变形	应用：单件小批量生产力学性能高，形状简单的零件毛坯，是制造大型锻件的惟一方法 发展趋势：锻件大型化、操作机械化、液压机代替大锻锤

续　表

名　称	示意图	工作原理	应用与发展趋势
模型锻造	下模　坯料　上模	将金属坯料放在模锻模膛内受冲击力或压力而变形	应用:成批大量生产形状较复杂的中、小型模锻件 发展趋势:少、无切削精密化(如精密模锻)
冲　压	压板　凸模　坯料　凹模	利用冲模,使金属板料产生分离或变形	应用:成批大量生产形状复杂的薄板件,仪器、仪表件,中空零件或汽车覆盖件等 发展趋势:自动化、精密化、非传统成形工艺的发展

压力加工在机器制造、汽车、拖拉机、船舶、冶金及国防工业中均获得广泛应用。与其他方法相比,其主要特点如下:

(1)力学性能高:金属铸锭经塑性变形后可获得细晶粒结构,组织致密,并能焊合铸造组织的内部缺陷,使其力学性能提高。因而,承受重载的零件一般都采用锻件作毛坯。近年来,采用形变热处理的方法(将压力加工与热处理工艺相结合),可同时获得形变强化和相变强化,进一步提高了零件的强韧性。

(2)节省金属:由于提高了金属的力学性能,在同样受力和工作条件下,可以缩小零件的截面尺寸,减轻重量,延长使用寿命。例如美国采用模锻方法生产 F-102 歼击机上的整体大梁,可取代 272 个零件和 3 200 个螺钉,使飞机重量减轻 45.5～54.5 kg。另外,压力加工是依靠塑性变形重新分配坯料体积而进行成形,与切削加工方法相比,可以减少零件制造过程中的金属消耗。

(3)生产率高:多数压力加工方法,特别是轧制、挤压、拉拔等,金属连续变形,且变形速度很高,故生产率高。如采用多工位冷镦工艺生产内六角螺钉,每分钟可生产 100 件左右,生产率比切削加工提高 400 倍以上,材料利用率是切削加工的 3 倍。

压力加工与铸造相比,成本较高,成形较困难,由于是在固态下成形,无法获得截面形状(特别是内腔)复杂的产品。

11.1　压力加工理论基础

压力加工时,必须对金属材料施加外力,使之产生塑性变形,若设备吨位不足便达不到预期的变形程度(如模锻直径为 140 mm 的齿轮坯,需用 12 000 kN 的热模锻压力机),故外力是坯料转化为锻件的外界条件。同时,在锻造过程中,还必须保证坯料产生足够的塑性变形量而不破裂,即要求材料具有良好的塑性。塑性是坯料转化为锻件的内因。关于塑性变形的实质及其对金属组织与性能的影响等概念已在第 1 部分第 2 章中加以介绍,这里,重点阐述其他相关理论。

11.1.1 金属的纤维组织及锻造比

在热变形过程中,材料内部的夹杂物及其他非基体物质,沿塑性变形方向所形成的流线组织,称为纤维(流线)组织。

纤维组织的明显程度与锻造比有关。锻造比通常是用拔长时的变形程度来衡量,即

$$Y=\frac{F_0}{F}$$

式中 Y——锻造比;

F_0——拔长前坯料的横截面积;

F——拔长后坯料的横截面积。

锻造比的大小影响金属的力学性能和锻件质量。通常情况下,增加锻造比有利于改善金属的组织与性能,但其过大也无益。一般来说,$Y=2\sim5$ 时,在变形金属中开始形成纤维组织,纵向(顺纤维方向)的强度、塑性和韧性增高,横向(垂直纤维方向)同类性能下降,机械性能出现各向异性;$Y>5$ 时,钢料的组织细密化程度已接近极限,力学性能不再提高,各向异性则进一步增加。因此,选择合适的锻造比十分重要。

纤维组织的稳定性很高,不会因热处理而改变,采用其他方法也无法消除,只能通过合理的锻造方法来改变纤维组织在零件中的分布方向和形状。因而,在设计和制造零件时,必须考虑纤维组织的合理分布,充分发挥其纵向性能高的优势,限制横向性能差的劣势。设计原则是:使零件工作时承受的最大正应力与纤维方向一致,最大切应力与纤维方向垂直,并尽可能使纤维方向沿零件的轮廓分布而不被切断。图 11-1 表示了几种不同方法生产齿轮时纤维分布的比较。其中图 11-1(d)所示纤维组织分布合理,齿轮的使用寿命最高,材料消耗最少,图 11-1(c)所示次之。图 11-1(a)所示是采用轧制棒料经切削加工而成,受力时齿根处产生的正应力垂直于纤维,性能最差。图 11-1(b)中所示顺纤维方向的齿根处正应力与纤维方向重合,质量好,但垂直方向的质量较差。

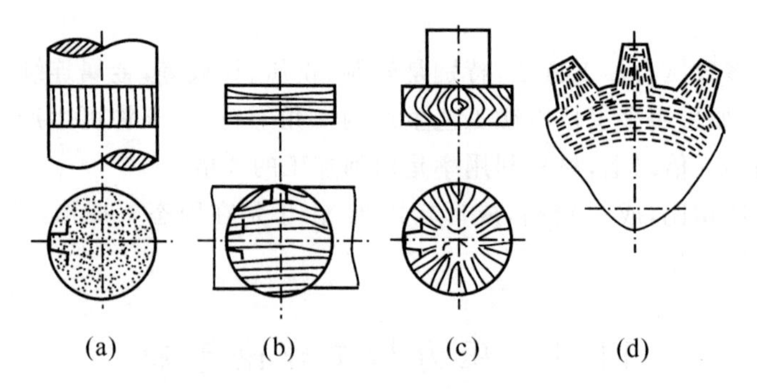

图 11-1 不同加工方法制成齿轮的纤维组织

11.1.2 金属的锻造性能

金属的锻造性能(又称可锻性)是衡量材料经受压力加工难易程度的工艺性能,它包括塑性和变形抗力两个因素。塑性高,变形抗力小,则锻造性能好;反之,锻造性能差。

影响金属锻造性能的因素主要包括金属的本质和变形条件两个方面。

1. 金属的本质

(1)化学成分的影响：一般来说，纯金属的锻造性能优于合金的锻造性能。合金元素的含量愈高，成分愈复杂，则金属的锻造性能愈差，碳素钢中含碳质量分数增加使其锻造性能降低。因此，低碳钢的锻造性能比高碳钢好，碳素钢的锻造性能比合金钢好，低合金钢的锻造性能比高合金钢好。

(2)组织结构的影响：同样成分的金属在形成不同的组织结构时，其锻造性能有很大差别。固溶体组织具有良好的锻造性能，因而锻造时常常将钢加热至奥氏体状态；合金中化合物的增加会使其锻造性能迅速下降；金属在单相状态下的锻造性能优于多相状态，因为多相状态下各相的塑性不同，变形不均匀会引起内应力，甚至开裂。细晶组织的锻造性能优于粗晶组织，因而锻造时要控制加热温度，避免晶粒长大。

2. 变形条件

(1)变形温度：变形温度对材料的塑性和变形抗力影响很大。一般而言，随着温度的升高，原子的动能增加，原子间的吸引力削弱，减少了滑移所需要的力，从而使塑性提高，变形抗力减小，改善了金属的锻造性能。热变形的变形抗力通常只有冷变形的 1/15～1/10，故在生产中得到广泛应用。

金属的加热应控制在一定的温度范围内，否则会产生“过热”和“过烧”两种加热缺陷。过热是指由于加热温度过高或高温下保温时间过长而引起晶粒粗大的现象。过热组织的力学性能和锻造性能均不好。过热组织可通过正火使晶粒细化，以恢复其锻造性能。过烧是指加热温度过高、接近金属的熔点时，晶界出现氧化或熔化的现象。过烧组织的晶粒非常粗大，且晶界的氧化破坏了晶粒间的结合，使金属完全失去锻造性能，是一种无可挽回的加热缺陷。

锻造时，必须合理地控制锻造温度范围，即始锻温度与终锻温度之间的温度间隔。始锻温度是指金属锻造时所允许的最高加热温度，终锻温度是指金属停止锻造时的温度。在锻造过程中，随着温度的降低，工件材料的变形能力下降，变形抗力增大，下降至终锻温度时，必须停止锻造，重新加热，以保证材料具有足够的塑性和防止锻裂。但终锻温度不宜太高，否则，无法充分利用有利的变形条件，增加了加热火次，使锻件在冷却后得到粗晶组织。

确定锻造温度范围的理论依据主要是合金状态图。碳素钢的始锻温度应在固相线 AE 以下 150～250℃，终锻温度约为 800℃左右(见图 11 - 2)。亚共析钢的终锻温度虽处于两相区，但仍具有足够的塑性和较小的变形抗力；对于过共析钢，在两相区停锻，是为了击碎沿晶界分布的网状二次渗碳体。

常用钢材的锻造温度范围见表 11 - 2。

(2)变形速度：指单位时间内材料的变形程度。变形速度与锻造性能的关系如图 11 - 3 所示。变形速度有一个临界值 C。低于临界值 C 时，随变形速度增加，金属的变形抗力增加，塑性减小。这是由于金属的再结晶过程来不及消除金属变形所产生的加工硬化现象，残余的硬化作用逐渐积累，使锻造性能变差。当高于临界值 C 时，由于塑性变形产生的热效应(消耗于金属塑性变形的能量一部分转化为热能，使金属的温度升高)加快了再结晶过程，使金属的塑性提高，变形抗力减小，锻造性能得以改善。高速锤锻造便是利用这一原理来改善金属的锻造性能。

表 11－2 常用钢材的锻造温度范围

合金种类	牌号	始锻温度/℃	终锻温度/℃
碳钢	15,25	1 250	800
	40,45	1 200	800
	T9A,T10	1 100	700
合金结构钢	20Cr,40Cr	1 200	800
	20CrMnTi	1 200	800
	30Mn2	1 200	800
合金工具钢	9SiCr	1 100	800
	Cr12	1 080	840
不锈钢	1Cr13,2Cr13	1 150	750
	1Cr18Ni9Ti	1 180	850
紫铜	T1～T4	950	800
黄铜	H68	830	700
硬铝	2A01,2A11,2A12	470	380

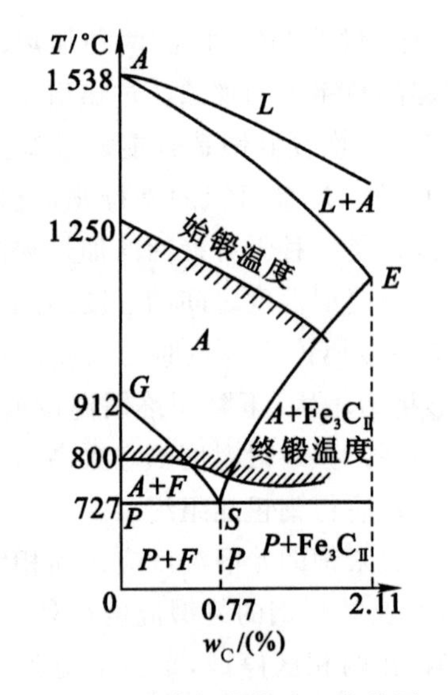

图 11－2 碳素钢的锻造温度范围

图 11－3 变形速度对塑性及变形抗力的影响

但是，在普通锻压设备上金属的变形速度均不可能高于临界值 C。因此，对于塑性差的材料(如高合金钢)或大型锻件，宜采用较小的变形速度(如在压力机上成形)，以防锻裂坯料。

(3)应力状态：变形方法不同，在金属中产生的应力状态也不同，即使同一种变形方式，金属内部不同位置的应力状态也可能不同。例如金属在挤压时三向受压[见图 11－4(a)]，表现出较高的塑性和较大的变形抗力；拉拔时两向受压，一向受拉[见图 11－4(b)]，表现出较低的塑性和较小的变形抗力；平砧镦粗时[见图 11－4(c)]，坯料内部处于三向压应力状态，但侧表面层在水平方向却处于拉应力状态，因而在工件侧表面容易产生垂直方向的裂纹。

三向受压时金属的塑性最好，出现拉应力则使塑性降低。这是因为压应力阻碍了微裂纹的产生和发展,而金属处于拉应力状态时,内部缺陷处会产生应力集中,使缺陷易于扩展和导致金属的破坏。因此,选择变形方法时,对于塑性好的金属,变形时出现拉应力是有利的,可减少变形时的能量消耗;而对于塑性差的金属材料,应避免在拉应力状态下变形,尽量采用三向压应力下变形。如有些合金拉拔成丝较困难,但采用挤压却容易加工成线材,便是这个道理。

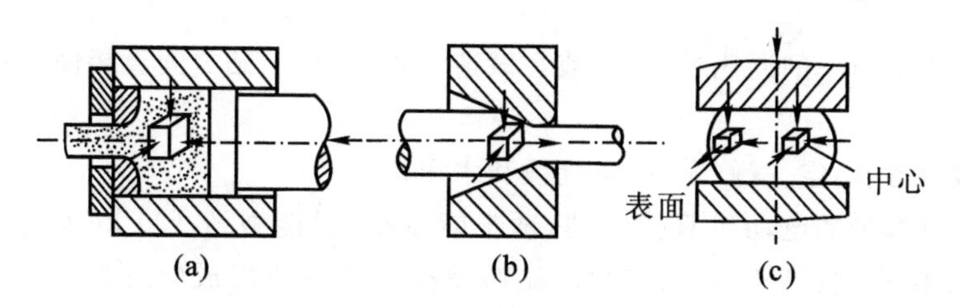

图 11-4 金属变形时的应力状态
(a)挤压 (b)拉拔 (c)镦粗

坯料的表面状况对材料的塑性也有影响,特别在冷变形时尤为显著。坯料表面粗糙或有刻痕、微裂纹和粗大夹杂物等,都会在变形过程中产生应力集中而引起开裂,因此加工前应对坯料进行清理和消除缺陷。

11.1.3 金属的变形规律

压力加工是依靠金属的塑性变形而进行的,只有掌握其变形规律,才能合理制订工艺规程,正确使用工具和掌握操作技术,达到预期的变形效果。下面简要介绍反映金属变形规律的两个基本定律:体积不变定律和最小阻力定律。

1. 体积不变定律

体积不变定律指金属坯料变形后的体积等于变形前的体积。金属塑性变形过程实际上是通过金属流动而使坯料体积进行再分配的过程,因而遵循体积不变定律。但是,坯料在变形过程中其体积总会有一些减小,例如钢锭在锻造时可消除内部的微裂纹、疏松等缺陷,使金属的密度提高,不过这种体积变化量极其微小,可以忽略不计。

2. 最小阻力定律

最小阻力定律指金属变形时首先向阻力最小的方向流动。一般而言,金属内某一质点流动阻力最小的方向是通过该质点向金属变形部分的周边所作的法线方向。因为质点沿此方向移动的距离最短,所需的变形功最小。例如圆形截面的金属朝径向流动;方形、长方形截面则分成四个区域分别朝垂直于四个边的方向流动,最后逐渐变成圆形、椭圆形(见图 11-5)。由此可知,圆形截面金属在各个方向上的流动最均匀,镦粗时总是先把坯料锻成圆柱体再进行镦粗。

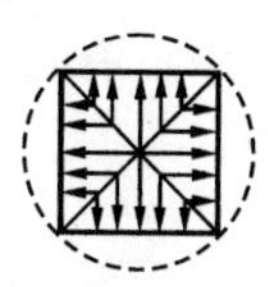
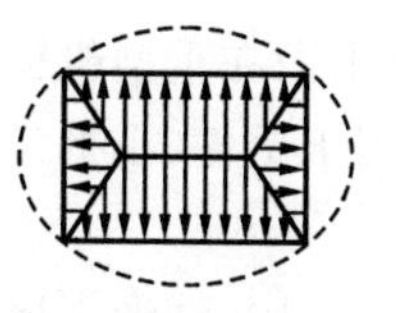

图 11-5 不同截面金属的流动情况

11.2 常用锻造方法

11.2.1 自由锻造

自由锻造是指用简单的通用性工具,或在锻造设备的上、下砧之间直接使坯料变形而获得锻件的方法。

常用自由锻设备有:空气锤、蒸汽-空气锤和水压机。

空气锤由自身携带的电动机直接驱动,锤击能量小,只能锻造 100 kg 以下的小型锻件。蒸汽-空气锤主要由汽缸、机架、锤头、锤杆、砧座及操作系统所组成(见图 11-6)。通过操纵手柄控制滑阀,使蒸汽或压缩空气进入汽缸上、下腔,推动活塞上、下往复运动,以实现锤头的连续打击动作。蒸汽-空气锤可以锻造中型或较大型锻件。水压机主要由立柱、横梁、工作缸、回程缸和操作系统所组成(见图 11-7)。依靠工作缸通入高压水(压力 20～40 MPa)推动工作柱塞带动活动横梁和上砧向下运动,对坯料进行锻压。回程时,高压水通入回程缸,通过回程柱塞和回程拉杆将活动横梁拉起。水压机工作时的变形速度较慢,有利于改善坯料的锻造性能,一般用于碳钢、合金钢等大型锻件的单件小批量生产。

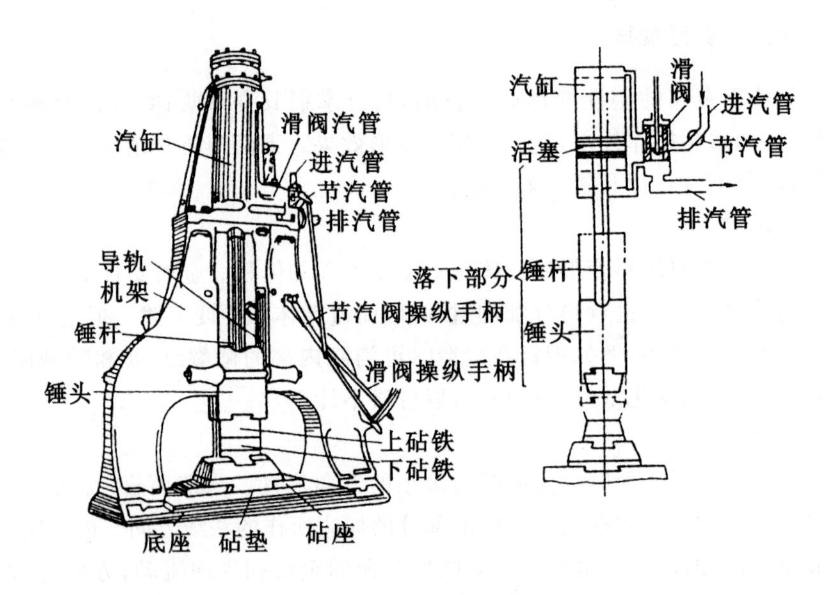

图 11-6 双柱拱式蒸汽-空气锤结构示意图

自由锻所用工具和设备简单,通用性好,工艺灵活,成本低。锻件的质量可以从数十克到二三百吨,对于大型锻件如轧辊、发电机转子、主轴、汽轮机叶轮、大型多拐曲轴等,大多采用自由锻方法成形。因此,自由锻在重型机械制造中占有重要地位。但是,自由锻件精度低,加工余量大,生产率低,主要用于单件、小批量生产。

1. 自由锻基本工序

自由锻工序分为基本工序、辅助工序和修整工序。基本工序有镦粗、拔长、冲孔、弯曲、切割、错移和扭转;辅助工序有压钳口、倒棱和压痕等;修整工序有校正、滚圆、平整等。表 11-3

列出了应用较为广泛的自由锻基本工序特点和应用场合。

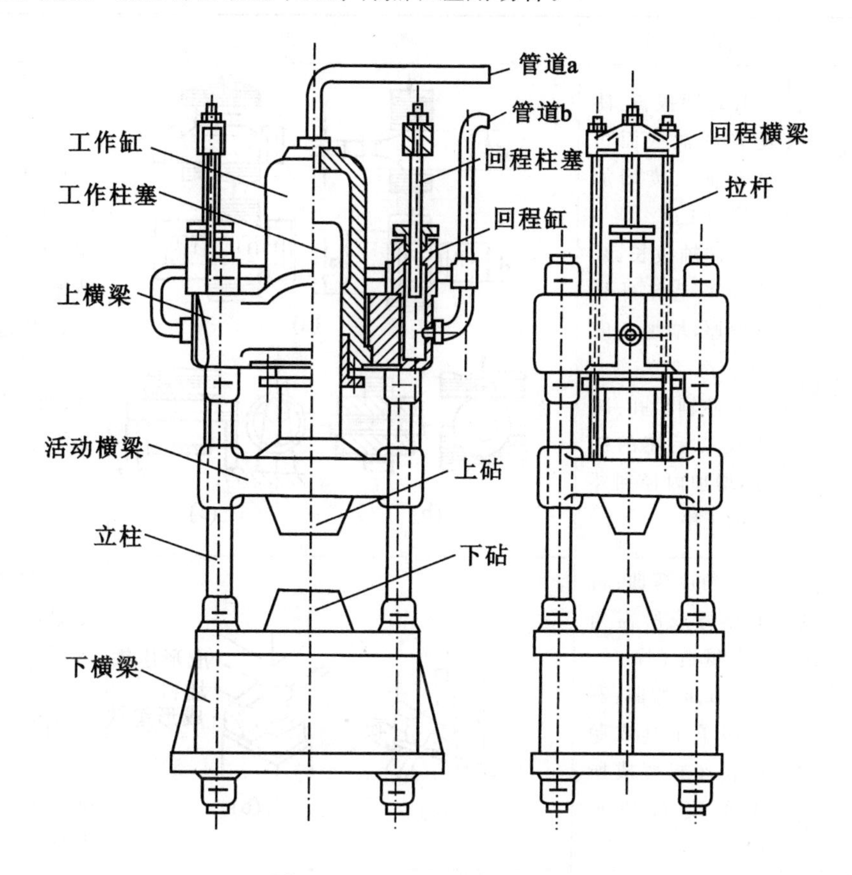

图 11－7　水压机的结构示意图

表 11－3　自由锻基本工序图例及应用

工序名称		定　义	图　例	应　用
镦粗	1. 平砧镦粗［图(a)］ 2. 带尾梢镦粗［图(b)］ 3. 局部镦粗［图(c)］ 4. 展平镦粗［图(d)］	1. 镦粗：使毛坯的高度减小，横截面积增大的锻造工序 2. 局部镦粗：对坯料上某一部分进行镦粗	a_0 h h_0 (a)　(b) (c)　(d)	1. 用于制造高度小，截面大的工件，如齿轮、圆盘等 2. 作为冲孔前的准备工序 3. 增大随后拔长工序的锻造比

续　表

工序名称		定　义	图　例	应　用
拔长	1. 普通拔长［图(a)］ 2. 芯轴拔长［图(b)］ 3. 芯轴扩孔［图(c)］	1. 普通拔长：使毛坯的横截面积减小而长度增加的锻造工序 2. 芯轴拔长：减小空心毛坯外径和壁厚，增加长度的工序 3. 芯轴扩孔：减小空心毛坯的壁厚，增加内径和外径的工序	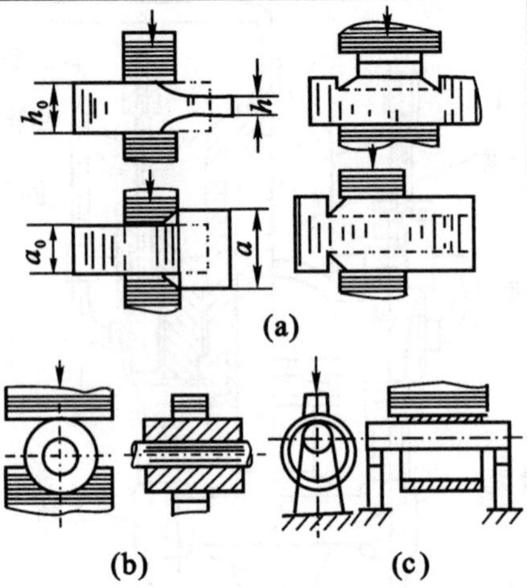	1. 用于制造长而截面小的工件，如轴、连杆、曲轴等 2. 制造长轴类空心件、圆环类件，如炮筒、圆环、套筒等
弯曲	1. 角度弯曲［图(a)］ 2. 成形弯曲［图(b)］	1. 角度弯曲：将毛坯弯成所需角度的锻造工序 2. 成形弯曲：利用简单工具或胎模将坯料弯成所需角度和外形的工序	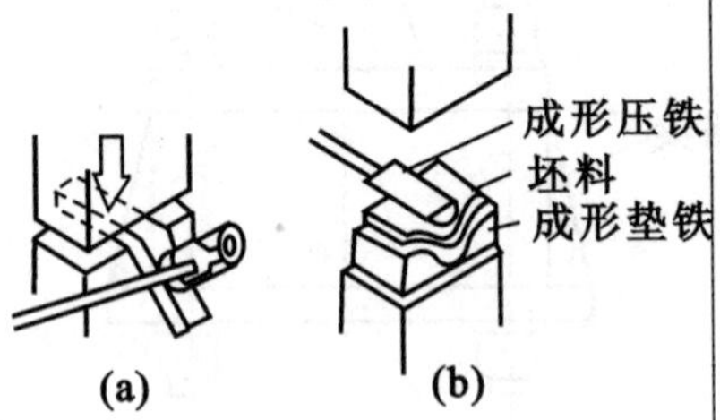	1. 锻制弯曲形零件，如角尺、U形弯板 2. 使锻造流线方向符合锻件的外形而不被割断，提高锻件质量，如吊钩等
冲孔	1. 实心冲子冲孔［图(a)］ 2. 空心冲子冲孔［图(b)］ 3. 板料冲孔［图(c)］	冲孔：在坯料上冲出通孔或不通孔的工序	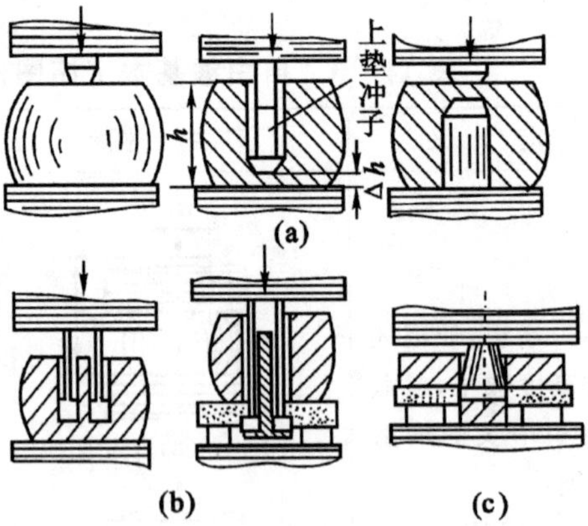	1. 制造空心件，如齿轮毛坯、圆环、套筒等 2. 锻件质量要求高的大型工件，可用空心冲孔去掉质量较低的铸锭中心部分

2. 自由锻工艺规程的制订

自由锻工艺规程是指导锻件生产、管理和质量检验的依据。其主要内容和步骤如下：

(1)绘制锻件图：锻件图是在零件图的基础上，考虑切削加工余量、锻件公差、工艺余块等所绘制的图样。

锻件上凡须切削加工的表面，应留有加工余量。零件的基本尺寸加上加工余量即为锻件的基本尺寸。锻件的实际尺寸与基本尺寸之间所允许的偏差，称为锻件公差。加工余量与锻件公差通常根据有关手册和实际生产条件确定。

为了简化锻件形状、便于锻造而增加的一部分金属称为余块（或敷料）。当零件上带有难以直接锻出的凹槽、台阶、凸肩、小孔时，均须添加余块（见图11－8）。

确定了加工余量、公差和余块后，便可绘出锻件图。锻件图的外形用粗实线表示，零件的外形用双点划线表示。锻件的基本尺寸与公差标注在尺寸线上面，零件的尺寸标注在尺寸线下面的括号内，如图11－9所示。

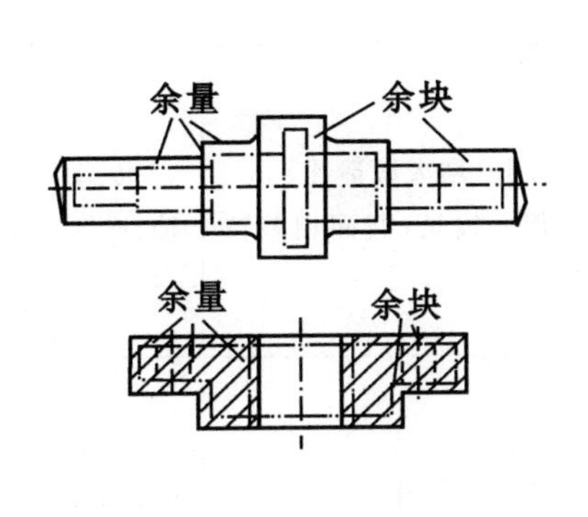

图11－8　锻件的余块及余量

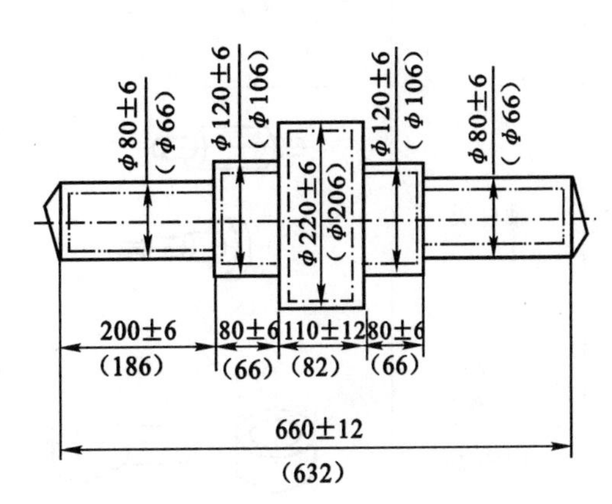

图11－9　锻件图的表示方法

(2)选择锻造工序：确定锻造工序的依据是锻件的形状、尺寸、技术要求和生产数量等。各类自由锻件的基本工序方案见表11－4。

(3)确定坯料质量和尺寸：坯料有铸锭和型材两种，前者用于大、中型锻件，后者用于中、小型锻件。

坯料的质量$m_{坯}$为锻件的质量$m_{锻}$与锻造时的各种损耗质量$m_{损}$（如加热时的烧损质量、冲孔时芯料的质量和锻造过程中切除的料头质量等）之和，即

$$m_{坯}=m_{锻}+m_{损}$$

坯料尺寸依据锻造工序和变形程度（锻造比）来确定。

采用拔长方法锻造时，有

$$F_{坯}\geqslant YF_{锻}$$

式中　$F_{坯}$——坯料最大横截面积；

$F_{锻}$——锻件最大横截面积；

Y——拔长时的锻造比。

对于碳素钢锭，Y一般为2～3；对于合金结构钢钢锭，Y一般为3～4。

平砧镦粗时，为避免产生纵向弯曲现象和下料困难，坯料的高径比$\left(\frac{H_0}{D_0}\right)$应大于1.25，但不得超过2.5。

由于坯料的质量已知，可计算出坯料的体积，再确定坯料的截面尺寸（直径或边长），最后

确定坯料的长度。

表 11-4　自由锻件分类及基本工序选择

序号	类　别	图　　例	基本工序方案	实　　例
1	饼块类	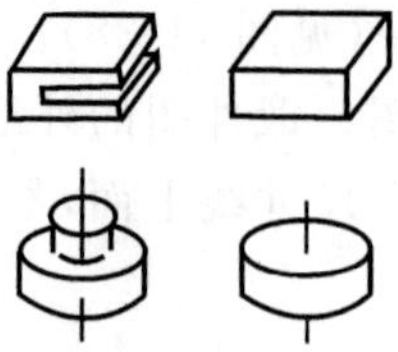	镦粗或局部镦粗	圆盘、齿轮、模块、锤头等
2	轴杆类	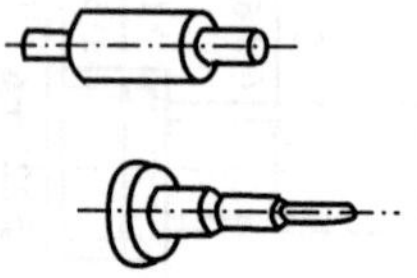	拔长 镦粗—拔长(增大锻造比) 局部镦粗—拔长(截面相差较大的阶梯轴)	传动轴、主轴、连杆类零件
3	空心类	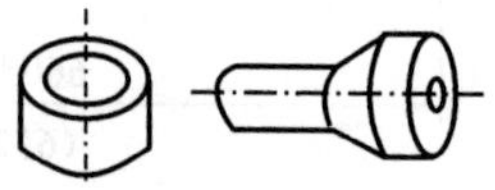	镦粗—冲孔 镦粗—冲孔—扩孔 镦粗—冲孔—芯轴拔长	圆环、法兰、齿圈、套筒、空心轴等
4	弯曲类	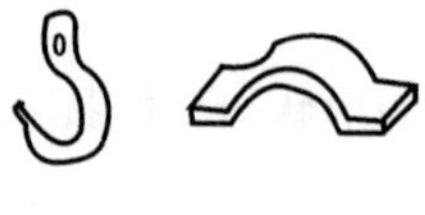	轴杆类锻件工序—弯曲	吊钩、弯杆、轴瓦盖等
5	曲轴类	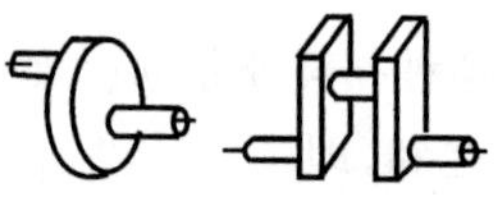	拔长—错移(单拐曲轴) 拔长—错移—扭转	曲轴、偏心轴等
6	复杂形状件	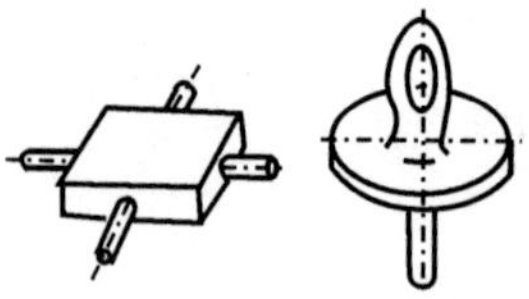	前几类锻件工序的组合	阀杆、叉杆、十字轴、吊环等

(4)选择锻造设备:应根据坯料的种类、质量以及锻造基本工序、设备的锻造能力等因素,并结合工厂现有设备条件综合确定锻造设备。

表 11-5 为汽车半轴的自由锻造工艺卡,可用于直接指导自由锻生产。

表 11-5 汽车半轴自由锻造工艺卡

锻件名称	半轴	锻件图
坯料质量	25 kg	$\phi55\pm2(\phi48)$ $\phi70\pm2$ $(\phi60)$ $\phi60^{+1}_{-2}$ $(\phi50)$ $\phi80\pm2(\phi70)$ $\phi105\pm1.5$ (98) $(\phi114.8)$ $\phi123^{+2}_{-1}$ 45 ± 2 (38) 102 ± 2 (92) 90^{+3}_{-2} $297^{+2}_{-3}(287)$ 690^{+3}_{-5} (672) 150 ± 2 (140)
坯料尺寸	ϕ130 mm×240 mm	
材料	18CrMnTi	
加热火次		
1	锻出头部	$\phi108$ $\phi125$ 47
	拔长	$\phi108$
	拔长及修整台阶	$\phi81$ 104
	拔长并留出台阶	$\phi70$ 152
	锻出凹档及拔出端部并修整	$\phi60$ $\phi55$ 90 287

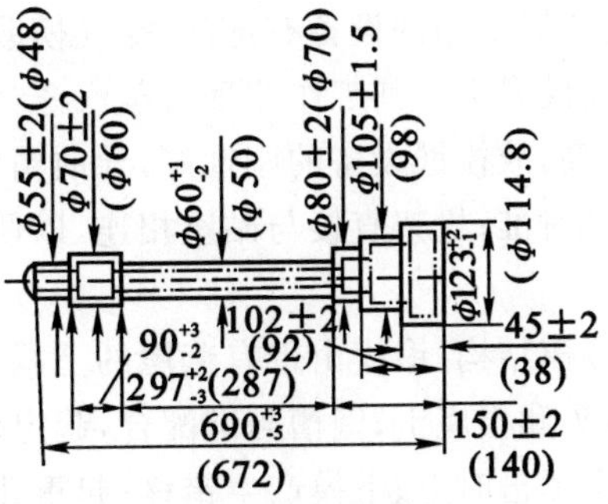

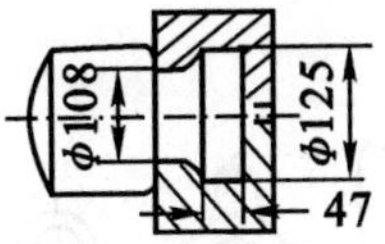

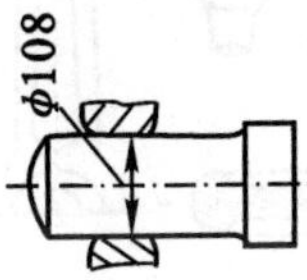

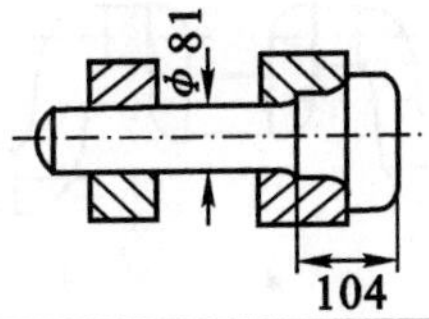

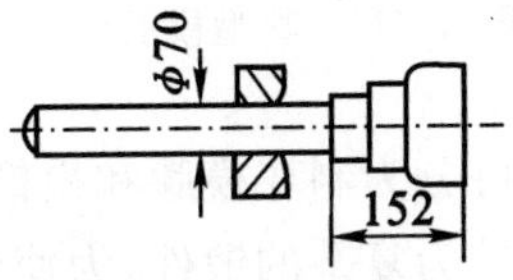

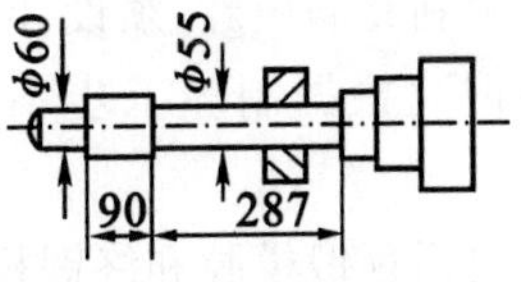

11.2.2 模型锻造

模型锻造是金属在外力作用下产生塑性变形并充满模膛而获得锻件的方法。常用模锻设备有模锻锤、热模锻压力机、平锻机和摩擦压力机等。

与自由锻相比，模锻件尺寸精度高，机加工余量小，锻件的纤维组织分布更为合理，可进一步提高零件的使用寿命。模锻生产率高，操作简单，容易实现机械化和自动化。但设备投资大，锻模成本高，生产准备周期长，且模锻件的质量受到模锻设备吨位的限制，因而适用于中、小型锻件(一般<150 kg)的成批和大量生产。典型模锻件如图 11-10 所示。

按所用设备的类型不同,模型锻造可分为锤上模锻、压力机上模锻等。

1. 锤上模锻

锤上模锻所用的设备有蒸汽-空气模锻锤、无砧座模锻锤和高速锤等。一般工厂主要采用蒸汽-空气模锻锤。其工作原理与蒸汽-空气自由锻锤基本相同。但由于模锻时受力大,锻件精度要求高,故模锻设备的刚性好,导向精度高。锤头与导轨之间的间隙比自由锻锤小,以保证上、下模对准;机架直接与砧座相连,以便提高打击刚度和冲击效率。模锻锤的吨位一般为 1~16 t。

(1)锻模结构:锻模由带有燕尾的上模和下模组成(见图 11-11)。燕尾和斜楔配合分别安装在锤头和模座上;键槽与键配合,起定位作用,防止锻模前后移动;锁扣与上模凹入的部分配合,防止锤击时上、下模产生错移;起重孔则是为了安装锻模方便而设置的。

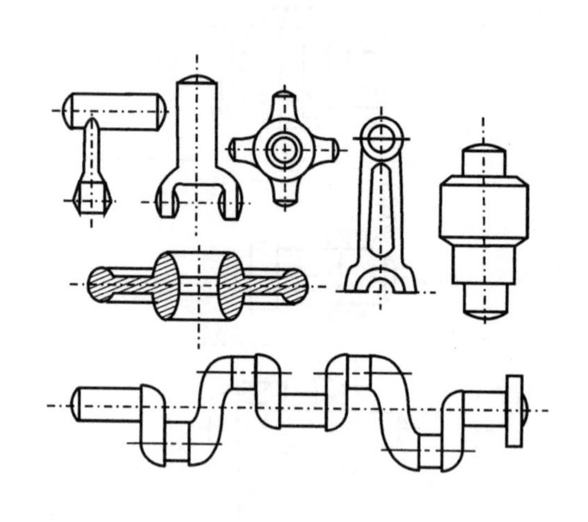

图 11-10　典型模锻件

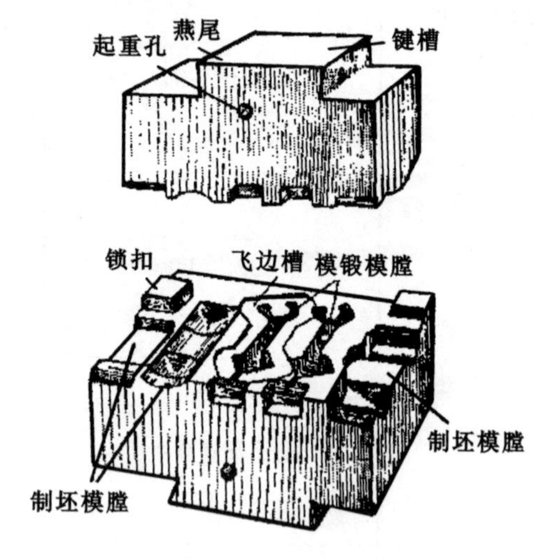

图 11-11　锻模结构

锻模模膛可分为制坯模膛和模锻模膛两大类(见表 11-6)。

对于形状较为复杂的锻件,为使坯料形状逐步接近锻件形状,确保金属变形均匀,纤维合理分布和金属顺利充满模膛,须设计制坯模膛。坯料在制坯模膛内锻成接近锻件的形状,再放入模锻模膛终锻。根据制坯工步不同,制坯模膛又可分为拔长、滚压(或滚挤)、弯曲、切断模膛等。

模锻模膛包括预锻模膛和终锻模膛。

终锻模膛是锻件最终成形所在的模膛。其尺寸与形状与锻件完全吻合,但模膛四周设置有飞边槽,锻件终锻成形后还须在切边压力机上切去飞边。预锻模膛是为了保证终锻成形时锻件的质量和减少终锻模膛的磨损而设置的,模膛周边无飞边槽。

(2)模锻件图的绘制:模锻件图是确定模锻工艺、设计和制造锻模以及检验锻件的主要依据。绘制模锻件图时,应考虑以下主要问题:

1)选择分模面。分模面是指上、下模在锻件上的分界面。一般按以下原则确定分模面:①应保证锻件从模膛中顺利取出,故分模面一般应选取在锻件最大尺寸的截面上;②应使分模面处上下模膛外形一致,以便能及时发现错模;③应使模膛浅而宽,以利于金属充满模膛;④应保证锻件上所加余块最少。根据上述原则，图 11－12 中的 d—d 面作分模面最为合适。

表 11－6　锻模模膛分类及用途

类　别	模膛名称	简　　图	用　　途
制坯模膛	拔长模膛	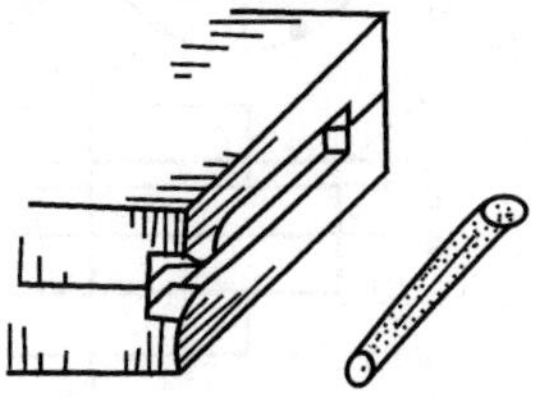	减小坯料某部分的横截面积，增加其长度，兼有去除氧化皮的作用。主要用于长轴类锻件制坯
	滚压模膛	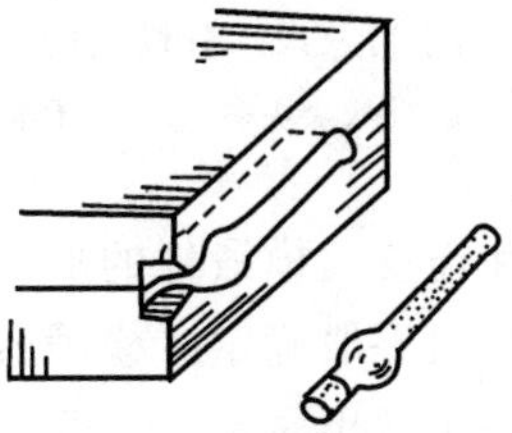	减小坯料某部分的横截面积，增大另一部分的横截面积，使坯料沿轴线的形状更接近锻件。主要用于某些变截面长轴类锻件的制坯
	弯曲模膛	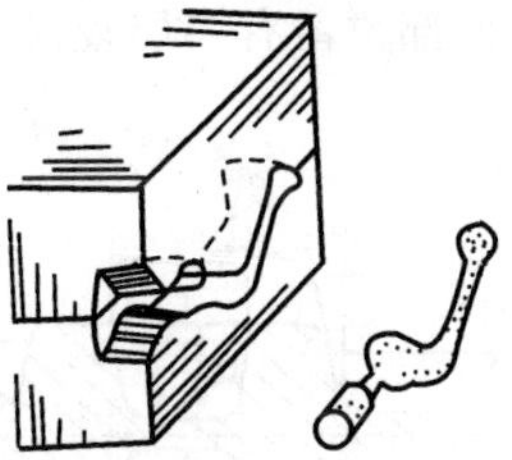	改变坯料轴线形状，以符合锻件水平投影形状。主要用于具有弯曲轴线的锻件的制坯
	切断模膛	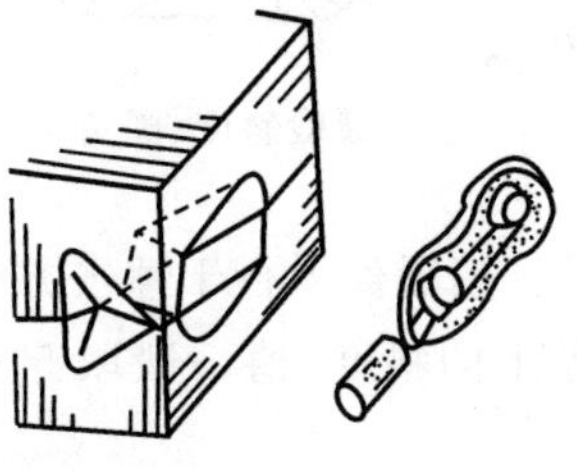	当一块坯料锻造两个或多个锻件时，将已锻好的锻件从坯料上切下
模锻模膛	预锻模膛	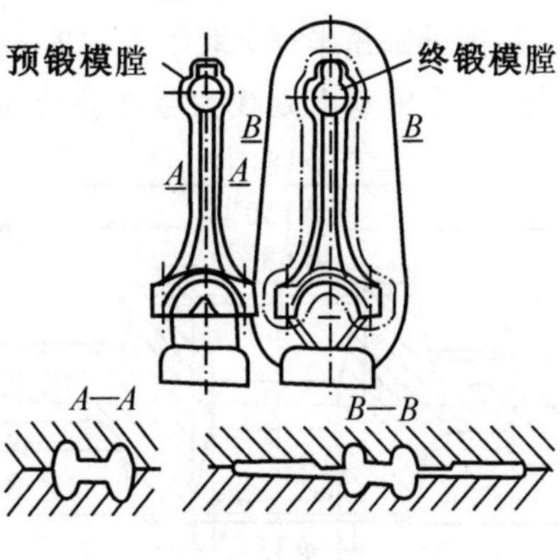 预锻模膛　终锻模膛　A　A　B　B　A—A　B—B	获得与终锻相近的形状，以利于锻件在终锻模膛中清晰成形，提高锻件质量，并减小终锻模膛的磨损，延长其使用寿命。主要用于形状复杂的锻件
	终锻模膛		最终获得所需形状和尺寸的锻件； 飞边槽的作用是增加坯料成形时所受到的三向压应力作用，促使金属充满模膛和容纳多余金属

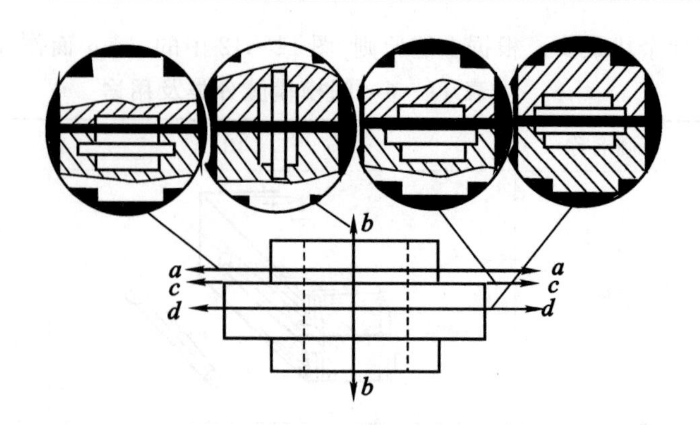

图 11-12　分模面的选择

a—a：取不出锻件　b—b：模膛深、余块多　c—c：不易发现错模　d—d：合理分模面

2)确定加工余量、公差、余块和连皮。模锻件的加工余量一般在 1～4 mm 之间；公差一般取±(0.3～3) mm。具体可查阅相关手册确定。模锻件均为批量生产，应尽量减少或不加余块，但直径小于 30 mm 的孔一般不予锻出。

模锻时不能直接锻出通孔，在该部位留有一层较薄的金属，称为连皮(见图 11-13)，在锻造后与飞边一同切除。

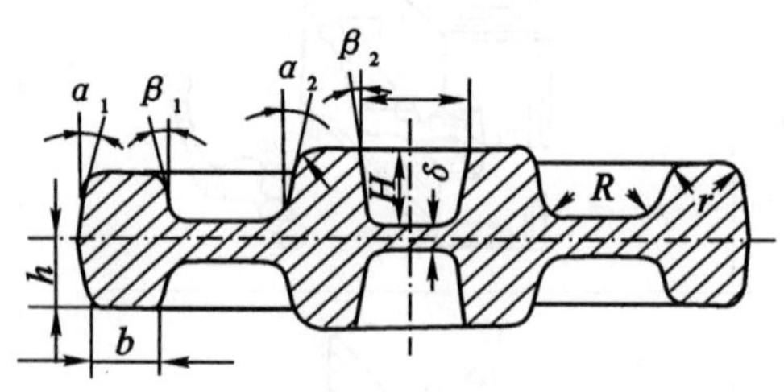

图 11-13　模锻斜度、圆角半径和连皮

3)确定模锻斜度和圆角半径。模锻件平行于锤击方向的侧面，应设计成一定斜度，以便顺利取出锻件。外斜度 α(锻件外壁上的斜度)值一般取 5°～10°，内斜度 β(锻件内壁上的斜度)值一般取 7°～15°。

模锻件所有转角处均应设计成圆角，以便使金属在模膛内易于流动，保持金属纤维的连续性，提高锻件质量和模具寿命。一般外圆角半径 r 取 1.5～12 mm，内圆角半径 R 取(3～4)r。

图 11-14 为齿轮坯模锻件图，图中双点划线为零件的轮廓外形。

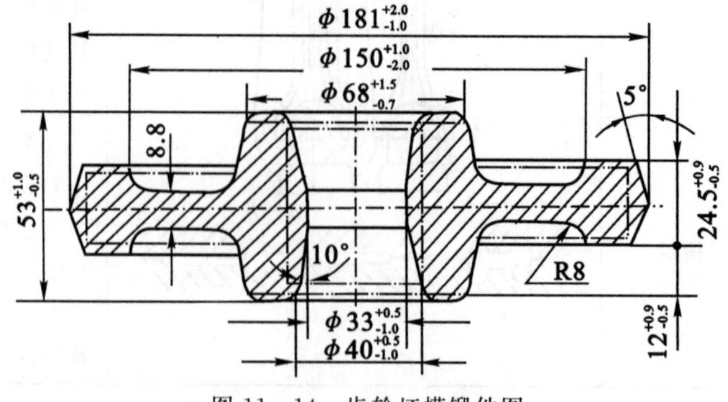

图 11-14　齿轮坯模锻件图

(3)变形工步的选择:根据锻件图的复杂程度确定变形工步,然后根据已确定的工步设计制坯模膛、预锻和终锻模膛。表11-7为锤上模锻件分类和变形工步示例。

表11-7　锤上模锻件分类和变形工步示例

模锻件分类	变形工步示例	主要变形工步
盘　类	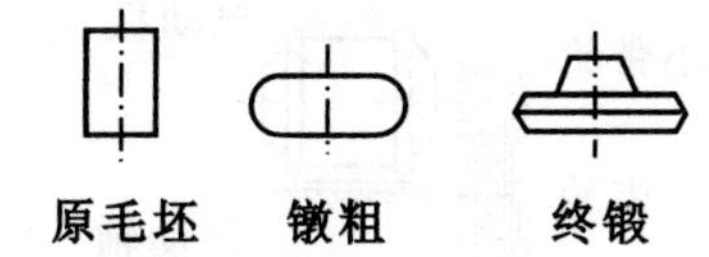 原毛坯　镦粗　终锻	镦粗(预锻)、终锻
直轴类	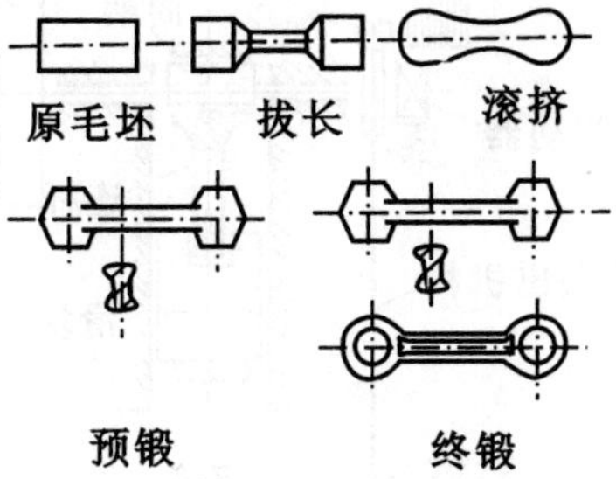 原毛坯　拔长　滚挤　预锻　终锻	拔长、滚压(预锻)、终锻
弯轴类	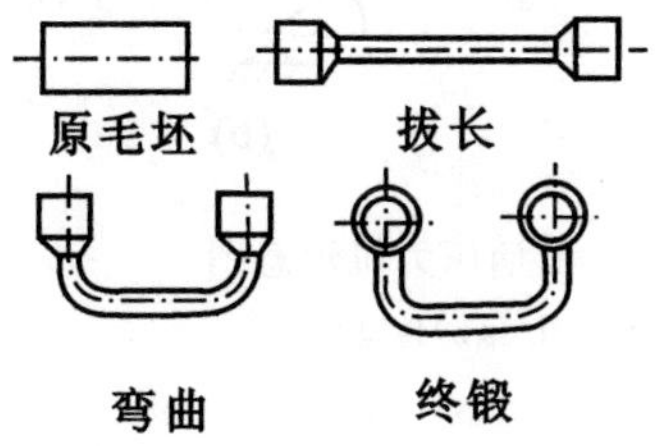 原毛坯　拔长　弯曲　终锻	拔长、滚压、弯曲(预锻)、终锻
叉　类	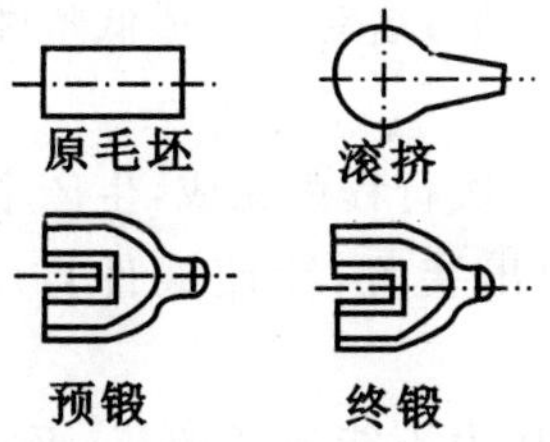 原毛坯　滚挤　预锻　终锻	拔长、滚压、预锻、终锻
枝芽类	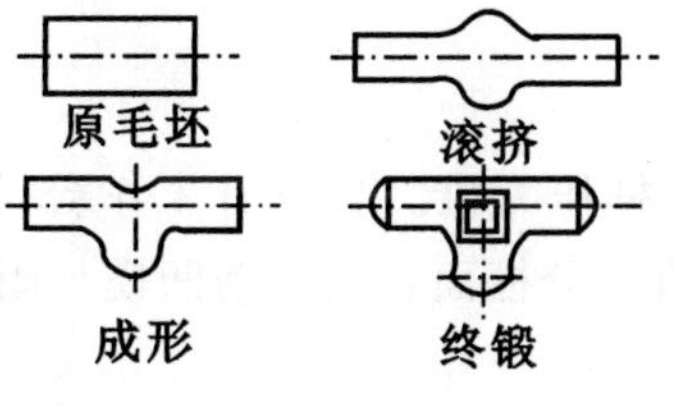 原毛坯　滚挤　成形　终锻	拔长、滚压、成形(预锻)、终锻

锤上模锻是我国目前应用最多的一种模锻方法,但由于其工作时振动和噪声大,蒸汽效率低,难以实现较高程度的操作机械化;完成一个变形工步需要多次锤击,生产率仍不是很高,故旧式的锻锤已逐渐被更新的技术所替代,现代锻锤已不再是简单的锻造,而是一台数控热成形

机械，它具备智能传感器及现代化的控制系统，可对各种影响因素引起的偏差进行自动修正。

2. 曲柄压力机上模锻

曲柄压力机结构如图 11－15 所示。电动机通过带轮和齿轮副的传动，带动曲柄连杆机构运动，从而使滑块作上下往复运动。锻模分别安装在滑块下端和工作台上。

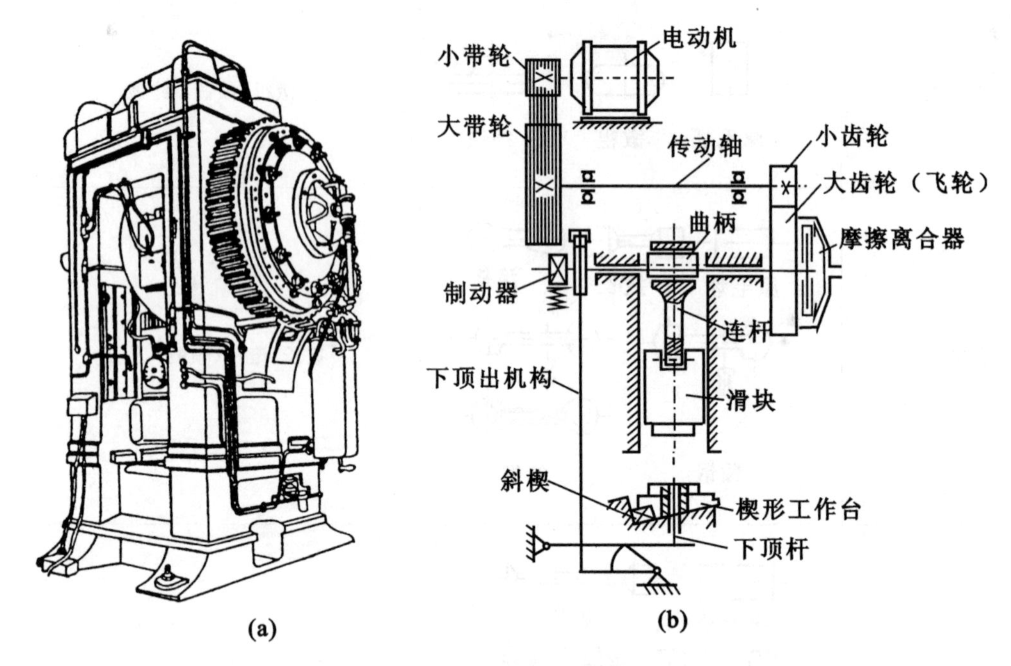

图 11－15　曲柄压力机示意图

(a)外观图　(b)传动图

与锤上模锻相比，曲柄压力机上模锻主要有以下优点：

(1)变形力为静压力，坯料的变形速度较低，这对于成形低塑性材料较为有利，如可在曲柄压力机上成形耐热合金和镁合金等。

(2)锻造时滑块行程不变，坯料变形在一次行程内完成，生产率高。

(3)滑块运动精度高，并设有上、下顶出装置，能使锻件自动脱模，便于实现机械化和自动化。

曲柄压力机模锻的缺点是滑块行程和压力不能随意调节，不宜进行拔长、滚挤等操作；设备复杂、费用高，适用于大批大量生产。

3. 平锻机上模锻

平锻机(见图 11－16)相当于卧式曲柄压力机。它没有工作台，锻模由固定凹模、活动凹模和凸模三部分组成，具有两个相互垂直的分模面。当活动凹模与固定凹模合模时，便夹紧坯料，主滑块带动凸模进行模锻成形。

平锻机上模锻主要有以下特点：

(1)坯料多是棒料和管材，可锻造出曲柄压力机所不能锻造的长杆类锻件，并能锻出通孔(见图 11－17)。

(2)锻模有两个分模面，可以锻出其他设备上无法成形的侧面带有凸台和凹槽的锻件。锻件无飞边，精度高。

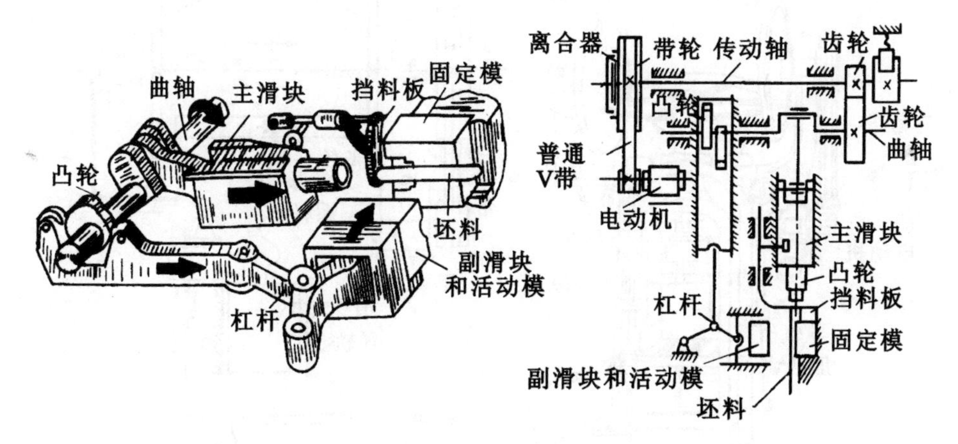

图11-16　平锻机示意图

平锻机上模锻也是一种高效率、高质量、容易实现机械化和自动化的模锻方法。但平锻机造价高，投资大，仅适用于大批量生产。

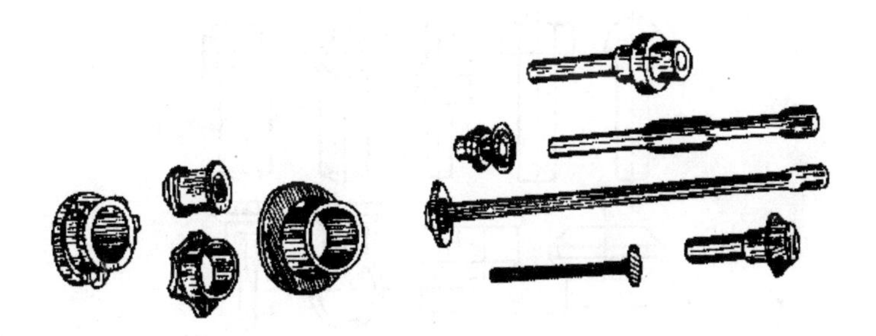

图11-17　平锻机模锻件

4. 摩擦压力机上模锻

摩擦压力机（见图11-18）是靠飞轮旋转所积蓄的能量转化为金属的变形能而进行锻造的。电动机经带轮、摩擦盘、飞轮和螺杆带动滑块作上、下往复运动，操纵机构控制左、右摩擦盘分别与飞轮接触，利用摩擦力改变飞轮转向。

摩擦压力机的行程速度介于模锻锤和曲柄压力机之间，滑块行程和打击能量均可自由调节，坯料在一个模膛内可以多次锤击，能够完成镦粗、成形、弯曲、预锻等成形工序和校正、精整等后续工序。

摩擦压力机构造简单，投资费用少，工艺适应性广，但传动效率低，一般只能进行单模膛模锻，广泛用于中批量生产的小型模锻件，以及某些低塑性合金锻件。

摩擦压力机锻件如图11-19所示。

5. 胎模锻造

胎模锻造是在自由锻设备上使用胎模来生产模锻件的方法。通常用自由锻方法使坯料初步成形，然后在胎模内终锻成形。

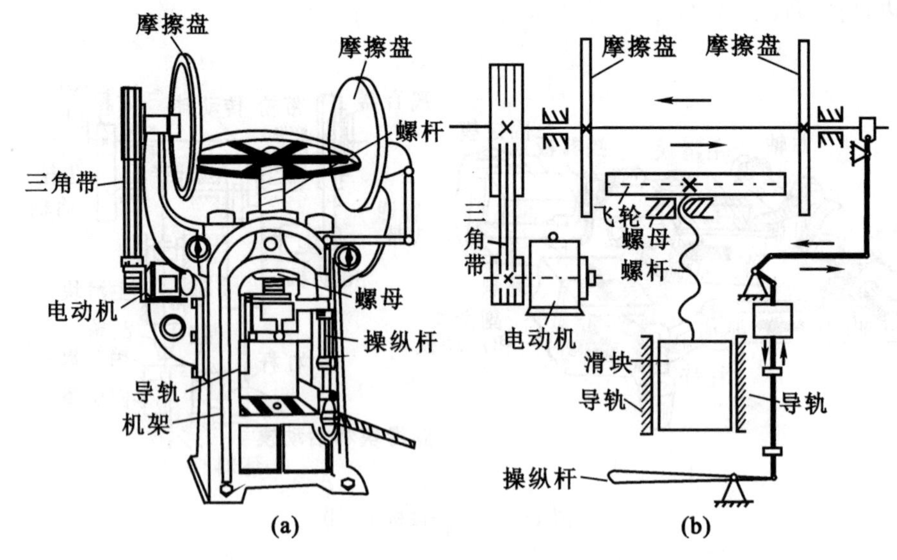

图 11-18 摩擦压力机
(a)外形图 (b)传动图

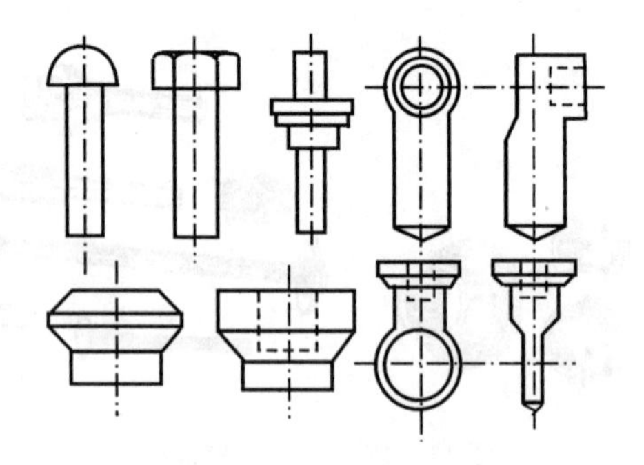

图 11-19 摩擦压力机锻件

胎模的结构形式很多,常用胎模结构如图 11-20 所示。扣模主要用于非回转体锻件的局部或整体成形;筒模主要用于锻造法兰盘、齿轮坯等回转体盘类零件;合模由上、下模两部分组成,主要用于锻造形状较复杂的非回转体锻件。

胎模锻造的特点介于自由锻与锤上模锻之间,比自由锻生产率高,锻件质量较好,锻模简单,生产准备周期短,广泛用于中、小批量的小型锻件的生产。

6. 精密模锻

精密模锻是指在普通锻造设备上锻造高精度锻件的方法。其主要工艺特点是使用两套不同精度的锻模。先使用普通锻模锻造,留有 0.1~1.2 mm 的精锻余量,然后切下飞边并进行酸洗,再使用高精度锻模,直接锻造出满足精度要求的产品零件。例如在摩擦压力机和曲柄压力机上精锻锥齿轮、汽轮机叶片等形状复杂的零件。在精密模锻过程中,要采用无氧化和少氧化的加热方法。

提高锻件精度的另一条途径是在中温(碳钢的始锻温度为 600~875℃)或室温下进行精密锻造,但只能锻造小型钢锻件或非铁金属锻件。精密模锻件的精度较高,一般不需切削加工或只进行少量切削加工便可投入使用，是一种先进的锻造方法。但由于模具制造复杂，对坯料尺寸和加热质量要求较高，只适宜于大批量生产。

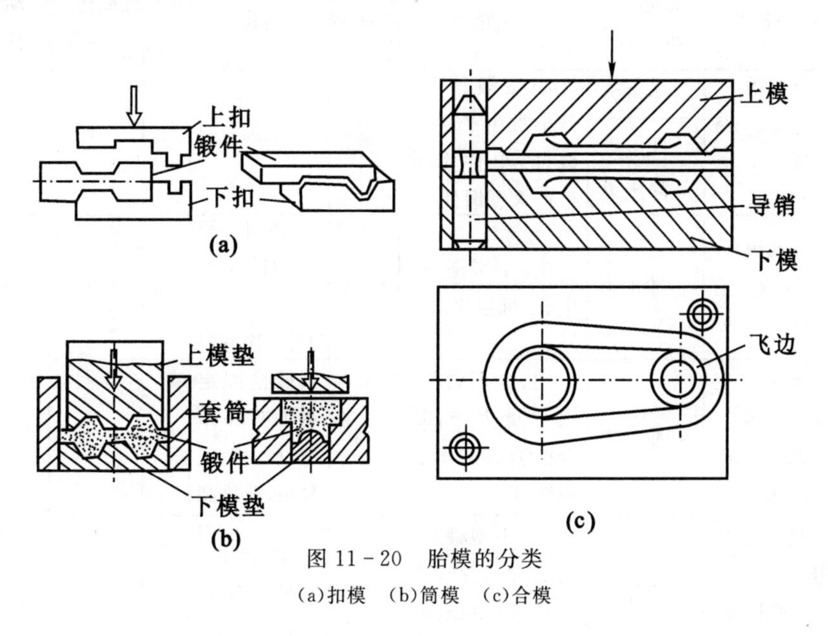

图 11－20　胎模的分类

(a)扣模　(b)筒模　(c)合模

11.2.3　锻造方法的选择

生产同一种锻件可以选用不同的锻造方法。例如，汽车发动机的连杆，可以在锤上和各种压力机上模锻，也可以采用胎模锻造。即使在同一种锻压设备上，也可采用不同的工艺方案。如在模锻锤上模锻连杆，可以用拔长、滚压制坯，然后进行预锻、终锻，也可以先在其他设备上制坯，之后在模锻锤上终锻。因此须对各种工艺方案进行比较分析，在满足性能和质量要求的前提下，应选用生产成本低，生产效率高的方案。

锻件的成本由材料、模具、工资、直接和间接的管理费用、电热消耗费等组成。各部分比例随工艺方案的合理性和管理水平而异，而工艺方案的确定必须以生产批量为重要依据。图 11－21为同一种锻件采用不同锻造方法时，其成本随生产批量而变化的情况。由图中可以看出，采用自由锻时，随生产数量的增加，锻件成本下降缓慢；采用自动生产线模锻时，生产数量愈多，锻件成本下降也愈快。因而，应综合各种因素，合理选择锻造方法。表 11－8 为常用锻造方法的特点和应用比较。

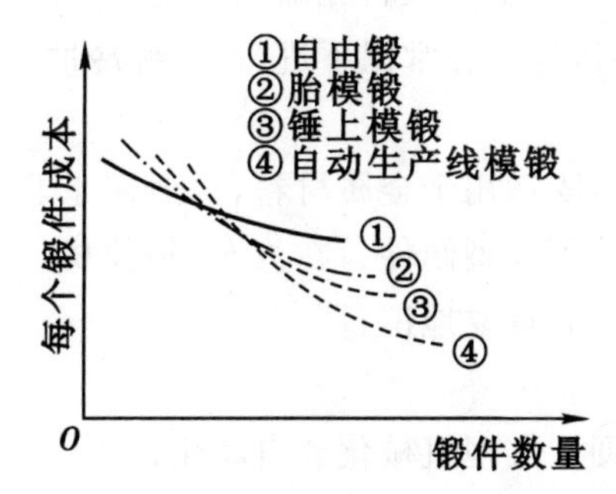

图 11－21　生产批量对锻件成本的影响

表 11-8　常用锻造方法的特点和应用比较

加工方法		使用设备	锻造力性质	应用范围	生产率	模具特点	模具寿命	机械化与自动化	劳动条件	对环境影响
自由锻		空气锤 蒸汽-空气锤 水压机	冲击力 冲击力 静压力	小型锻件，单件小批生产中型锻件，单件小批生产大型锻件	低	无模具		难	差	振动和噪声大
胎模锻		空气锤 蒸汽-空气锤	冲击力	中、小型锻件，中、小批量生产	较高	模具简单，且不固定在设备上，更换方便	较低	较易	差	震动和噪声大模
模型锻造	锤上模锻	蒸汽-空气模锻锤 无砧座锤 高速锤	冲击力	中、小型锻件，大批量生产，适合锻造各种类型模锻件	高	锻模固定在锤头和砧座上，模膛复杂，造价高	中	较难	差	震动和噪声大
	曲柄压力机上模锻	热模锻压力机 曲柄压力机	静压力	中、小型锻件，大批量生产，不适宜进行拔长和滚压工序	高	组合模，有导柱导套和顶出装置	较高	易	好	较小
	平锻机上模锻	平锻机	静压力	中、小型锻件，大批量生产，适合锻造法兰轴和带孔的模锻件	高	三块模组成，有两个分模面，可锻出侧面带凹槽的锻件	较高	较易	较好	较小
	摩擦压力机上模锻	摩擦压力机	介于冲击力与静压力之间	小型锻件，中批量生产，可进行精密模锻	较高	一般为单模膛锻件	较高	较易	好	较小

11.3 板料冲压

板料冲压是利用冲模在压力机上对板料施加压力使其变形或分离，从而获得一定形状、尺寸的零件的加工方法。板料冲压通常在常温下进行，又称冷冲压，只有当板厚大于 8～10 mm 时，才采用热冲压。

冲压加工的应用范围广泛，既适用于金属材料，也适用于非金属材料；既可加工仪表上的小型制件，也可加工汽车覆盖件等大型制件。在汽车、拖拉机、电器、航空、仪表及日常生活用品等制造行业中，冲压加工均占有重要地位。

板料冲压具有下列特点：

(1)生产率高：操作简单，便于实现机械化和自动化；

(2)产品质量好：尺寸精度和表面质量较高，互换性好，一般无须进一步加工。

(3)材料利用率高:可冲制形状复杂的零件,废料少。

但是,冲模制造复杂,成本高,只有在大批量生产的条件下,才能显示出优越性。

冲压设备主要有剪床和冲床两大类。剪床(亦称剪板机)的用途是将板料按要求切成一定宽度的条料,供下一步冲压用。冲床(亦称曲柄压力机)则是冲压成形的基本设备,可用于切断、落料、冲孔、弯曲、拉深和其他冲压工序。

常用小型冲床的结构如图 11－22 所示。电动机通过减速机构带动曲柄连杆机构运动,从而使固定在滑块上的上模作上下往复运动,与下模配合,完成各种冲压工序。大批大量生产时,常采用多工位自动冲床,生产率很高。

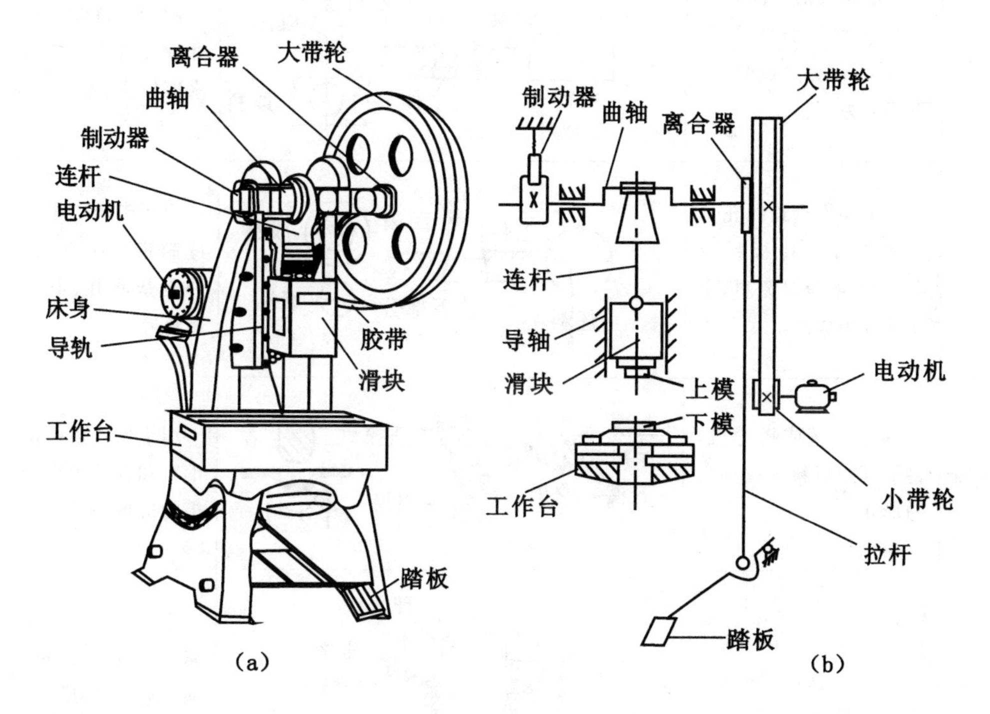

图 11－22　开式压力机

(a)外观图　(b)传动原理图

11.3.1　板料冲压的基本工序

板料冲压的基本工序可分为分离工序和成形(或变形)工序两大类。

分离工序是使冲压件与板料沿所要求的轮廓线相分离的工序,如落料、冲孔、切断和修整等;成形工序是使板料产生塑性变形而不破裂的工序,如弯曲、拉深、成形和翻边等(见表 11－9)。

1. 冲裁

冲裁是落料和冲孔工序的统称。

落料、冲孔所用的冲模结构以及板料的变形过程均相同,但二者冲裁目的不同。落料是为了制取工件的外形,故冲下的部分为工件,带周边的为废料;冲孔则相反,是要制取工件的内孔,故冲下的部分为废料,带孔的部分为工件(见图 11－23)。

表 11－9　冲压基本工序分类

工件名称		定　义	简　图	应用举例
分离工序	剪裁	利用剪床或冲模，沿不封闭的曲线或直线切断	成品　坯料　废料	用于下料或加工形状简单的平板零件，如冲制变压器的矽钢芯片
	落料	利用冲模沿封闭轮廓曲线或直线将板料分离，冲下部分是成品，余下部分为废料	冲头　凹模　坯料　成品　工件　废料	用于下料或直接冲制出工件，如汽水瓶扳头、垫片等
	冲孔	利用冲模沿封闭轮廓曲线或直线将板料分离，冲下部分是废料，余下部分为成品	工件　凹模　成品　坯料　冲下部分　废料	用于中间工序或冲制带孔零件，如冲制垫圈孔、电气箱百叶窗等
变形工序	弯曲	利用冲模或折弯机，将平直的板料弯成一定的形状	上模　坯料　下模　凸模　凹模	用于生产板材角钢料和各种板料箱柜的边框等
	拉深	利用冲模将板料加工成中空形状，壁厚基本不变，或局部变薄	冲头　压板　坯料　凹模	用于生产各种金属日用品（如碗、锅、盆、易拉罐身）和汽车油箱等
	翻边	利用冲模在带孔工件上用扩孔的方法获得凸缘或把边缘按曲线或圆弧弯成竖直的边缘	冲头　工件　凹模　上模　下模	用于增加冲制件的强度或美观性
	卷边	利用冲模或旋压法，将工件竖直的边缘翻卷	上模　成形前　坯料　下模　旋压滚轮　型模　产品　顶柱	用于增强冲制件的强度或美观性

续　表

工件名称		定　义	简　图	应用举例
变形工序	胀形	利用冲模或内旋压法，使中空坯料或管坯沿径向胀形成所需形状	凸模 橡胶 坯料 旋压滚轮 坯料 型胎	用于制造各种形状中部较大的容器、管接头等，如球形管接头、军用水壶等

冲裁时板料的变形过程如图11－24所示。当冲头接触板料向下运动时，板料首先产生弹性变形，继而进入塑性变形阶段，随凸模继续向下运动，变形程度增大，由于金属加工硬化现象及位于凸模与凹模刃口处的金属产生应力集中而出现微裂纹，并逐渐扩展，相互汇合，使板料与工件相分离。

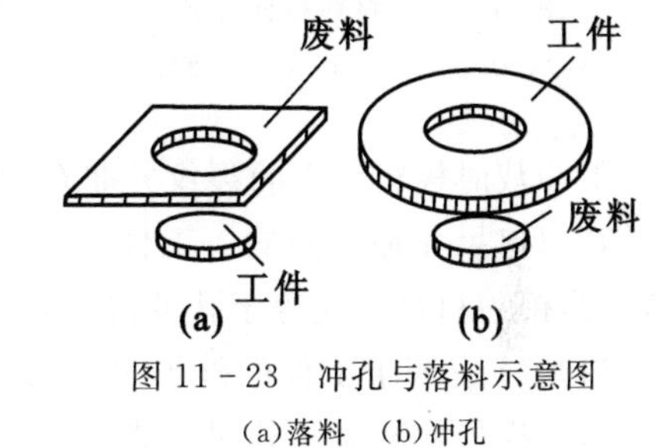

图11－23　冲孔与落料示意图
(a)落料　(b)冲孔

板料分离后所形成的断口区域包括：塌角、光亮带、剪裂带和毛刺等四部分[见图11－24(d)]。其中光亮带尺寸准确，表面质量好，其余部分则使断口表面质量下降。

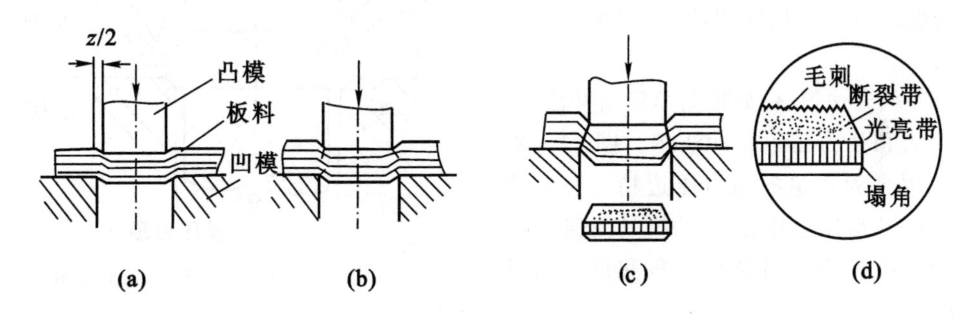

图11－24　金属板料的冲裁过程及断面特征
(a)弹性变形　(b)塑性变形　(c)断裂分离　(d)冲裁件断口

冲裁件断面质量的优劣，与冲模间隙、刃口锋利程度和材料排样方式(见图11－25)密切相关。为了顺利完成冲裁过程，保证冲裁件的断面质量，要求凸模、凹模具有锋利的刃口以及合理的模具间隙 z。间隙过大或过小，均会影响冲裁件断面质量，甚至损坏冲模(见图11－26)。模具间隙主要取决于板厚和冲裁件的精度要求，一般取值为板厚 t 的5％～10％。

冲裁件在板料或条料上的布置方法(即排样方式)对材料的利用率、生产成本和产品质量均有较大影响。采用无接边排样可减少废料，降低成本，但冲裁件尺寸精度不高。采用有接边排样，冲裁件质量较高，模具寿命也较长，但材料利用率较低，因此应依据实际情况合理选取。生产中通常采用有接边排样。

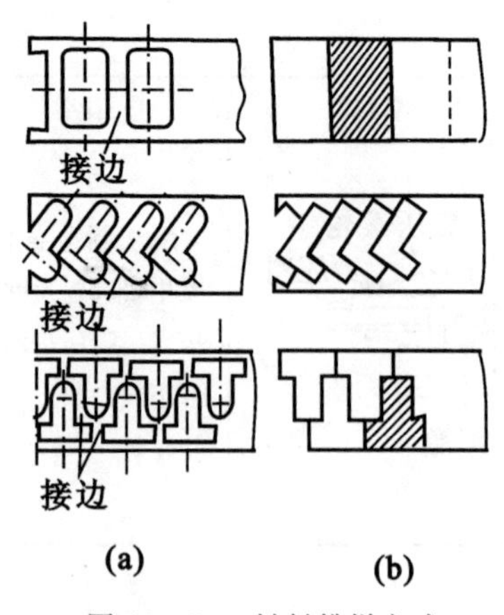

图 11－25　材料排样方式

(a)有接边排样　(b)无接边排样

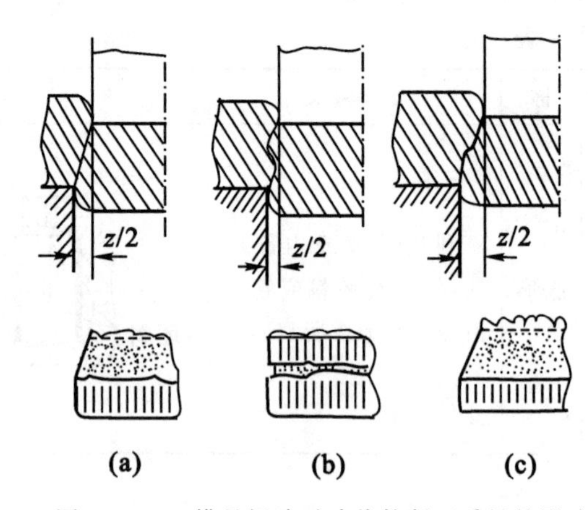

图 11－26　模具间隙对冲裁件断面质量的影响

由于冲裁时板料产生的裂纹并非在垂直方向，而是成一定角度，所以同样尺寸的落料和冲孔模具其刃口尺寸是不同的。工件上孔的尺寸取决于凸模尺寸，外形尺寸取决于凹模尺寸。冲孔时，凸模刃口尺寸应等于孔的尺寸，凹模刃口尺寸为凸模尺寸加上模具间隙值 z；落料时，凹模刃口尺寸应等于工件的外形尺寸，凸模刃口尺寸为凹模尺寸减去模具间隙值 z。

普通冲裁件只能满足一般产品的精度要求，远不能满足钟表、照相机、电子仪器等精密器械的要求。对于高精度冲裁件，须采用精密冲裁工艺。

精密冲裁方法很多，如带圆角模精冲法、负间隙精冲法和强力压边精冲法等。图 11－27 为目前应用较为普遍的强力压边精冲法示意图。它依靠 V 形压边环、极小的模具间隙(z 一般为 $1\%t$)、凹模刃口略带小圆角和反压力顶杆等，以得到精密冲裁件。

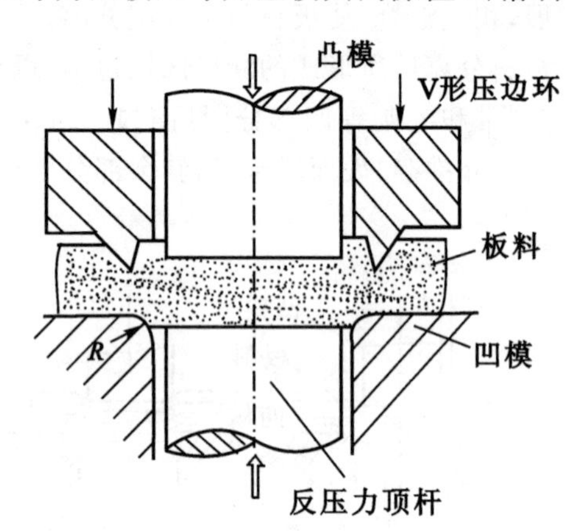

图 11－27　强力压边精冲法示意图

2. 弯曲

弯曲是将板料、型材或管材弯成一定角度或圆弧的工序。图 11－28 为几种弯曲件示意图。

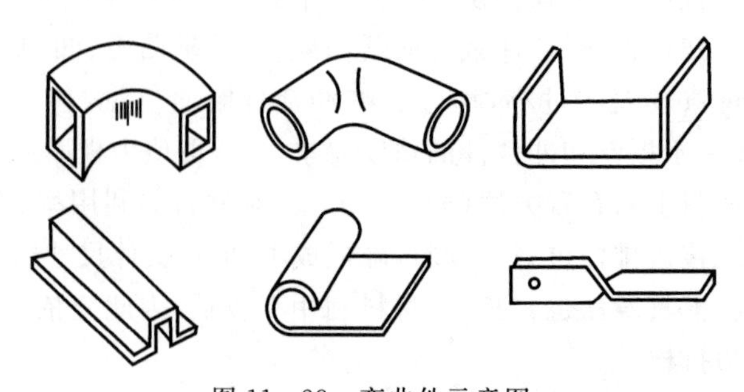

图 11－28　弯曲件示意图

板料弯曲时，内侧金属受切向压应力，产生压缩变形；外层金属受切向拉应力，产生伸长变形，表现为如图 11－29 所示的板料上矩形网格发生变化。当拉应力超过材料的抗拉强度时，即会造成金属破裂。坯料厚度 t 越大，弯曲半径 r 越小，材料所受的内应力就越大，越容易弯裂。因此，必须控制最小弯曲半径 r_{min}，通常取 $r_{min} \geqslant (0.25 \sim 1)t$。材料塑性好时取下限。

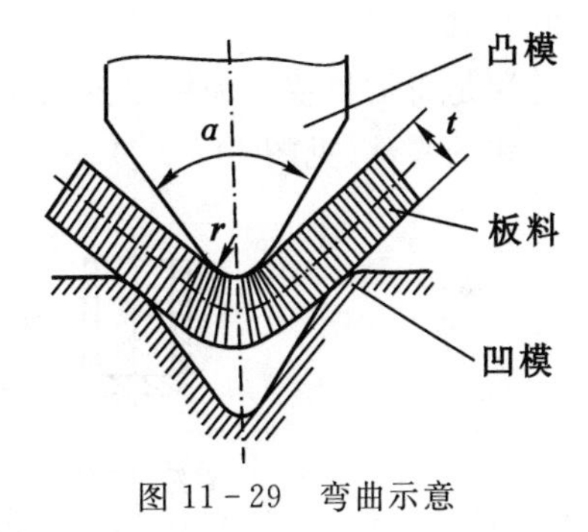

图 11－29　弯曲示意

弯曲时还应尽可能使弯曲线与坯料纤维方向垂直（见图 11－30），亦即使材料所受的拉应力与纤维方向一致，否则容易产生破裂。在双向弯曲时，应使弯曲线与纤维方向呈 45°。在材料排样时应加以注意。

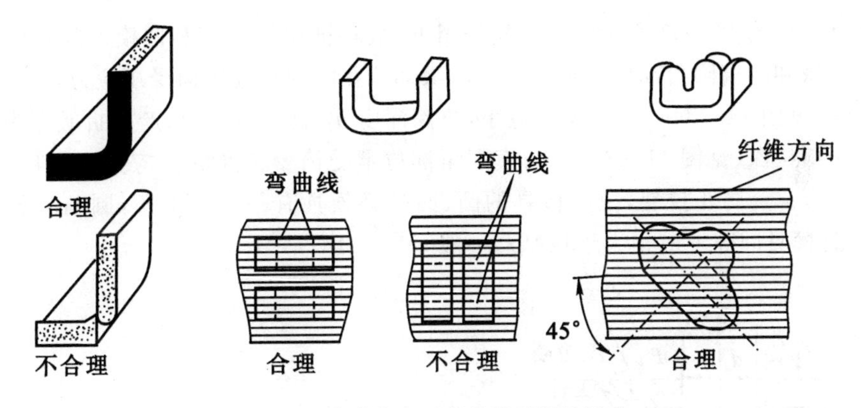

图 11－30　弯曲方向对弯曲件质量的影响

弯曲时还应使弯曲件的毛刺区位于内侧，若位于外侧，圆角部位受拉应力而产生应力集中，容易引起该部位破裂。

在弯曲过程中，在载荷卸除后，工件的弯曲角度由于弹性变形的影响会略有增大，此现象称为回弹现象。增大的角度称为回弹角，一般为 0～10°。设计模具时应该考虑它的影响。例如使模具角度比工件弯曲角度小一个回弹角，以便在弯曲后得到准确的弯曲角度。另外，设计弯曲件时应加强其变形部位的刚性，如在弯曲部位设置加强筋等（见图 11－31）。

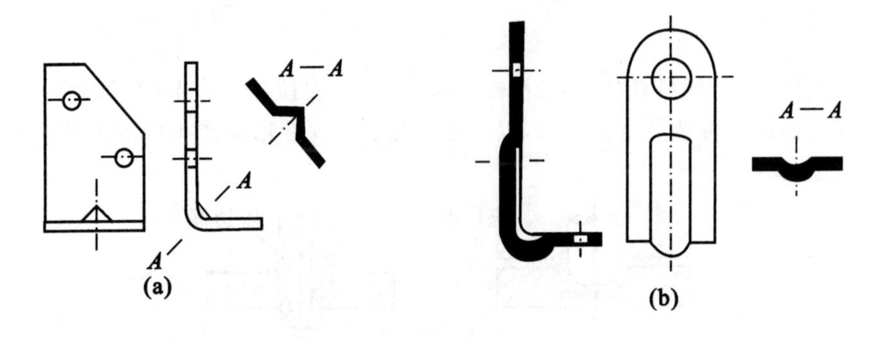

图 11－31　在弯曲部位设置加强筋

3. 拉深

拉深是将板料变形为中空形状零件的工序，可以生产筒形、锥形、球形、方盒形以及其他非规则形状的零件(见图 11－32)。

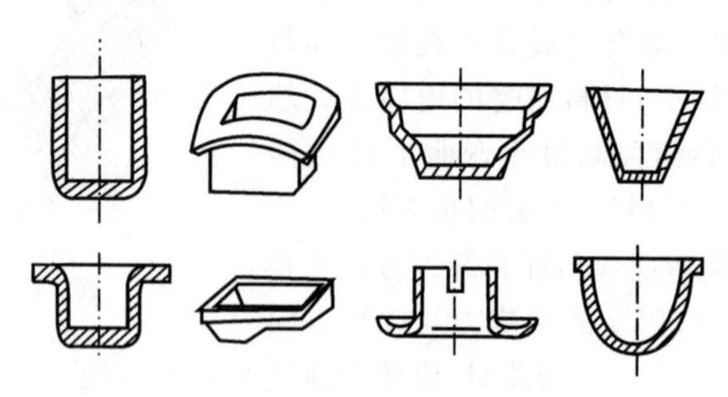

图 11－32　拉深件示意图

拉深过程如图 11－33 所示。在凸模作用下，板料被拉入凸模和凹模的间隙中，形成中空零件。其凸缘和凸模圆角部位变形最大。凸缘部分在圆周切线方向受压应力，压应力过大时，会发生折皱(见图 11－34)，坯料厚度愈小，拉深深度 h_1 愈大，愈容易产生折皱。为防止折皱，可采用有压板拉深(见图 11－35)。凸模圆角部位承受筒壁传递的拉应力，材料变薄严重，容易在此处拉裂。为防止拉裂，拉深模具的凸、凹模必须具有一定的圆角，圆角半径 $R_2 \leqslant R_1 = (5 \sim 10)t$，且模具间隙 z 应稍大于板厚 t，一般 $z = (1.1 \sim 1.2)t$。

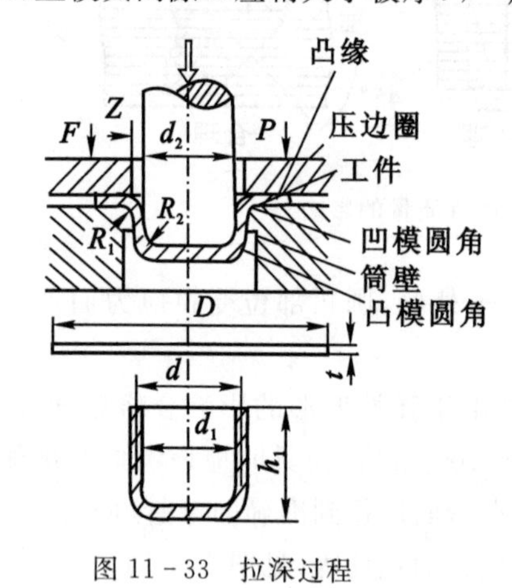

图 11－33　拉深过程

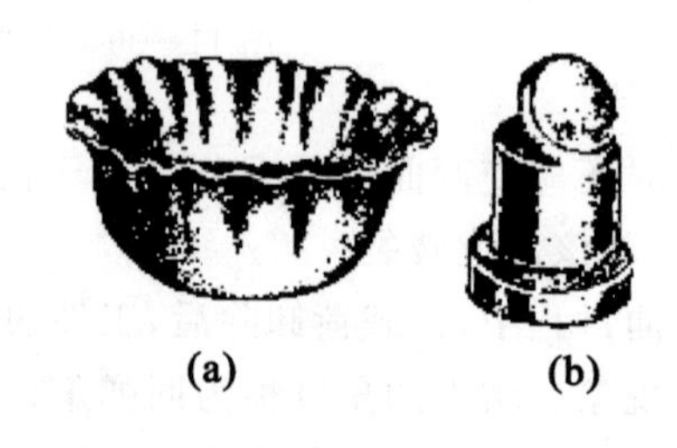

图 11－34　拉深废品

(a)起皱　(b)拉裂

当筒形件直径 d 与坯料直径 D 相差较大时，不能一次拉深至产品尺寸，而应进行多次拉深，并在中间穿插进行再结晶退火处理，以消除前几次拉深变形所产生的加工硬化现象。

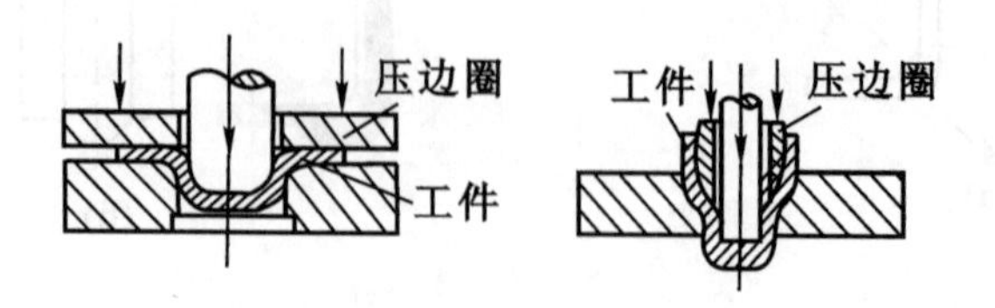

图 11－35　用压边圈拉深

11.3.2　冲压模具

冲压模具(冲模)按冲床的每一次冲程所完成工序的多少可划分为简单冲模、连续冲模和复合冲模三大类。

简单冲模在冲床的一次冲程内只能完成一道工序。图 11－36 为简单冲模。其工作部分由凸模和凹模所组成。采用导料板和限位销来控制板料的送进方向和送进量;依靠导柱与导套的精密配合来保证凸模准确进入凹模,进行冲裁工作。简单冲模的结构简单,成本低,但生产率较低。主要用于简单冲裁件的批量生产。

连续冲模在冲床的一次冲程内,在模具的不同位置上可以同时完成两道以上的工序。图 11－37 为落料、冲孔连续冲模。左侧为落料模,右侧为冲孔模。条料送进时,先冲孔,后落料,而且是在同一冲程内完成。连续冲模生产率高,易于实现自动化,但结构复杂,成本也相应增高,适用于大批量生产精度要求不高的中、小型零件。

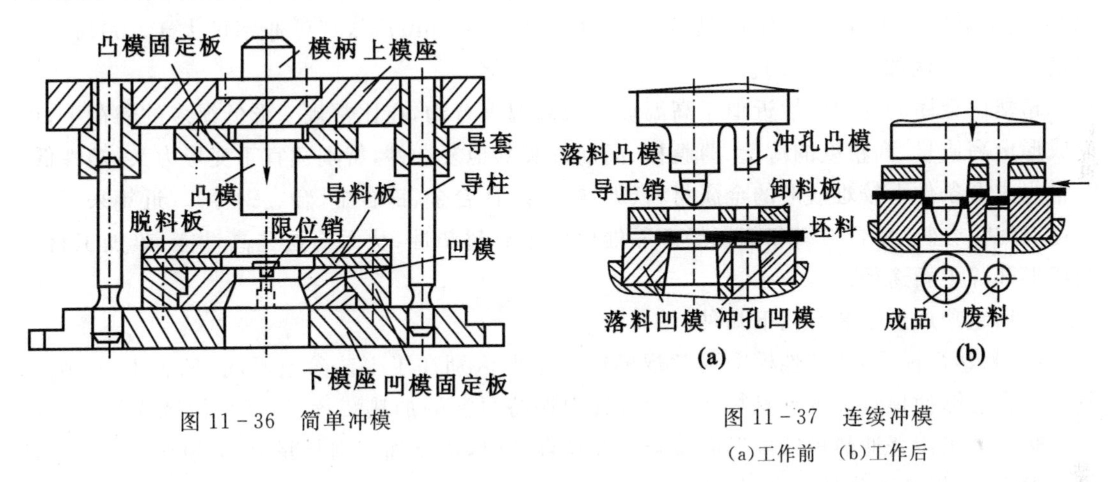

图 11－36　简单冲模

图 11－37　连续冲模
(a)工作前　(b)工作后

复合冲模在冲床的一次冲程内,在模具的同一位置上可以同时完成两道以上的工序。图 11－38 为生产中经常采用的落料、拉深复合模。它的特点是有一个凸凹模,其外圆为落料凸模,内孔为拉深凹模。当凸凹模下降时,首先与落料凹模配合进行落料,然后与拉深凸模配合进行拉深。这样在一个冲程、同一位置上便可完成落料和拉深两道工序。复合冲模生产率高,零件加工精度高,但模具制造复杂,成本高,适用于大批量生产。

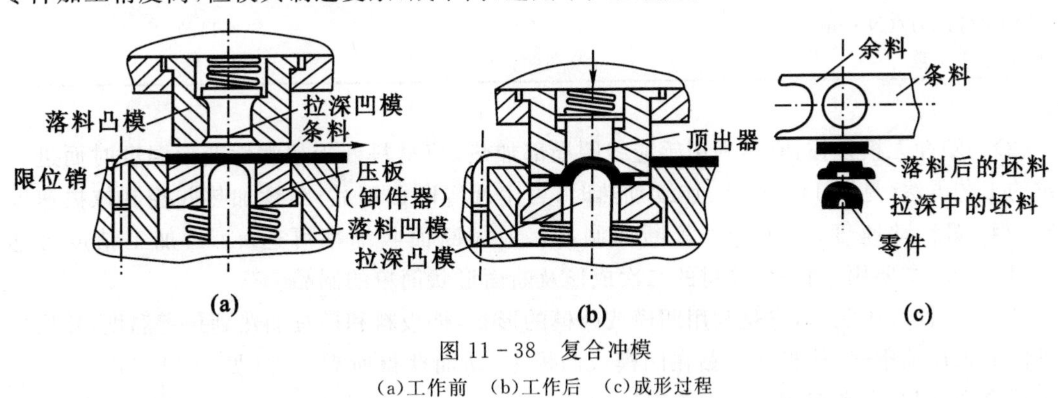

图 11－38　复合冲模
(a)工作前　(b)工作后　(c)成形过程

11.4 现代塑性加工技术与发展趋势

随着经济发展和需求的变化，塑性加工领域的新设备、新工艺、新技术层出不穷，已从过去的单一材料成形扩展为复合材料成形；由金属材料成形扩展到陶瓷、塑料等非金属材料成形；从常态成形扩展到超塑性成形；从普通压力机上成形扩展到高速成形和蠕变成形等。本节只作简要介绍。

11.4.1 现代塑性加工技术

1. *超塑成形*

超塑成形自20世纪70年代以来得到迅速发展和应用。超塑性实际上是材料在特定条件下所表现出的异常高延伸率的能力。即在低变形速率（$\dot{\varepsilon}=10^{-2}\sim10^{-4}\ s^{-1}$）、一定的变形温度（约为其熔点的一半）以及一定的晶粒度（一般为0.2～5 μm）下，其延伸率可大于100%甚至超过1 000%（例如锌铝合金）。

超塑性金属的变形特性近似于高温玻璃或高温聚合物，在比常规变形低得多的载荷下，可以成形出高质量、高精度的薄壁、薄腹板、高筋件和其他复杂件，特别适宜于变形力大，塑性低，在常规成形条件下较难成形的金属材料（如钛合金、镁合金、镍合金、合金钢等）。近年来，还发现金属间化合物、复合材料和陶瓷经细晶处理后也有超塑性，从而为这些高性能、难加工材料的成形开辟了新途径。

常用超塑成形工艺有以下几种。

（1）超塑性模锻：超塑性模锻与常规模锻的主要区别在于工艺参数不同（见表11-10）和具有一套能够使模具和变形材料在成形过程中保持恒温的加热装置，通常采用感应加热和电阻加热。如采用普通热模锻成形高温合金及钛合金时，机械加工损耗量高达80%。但采用超塑性模锻，其损耗可降低一半以上。

表11-10 普通热模锻和超塑性模锻工艺参数

模锻工艺参数	普通模锻	超塑性模锻
毛坯加热温度/℃	940	940
模具加热温度/℃	480	940
变形速度/（$mm\cdot s^{-1}$）	12.7～42.3	0.025
平均单位压力/（$N\cdot mm^{-2}$）	50.0～58.3	11.7
模锻工步次数	4	1

（2）超塑性无模拉拔：它是利用感应线圈局部加热，使材料处于超塑性变形温度时而进行拉拔的工艺方法（见图11-39）。连续加热时，可生产等断面制品；断续加热并控制拉拔速度与感应线圈移动速度，可生产不等断面制品。最大断面收缩率可达83%，加工精度可达±0.013 mm。主要用于管材、棒材的二次成形及断面形状简单的制品。

（3）超塑性气压胀形，它是利用凹模或凸模的形状，把板料和模具加热到预定温度，然后向模具内通入压缩空气，使板料紧贴在凹模或凸模上，从而获得所需制件（见图11-40）。主要用于钛合金、铝合金和双相不锈钢薄板（一般为0.4～4 mm）的成形。

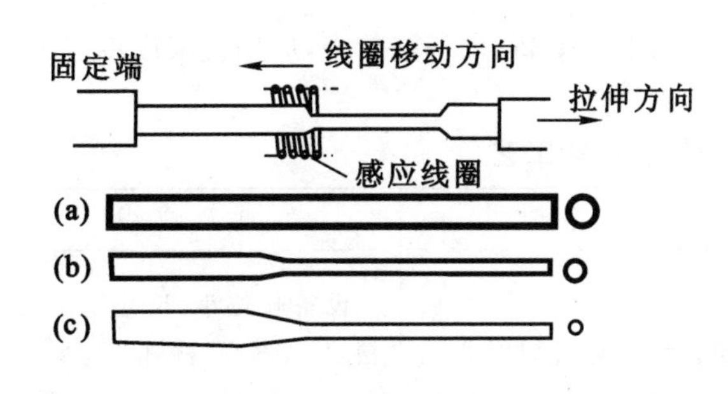

图 11-39　无模拉拔示意图

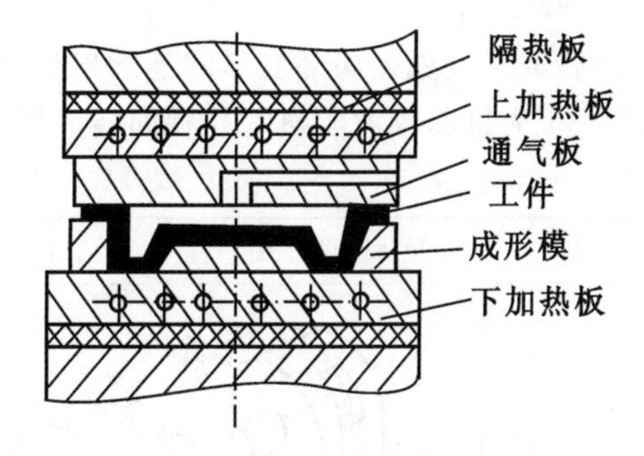

图 11-40　超塑性气压胀形工装示意图

(4)超塑性胀形与扩散连接复合工艺(SPF/DB):SPF/DB 工艺是先将板坯胀形至所需形状,而后通过局部扩散连接使其结合在一起。对于多层板结构,须先进行扩散连接,而后气胀成夹层结构(见图 11-41)。该工艺可生产外形复杂的结构件,并能简化装配工序,主要用于成形钛合金与铝合金的夹层结构件,已成功地用于飞机和卫星一类航空航天器结构件的制造上。图 11-42 为超塑成形/扩散连接零件。

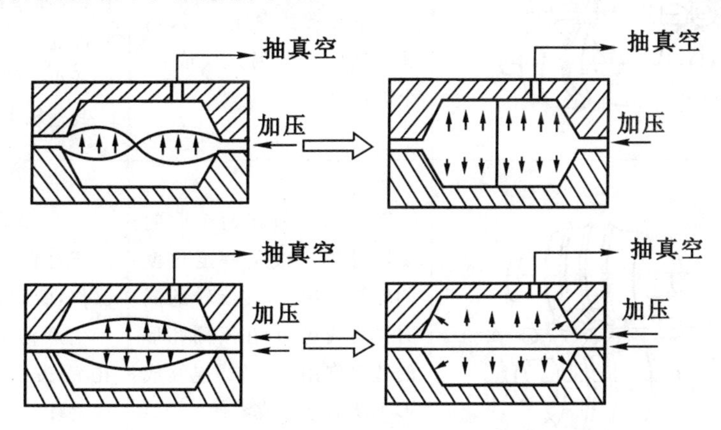

图 11-41　夹层结构 SPF/DB 过程

除金属材料的超塑性外,国际上目前对陶瓷材料及金属基复合材料的超塑性研究也有很大进展。例如,在金属基超塑性材料中加入 SiC 纤维后,也可达到超塑性气压胀形的要求。

图 11-42　超塑成形/扩散连接零件

2. 回转成形

回转成形过程是局部变形的连续累积过程，因生产率高、设备吨位小，应用范围逐步扩大。表 11－11 为目前较为成熟的几种回转成形新工艺。

表 11－11　回转成形新工艺

名　称	简　图	工 作 原 理	特 点 及 应 用
辊锻	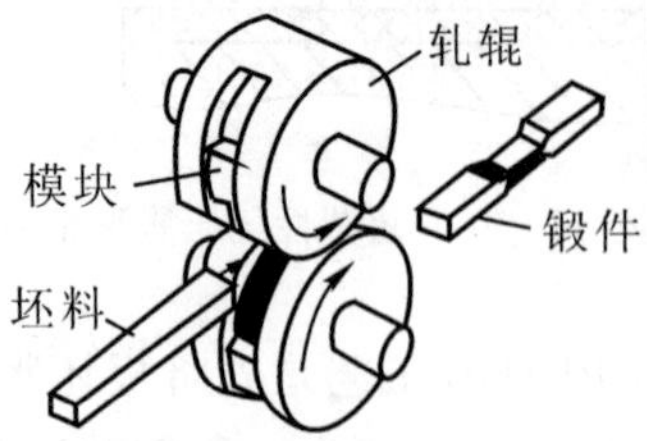	坯料纵向通过辊锻机上的一对装有圆弧形模块且相对旋转的轧辊时，受压变形而形成锻件	设备吨位小，尺寸稳定，精度、效率高，材料消耗少，劳动条件好。适于长杆类件的大批量生产（如活络扳头、汽轮机叶片等），也可为其他模锻件制坯
楔横轧	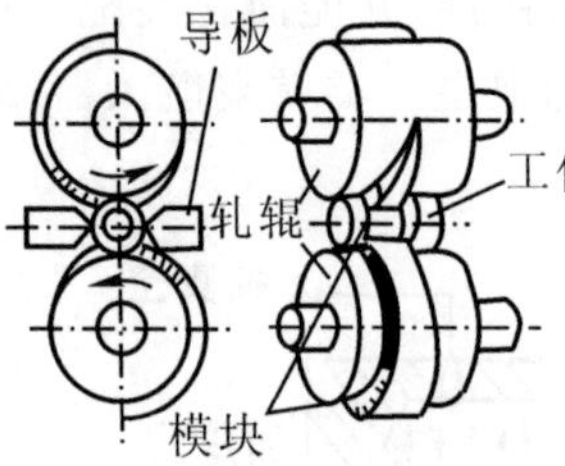	圆柱形坯料在两个同向旋转、带有楔形模具的轧辊作用下旋转并受压变形，当轧辊转一周时，形成一个锻件	生产率高，模具寿命高，节省材料，易于实现机械化操作，劳动条件好。适于轴类零件的大批量生产（如汽车、摩托车上的轴类件），也可用于其他轴类模锻件的制坯
斜轧	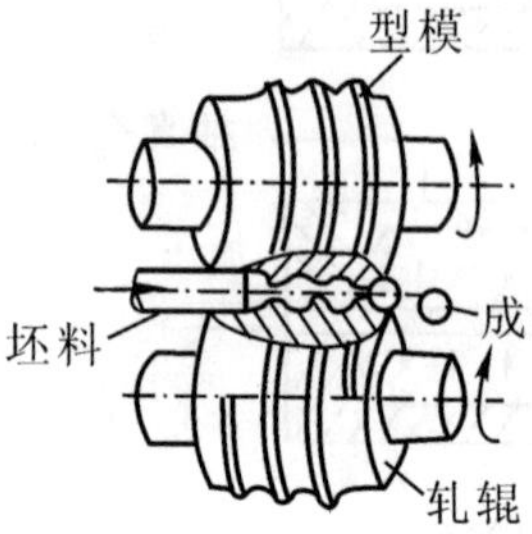	圆柱形坯料在两个同向旋转且轴心线呈一定角度的轧辊作用下，在旋转的同时作直线运动，在不同孔形的轧辊作用下，局部连续成形为所需毛坯或零件	生产率高，模具寿命高，节省材料，易于实现机械化操作，劳动条件好。广泛用于生产钢球、轴承滚子、麻花钻头和空心轴类零件或毛坯
摆辗	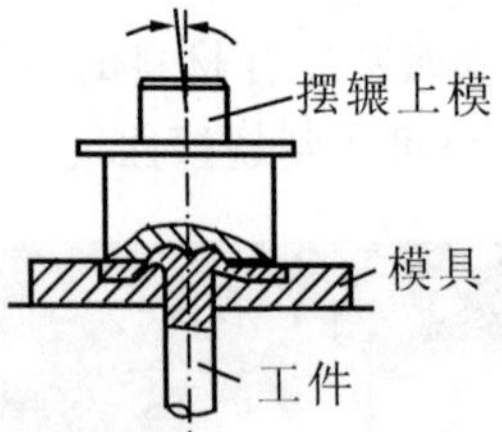	坯料在有摆角的上模旋转挤压下，连续局部变形，高度减小，直径增大，形成盘状或局部盘状锻件	设备吨位小，产品质量高，劳动条件好。适于制造薄盘形锻件（如铣刀片、汽车半轴等）
旋压	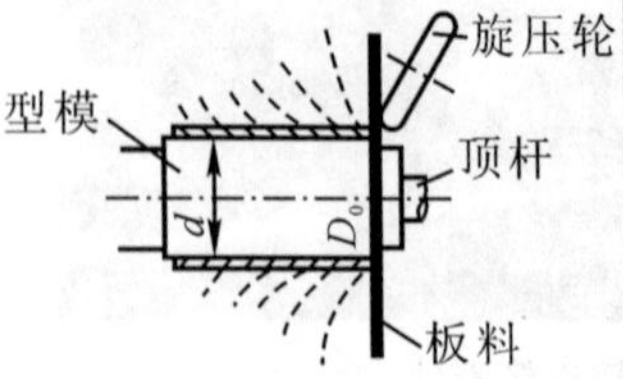	坯料随芯模旋转（或旋压工具绕坯料与芯模旋转），旋压工具相对芯模进给，坯料受压产生连续逐点变形，完成工件加工	变形力小，模具费用低，可批量生产筒形、卷边等旋转体工件，以及形状复杂或高强度难变形材料（如薄壁食品罐等）

3. 粉末锻造

粉末锻造是指将粉末烧结的预成形坯经加热后，在闭式锻模中锻造成零件的工艺方法。具体工艺过程如图11-43所示。粉末锻造制品具有尺寸精度高、组织结构均匀、无成分偏析等特点，可以锻造难变形的高温铸造合金，在许多领域中得到应用，尤其是在汽车制造工业。例如，汽车发动机中的齿轮和连杆，动平衡性能要求高，材质要求均布，最适宜采用粉末锻造生产。

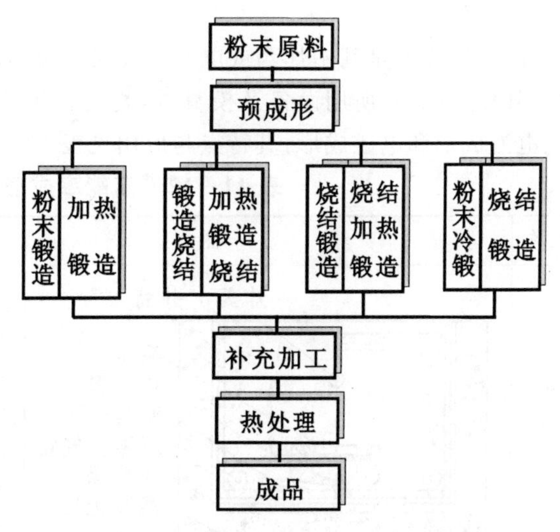

图11-43 粉末锻造基本工艺过程

常用的粉末锻造方法有粉末锻造、烧结锻造、锻造烧结和粉末冷锻。近年来，新的工艺方法不断涌现，如松装锻造法、球团锻造法、粉末热等静压法、粉末准等静压法、喷雾锻造法、粉末等温锻、粉末热挤压、粉末摆动碾压、粉末连续挤压、粉末轧制和粉末爆炸成形等。图11-44为粉末喷雾锻造工艺过程。它是采用高速氮气喷射金属液流，使雾化的粉末直接沉积到预成形模具中。沉积的预成形坯密度很高，相对密度可达99%。将预成形坯从雾化室中取出，加热至锻造温度进行锻造，然后送至切边压力机切边即获得成品锻件。该方法适合于生产大型锻件，还可进行喷射轧制、喷射挤压等。

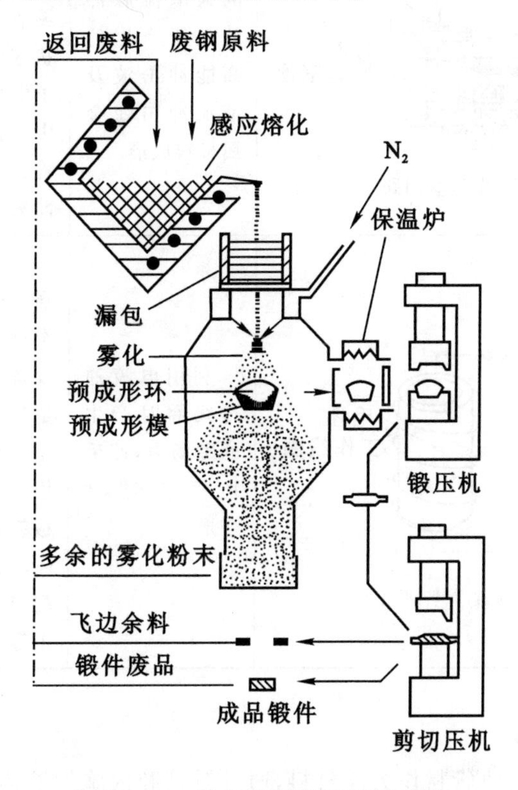

图11-44 粉末喷雾锻造过程示意图

4.高能率成形

高能率成形是利用炸药或电装置在极短时间内释放出来的高能量而使金属变形的成形方法。其成形原理、所用设备及模具等,均与常规塑性加工工艺不同。高能率成形包括爆炸成形、电液成形和电磁成形,其特点与应用见表 11-12。

表 11-12　高能率成形方法的特点与应用

名称	简　图	工作原理	特点及应用
爆炸成形	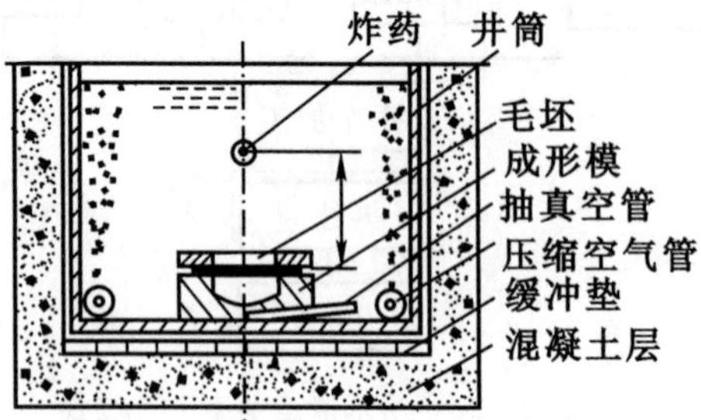 水井内的爆炸成形装置	利用爆炸物质(炸药、火药等)在爆炸瞬间释放出巨大的化学能,通过周围介质(空气或水)的作用,使金属毛坯贴合模具而成形	无须使用冲压设备,模具和工装制造简单,生产周期短,成本低,适于大型零件成形。可以对板料进行拉深、翻边、胀形、校形、弯曲、扩口、压花纹等。此外,还可进行爆炸焊接、表面强化、管件结构的装配、粉末压制等
电液成形	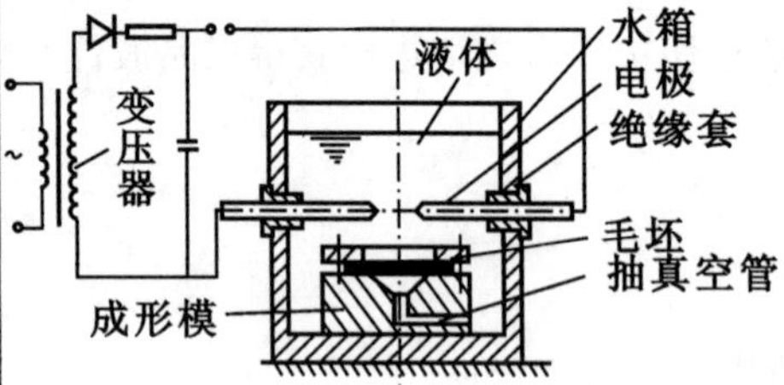 电液成形装置基本回路	借助于液体中两电极之间的强电流脉冲放电所产生的高能冲击波及液流冲击使金属板料成形	能量易于控制,成形过程稳定,操作方便,生产率高,易于实现机械化和自动化。但受设备容量限制,不能像爆炸成形那样灵活地改变药量以适应各种形状零件的成形要求。目前仅限于中小型零件(400 mm 以下)的中小批生产。主要用于板料及管材的拉深、胀形、翻边、校正、冲裁等
电磁成形	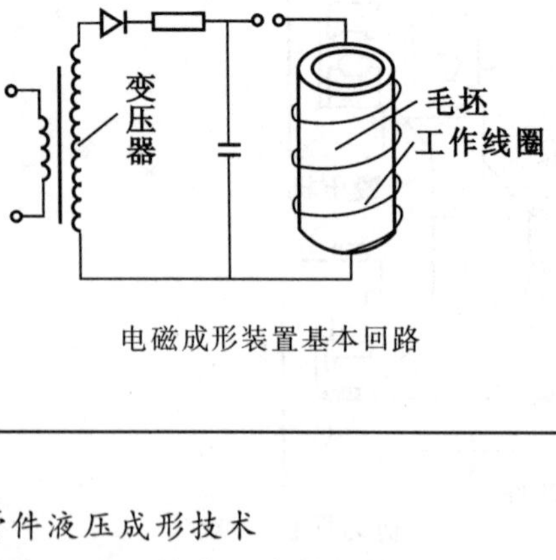 电磁成形装置基本回路	利用电流通过线圈时产生的磁场力,使毛坯产生塑性变形	成形设备(电器装置)通用性强,只需改变电元件参数及模具类型便可完成多种加工工序。设备无运动部件,维修简单。能量易于控制,成形过程稳定,便于实现机械化和自动化。主要用于成形导电性能良好的金属板料及中小型零件,如平板毛坯压印、管零件加工、校形、连接装配、复合材料及难成形材料的加工等

5.管件液压成形技术

管件液压成形技术是将管材作为原材料,通过对管腔内施加液体压力以及在轴向施加载荷作用,使其在给定模具型腔内发生塑性变形,管壁与模具内表面贴合,从而得到所需形状零件的一种成形技术。

变径管液压成形工艺过程可以分为填充阶段、成形阶段以及整形阶段3个阶段,其具体过程见表11-13。

表11-13　变径管液压成形工艺过程

填充阶段	将管材放在下模内,闭合上模,使管材内充满液体并排出气体,之后将管的两端用水平冲头密封	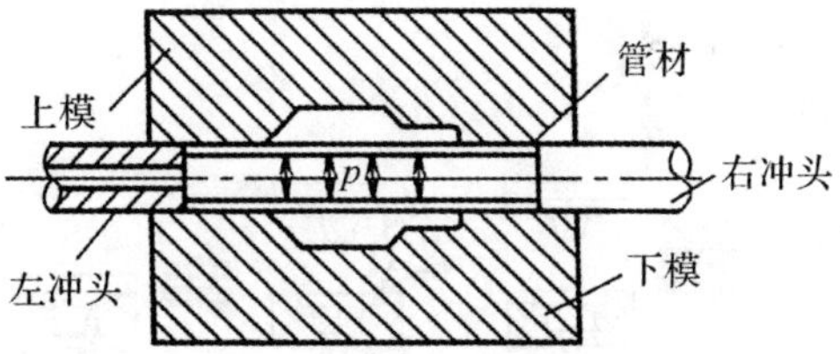 上模 管材 右冲头 左冲头 下模 p
成形阶段	对管内液体加压胀形的同时,两端的冲头按照设定加载曲线向内推进补料,在内压和轴向补料的联合作用下使管材基本贴靠模具,这时,除了过渡区圆角以外的大部分区域已经成形	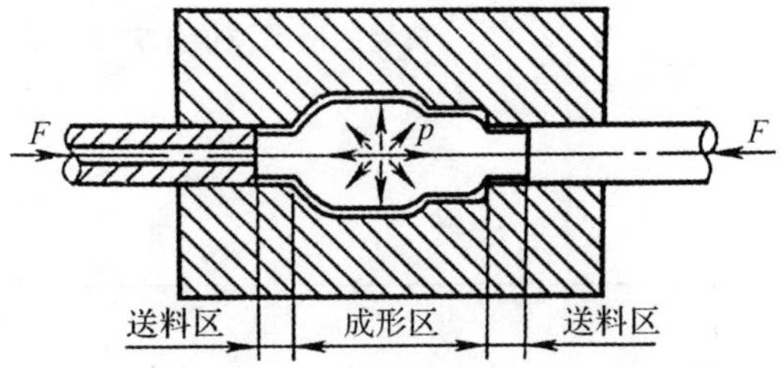 F p F 送料区 成形区 送料区
整形阶段	提高压力,使过渡区圆角完全贴靠模具而成形为所需工件,这一阶段基本没有补料	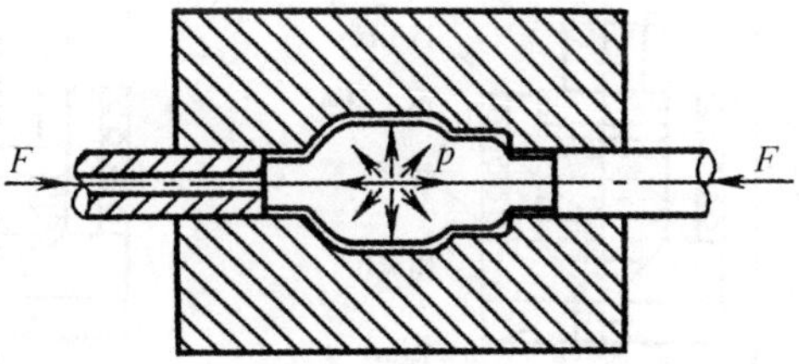 F p F

管件液压成形工艺有以下主要优点:

(1)能够减小零件质量,节约材料,降低生产成本。

(2)能够减少零件和模具的数量,降低模具费用。

(3)能够减少后续机械加工和组装量。

(4)能够显著提高制件的强度及刚度。

采用管材液压成形技术可以制造各种变截面圆柱形、矩形或异性截面的管状零件,液压成形管件在汽车上的主要应用有排气系统异形管件、副车架总成、底盘构件、车身框架、座椅框架及散热器支架、前轴、后轴及驱动轴等。管件液压成形工艺的适用材料包括不锈钢、碳钢、铝镁合金、铜合金及镍合金等,不同材料的应用和加工特性在不同领域有着显著区别,原则上适用于冷成形的材料均可用于液压成形工艺。

6.液固高压成形

金属材料成形通常是在全液态或全固态下进行的,液固高压成形技术则介于二者之间,即采用液态或液固态金属,借助于加压设备及装置,使其在压力下发生凝固与变形,从而得到高性能制件。该技术融合了金属液态成形和固态成形的优点,被公认为颇具发展前景的节能降耗新技术。液固高压成形工艺主要包括液态模锻、液态挤压、液态浸渗挤压、真空吸渗挤压和半固态压力成形等，其特点和应用见表 11－14。

表 11－14　液固高压成形的特点及应用

名称	工艺简图	工作原理	特点及应用
液态模锻	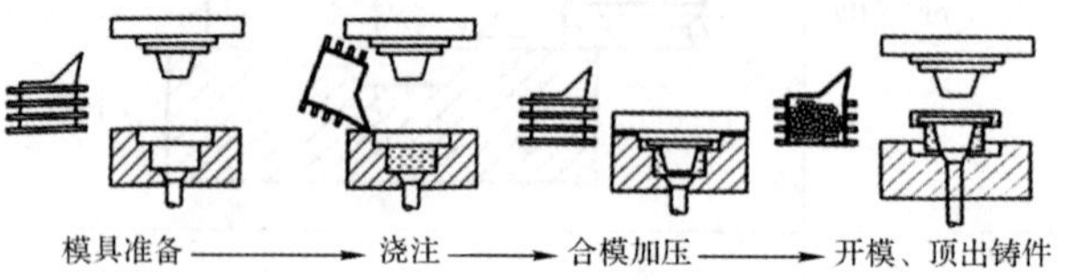 模具准备 → 浇注 → 合模加压 → 开模、顶出铸件 典型的液态模锻工艺流程图	通过高压凝固和少量塑性变形实现强制补缩，减少缩孔、气孔等常见的铸造缺陷，从而改善制件的性能，主要包括金属熔化、模具准备、浇注、合模加压、开模顶出制件等几个阶段	生产出的制件无气孔及缩孔缺陷，制件尺寸容易控制，工艺适应性强，主要用于生产高质量的工程构件，如汽车轮毂、铝合金活塞、泵壳体及自行车车轴等
液态挤压	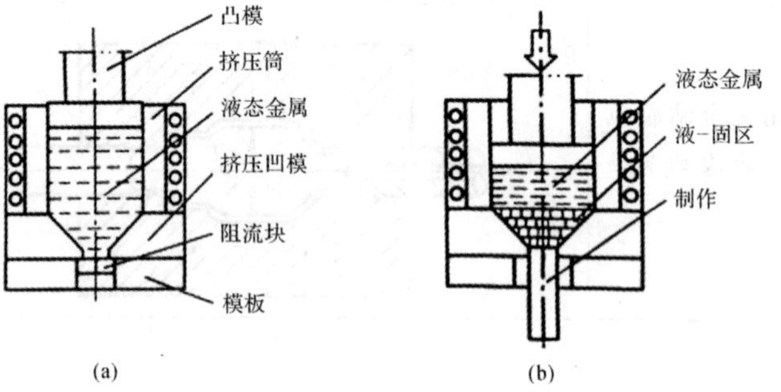 凸模 挤压筒 液态金属 挤压凹模 阻流块 模板 (a) 液态金属 液-固区 制作 (b) 液态挤压示意图	将熔融液态金属注入挤压筒后，冲头下行对液态金属施以高压并保持适当时间，使其在压力作用下结晶凝固，随后冲头继续下行将液固态坯料挤出成形模的出口，一次成形出制件	能够消除可能出现的气孔和夹杂等缺陷，降低生产成本，而且制备出的零件韧性较好，主要用于管、棒或型材类零件，但是该制备工艺的控制难度较大，目前应用较少
液态浸渗挤压	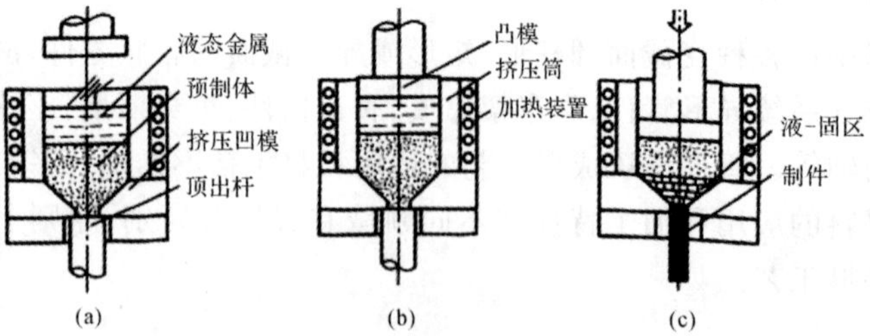 液态金属 预制体 挤压凹模 顶出杆 (a) 凸模 挤压筒 加热装置 (b) 液-固区 制件 (c) 液态浸渗挤压示意图 (a)浇入液态金属　(b)压力浸渗　(c)复合坯料液固挤压	利用渗铸和液态挤压成形原理，使注入挤压筒中的液态金属在冲头压力作用下渗入增强纤维预制体中，发生压力下结晶凝固，并随之从挤压成形模口挤出	显微孔洞等缺陷能得到明显抑制，提高了材料的致密度和强度，成本较低。主要适用于复合材料管、棒、型材类等制件

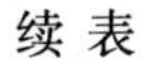

续表

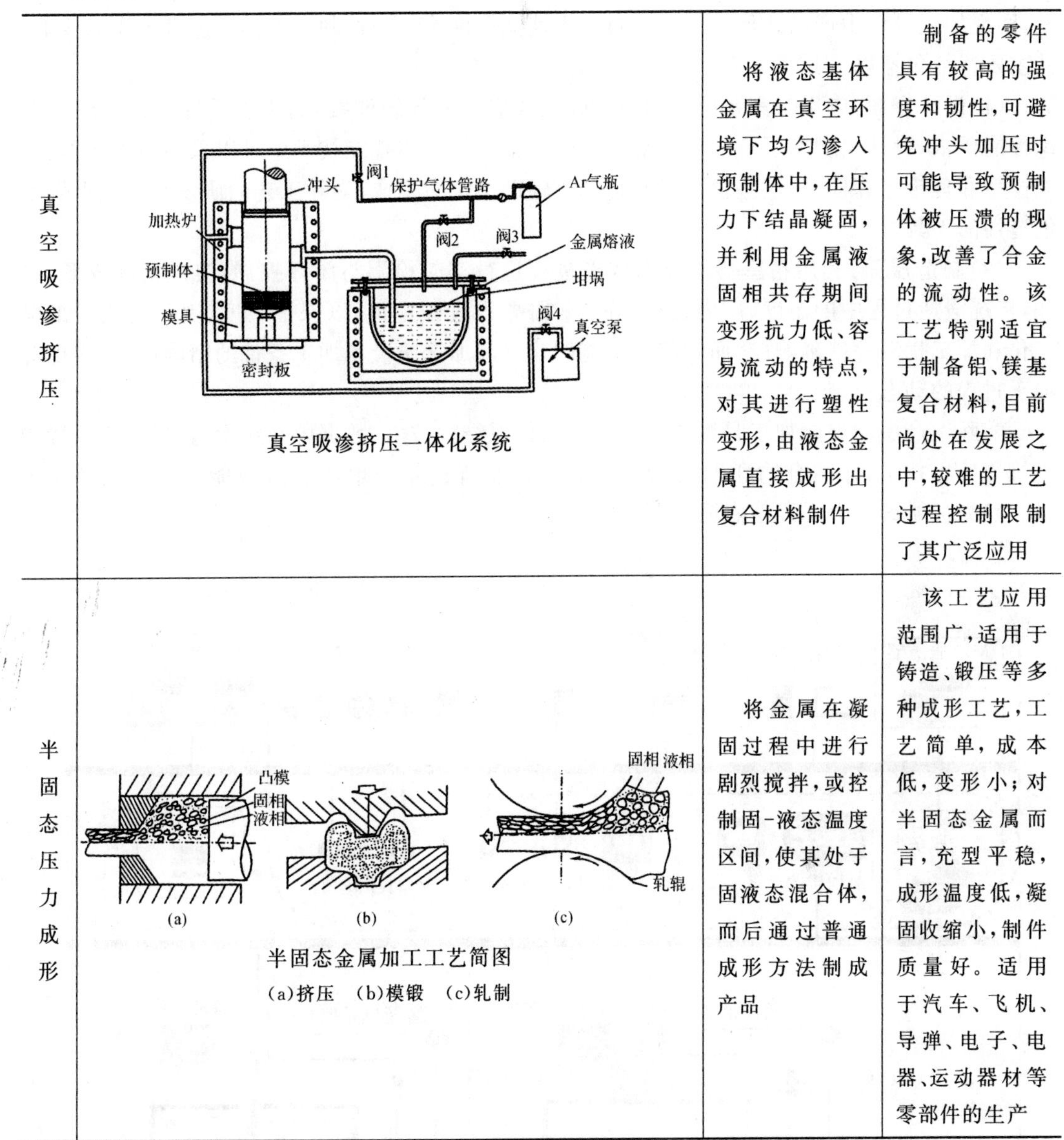

真空吸渗挤压	真空吸渗挤压一体化系统	将液态基体金属在真空环境下均匀渗入预制体中，在压力下结晶凝固，并利用金属液固相共存期间变形抗力低、容易流动的特点，对其进行塑性变形，由液态金属直接成形出复合材料制件	制备的零件具有较高的强度和韧性，可避免冲头加压时可能导致预制体被压溃的现象，改善了合金的流动性。该工艺特别适宜于制备铝、镁基复合材料，目前尚处在发展之中，较难的工艺过程控制限制了其广泛应用
半固态压力成形	半固态金属加工工艺简图 (a)挤压　(b)模锻　(c)轧制	将金属在凝固过程中进行剧烈搅拌，或控制固-液态温度区间，使其处于固液态混合体，而后通过普通成形方法制成产品	该工艺应用范围广，适用于铸造、锻压等多种成形工艺，工艺简单，成本低，变形小；对半固态金属而言，充型平稳，成形温度低，凝固收缩小，制件质量好。适用于汽车、飞机、导弹、电子、电器、运动器材等零部件的生产

11.4.2　塑性加工技术发展趋势

随着科学技术日新月异的发展以及可持续发展理念的不断深入，信息技术、计算机技术与控制技术等高新技术已被广泛而深入地应用于塑性加工领域，朝着精密化、高效化、数字化、绿色化和大型化的方向发展，推动塑性加工技术与装备水平不断提高。具体体现在以下几个方面。

1. 发展智能化的成形过程

塑性加工是金属与合金最重要的成形方法之一，《中国制造2025》中明确指出，要以加快新一代信息技术与制造业深度融合为主线，以推进智能制造为主攻方向，实现制造业由大变强的历史跨越。智能制造技术是综合利用人工智能、数值模拟、传感与数据处理等现代信息技术，实现加工过程中产品几何形状与材料组织性能精确设计与控制的一类先进材料加工技术，其主要特征包括以下几个方面。

(1)设计层面：应用专家系统、工艺数据库、数值模拟等智能技术，根据零件材料的成分组织性能要求，设计出切实可行的压力加工工艺方案。在上述智能技术中可以采用历史数据、经验模型和理论计算模型，这些模型可在计算机辅助系统中集成，为新工艺的研发及优化提供了创造性的工具。

(2)制造层面：利用精密传感器对成形过程进行实时检测与闭环控制，实现精确成形，例如，传统锻造过程中的温度、压力、速度等一般需要设置预定值，以保证精度，因此无法对工况变化和加工扰动等精确响应，而智能锻造能够建立起加工质量和加工条件的精确模型，实现对加工过程的动态控制。

实际生产中的智能加工是基于分布式多层体系结构技术、数据感知技术、数据分析及智能决策等核心技术，并结合物联网、云计算，面向行业所建立的生产运行智能化管理系统。图11-45为智能锻造生产线示意图。

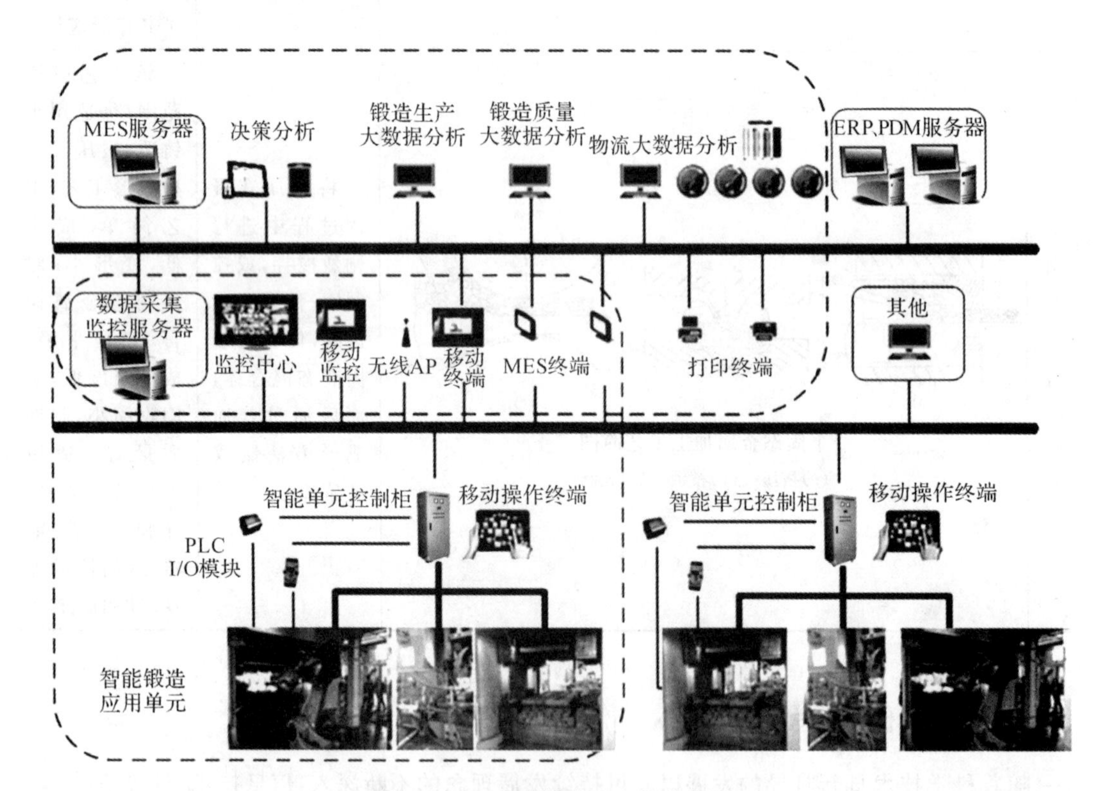

图11-45 智能锻造生产线示意图

2. *数值模拟技术的广泛应用*

传统的压力加工工艺和模具设计主要以经验和技巧作为设计依据，难以对加工中的具体问题准确把握，这种模式具有很大的盲目性和试探性，易造成设备、时间和材料的严重浪费。近年来，有限元数值模拟在材料加工领域的应用日趋广泛，大量商业化、专业化的金属成形数值模拟软件的涌现，标志着有限元模拟技术的成熟。利用数值模拟分析，并与实际经验相结合，既可改变传统压力加工试验所带来的人力物力浪费，又可以高效优化工艺并缩短周期。据有关部门测算，模拟仿真可将产品质量提高5～15倍，增加材料出品率25%，降低工程技术成本13%～30%，降低人工成本5%～20%，提高设备利用率30%～60%，缩短产品设计和试制周期30%～60%，分析问题的广度和深度能力可提高3～3.5倍。有限元分析可以定量描述各个阶段的金属流动情况(见表11-15)，预测变形过程中可能出现的缺陷，从而保证工件质量、提高生产效率、降低生产成本。

表11-15 锻造成形过程的宏观模拟

料　号	1号	2号	3号	4号	5号
FEM结果	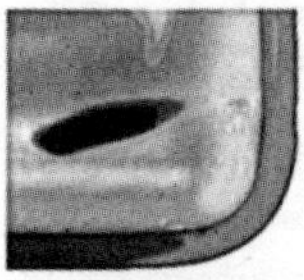	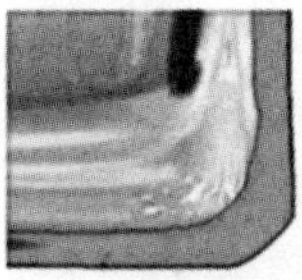	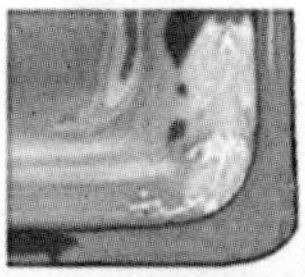	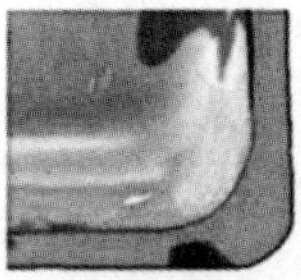	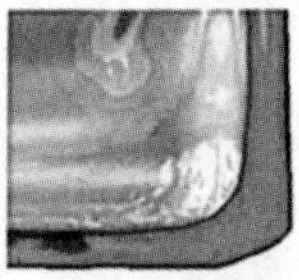
实验结果	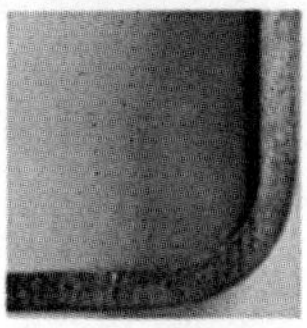	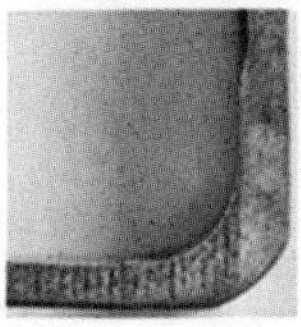	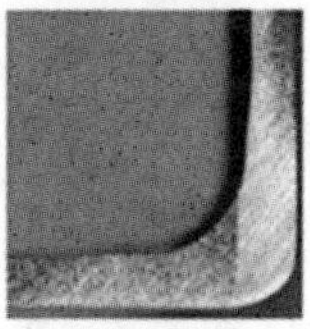	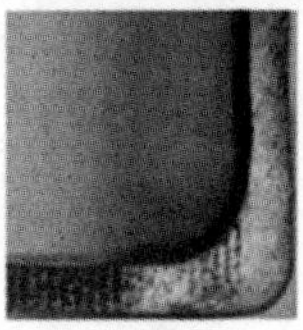	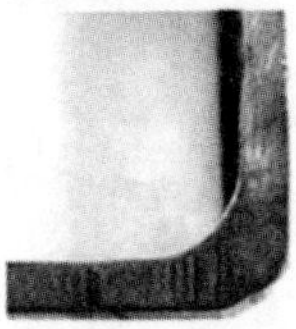

3. 增加设备的柔性以及发展超大型塑性加工设备

以汽车覆盖件的拉深为例，传统方法是采用刚性压边圈，很难成形深度较大的覆盖件，如果压边力在成形过程中可以调节，则可生产各种复杂拉深件。国外目前已开发出多方位联动可调压力机，为新产品开发带来诸多便利。另外，新一代航空、航天等高端设备向长寿命、高可靠的方向发展，传统的“分块+连接”结构已不能满足结构安全性和可靠性的需求，所以大尺寸的整体结构成形设备将成为未来的一种趋势，某大型模锻压机如图11-46所示。

图11-46 大型模锻压机

4.实现清洁生产的加工过程

清洁生产的意义在于可高效利用原材料，不造成环境污染，以最小的环境代价和能源消耗，获取最大的经济社会效益，符合持续发展与生态平衡的理念。

压力加工领域实现清洁生产的主要途径有：①采用清洁能源，如由电能来替代燃煤加热锻坯，由电熔化来替代焦炭冲天炉熔化；②采用清洁的环境和材料；③研发新的工艺方法，如采用绿色集约化加工；④采用新结构，减少设备的振动和噪声。

第12章 焊　　接

焊接是利用局部加热或加压等手段，使分离的两部分金属，通过原子的扩散与结合而形成永久性连接的工艺方法。

焊接方法的种类很多，根据实现金属原子间结合的方式不同，可分为熔化焊、压力焊和钎焊三大类（见图12-1）。

熔化焊是利用外加热源使焊件局部加热至熔化状态，一般还同时熔入填充金属，然后冷却结晶成一体的焊接方法。熔化焊的加热温度较高，焊件容易变形。但接头表面的清洁程度要求不高，操作方便，适用于各种常用金属材料的焊接，应用较广。

压力焊（简称压焊）是对焊件加热（或不加热）并施压，使其接头处紧密接触并产生塑性变形，从而形成原子间结合的焊接方法。压力焊只适用于塑性较好的金属材料的焊接。

钎焊是将低熔点的钎料熔化，填充到接头间隙，并与固态母材（焊件）相互扩散实现连接的焊接方法。钎焊不仅适用于同种或异种金属的焊接，还广泛用于金属与玻璃、陶瓷等非金属材料的连接。

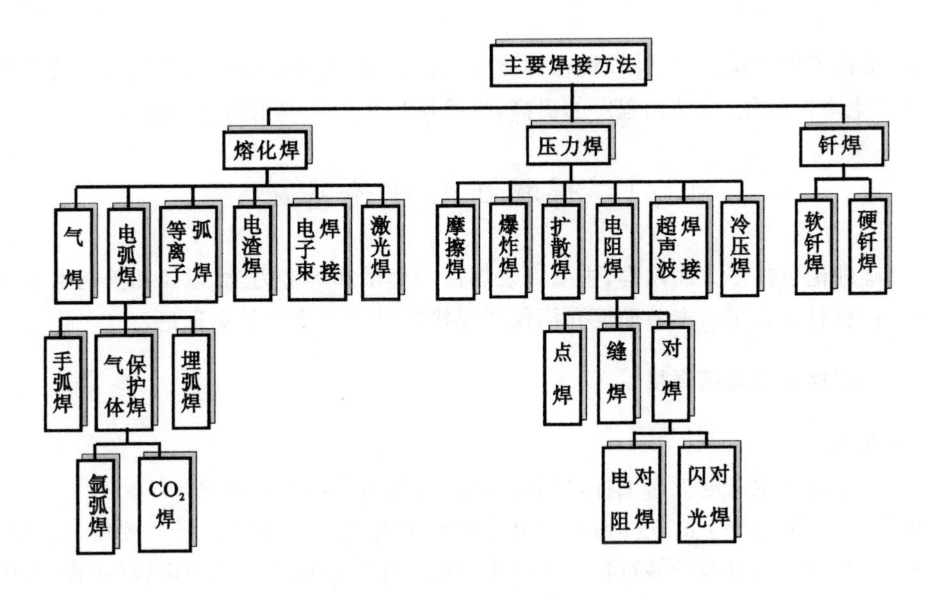

图12-1　主要焊接方法分类框图

焊接方法具有以下优点。

（1）成形方便：焊接方法灵活多样，工艺简便，能在较短的时间内生产出复杂的焊接结构。在制造大型、复杂结构和零件时，可结合采用铸件、锻件和冲压件，化大为小，化复杂为简单，再逐次装配焊接而成。例如万吨水压机的横梁和立柱的生产便是如此。

(2)适应性强:采用相应的焊接方法,既能生产微型、大型和复杂的金属构件,也能生产气密性好的高温、高压设备和化工设备;既适应于单件小批量生产,也适应于大批量生产。同时,采用焊接方法,还能连接异类金属和非金属,例如原子能反应堆中金属与石墨的焊接、硬质合金刀片与车刀刀杆的焊接。现代船体、车辆底盘、各种桁架、锅炉、容器等,都广泛采用了焊接结构。

(3)生产成本低:与铆接(见图 12-2)相比,焊接结构可节省材料 10%～20%,并可减少划线、钻孔、装配等工序。另外,采用焊接结构能够按使用要求选用材料。在结构的不同部位,按强度、耐磨性、耐腐蚀性、耐高温等要求选用不同材料,具有更好的经济性。

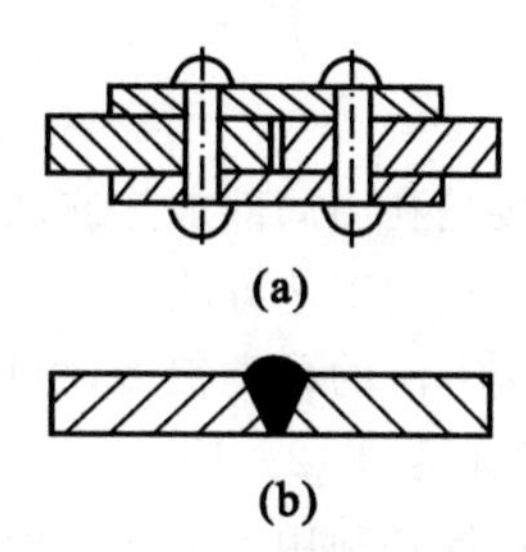

图 12-2　焊接与铆接比较
(a)铆接结构　(b)焊接结构

焊接生产在车辆、舰船、航空和航天飞行器、原子能反应堆及石油化工设备、电机电器、微电子产品等众多现代工业产品以及高层建筑、石油(天然气)的远距离输送管道、高能粒子加速器等许多重大工程建设中均占有重要地位。我国在焊接结构的制造方面已取得可喜成绩,如成功地焊制了 1.25×10^8 W 汽轮机转子、3×10^8 W电站锅炉、直径 15.7 m 的球罐和 50 000 t 远洋油轮等,以及原子能反应堆、火箭、人造卫星等尖端产品。

但是,目前的焊接技术尚存在一些问题:生产自动化程度较低;焊接质量的可靠性还不能令人十分满意;焊接生产过程的质量只能靠焊后无损检测,甚至破坏性的定时定量抽查来加以检验。

随着焊接技术的迅速发展、计算机在焊接领域的应用、各种先进焊接工艺方法的普及和应用,以及焊接生产机械化、自动化程度的提高,焊接质量和生产率也将不断提高。

12.1　焊接工程理论基础

焊接基础理论包括多方面内容,主要涉及焊接冶金学和焊接力学,以及相关的电工、电子、自动化、机械、材料等知识。本节简要介绍保证焊接质量所需要的基本理论。

12.1.1　焊接电弧与弧焊机

1. 焊接电弧

焊接电弧是指发生在电极与工件之间的强烈、持久的气体放电现象。

(1)电弧的引燃:常态下的气体由中性分子或原子组成,不含带电粒子。要使气体导电,首先要有一个使其产生带电粒子的过程。生产中一般采用接触引弧。先将电极(碳棒、钨极或焊条)和焊件接触形成短路[见图 12-3(a)],此时在某些接触点上产生很大的短路电流,温度迅速升高,为电子的逸出和气体电离提供能量条件;而后将电极提起一定距离[<5 mm,见图 12-3(b)],在电场力的作用下,被加热的阴极有电子高速逸出,撞击空气中的中性分子和原子,使空气电离成阳离子、阴离子和自由电子。这些带电粒子在外电场作用下定向运动:阳离子奔向阴极,阴离子和自由电子奔向阳极。在它们的运动过程中,不断碰撞和复合,产生大量

的光和热,形成电弧[见图 12－3(c)]。电弧的热量与焊接电流和电压的乘积成正比,电流愈大,电弧产生的总热量就愈大。

(2)电弧的组成:焊接电弧由阴极区、阳极区和弧柱区三部分组成[见图 12－3(c)]。

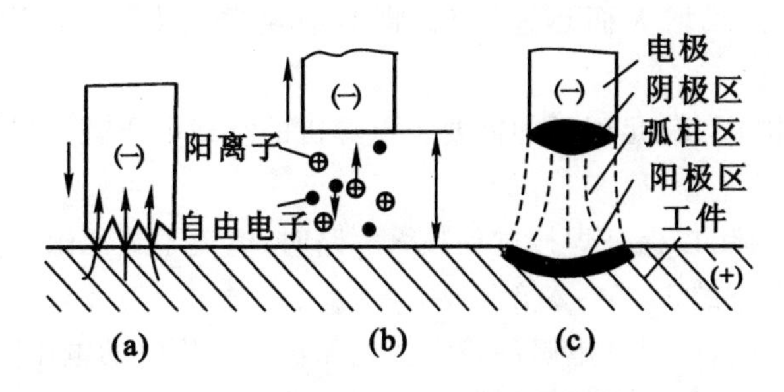

图 12－3　电弧的引燃

阴极区因发射大量电子而消耗一定能量,产生的热量较少,约占电弧热的 36%。阳极表面受高速电子的撞击,传入较多的能量,因此阳极区产生的热量较多,占电弧热的 43%。其余 21%左右的热量是在弧柱区产生的。

电弧中阳极区和阴极区的温度因电极材料(主要是电极熔点)不同而有所不同。用钢焊条焊接材料时,阳极区温度约为 2 600 K,阴极区温度约为 2 400 K,电弧中心区温度最高,可达6 000～8 000 K。

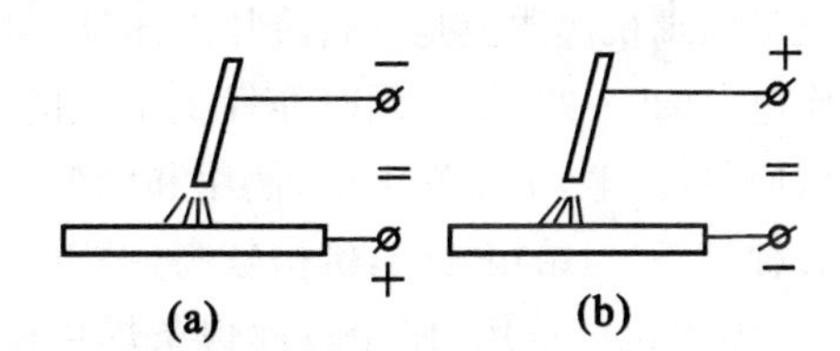

图 12－4　直流弧焊机的正接与反接

(a)正接　(b)反接

由于阳极区的温度高于阴极区,所以当采用直流弧焊机焊接时,有两种接线方法:正接或反接(见图 12－4)。

正接是将工件接阳极,焊条接阴极。这时电弧热量主要集中在焊件上,有利于加快焊件熔化,保证足够的熔深,适用于焊接较厚的工件。反接是将工件接阴极,焊条(或电极)接阳极,适用于焊接有色金属及薄钢板,以避免烧穿焊件。当采用交流弧焊机焊接时,由于两极极性不断变化,两极温度都在 2 500 K 左右,所以不存在正接和反接问题。

(3)焊接电弧的静特性:它是指电弧稳定燃烧时,电弧电压(电弧两端的电位差)与焊接电流(通过电弧的电流)之间的关系。

在焊接电路中,焊接电弧作为负载消耗电能。与普通电阻的静特性(呈线性关系)不同,电弧的负载大小与电离程度有关(见图 12－5)。当焊接电流过小时,焊条和焊件间的气体电离不充分,电弧电阻大,要求较高的电压才能维持必须的电离程度;随着电流增大,气体电离程度增加,电弧电阻减小,电弧电压降低;当焊接电流大于 30～60 A 时,气体已充分电离,电弧电阻降到最低值,只要维持一定的电弧电压

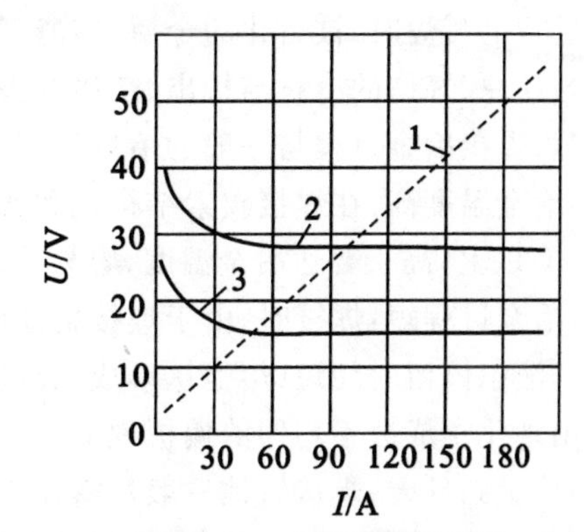

图 12－5　电弧静特性曲线

1—普通电阻静特性　2—弧长为 5 mm 的电弧静特性

3—弧长为 2 mm 的电弧静特性

即可，此时电弧电压与焊接电流大小无关。如果弧长增加，则所需的电弧电压相应增加。

2. 焊接电源和弧焊机

(1)对焊接电源的基本要求：一般用电设备要求电源电压不随负载的变化而变化，但是焊接电源却要求其电压随负载增大而迅速降低，即具有陡降的特性，这样才能满足下列焊接要求。

1)具有一定的空载电压以满足引弧的需要。电焊机的空载电压就是焊接开始时的引弧电压，一般为 50～90 V。

2)限制适当的短路电流，以保证焊接过程频繁短路时，电流不致无限增大而烧毁电源。短路电流一般不超过工作电流的 1.25～2 倍。

3)电弧长度发生变化时，能保证电弧的稳定。电弧稳定燃烧时的电压降称为电弧电压，它与电弧长度(即焊条与工件之间的距离)有关。电弧长度愈大，电弧电压也愈大。一般情况下，电弧电压在 16～35 V 范围内。

此外，焊接电源还具有调节特性，以适应不同材料和板厚的焊接要求。

(2)常用焊接电源的类型：手工电弧焊设备简称电焊机，实质上是焊接电源，其类型主要有交流弧焊机、直流弧焊机和交、直流两用弧焊机。

交流弧焊机实质上是一台降压变压器，可将工业用的电压(220 V 或 380 V)降低到空载电压及工作电压(20～35 V)。同时能提供很大的焊接电流，并能在一定范围内进行调节。交流弧焊机结构简单，价廉，工作噪声小，使用和维修方便，应用较广泛。直流弧焊机焊接时电弧稳定，能适应各种焊条，但结构复杂，价格较高，噪声大。交直流两用弧焊机常用作多用途弧焊机。

(3)弧焊机的选用：使用酸性焊条焊接低碳钢一般构件时，应优先考虑选用价格低廉、维修方便的交流弧焊机；使用碱性焊条焊接高压容器、高压管道等重要钢结构，或焊接合金钢、有色金属、铸铁时，则应选用直流弧焊机。购置能力有限而焊件材料的类型繁多时，可考虑选用通用性强的交、直流两用弧焊机。近年来，国内外竞相发展的逆变式弧焊整流器，具有效率高、重量轻、成本低、工艺性能好等优点，有逐渐取代其他焊接电源的趋势。

12.1.2 焊接冶金过程与焊条

1. 焊接冶金特点

在进行电弧焊时，被熔化的金属、熔渣、气体三者之间进行着一系列物理化学反应，如金属的氧化与还原、气体的溶解与析出、杂质的去除等。因此，焊接熔池可以看成是一座微型冶金炉。不过，焊接冶金过程与一般的冶炼过程不同，主要有以下特点。

(1)冶金温度高：在焊接碳素结构钢和普通低合金钢时，熔滴的平均温度约 2 300℃，熔池在 1 600℃以上，高于普通冶金温度，容易造成合金元素的烧损与蒸发。

(2)冶金过程短：焊接时，由于焊接熔池体积小(一般 2～3 cm^3)，冷却速度快(熔池周围是冷金属)，液态停留时间短(熔池从形成到凝固约 10 s)，各种化学反应无法达到平衡状态，在焊缝中会出现化学成分不均匀的偏析现象。

(3)冶金条件差：焊接熔池一般暴露在空气中，熔池周围的气体、铁锈、油污等在电弧的高温下，将分解成原子态的氧、氮等，极易同金属元素产生化学反应。反应生成的氧化物、氮化物混入焊缝中，使焊缝的力学性能下降；液态金属氧化结果，生成的 FeO 熔解于钢水中，冷凝时因溶解度减小而析出，杂质则滞留在焊缝里；FeO 与钢中的 C 起作用，化合成 CO，易在焊缝中产生气孔；液态金属氮化结果，生成 Fe_4N，冷凝时呈针状夹杂物分布在晶粒内，显著降低焊缝塑性和韧性；空气中水分分解成氢原子，在焊缝中产生气孔、裂缝等缺陷，会出现“氢脆”现象。

上述情况将严重影响焊接质量，因此，必须采取有效措施来保护焊接区，防止周围有害气体侵入金属熔池；同时要控制焊缝金属的化学成分，向金属熔池中补充易烧损的合金元素；此外，还要进行脱氧和脱硫、磷，以减少焊接缺陷，获得优质焊接接头。

2.焊条

(1)焊条的组成及作用：焊条是由金属焊芯和药皮两部分所组成。

焊芯的主要作用是作为电极和填充金属，其化学成分直接影响焊缝质量。焊芯通常用含碳、硫、磷较低的专用钢丝制成(见表 12-1)。

表 12-1 常用焊接用钢丝的牌号和质量分数

牌 号*	质量分数/(%)							用 途
	C	Mn	Si	Cr	Ni	S	P	
H08	≤0.10	0.30～0.55	≤0.03	≤0.20	≤0.30	≤0.04	≤0.04	一般焊接结构
H08A	≤0.10	0.30～0.55	≤0.03	≤0.20	≤0.30	≤0.03	≤0.03	重要焊接结构
H08E	≤0.10	0.30～0.55	≤0.03	≤0.20	≤0.30	≤0.02	≤0.02	
H08MnA	≤0.10	0.80～1.10	≤0.07	≤0.20	≤0.30	≤0.03	≤0.03	埋弧焊焊丝
H08Mn2SiA	≤0.11	1.80～2.10	0.65～0.95	≤0.20	≤0.30	≤0.03	≤0.03	CO_2 焊焊丝

注：* 焊丝牌号的含义：“H”表示焊接用钢丝；H 后面的数字表示含碳质量分数；“A”表示高级优质(S,P≤0.03%)；“E”表示特级优质(S,P≤0.02%)；化学元素符号后面的数字表示其含量(<1%不标出)。

药皮的作用主要是稳弧、保护、脱氧、渗合金及改善焊接工艺性。由于焊条药皮中含有钾、钠等元素，能在较低电压下电离，容易引弧并使之稳定燃烧以改善焊条的工艺性能，如能减少焊接飞溅、使焊缝成形美观；药皮在高温下熔化，可产生保护熔渣及隔离气体，减少氧和氮侵入金属熔池；药皮中含有锰铁、硅铁等铁合金，在焊接冶金过程中起脱氧、去硫、渗合金等作用。

(2)焊条的分类与型号：焊条牌号是焊条行业统一的代号，焊条型号则是国家标准规定的代号。

国家标准将焊条用型号表示，并划分为若干类。原国家机械工业部则在《焊接材料产品样本》中，将焊条牌号按用途划分为十大类，其对应关系见表 12-2。

焊条型号是按熔敷金属的抗拉强度、药皮类型、焊接位置和焊接电流种类划分的。以非合金及细晶粒钢焊条为例，具体编制方法是：字母 E 表示焊条；E 后面的前两位数字表示熔覆金属抗拉强度的最小值，单位为 10 MPa；第三和第四位数字表示药皮类型、焊接位置和电流类型。例如 E5015，“E”表示焊条，“50”表示焊缝金属抗拉强度不低于 500 MPa；“15”表示药皮类型为碱性，适用于全位置焊接，采用直流反接。

焊条牌号是汉字拼音字首加上 3 位数字组成。例如 J422(结 422)，“J”表示结构钢焊条；“42”表示焊缝金属抗拉强度不低于 420 MPa；“2”表示药皮为氧化钛钙型，适用于直流或交流电源。

根据焊条药皮性质的不同，结构钢焊条可以分为酸性焊条和碱性焊条两大类。酸性焊条药皮熔渣的主要成分是酸性氧化物(如 SiO_2，TiO_2，Fe_2O_3 等)，氧化性较强，易烧损合金元素，但对焊件上的油污、铁锈不敏感，工艺性较好；酸性熔渣熔点低，流动性好，有利于脱渣和焊缝的形成，但难以有效清除熔池中硫、磷杂质，容易形成偏析，热裂倾向大。酸性焊条常用于一般钢结构件的焊接。碱性焊条药皮熔渣的主要成分是碱性氧化物（如 CaO，FeO，MnO，MgO，Na_2O 等）和铁合金，氧化性弱，脱硫、磷能力强，抗裂性好，但对油污、水锈等敏感性较大，易产生气孔，工艺性较差。碱性焊条一般要求采用直流反接，主要用于压力容器等重要结构件的焊接。

表 12-2　焊条国家标准型号与统一牌号的对应关系

国　标			部　标			
型号（按化学成分分类）			牌号（按用途分类）			
国家标准号	名　称	代 号	类 别	名　称	代　号	
					字 母	汉 字
GB/T 32533—2016	高强钢焊条	E				
GB 5117—2012	非合金钢及细晶粒钢焊条	E	一	结构钢焊条	J	结
GB 5118—2012	热强钢焊条	E	一	结构钢焊条	J	结
			二	钼和铬钼耐热钢焊条	R	热
			三	低温钢焊条	W	温
GB 983—2012	不锈钢焊条	E	四	不锈钢焊条	G	铬
					A	奥
GB 984—2001	堆焊焊条	ENi	五	堆焊焊条	D	堆
GB 10044—2006	铸铁焊条及焊丝	EZ	六	铸铁焊条	Z	铸
GB 13814—2008	镍及镍合金焊条	E	七	镍及镍合金焊条	Ni	镍
GB 3670—1995	铜及铜合金焊条	ED	八	铜及铜合金焊条	T	铜
GB 3669—2001	铝及铝合金焊条	E	九	铝及铝合金焊条	L	铝
			十	特殊用途焊条	TS	特

（3）焊条的选用原则：

1）等强度原则。焊接低碳钢和低合金钢时，一般应使焊缝金属与母材等强度，即选用与母材同强度等级的焊条。

2）同成分原则。焊接耐热钢、不锈钢等金属材料时，应使焊缝金属的化学成分与母材的化学成分相同或相近，即按母材化学成分选用相应成分的焊条。

3）抗裂纹原则。焊接刚度大、形状复杂、使用中承受动载荷的焊接结构时，应选用抗裂性好的碱性焊条，以免在焊接和使用过程中接头产生裂纹。

4）抗气孔原则。受焊接工艺条件的限制，如对焊件接头部位的油污、铁锈等清理不便，应选用抗气孔能力强的酸性焊条，以免焊接过程中气体滞留于焊缝中，形成气孔。

5）低成本原则。在满足使用要求的前提下，尽量选用工艺性能好、成本低和效率高的焊条。

此外，应根据焊件的厚度、焊缝的位置等条件，选用不同直径的焊条。一般焊件愈厚，选用的焊条直径愈大。

12.1.3 焊接质量及其控制

焊接质量的优劣影响焊接结构的安全使用。焊接质量首先应保证焊接接头的质量。熔化焊使焊缝及其附近的母材经历了一个加热和冷却的热过程。由于温度分布不均匀，焊缝受到一次复杂的冶金过程，焊缝附近金属受到一次不同规范的热处理，因而会发生相应的组织和性能变化，直接影响焊接质量。

1. 焊接接头的金属组织与性能

焊接接头包括焊缝金属和热影响区。

(1)焊缝金属：焊接加热时，焊缝处的温度在液相线以上，母材与填充金属形成共同熔池，冷凝后成为铸态组织。图12-6为焊缝金属的结晶示意图。在冷却过程中，液态金属自熔合区向焊缝的中心方向结晶，形成柱状晶组织。焊缝金属的化学成分主要取决于焊芯金属的成分，但也受熔化母材的影响。由于焊条药皮在焊接过程中具有合金化作用，使焊缝金属的化学成分往往优于母材，故只要合理选择焊条和焊接规范，焊缝金属的强度一般不低于母材强度。

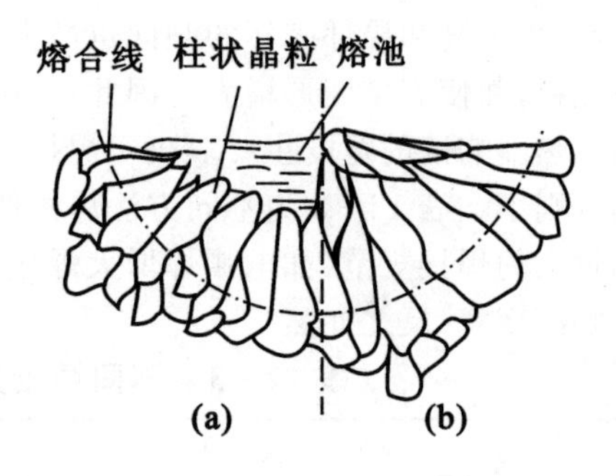

图12-6　焊缝金属结晶示意图
(a)正在结晶　(b)结晶结束

(2)热影响区：在焊接过程中，焊缝两侧金属因焊接热作用而产生组织和性能变化的区域。低碳钢的热影响区分为熔合区、过热区、正火区和部分相变区(见图12-7)。

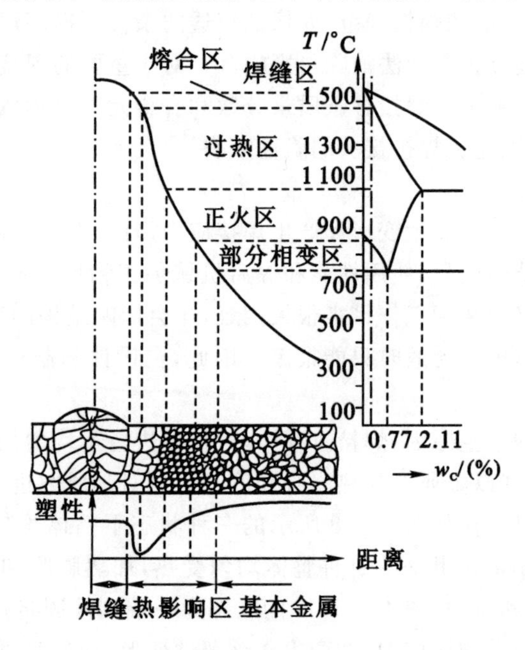

图12-7　低碳钢焊接接头组织与性能变化示意图

熔合区位于焊缝与基本金属之间，部分金属熔化部分未熔，也称半熔化区。加热温度约为1 490～1 530℃，此区成分及组织极不均匀，强度下降，塑性很差，是产生裂纹及局部脆性破坏的发源地。

过热区紧靠着熔合区，加热温度约为1 100～1 490℃。由于温度大大超过A_{c3}，奥氏体晶粒急剧长大，形成过热组织，使塑性大大降低，冲击韧性值下降25%～75%左右。

正火区的加热温度约为850～1 100℃，属于正常的正火加热温度范围。冷却后得到均匀细小的铁素体和珠光体组织，其力学性能优于母材。

部分相变区加热温度约为727～850℃。只有部分组织发生转变，冷却后组织不均匀，力学性能较差。

从图12-7中的性能变化曲线可以看出，在焊接热影响区中，熔合区和过热区的性能最差，产生裂缝和局部破坏的倾向也最大。热影响区宽度增加会使焊缝金属的冷却速度减慢，晶粒变粗，并使焊接变形增大。因此，热影响区愈窄愈好。

热影响区的宽度主要取决于焊接方法和焊接规范。凡温度高、热量集中的焊接方法，热影响区则小。表12-3为不同方法焊接低碳钢时热影响区的平均尺寸。采用同样焊接方法，选用过大的焊接规范（如电弧焊增大焊接电流、气焊选用过大焊嘴等）和减慢焊接速度，都会使热影响区变宽；反之亦然。

表12-3 不同焊接方法焊接低碳钢时热影响区平均尺寸 （单位：mm）

热影响区	焊接方法					
	气焊	手弧焊	埋弧焊	电渣焊	等离子弧焊	真空电子束焊
过热区总宽度	21.0	2.2	0.8～1.2	18～20	≈0	≈0
热影响区总宽度	27.0	6.0	2.5	25～30	1.4～2.5	0.05～0.75

合理选用不同的焊接方法和焊接规范（如保证焊透的条件下提高焊速、减小焊接电流），可以缩小热影响区，但在焊接过程中无法消除热影响区。对于重要的焊接件，常在焊后进行正火处理，以减弱热影响区的危害。在焊接含碳质量分数和合金元素含量较高的钢时，可采用焊前预热、焊后热处理等措施，以避免焊接接头的脆性断裂。

2. 焊接应力与变形

金属构件在焊接以后，总要发生变形和产生焊接应力，且二者是彼此伴生的。

焊接应力的存在，对结构质量、使用性能和焊后机械加工精度都有很大影响，甚至导致整个构件断裂；焊接变形不仅给装配工作带来很大困难，还会影响结构的工作性能。变形量超过允许数值时必须进行矫正，矫正无效时只能报废。因此，在设计和制造焊接结构时，应尽量减小焊接应力与变形。

(1)焊接应力与变形的产生原因：焊接过程中，对焊件进行不均匀加热和冷却，是产生焊接应力和变形的根本原因。现以金属杆受热膨胀和冷却为例对其原因进行说明。

首先观察一根金属杆件，在如图12-8所示的三种状态下整体均匀加热及随后冷却时的应力和变形状况：图12-8(a)的状态为杆件整体均匀受热，加热膨胀和冷却收缩均不受约束，故杆件不会留下任何变形和应力；图12-8(b)的状态为一端刚性固定，另一端可自由收缩，加热时，因伸长受阻而形成较大的压应力，并产生压缩塑性变形，冷却时可自由收缩，最终杆件无残余应力，但将缩短变粗即留下残余变形；图12-8(c)的状态杆件两端均为刚性固定，加热时杆件产生压缩塑性变形，冷却时的收缩又会使杆件内产生拉应力和拉伸塑性变形，最终冷却到室温后，杆件长度不变，但将留下较大的残余拉应力。

上述杆件加热和冷却时，自由变形受阻而产生残余应力或变形的现象实际上就是焊接残余应力和变形产生的根本原因。由于大多数焊接过程总是对焊件局部进行加热和冷却，故可以把一条焊缝看作被一侧、两侧或周围母材约束着的杆件。它既不能在加热过程中自由伸长，也不能在冷却过程中自由缩短，最终势必会产生残余应力与变形。此外，由于温度随时间和空间的急剧变化、材料热物理性质随温度而改变以及焊接结构的复杂性，焊缝受到的约束条件实际上比图示情况要复杂得多。因此焊接应力与变形问题是一个十分复杂的热弹塑性空间三维力学问题，至今人们只掌握了它的一部分规律。

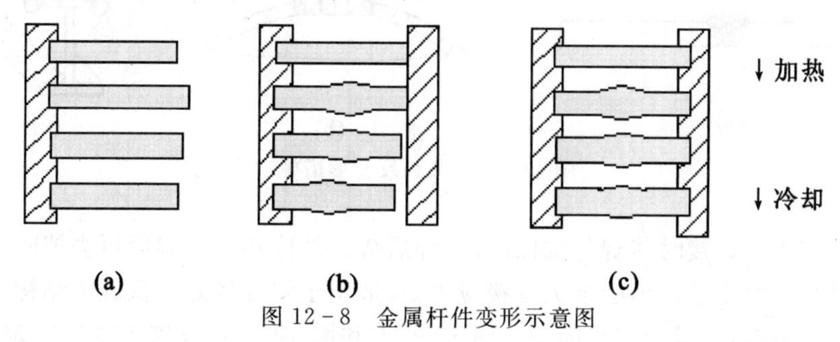

图 12－8　金属杆件变形示意图

由上述分析可知，焊件冷却后同时存在焊接应力与变形。当材料塑性较好、结构刚度较小时，焊件能自由收缩，焊接变形较大，焊接应力较小，此时应主要采取预防和矫正变形的措施，使焊件获得所需的形状和尺寸；当材料塑性较差，结构刚度较大时，焊接变形较小，焊接应力较大，此时应主要采取减小或消除应力的措施，以避免裂缝的产生。

(2)焊接变形的基本形式：常见的焊接变形有收缩变形、角变形、弯曲变形、波浪变形和扭曲变形等五种形式(见图 12－9)。

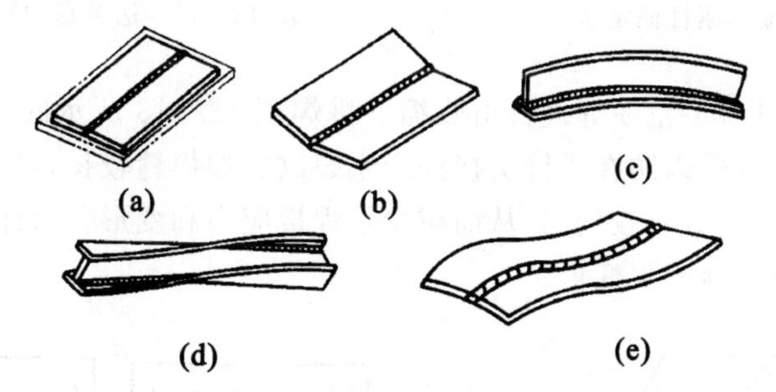

图 12－9　焊接变形的基本形式

(a)收缩变形　(b)角变形　(c)弯曲变形　(d)扭曲变形　(e)波浪变形

收缩变形是由于焊缝金属沿纵向和横向的焊后收缩而引起；角变形是由于焊缝截面上下不对称，焊后沿横向上下收缩不均匀而引起；弯曲变形是由于焊缝布置不对称，焊缝较集中的一侧纵向收缩较大而引起；扭曲变形常常是由于焊接顺序不合理而引起；波浪变形则是由于薄板焊接后焊缝收缩时，产生较大的收缩应力，使焊件丧失稳定性而引起的。

(3)减少焊接应力与变形的措施：减少焊接应力和变形的措施可从设计和工艺两方面入手。有关设计方面的知识在第 14 章介绍，下面仅介绍工艺措施。

1)预留收缩变形量。根据理论值和经验值，在焊件备料及加工时预先考虑收缩余量，以便焊后工件达到所要求的形状、尺寸。

2)反变形法。与防止铸件变形的反变形法原理相同。根据理论计算和经验，预先估计结构焊接变形的大小和方向，然后在焊接装配时给予一个方向相反、大小相等的人为变形，以抵消焊后产生的变形,使结构件得到正确形状(见图 12－10)。

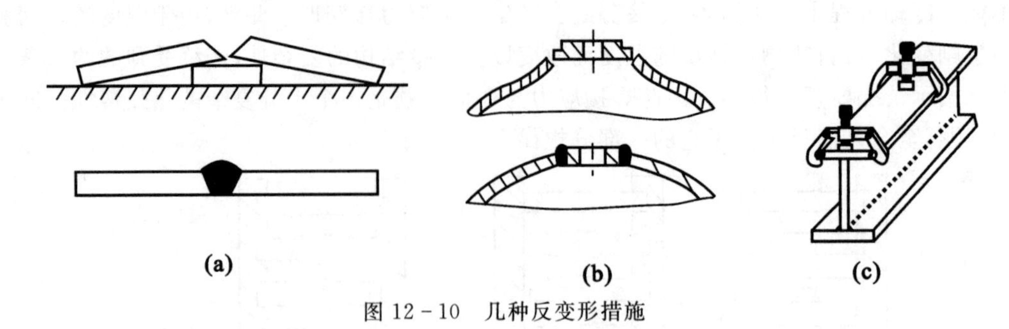

图 12－10　几种反变形措施

3)刚性固定法。焊接时将焊件加以固定,焊后待焊件冷却到室温后再去掉刚性固定,可有效防止角变形和波浪变形。但会增大焊接应力,只适用于塑性较好的低碳钢结构,不能用于铸铁和淬硬倾向大的钢材,以免焊后断裂。图 12－11 和图 12－12 分别为刚性固定法拼焊薄板和焊接法兰的例子。

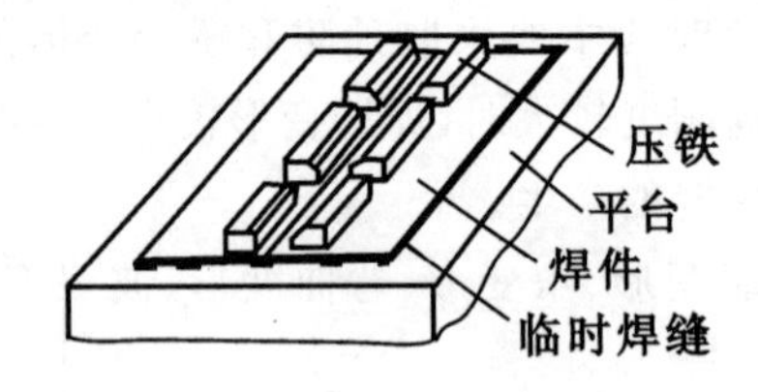

图 12－11　拼焊薄板的刚性固定法

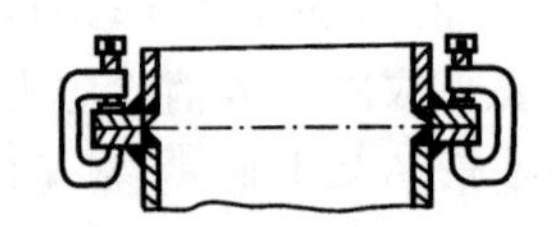

图 12－12　法兰盘的刚性夹固

4)选择合理的焊接顺序,尽量使焊缝自由收缩。拼焊图 12－13 所示的钢板时,应先焊错开的短焊缝,再焊直通长焊缝,以防在焊缝交接处产生裂纹。如焊缝较长,可采用图 12－14 的逐步退焊法和跳焊法,使温度分布较均匀,从而减少了焊接应力和变形。对称截面梁的焊接顺序如图 12－15 所示,可有效地减少变形。

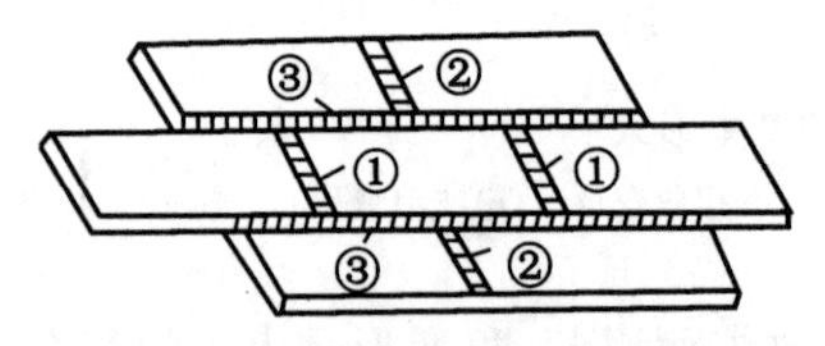

图 12－13　拼焊钢板的焊接顺序

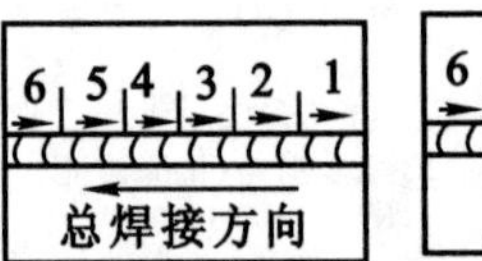

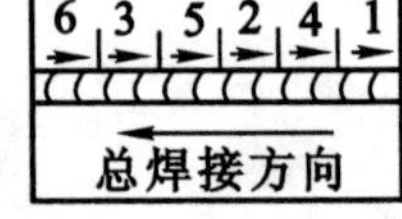

图 12－14　长焊缝的分段焊法

5)锤击焊缝法。在焊缝的冷却过程中,用圆头小锤均匀迅速地锤击焊缝,使金属产生塑性延伸变形,抵消一部分焊接收缩变形,从而减小焊接应力和变形(见图 12－16)。

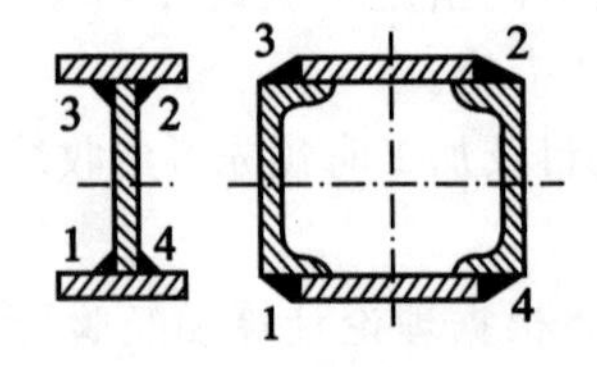

图 12－15　对称截面梁的焊接顺序

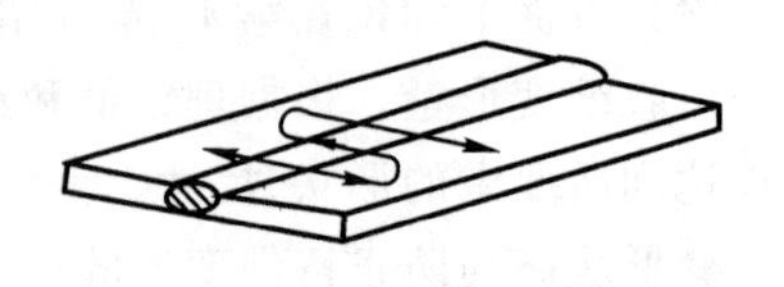

图 12－16　锤击焊缝的路线

6)加热“减应区”法。焊接前,在工件的适当部位(称为减应区)进行加热使之伸长,焊后冷却时,加热区与焊缝一起收缩,可大大减小焊接应力和变形(见图12-17)。

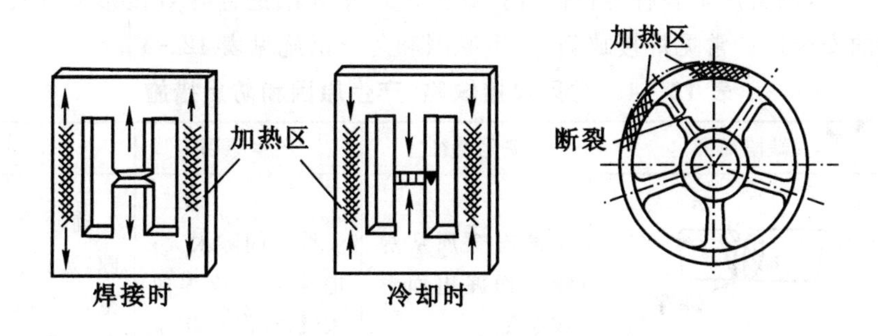

图12-17　加热“减应区”法

7)焊前预热和焊后缓冷。预热的目的是减少焊缝区与焊件其他部分的温差,降低焊缝区的冷却速度,使焊件能较均匀地冷却下来,从而减少焊接应力与变形。预热焊件,可以局部加热或整体加热,预热温度一般为100～600℃。焊后缓冷也能起到同样的作用。但这种方法使工艺复杂化,只适用于塑性差、容易产生裂缝的材料,如高、中碳钢,铸铁和合金钢等。

(4)焊接变形的矫正:在焊接过程中,即使采用了上述措施,有时也会产生超过允许值的焊接变形,因此,需要对变形进行矫正。其实质是使焊接结构产生新的变形,以抵消原有的焊接变形。

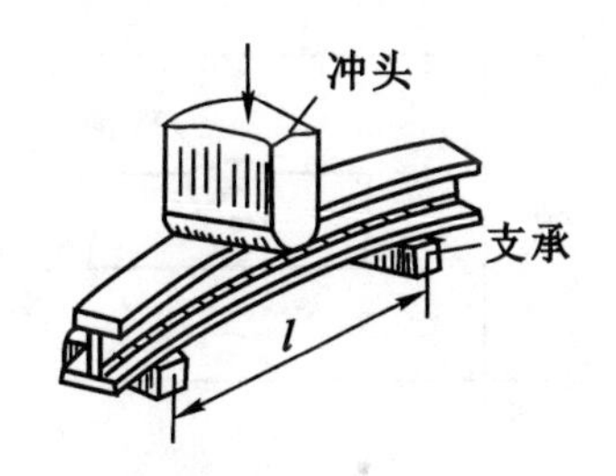

图12-18　机械矫正法

1)机械矫正。焊后通过压力机、矫直机、辗压或锤击等方法矫正焊接变形(见图12-18)。这种方法适用于矫正刚性较小、塑性较好和厚度不大的焊件。

2)火焰加热矫正。利用火焰加热时产生的局部压缩塑性变形,来抵消构件在该部分已产生的伸长变形。加热火焰通常选用氧-乙炔火焰,加热方式有点状加热、三角加热和条状加热(见图12-19),加热温度一般为600～800℃。无须专用设备,简便,机动,适用面广。但加热位置、加热面积和加热温度的选择,需要有一定的经验和焊接变形力学知识,否则不仅达不到目的,还会增大原有的变形。

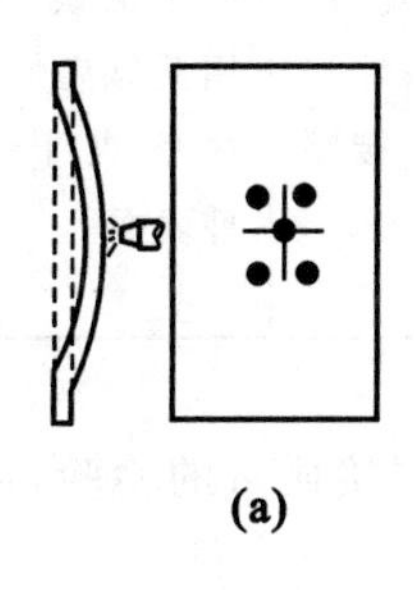

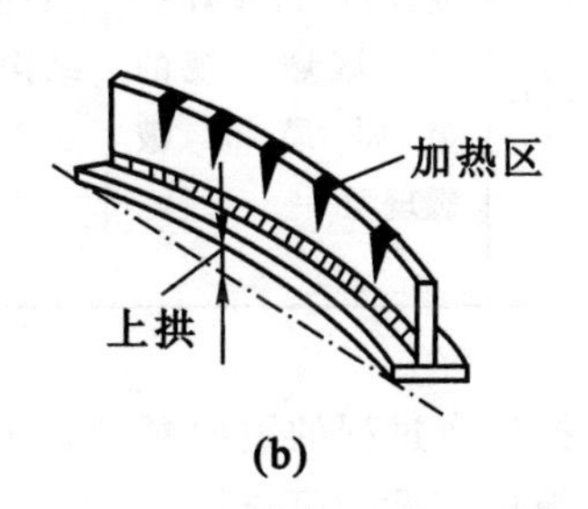

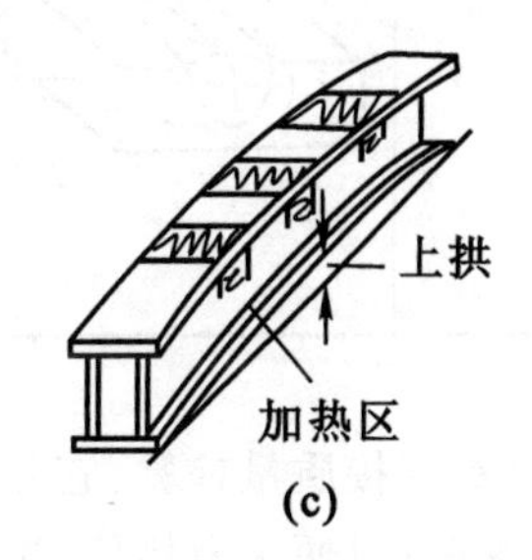

图12-19　火焰矫正法

(a)点状加热　(b)三角加热　(c)条状加热

3. 焊接缺陷产生原因和防止措施

(1)常见焊接缺陷:在焊接生产过程中,由于焊接结构设计、焊接规范确定、焊前准备和操作方法等不恰当,均会产生各种各样的焊接缺陷。焊接缺陷的存在直接影响焊接接头的质量及焊接结构的安全性。常见焊接缺陷、产生原因和防止措施见表 12-4。

表 12-4　常见焊接缺陷、产生原因和防止措施

缺陷名称	缺陷简图	缺陷特征	产生原因	防止措施
烧　穿	烧穿	液态金属从焊缝反面漏出而形成穿孔	坡口间隙太大;电流太大或焊速太慢;操作不当	确定合理的装配间隙,选择合适的焊接规范,掌握正确的运条方法
未焊透	未焊透	焊接时接头根部未完全焊透的现象	焊接速度太快,焊接电流太小;坡口角度太小,间隙过窄;焊件坡口不干净	选择合适的焊接规范,正确选用坡口形式、尺寸和间隙,加强清理,正确操作
夹　渣	夹渣	焊后残留在焊缝金属中的宏观非金属夹杂物	工件不洁;焊接电流过小,焊速太快;多层焊时各层熔渣未清除干净	多层焊时层层清渣,坡口清理干净,正确选择焊接规范
气　孔	气孔	焊接时,熔池中溶入的气体(H_2,N_2,CO)在凝固时未能逸出,形成气孔	焊件表面不洁;焊条潮湿;焊接电流过小,焊速过快;焊件碳、硅含量高	严格清除坡口上的水、锈、油,焊条按要求烘干,正确选择焊接规范
裂　纹	裂纹	在焊接过程中或焊接后,在焊接接头区域出现的金属局部破裂现象	熔池中含有较多的硫、磷或氢;结构刚度大;焊接应力过大;焊接顺序不当	焊前预热,限制原材料中的硫、磷含量,选用低氢型焊条,严格对焊条烘干及清理焊件表面

(2)焊接质量检验:它是焊接生产过程的重要环节。通过对焊接质量的检验,可及时发现焊接缺陷,以便采取措施,确保焊接产品的可靠性。

焊接检验包括焊前检验、焊接过程检验和成品检验。焊接质量检验的方法很多,常用检验方法如图 12-20 所示。

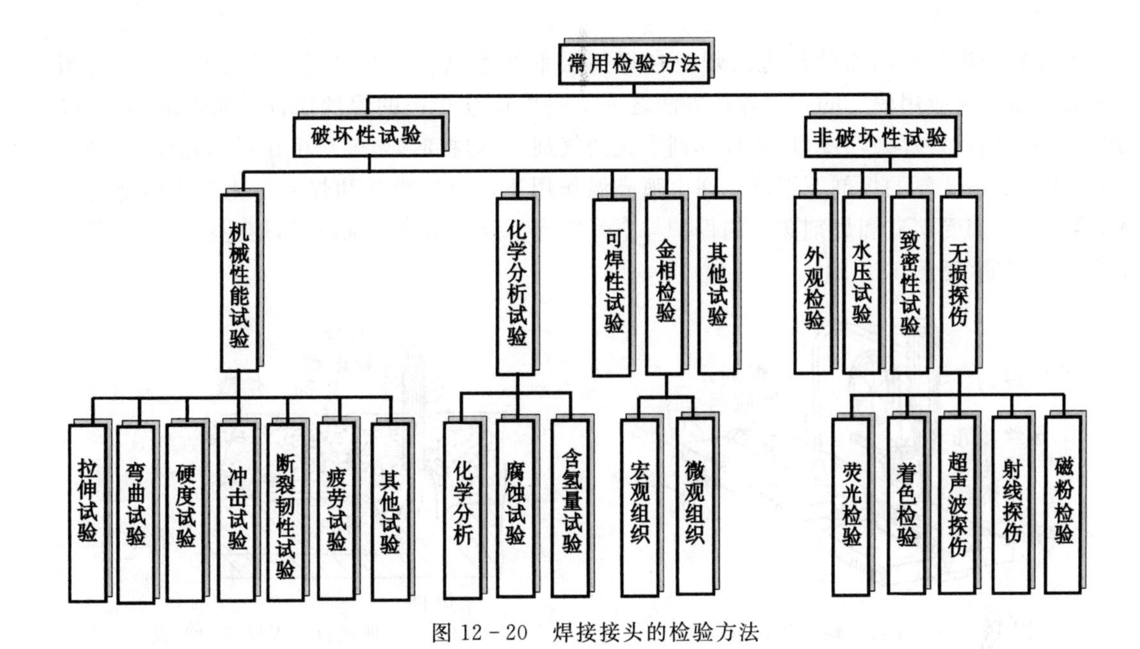

图 12－20　焊接接头的检验方法

12.2　常用焊接方法

12.2.1　电弧焊

1.手工电弧焊

利用电弧作为热源的熔焊方法，称为电弧焊。手工电弧焊(简称“手弧焊”)是利用电弧热局部熔化焊件，并用手工操纵焊条进行焊接的电弧焊方法，是目前应用较为广泛的焊接方法之一。焊接时，焊条与工件之间产生电弧，电弧高温将焊件与焊条局部熔化形成共同熔池(见图12－21)，然后迅速冷却，凝固形成焊缝，使分离的焊件牢固地连接成整体。

手工电弧焊的最大优点是设备简单，应用灵活、方便，适用面广，可焊接各种焊接位置(见图12－22)和直缝、环缝及各种曲线焊缝，尤其适用于操作不便的场合和短小焊缝的焊接。但对操作人员的技能要求较高，生产率低，工作环境差，劳动强度大，不适宜焊接钛等活泼金属、难熔金属及低熔点金属。

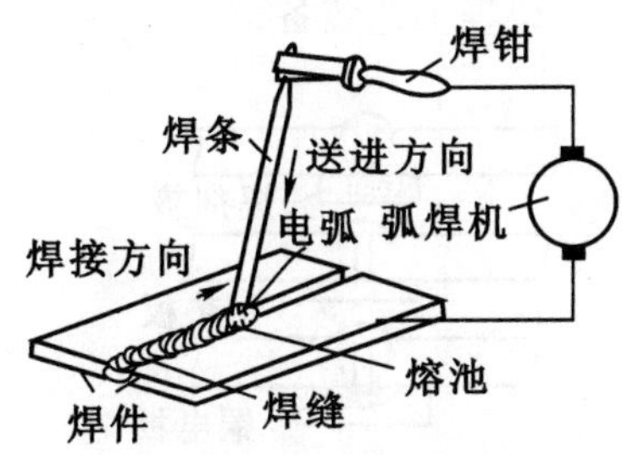

图 12－21　手工电弧焊过程示意图

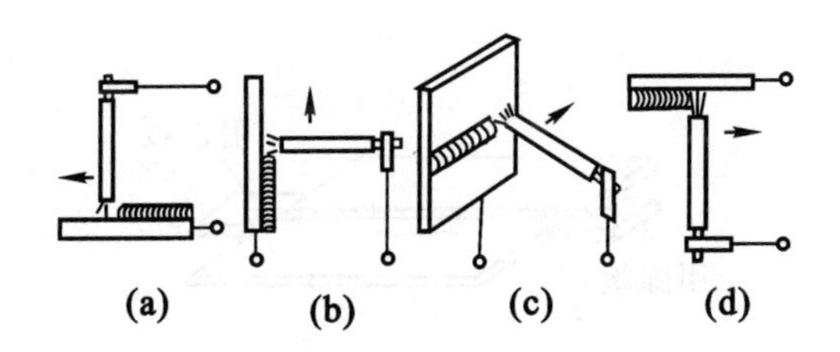

图 12－22　手弧焊可焊的空间位置
(a)平焊　(b)立焊　(c)横焊　(d)仰焊

2.埋弧自动焊

埋弧自动焊是利用连续送进的焊丝在焊剂层下产生电弧而自动进行焊接的方法(见图12-23),是目前应用较广的自动焊接方法之一。它以连续送进的焊丝代替手弧焊的焊条,以颗粒状的焊剂代替焊条药皮(埋弧焊焊剂中无造气剂)。焊接时,电弧产生在焊丝和焊件之间,并在40～60 mm厚的焊剂下燃烧。在电弧高温作用下,焊件、焊丝和焊剂熔化形成熔池与熔渣,熔池和熔滴受熔渣和焊剂蒸气的保护与空气隔绝。随着电弧向前移动,熔池在熔渣覆盖层下凝固成焊缝(见图12-24)。

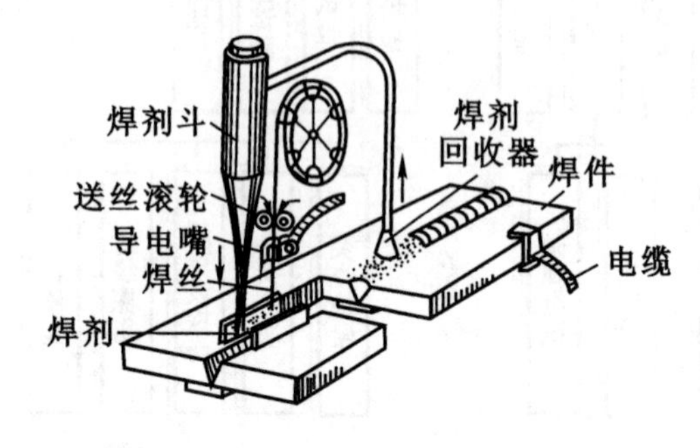

图12-23 埋弧自动焊焊接过程

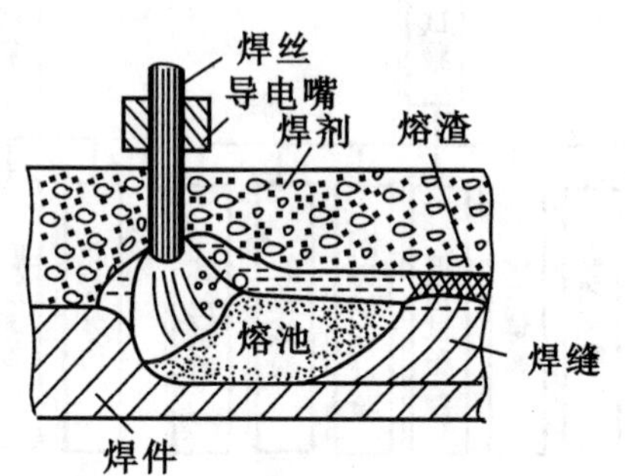

图12-24 埋弧自动焊焊缝的形成

埋弧自动焊具有下列特点。

(1)生产率高:埋弧焊不存在焊条发热问题,允许采用大电流(可高达1 000A以上)焊接,熔敷率大,焊速高,由于是盘状焊丝,无须像手弧焊频繁更换焊条。由于在焊剂层下焊接,热能利用率高,对厚度在25 mm以下的焊件,可不开坡口一次焊成,节省了焊接辅助时间,比手弧焊生产率提高5～10倍,甚至20倍。

(2)焊缝质量好:电弧和熔池被封闭在液态熔渣中,保护效果好,焊接规范自动控制,故焊接质量稳定,焊缝成形美观。

(3)劳动条件好:埋弧自动焊没有弧光,焊接烟尘较少,机械化操作减轻了劳动强度。

埋弧自动焊适用于大批量生产,可焊接中、厚钢板(6～60 mm)的直焊缝或大直径环缝,平焊位置的对接、搭接和T字接头,还可用于在基体金属表面堆焊耐磨、耐蚀合金。

埋弧自动焊常用的焊丝有H08,H08A和H08MnA等。焊剂有熔炼焊剂和陶质焊剂两大类。

埋弧自动焊焊接时,由于引弧处和断弧处质量不易保证,须采用引弧板及引出板(见图12-25),焊后再去除;为保证环缝成形和防止烧穿,生产中常采用焊剂垫与垫板(见图12-26)或先用手弧焊封底再进行焊接。焊接环缝时还须回转支架等工艺装备。

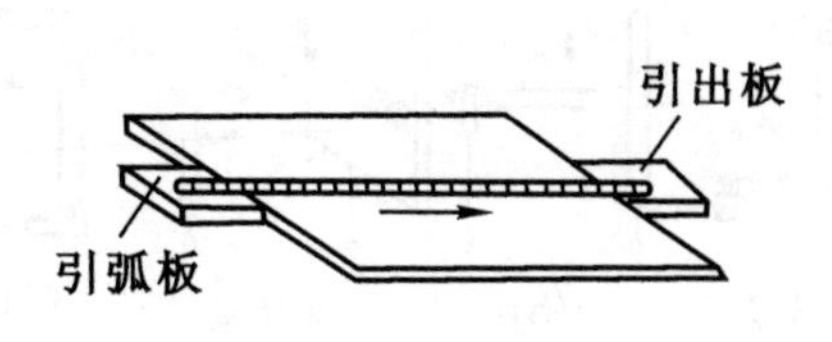

图12-25 埋弧焊的引弧板与引出板

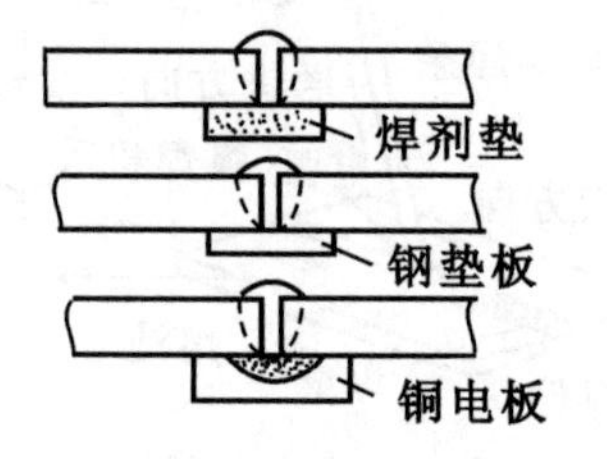

图12-26 埋弧焊的焊剂垫

3. 气体保护焊

气体保护焊是用外加气体作为电弧介质并保护电弧和焊接区的电弧焊。保护气体通常有两种：惰性气体（氩气和氦气）和活性气体（二氧化碳气）。

（1）氩弧焊：以氩气作为保护气体的气体保护焊。氩气是一种惰性气体，它既不与焊缝金属发生化学反应，又不溶于液态金属，是理想的保护气体。

按使用电极不同，氩弧焊可分为不熔化极氩弧焊和熔化极氩弧焊。

不熔化极氩弧焊采用高熔点的纯钨、钍钨或铈钨棒作电极，故又称钨极氩弧焊。焊接时，钨极不熔化，仅起引弧和维持电弧的作用，须另加焊丝作为填充金属[见图 12-27(a)]。在电弧高温作用下，填充金属与焊件熔融在一起形成焊接接头。整个焊接过程是在氩气保护下进行的。

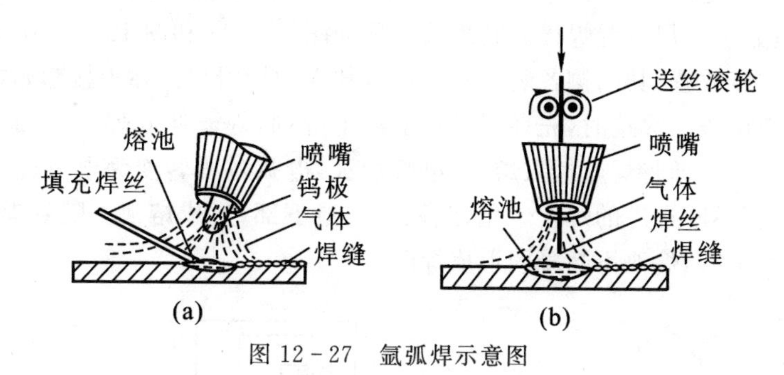

图 12-27 氩弧焊示意图

(a)不熔化极氩弧焊 (b)熔化极氩弧焊

为减少钨棒烧损，焊接电流不宜过大，通常用于焊接厚度为 4 mm 以下的薄板。焊接钢件时，常采用直流正接，以减少钨极的烧损；焊接铝、镁及其合金时，则采用交流电源或直流反接。因为反接或焊件处于负极半周时，质量较大的氩离子撞击熔池表面，使熔池表面极易形成的高熔点氧化膜破碎，有利于焊接熔合和保证质量，此现象称为“阴极破碎”作用。而当钨极处于负极的半周时，钨棒冷却，减少损耗。

熔化极氩弧焊[见图 12-27(b)]是以连续送进的金属焊丝作电极和填充金属，可采用较大的焊接电流。为使电弧稳定，通常采用直流反接。适宜焊接 25 mm 以下的中厚板。

氩弧焊的保护效果好，电弧稳定，在氩气流的压缩作用下电弧热量集中。因此，氩弧焊的热影响区小，焊后变形小，焊缝外形光洁美观，无渣壳，便于实现机械化和自动化。但氩气成本高，氩弧焊设备复杂，目前主要用于铝、镁、钛及其合金和不锈钢的焊接，有时也用于合金钢的焊接。

（2）二氧化碳气体保护焊：利用 CO_2 作为保护气体的气体保护焊。它的焊接装置（见图 12-28）与熔化极氩弧焊相似，也是以连续送进的金属焊丝为电极；CO_2 气体从喷嘴中连续喷出，在电弧周围形成局部气体保护层；采用自动或半自动方式进行焊接。

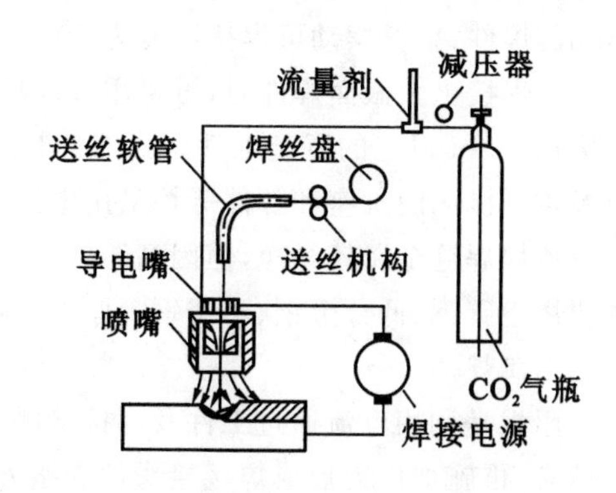

图 12-28 二氧化碳气体保护焊示意图

二氧化碳气体保护焊的成本只有手弧焊和

埋弧焊的 40%～50%；CO_2 电弧穿透力强，熔敷速度快，生产率比手弧焊高 1～4 倍；抗锈力强，抗裂性能好；可用于低碳钢、低合金钢、耐热钢和不锈钢的焊接。

由于 CO_2 气体是氧化性气体，高温时可分解成 CO 和氧原子，易造成合金元素烧损、焊缝吸氧，导致电弧稳定性差、金属飞溅等缺点，因而 CO_2 气体保护焊多配用含锰、硅元素的焊丝进行脱氧和渗合金，并使用直流电源，以使电弧稳定。

12.2.2 其他常用焊接方法

1. 电渣焊

电渣焊是利用电流通过液体熔渣所产生的电阻热进行焊接的熔化焊方法。根据使用的电极形状，可分为丝极电渣焊、板极电渣焊、熔嘴电渣焊和熔管电渣焊。

电渣焊一般处于立焊位置焊接。其焊接过程如图 12-29 和图 12-30 所示。将两焊件相距 20～60 mm 垂直放置，其两侧各装有一个通冷却水的铜滑块。在焊接起始端和结束端加引弧板、引入板和引出板。焊接时，先在引弧板上洒上焊剂，焊丝伸入焊剂中，通电引弧，焊剂受热熔化，形成渣池。随即将焊丝插入熔池，电弧熄灭，电弧过程转变为电渣过程。电流通过渣池产生的电阻热把不断送进的焊丝熔化，沉积于渣池下部，形成熔池。随着焊丝送进，熔池液面升高，冷却滑块上移，熔池不断凝固形成焊缝。

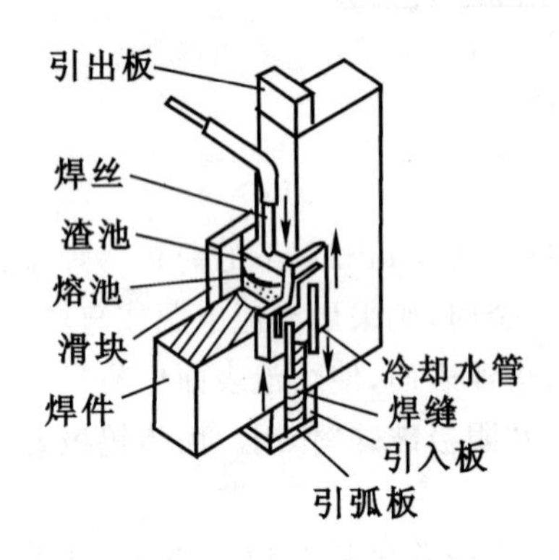

图 12-29 电渣焊过程示意图

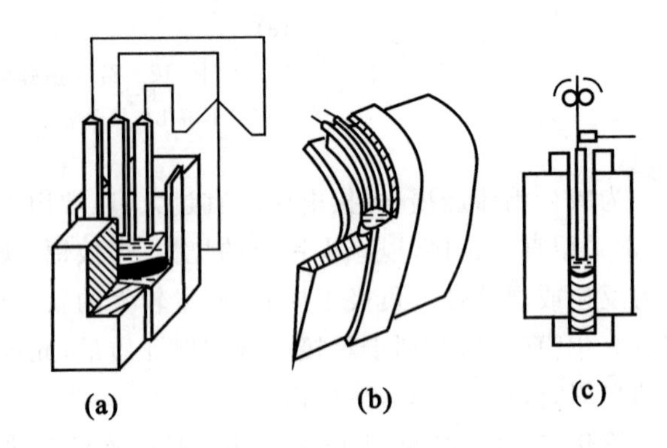

图 12-30 电渣焊方法示意图

(a)板极电渣焊 (b)熔嘴电渣焊 (c)熔管电渣焊

电渣焊可一次焊接厚而大的焊件，生产率高，成本低。不摆动单丝可焊接厚度为 40～60 mm的焊件；单丝摆动可焊接厚度为 60～100 mm 的焊件；三丝摆动可焊接厚度达 450 mm 的焊件。焊接更大截面焊件时，可采用金属板来代替焊丝。目前电渣焊可焊接厚度达 2 m，焊缝长度达 10 m 以上的巨型工件。我国自制的万吨水压机立柱、工作缸、横梁、工作台等零、部件以及重型机床的机座和部件等均采用电渣焊工艺。

电渣焊焊缝金属较纯净，但因高温停留时间较长，晶粒粗大，焊后应进行正火处理。电渣焊主要用于碳钢、低合金钢、不锈钢等厚大工件的焊接，以及铸-焊、锻-焊组合构件的焊接。

2. 电阻焊

电阻焊是利用电流通过工件及焊接接触面间所产生的电阻热，将焊件加热至塑性或局部熔化状态，再施加压力形成焊接接头的焊接方法。

根据焦耳-楞次定律，电阻焊在焊接过程中所产生的热量 $Q \propto I^2Rt$。由于焊件本身和接触

处的总电阻 R 很小，通电加热时间 t 也极短(约 0.01 s 至数秒)，所以只有应用强大的电流 I 才能迅速达到焊接温度。因此，电阻焊需要应用大功率的焊机，通过交流变压器提供低电压(约 10 V 以下)，强电流($5\times10^3\sim10^5$ A)。通电时间由电器设备自动控制。

电阻焊分为点焊、缝焊和对焊三种形式(见图 12－31)。

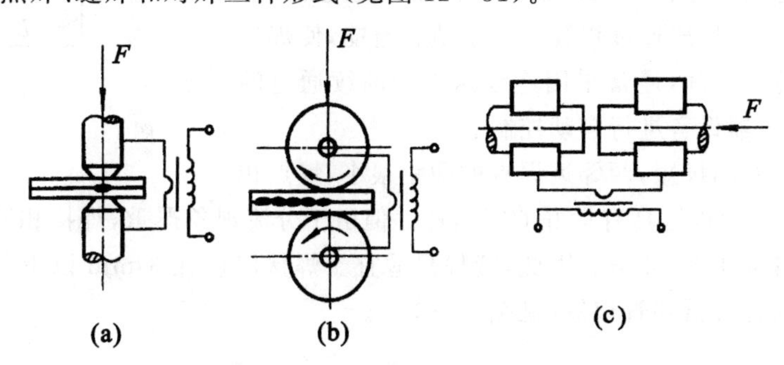

图 12－31　电阻焊基本形式

(a)点焊　(b)缝焊　(c)对焊

(1)点焊：将焊件压紧在两个柱状电极之间，通电加热，使焊件在接触处熔化形成熔核，然后断电，并在压力下凝固结晶，形成组织致密的焊点。电极与工件接触面上所产生的热量被电极中的冷却水带走，温升有限，电极与工件不会被焊牢。图 12－32 为点焊机的基本结构。上、下电极和电极臂既传递电流，又传递压力；冷却水路通过变压器、电极等导电部分，用于散热。

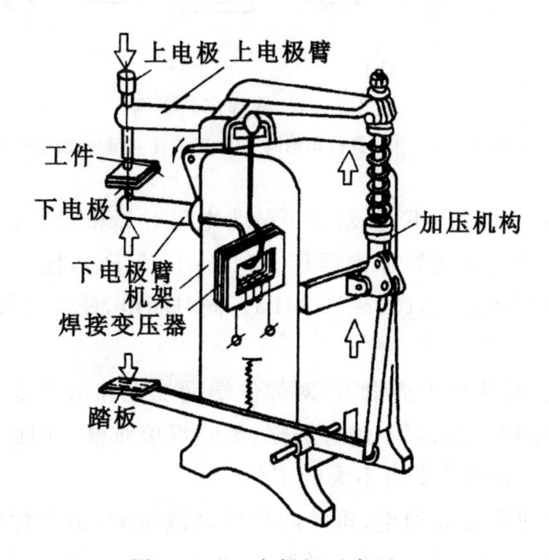

图 12－32　点焊机示意图

点焊的操作过程是：施压—通电—断电—松开，便完成一个焊点。之后，工件前移一段距离再焊第二个焊点。相邻两点间应保持足够的距离，以免造成过大分流，影响焊接质量。分流是指电阻焊时从焊接区以外流过的电流(见图 12－33)，这部分电流对焊点不起作用。分流使通过焊接区的有效电流减小，焊点强度降低；还会导致电极与工件的接触部位局部产生很大的电流密度，以致烧坏电极或工件表面。选择合理的焊点间距及合适的焊接顺序，焊前严格清理工件表面等，均可减小分流现象。

点焊适用于焊接 4 mm 以下的薄板(搭接)和钢筋，广泛用于汽车、飞机、电子、仪表和日常生活用品的生产。

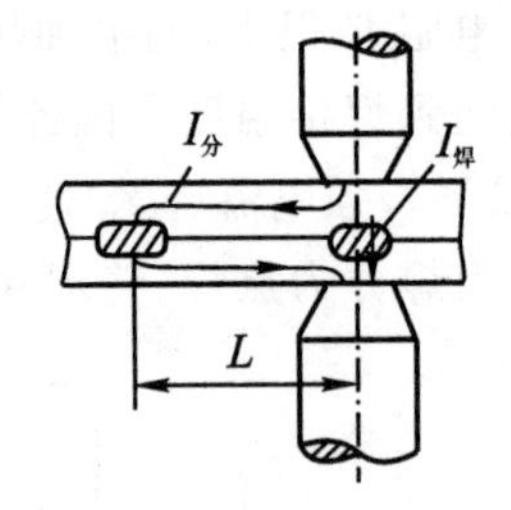

图 12－33　点焊分流现象

(2)缝焊：缝焊与点焊相似，所不同的是用旋转的盘状电极代替柱状电极。叠合的工件在圆盘间受压通电，并随圆盘的转动而送进，形成连续焊缝。为了节省电能，使焊件和缝焊设备有冷却时间，通常采用连续送进和断续通电的方式，由精确的电器设备进行自动控制。

缝焊时通电时间极短，两邻近焊点的间距很小，焊点相互重叠(约 50%)，使焊缝具有良好的密封性。但由于分流现象严重，焊接相同工件时，缝焊所需电流约为点焊的 1.5～2 倍。因此，缝焊只适宜于焊接厚度在 3 mm 以下的薄板搭接，主要应用于生产密封性容器和管道等(见图 12－34)。

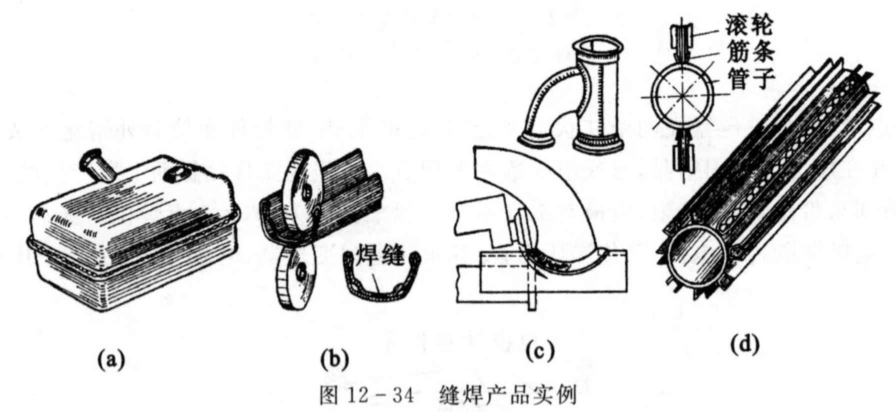

图 12－34　缝焊产品实例

(a)汽车油箱　(b)自行车钢圈　(c)连接管　(d)带筋条管子

(3)对焊：根据焊接工艺过程不同，对焊可分为电阻对焊和闪光对焊。

1)电阻对焊。焊接过程是先施加顶锻压力(10～15 MPa)，使工件接头紧密接触，通电加热至塑性状态，然后施加顶锻压力(30～50 MPa)，同时断电，使焊件接触处在压力下产生塑性变形而焊合[见图 12－35(a)]。

电阻对焊操作简便，接头外形光滑，但对焊件端面加工和清理要求较高，否则会造成接触面加热不均匀，产生氧化物夹杂、焊不透等缺陷，影响焊接质量。因此，电阻对焊一般只用于焊接直径小于 20 mm、截面简单和受力不大的工件。

2)闪光对焊。焊接过程是先通电，再使两焊件轻微接触，由于焊件表面不平，使接触点通过的电流密度很大，金属迅速熔化、气化、爆破，飞溅出火花，造成闪光现象。继续移动焊件，产生新的接触点，闪光现象不断发生，待两焊件端面全部熔化时，迅速加压，随即断电并继续加压，使焊件焊合[见图 12－35(b)]。

在闪光对焊焊接过程中，工件端面的氧化物及杂质，一部分随闪光火花带出，一部分在最后加压时随液态金属挤出。闪光对焊的接头质量好，对接头表面的焊前清理要求不高，常用于焊接受力较大的重要工件。闪光对焊不仅能焊接同种金属，也能焊接铝-钢、铝-铜等异种金属，可以焊接0.01 mm的金属丝，也可以焊接直径 500 mm 的管子及截面为 20 000 mm^2 的板材。但金属消耗较多，闪光火花易沾污其他设备与环境，焊后须清理接头毛刺。

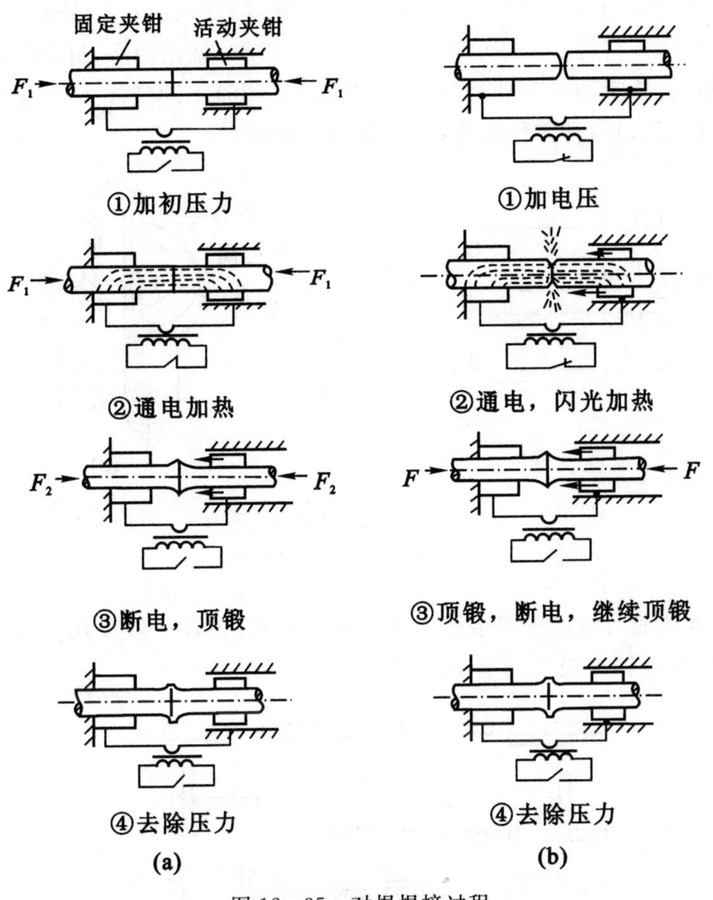

图12-35　对焊焊接过程

(a)电阻对焊　(b)闪光对焊

电阻焊生产率高，焊接变形小，劳动条件好，无须添加填充材料，操作简单，便于实现机械化和自动化，在工业生产中得到广泛应用，如汽车车体的点焊(每辆轿车至少有几千个焊点)，汽车油箱的缝焊，钢管纵缝的高频电阻对焊，船用锚链的闪光对焊，自行车钢圈的缝焊与闪光对焊等。但电阻焊需要大功率的焊接设备，对焊件厚度和截面有一定限制。

3. 钎焊

钎焊是利用熔点比母材低的填充金属(称为钎料)，经加热熔化后，利用液态钎料润湿母材，填充接头间隙并与母材相互扩散，实现连接的焊接方法。钎焊与其他方法的根本区别在于加热时仅钎料熔化，焊件不熔化。

在钎焊过程中一般须使用钎剂，以去除工件表面的氧化膜和油污等杂质，保护母材接触面和钎料不受氧化，并增加钎料湿润性和毛细流动性。

根据钎料熔点的不同，钎焊可分为软钎焊和硬钎焊。

(1)软钎焊：软钎焊的钎料熔点低于450℃，接头强度较低(小于70 MPa)。常用软钎料为锡基钎料(焊锡)。钎剂有松香或氯化锌溶液等。钎焊时可用烙铁、喷灯和炉子等加热，也可把焊件直接浸入已熔化的钎料中。软钎焊主要用于接头受力不大、工作强度较低的焊件，如电子元件与线路的连接等。

(2)硬钎焊:硬钎焊的钎料熔点高于450℃,接头强度较高(>200 MPa)。常用硬钎料有铜基、银基、铝基及镍基钎料等。所用钎剂主要有硼砂、硼酸、氯化物等,钎焊时,可采用氧-乙炔火焰加热、电阻加热、感应加热和盐浴加热等(见图12-36)。硬钎焊主要用于接头受力较大、工作温度较高的焊件,如各种零件的连接、刀具的焊接等。

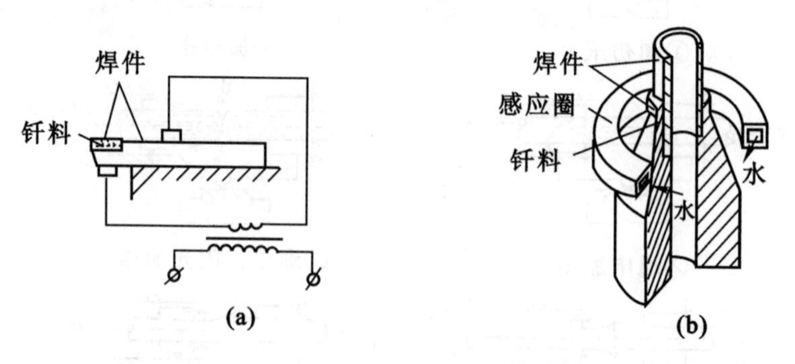

图12-36　硬钎焊加热示意图

(a)电阻加热　(b)感应加热

钎焊接头的承载能力与接头连接面大小有关。因此,钎焊一般采用搭接接头和套件镶接(见图12-37),以弥补钎焊强度的不足。

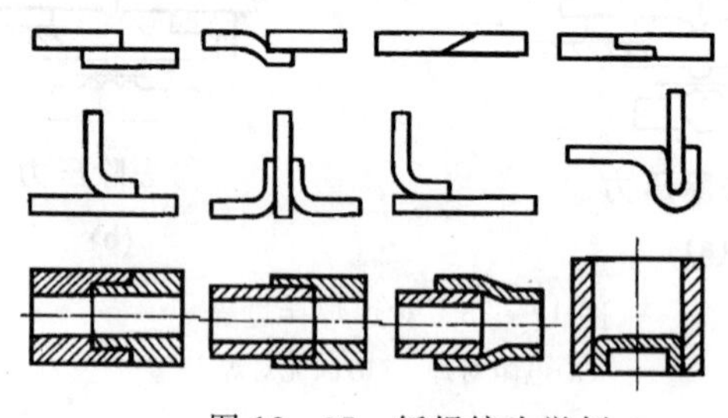

图12-37　钎焊接头举例

钎焊生产率高,焊接变形小,焊件尺寸精确,可以焊接异种金属,易于实现机械化和自动化。主要用于焊接电子元件、精密仪表机械、异种金属构件及复杂的薄板构件等。

12.3　常用金属材料的焊接

12.3.1　金属材料的焊接性

1.焊接性的概念

焊接性是指金属材料对焊接加工的适应性,即金属材料在一定的焊接工艺条件下(焊接方法、焊接材料、焊接工艺参数和结构形式等),获得优质焊接接头的难易程度。它包括两方面的内容,一是结合性能,即在一定焊接工艺条件下,焊接接头产生焊接缺陷的敏感性;二是使用性能,即在一定焊接工艺条件下,焊接接头对使用要求的适应性。

影响金属焊接性的因素很多,可归类为材料(化学成分、组织状态、力学性能等)、设计(结构型式)、工艺(焊接方法、焊接规范等)及服役环境(工作温度、负荷条件、工作环境等)等4个方面。评价金属材料的焊接性,可通过估算或试验确定。

焊接性主要取决于金属材料的化学成分、物理特性等。生产中,常根据钢材的化学成分估计其焊接性。钢的含碳质量分数对其焊接性的影响最为明显,通常把钢中合金元素的含量,按其作用换算成碳元素的相当含量。其与含碳质量分数的总和称为碳当量 w_{CE}。

碳当量 w_{CE} 常作为评定钢材焊接性的一种参考指标。用碳当量 w_{CE} 评定钢材焊接性的方法,称为碳当量法。

国际焊接学会推荐,碳素结构钢和低合金结构钢的碳当量 w_{CE}(%)的计算公式为

$$w_{CE}=w_{C}+\frac{w_{Mn}}{6}+\frac{w_{Ni}+w_{Cu}}{15}+\frac{w_{Cr}+w_{Mo}+w_{V}}{5}$$

式中化学元素的含量均取其成分范围的上限。

实践表明,碳当量 w_{CE} 愈高,钢材的焊接性愈差。

当 $w_{CE}<0.4\%$ 时,钢材的塑性良好。通过塑性变形能够减缓焊件中产生的应力,减少产生裂纹的倾向,焊接性良好。焊接时,一般不需要采取特殊的工艺措施。

当 $w_{CE}=0.4\%\sim0.6\%$ 时,钢材的塑性稍差,焊接性也较差。焊接时,须采取预热、缓冷等工艺措施,防止裂纹产生。

当 $w_{CE}>0.6\%$ 时,钢材的塑性差,焊接性不好。焊前必须预热到较高温度,采取减少焊接应力和防止裂缝的严格工艺措施,焊后进行适当热处理,才能保证焊接质量。

上述碳当量法由于没有考虑焊接方法、结构刚度、环境温度等因素的影响,故只能粗略估算焊接性。对钢材实际焊接性,应考虑焊接具体条件,再通过试验测定。

2. 钢材的焊接性

(1)低碳钢的焊接:低碳钢的碳当量 $w_{CE}<0.4\%$,焊接性良好,容易获得优质的焊接接头,几乎适用所有的焊接方法,通常不需要采取特殊的工艺措施。但在0℃以下低温焊接厚件时须预热焊件;对厚度超过 50 mm 的焊件,焊后须进行热处理,以消除内应力;电渣焊后须进行正火处理,以细化晶粒。

常用的焊接方法有手弧焊、埋弧焊、电渣焊、二氧化碳气体保护焊和电阻焊。手弧焊焊条可根据情况选用 E4301,E4303,E4313 或 E4320。但对于重要结构件的焊接,则应选用 E5015,E5016 等低氢型焊条。

(2)中、高碳钢的焊接:中碳钢的碳当量 w_{CE} 在 0.4%左右,焊接性较差,易产生淬硬组织和裂纹,焊接时需要采取特殊的工艺措施。通常选用抗裂性能好的低氢型焊条;焊前预热焊件,含碳质量分数小于 0.45%的钢预热温度为 150~250℃,含碳质量分数较高或厚度较大时,预热温度应提高至 250~400℃;采用细焊条、小电流、开坡口、多层焊,以减小母材的熔化深度,减缓热影响区的冷却速度;焊后缓冷和进行去应力退火。

高碳钢的碳当量 $w_{CE}>0.4\%$,焊接性差,一般不用于制造焊接结构,仅对损坏的机件进行焊补。可采用手弧焊和气焊。焊前预热温度为 250~350℃,刚度大的焊件在焊接过程中还应保持此温度,焊后应缓慢冷却。

(3)低合金结构钢的焊接:当低合金结构钢的 $\sigma_s<400$ MPa 时,碳当量 $w_{CE}<0.4\%$,焊接性良好。焊接时不需要采取特殊的工艺措施。但在低温下焊接或焊接厚板时,焊前应对焊件预热。

对于 $R_e>400$ MPa 的低合金结构钢,碳当量 $w_{CE}>0.4\%$,焊接性较差,焊前一般要预热

(＞150℃)，焊接时应调整焊接规范来严格控制热影响区的冷却速度，焊后进行去应力退火。

目前在焊接生产中广泛采用16 Mn钢，其焊接性接近低碳钢，但因含锰质量分数较多，在近缝区易出现晶粒粗大，冷却速度快时有淬硬现象，故在焊接厚度较大(＞16 mm)或低温(＜－5℃)下施焊时，应进行150～250℃预热。一般选用碱性焊条，要求不高时选用酸性焊条。

焊接各种牌号的普通低合金结构钢常采用手弧焊、埋弧焊和二氧化碳气体保护焊。

12.3.2 铸铁的焊补

1. 铸铁的焊接性

铸铁含碳质量分数高，含硫、磷等杂质较多，塑性差，焊接性也很差。其主要原因有以下几点。

(1)焊接接头易产生白口组织：碳和硅是促进石墨化元素，焊接时会大量烧毁，焊后冷却速度又快，不利于石墨的析出，故容易产生白口组织，给切削加工带来困难。

(2)易产生焊接裂纹：铸铁是脆性材料，焊接时容易产生白口和淬硬组织。当焊接应力超过铸铁抗拉强度时，就会在焊缝或近缝区产生裂纹，甚至完全开裂。

(3)易产生气孔和夹渣：铸铁中的碳、硅元素剧烈氧化，形成CO气体和硅酸盐熔渣，它们滞留在焊缝中会形成气孔和夹渣等缺陷。

铸铁不宜作为焊接结构材料，但对于铸铁零件的局部损坏和铸造缺陷可以进行焊补修复。

2. 铸铁的焊补方法

铸铁件的焊补方法通常采用气焊和手工电弧焊，要求不高时也可采用钎焊。按照焊前工件是否预热可将其分为热焊法和冷焊法。

(1)热焊法：是把工件整体或局部预热到600～700℃再进行焊接的方法。在焊接过程中应保持焊件温度不低于400℃，焊后缓慢冷却或进行去应力退火。热焊法可防止工件产生马氏体、白口组织和裂缝，焊补质量好，焊补处可进行机械加工。但热焊法须加热设备，成本较高，生产率低，劳动条件差。一般用于焊补形状复杂的重要铸件，如机床导轨和内燃机气缸体等。生产中常采用加热“减应区”法来提高焊补质量。

用气焊进行铸铁热焊比较方便，也可用涂有药皮的铸铁焊条进行手工电弧焊焊补。

(2)冷焊法：是焊前不预热或只进行400℃以下的低温预热的焊接方法。冷焊法操作简便，劳动条件好，生产率高，但焊补质量不如热焊法，焊接处切削加工性较差。主要用于焊补要求不高的铸件及非加工表面。

对于小型薄壁铸件常采用气焊。对于大型厚壁铸件，一般采用手工电弧焊，并通过选择合适的焊条来调整焊缝的化学成分，以防止出现白口组织、裂纹和气孔等。常用的冷焊铸铁焊条有钢芯铸铁焊条、铸铁芯铸铁焊条、镍基铸铁焊条和铜基铸铁焊条等，其中镍基、铜基铸铁焊条对防止白口和裂纹的效果较好。焊接时，一般采用细焊条、小电流、短弧、窄焊缝、分段焊(每段焊缝长度不超过50 mm)及焊后锤击焊缝等措施，以减小热影响区的范围，防止热变形和热应力，避免裂纹和开裂。

12.3.3 有色金属的焊接

1. 铜及其合金的焊接

(1)铜及其合金的焊接性：采用一般的焊接方法，铜及其合金的焊接性很差，其主要原因是：

1)裂纹倾向大。铜在高温下易氧化生成 Cu_2O,它与铜形成低熔点的脆性共晶体分布在晶界上,易引起热裂纹。

2)气孔倾向大。液态铜溶氢能力强,凝固时其溶解度下降很快,来不及逸出的氢存在于焊缝中形成气孔。

3)容易产生焊不透缺陷。铜的导热性好,热容量大,焊接时必须采用较大热量,否则不易焊透。但这样会增加热影响区宽度,降低焊缝的力学性能。

4)合金元素易氧化。铜合金中的合金元素,如黄铜中的锌、铝青铜中的铝等,比铜更易氧化,从而降低焊接接头的性能,并促使热裂纹、气孔、夹渣等缺陷的产生。

(2)铜及其合金的焊接方法:铜及其合金的焊接常用氩弧焊、气焊、手弧焊和钎焊等方法,以氩弧焊的焊接质量最好。应综合考虑工件材料的成分、厚度、结构特点及使用性能等来选择焊接方法。板厚小于 5 mm 时可选用气焊,尤其是焊黄铜,目前主要是采用气焊。焊接紫铜和青铜时采用氩弧焊较好,不仅能获得优质焊缝,还有利于减少焊接变形。

焊接前应严格清理焊件,以减少氢的来源;焊前预热,以弥补热传导损失;焊后锤击焊缝及进行再结晶退火,以细化晶粒和提高焊接质量。

2.铝及其合金的焊接

(1)铝及其合金的焊接性:采用一般的焊接方法,铝及其合金的焊接性很差,其主要原因如下。

1)极易氧化。铝对氧的亲和力很强,生成的氧化膜组织致密,熔点很高,覆盖在熔池表面,阻碍相互熔合,从而造成焊缝夹渣。

2)易产生气孔。液态铝能溶解大量的氢,而凝固过程中溶解度下降很快,来不及逸出的氢残存在焊缝中形成气孔。

3)易产生裂纹。高温时铝的强度低,塑性差,且线膨胀系数大,焊件容易产生应力变形和裂纹。

(2)铝及其合金的焊接方法:铝及其合金的焊接常用氩弧焊、电阻焊、钎焊和气焊等。氩弧焊的保护作用最好,没有熔渣。一般采用直流电源反接法,利用质量较大的氩离子对阴极撞击并破碎氧化铝膜,使金属熔合。要求不高的焊件可采用气焊。

焊接前,须严格清理焊件表面的油污及杂质;焊后还应清除残留在工件上的熔剂,以防腐蚀。

对于硬铝,由于其焊接性很差,到目前为止,用一般焊接方法包括氩弧焊,都不易获得满意的焊接接头,多采用铆接方法来连接。

12.3.4 难熔金属及其合金的焊接

难熔金属如钛、锆、钼、铌等在航空、航天、原子能、电子工业和民用工业中,均具有广泛的用途。但采用一般焊接方法其焊接性较差。其主要困难是:加热时它们会强烈吸收氧、氢和氮等气体,并由气体杂质污染引起性能变化和热循环造成显微结构的变化。对其必须采用特殊焊接方法和工艺。

难熔金属的焊接通常采用氩弧焊、等离子弧焊和电子束焊等焊接方法。

钛及其合金要在高纯度的氩气保护下进行焊接。焊接时需用氩气流对焊缝根部和尚未冷却到350℃的焊缝区进行附加保护(见图12-38)。焊前通过真空退火使焊丝和母材脱气。焊缝中各种气体的质量分数分别是：$w_{H_2}<0.01\%$，$w_{O_2}<0.1\%$，$w_{N_2}<0.05\%$。上述气体含量高时，焊接接头金属的塑性下降。此外，钛合金还有形成冷裂纹的倾向。重要部件应在可控氩气室中焊接，也可在充氩房内进行。

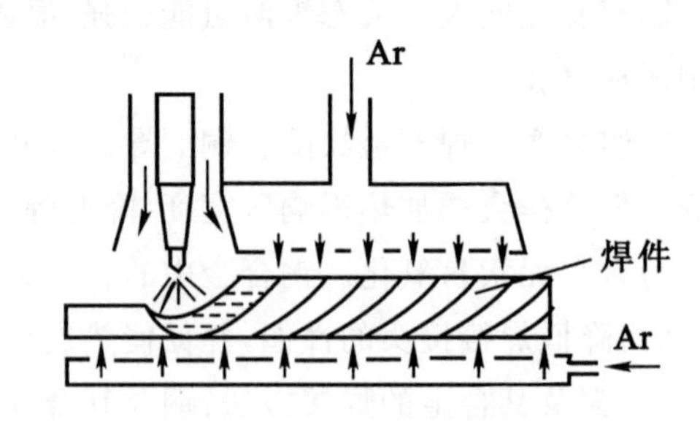

图12-38　钛合金焊接示意图

钛及其合金也可采用等离子弧焊和电子束焊。

锆的焊接性与钛很接近，故其焊接工艺与钛相似。

钼、铌及其合金，与钛相比更容易被气体所饱和，特别是被氧所饱和。当$w_{O_2}>0.01\%$时，其塑性会急剧下降。钼、铌及其合金应在可控氩气室中采用电弧焊焊接或在真空中采用电子束焊焊接。

12.4　现代焊接技术与发展趋势

12.4.1　现代焊接技术

焊接工艺技术在迅速发展，主要体现在三个方面：一是随着现代工业技术的发展，原子能、航空、航天、微电子等技术需要焊接新的材料和结构，出现了新的焊接工艺方法及设备，如激光焊、超声波焊、真空扩散焊等；二是改进常用焊接方法和工艺，使焊接质量和生产率大大提高，如脉冲氩弧焊、三丝埋弧焊、固定式熔化极自动电弧焊等；三是焊接过程的智能控制和焊接机器人的应用。本节仅作简要介绍。

1.精密焊接

随着微电子技术的迅猛发展，尤其是超大规模集成电路在制造工艺上的突破，焊接对象也由细微特征转为显微特征，即焊点尺寸小到以微米计，焊件也极其微小而密集。相应地，焊接工艺更趋显微与多样，焊接设备更趋精密，被焊材料也由金属导体扩展到半导体、非导体及复合材料。传统的焊接方法显然无法适应此局面，精密焊接技术便应运而生。

(1)组合功能精密电阻焊：组合功能精密电阻焊从设备到工艺均不同于普通电阻焊。其本质是一种特殊的无熔核高速扩散焊接。电阻焊电极不是通常的上、下布置，而是布置在焊件的同一侧。精密电阻焊设备具有组合功能(见图12-39)。其特点是把焊前的冲裁、弯曲及焊后的成形和热处理等工序合成在一个单机上连续作业。送进单机的是卷带或卷丝，送出的则是完好的焊接产品。这种设备每分钟可焊500个以上的焊点，生产率很高。焊接电流全部采用三脉冲式，第一个脉冲用于去除材料表面的一些涂层，第二个为焊接脉冲，第三个脉冲视需要用于焊后热处理。

精密电阻焊具有节省原材料、尺寸精确、质量稳定等显著优点，广泛用于硅太阳能电池焊接、继电器簧片与触点焊接，以及新型小五金器件和微电子接插件的制造。

(2)精密软钎接和气体保护助钎技术：传统的钎焊方法无法适应现代微电子工业。印刷电路板的制造与修复，印刷电路板与微电子元器件的穿孔插装和表面贴装，均需要精密软钎接工艺和设备；需要惰性气体保护助钎技术；需要高纯度的微合金化的细晶粒软钎料，并配用高性能的软钎剂。

微电子领域中表面贴装技术用的软钎膏，虽然也是由钎剂与钎料混合而成，但质量要求非常高。应用时通过注射分配器以定量方式送入印刷电路板的钎接盘上，然后由机械手将集成块及元器件放置在已印刷有软钎膏的柔性印刷电路板上，使其管脚及金属端与软钎膏对准黏合。黏合好的柔性印刷电路板通过传送带送入远红外钎接炉，在炉内进行预热和钎接，冷却后由传送带送出。最后，柔性印刷电路板通过自动清洗装置进行清洗并干燥。

气体保护助钎技术则是在保护气体下进行软钎接。保护气体一般为纯惰性气体或混合气体，如 N_2+H_2，$Ar+H_2$ 以及从有机酸加热分解出的 CO_2+H_2 气体等。采用后一种气体，可免去钎接后的清洗工序。因此在印刷电路板的组装中，广泛采用这种保护气体助钎技术。

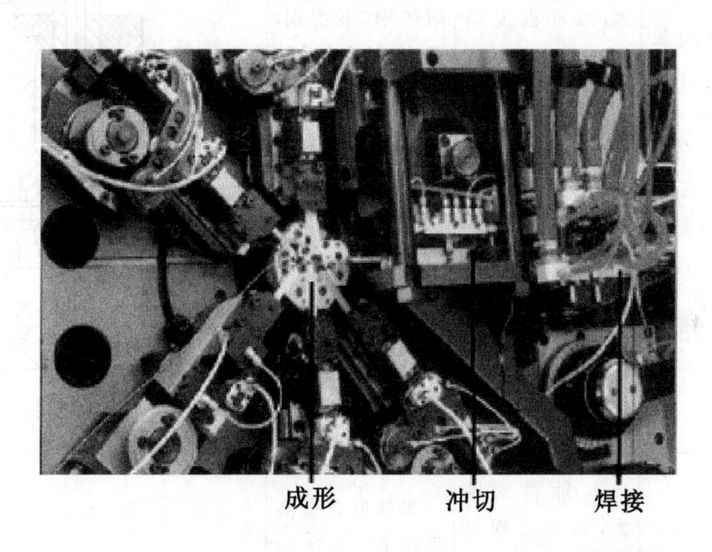

图 12-39　组合功能精密电阻焊机局部(成形-冲切-焊接)

(3)微电子工业中的其他焊(连)接技术：电子装置的制造需要采用多种综合性的连接技术。在硅片制成集成电路后，要通过许多工序才能形成一个功能器件。这些工序包括把硅片连接在一个基体上，芯片与电路之间的内引线连接，包装的生产，包装的封合，包装与印刷电路板的连接等。微电子工业常用的焊(连)接技术见表 12-5，不再赘述。

表 12-5　微电子工业应用的焊(连)接技术

使用范围	焊(连)接方法
活态或纯态元件与基体线路的连接	扩散(共晶)键接，软钎接，黏结
固态电路之间的连接	超声波键接，热压键接，超声波热压键接，软钎接

续表

使 用 范 围	焊（连）接方法
包装的制造	硬钎接，软钎接，扩散键接，电阻键接，激光束焊接，电子束焊接，玻璃熔化
包装的封合	塑料密封技术，玻璃熔化，电阻硬钎接电阻焊接，激光束焊接，电子束焊接，微等离子弧焊接，超声波焊接，冷压焊，软钎接，黏结
包装及其他器件与印刷电路板的连接	软钎接，黏结，电阻焊接

2. 其他焊接新工艺（见表12-6）

表12-6 焊接新工艺简介

焊接方法	原理简介	特 点	用 途	简 图
等离子弧焊	利用压缩电弧（等离子弧）作热源的金属极气体保护焊。经强迫压缩后的电弧弧柱中的气体充分电离，形成高温、高能量的等离子弧	1. 能量密度大，弧柱温度高（18 000～24 000 K），穿透力强 2. 焊接电流小于0.1 A时，电弧仍能稳定燃烧，保持良好挺度与方向性 3. 焊接质量好，热影响区小，焊接变形小	碳钢，合金钢，耐热钢，不锈钢，铜、镍、钛合金及其极薄板（0.025 mm）的焊接；在充氩箱内可以焊接钨、钼、钽、铌、锆及其合金；粉末等离子堆焊可用于阀门、模具等耐磨耐蚀件的堆焊及维修	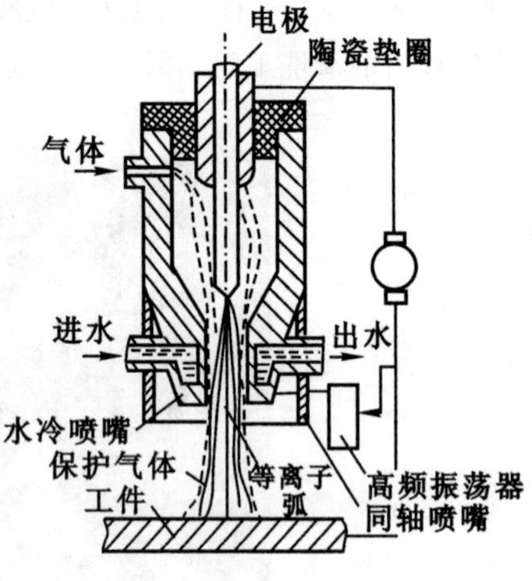 等离子弧焊接原理示意图
激光焊	利用聚焦的激光束作为能源轰击工件所产生的热量进行焊接。激光聚焦后其能量密度达10^6～10^{12} W/cm^2，在极短时间内（以毫秒计）光能转变为热能，温度高达万度以上	1. 能量密度大，加热过程极短，焊点小，热影响区窄，焊接变形小，精度高 2. 可以焊接一般方法难以焊接的材料 3. 激光焊设备较复杂，成本高，目前大功率激光焊设备尚未完全投入使用	焊接低合金高强度钢、不锈钢及铜、镍、钛合金等；还可焊接钨、钼、钽、锆等难溶金属和异种金属以及非金属材料（如陶瓷、有机玻璃等）；主要用于电子仪表、航空、航天、原子核反应堆等领域	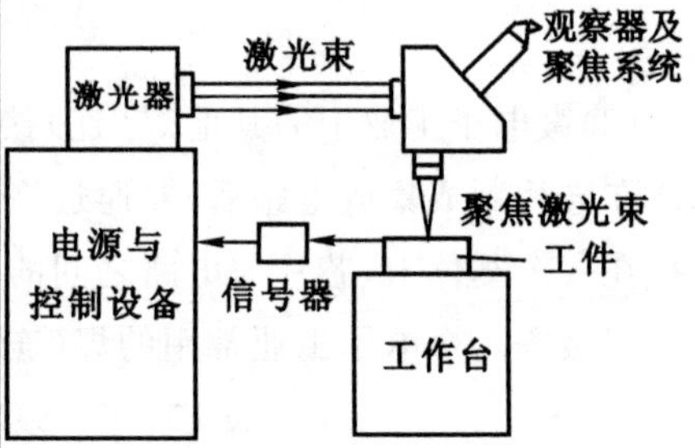 激光焊接设备示意图

续表

焊接方法	原理简介	特　点	用　途	简　图
激光-电弧复合高效焊接	激光与电弧同时作用于工件表面同一位置，焊缝上方会产生激光致等离子体云，降低激光能量的利用率。外加电弧后，激光致等离子体被稀释，激光能量的传输效率得到提高，同时电弧对工件加热，能够提高对激光的吸收率，使得焊接熔深增加。同时被激光熔化的金属能降低电弧通道电阻，提高电弧的能量利用率，使得熔深进一步增加	1. 工件装配精度要求低（激光焊光束窄，要求坡口间隙精确且小于0.5 mm） 2. 激光前置时易于引弧，焊接过程更稳定，减少了飞溅量 3. 焊缝外光好，用熔化极气保护焊电源填充金属，可避免焊缝表面凹陷及咬边，并调节焊缝成分及性能	激光-单电弧复合焊接适用于薄钢板、铝合金、钛合金的焊接，激光-双电弧复合焊焊速比单电弧提高1/3，热输入减少1/4，间隙裕度可达2 mm，适用于焊接中等厚度钢板	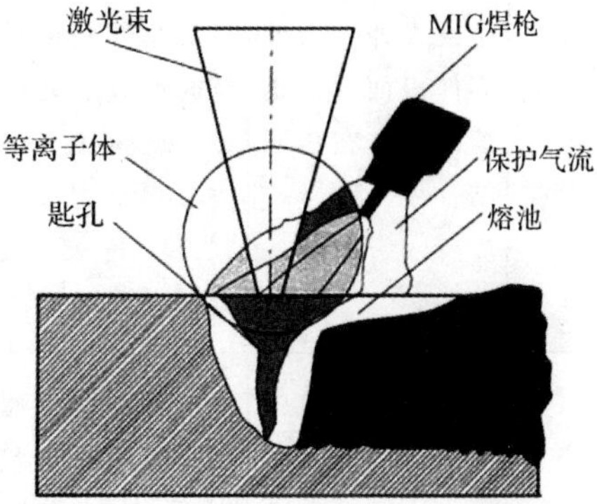 激光束 MIG焊枪 等离子体 保护气流 匙孔 熔池 激光-电弧复合焊接原理图
电子束焊	在真空中用聚焦的高速电子束轰击焊件表面，使之瞬间熔化并形成焊接接头	1. 能量密度大，电子穿透力强 2. 焊接速度快，热影响区小，焊接变形小 3. 真空保护好，焊缝质量高，特别适合于活泼金属的焊接	焊接低合金钢、不锈钢、有色金属、难熔金属、复合材料、异种材料等，薄板(0.1 mm)、厚板(200～300 mm)均可。特别适用于焊接厚件及要求变形很小的焊件、真空中使用器件、精密微型器件等	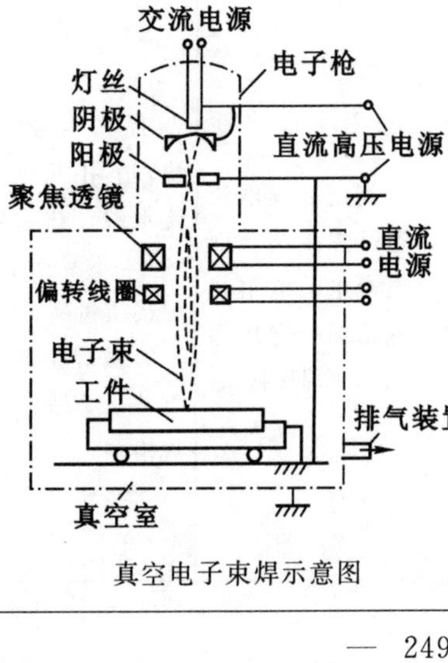 交流电源 电子枪 灯丝 阴极 阳极 直流高压电源 聚焦透镜 直流电源 偏转线圈 电子束 工件 排气装置 真空室 真空电子束焊示意图

续表

焊接方法	原理简介	特点	用途	简图
爆炸焊	一种在空气中瞬间加热的熔化焊。在焊件上放置炸药及雷管，利用炸药爆炸产生巨大冲击力使焊件表面发生迅速碰撞并在瞬间结合在一起	1. 焊接时在被焊表面的某些部位，金属被加热至熔化状态，但在其余部位温度较低，接近于冷焊 2. 爆炸焊的持续时间仅有几微妙，热影响区小 3. 爆炸焊接头强度高于被焊材料	双金属轧制焊件和表面包覆有特殊物理化学性能的金属或非金属的结构钢焊接；异种材料焊接；冲-焊、锻-焊结构件的焊接	 爆炸焊示意图
摩擦压力对接焊	平板对接口表面经过净化，对接间隙接近于零；采用棒状电极，由机械传动系统带动其转动，并对摩擦棒施加垂直压力	1. 焊接时金属处于摩擦压力状态下，故能消除焊接表面的氧化膜 2. 焊接过程中无须保护气体，没有烟尘和弧光 3. 无须填充材料，焊后力学性能同氩弧焊接近	适用于铝及其合金板材的对接，也可用于搭接和角接。主要用于铝材船体、车辆及航空工业中	 平板对接摩擦焊示意图
高频电阻焊	利用高频电流通过焊接结合面所产生的电阻热并施加一定压力而形成焊接接头	1. 焊接速度快，适用于成形流水线。热影响区小，不易氧化，焊接质量高 2. 被焊金属种类广，产品形状规格多	碳钢、合金钢、不锈钢和铜、铝、锆、钛、镍及其合金的焊接。尤其对电阻率低、热导率高的纯铝和紫铜也能进行焊接	 连续高频感应焊接示意图

续表

焊接方法	原理简介	特　点	用　途	简　图
扩散焊	在一定的温度和压力下使待焊表面相互接触，通过微观塑性变形，经较长时间的原子相互扩散而实现连接	1. 接头质量好，焊接变形小 2. 可以焊接非金属材料和异种材料，可制造多层复合材料	焊接同种或异种金属、陶瓷与金属等。可用于连接不适于熔化焊的材料，如钼、钨等	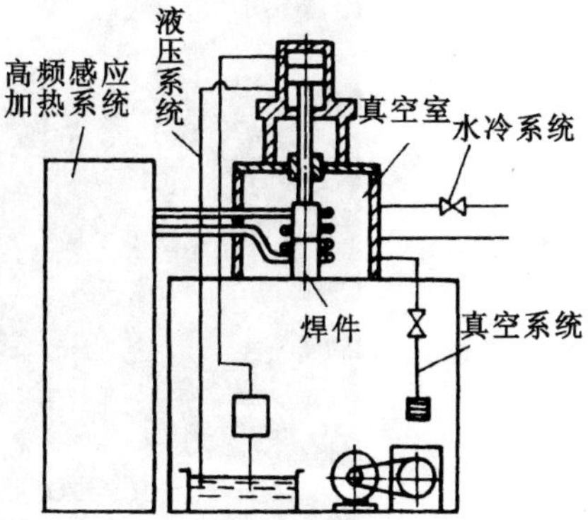 扩散焊接装置示意图
储能焊	靠储能装置存储的能量实现瞬时焊接。焊接时两焊件相互碰撞，碰撞前因电容器中存储的能量而出现强力放电现象，使两焊件端部熔化，碰撞后在压力作用下焊合	1. 可精确控制焊接能量 2. 电流密度大，热影响区小，可焊接薄件（几微米）	同种或异种金属（钨－镍、钼－镍、铜－康铜）导线和细棒的焊接及其他材料的点焊和缝焊，如电器测量仪表、航空仪表、电子管等的生产	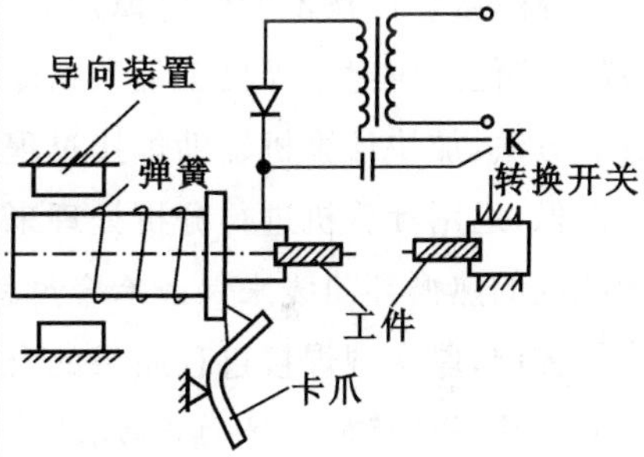 储能焊示意图

12.4.2 现代焊接技术的发展趋势

传统焊接技术往往存在效率低、污染大、焊接质量差等缺点，已无法满足日益提高的发展要求。近年来，计算机、电子、控制等技术被广泛应用于焊接领域，多学科交叉融合成为未来的发展趋势，现代焊接技术正朝着自动化、精确化和绿色化等方向发展。

1. 焊接机器人的开发与生产

当前，工业机器人已被广泛应用于各领域，其中焊接工业机器人（见图12－40）在全球已销售的工业机器人中占比达到40％。截至2017年底，根据国际机器人联合会与中国机器人产业联盟的统计汇总分析，国内销售的焊接机器人占到国内销售工业机器人数量的32％。目前焊接机器人的算法鲁棒性以及人机交互方面有待提高，而且活动半径受限，因此，建立具有独立行走与搜索、自行定位和自动任务规划等功能的高度自动化焊接机器人系统是未来的发展方向。

图 12-40　小车-轨道式焊接机器人系统

2.计算机模拟技术与控制技术

研究焊接生产技术的传统模式为“理论—试验—生产”，应逐渐向“理论—计算机模拟—生产”模式转化。应建立焊接工程数据库，开发研究温度场、应力场、应变场、残余应力等的测试装置和方法，加快计算机辅助焊接过程控制的应用。如在等离子弧焊中，可通过光纤采集焊接时的图像，运用计算机进行分析处理来控制熔透；在窄间隙焊接时，利用计算机准确测定粗晶热影响区的热循环曲线来保证冶金过程的顺利进行；在焊接工艺参数的控制中，引入神经网络和模糊控制，以实现焊接过程质量的自动控制。

3.发展高效节能环保的焊接技术

目前已知的金属焊接方法有 40 种以上，近几年来，随着绿色技术的发展，低排放、低污染的焊接材料以及新型高效绿色焊接方法被广泛应用于高铁、船舶、汽车制造等领域，但仍存在一些问题。当前绿色熔化焊主要研究热点是大功率激光和激光-电弧复合能场焊接方法，而对多热源之间的相互作用及其对焊接过程和焊接质量的影响机制尚不明确；绿色钎焊技术涵盖钎料设计、制造和回收，绿色高效钎焊材料已经开始被大量应用，而高端的绿色钎焊材料市场占有率低，有待进一步提高，不仅需要开发新成分钎料，相关的生产工艺也亟待提高。因此，发展高效节能环保的焊接技术仍是焊接技术未来发展的趋势之一。

4.全新的焊接材料与焊接结构

材料是国民经济的物质基础，在工程领域中发挥着举足轻重的作用，尤其是在焊接过程中，材料是影响焊接质量的一个非常重要的因素。然而，先进的焊接材料并不意味着高的焊接性能，这两者往往存在较大的矛盾。因此，在研究材料的同时需要将材料的焊接性能加入到材料的性能指标当中，实现焊接和材料的双向研究，提高新型材料的焊接质量和整体的生产效率，降低消耗的成本，最终保证焊接产品能够受到市场的欢迎。

5.发展恶劣条件下的焊接技术

恶劣条件主要是指高温、放射性、水下及空间条件等。核能工业、海洋工业以及空间技术在21世纪的发展，必然要求在放射性、水下及空间等环境中进行焊接或焊补。为空间焊接开发新的焊接工艺，为放射性及深水条件下的焊接研究远距离操纵的自动化焊接设备，为水下焊接建立深水焊接模拟中心，研究高气压的电弧及焊接质量等，都是21世纪焊接领域面临的新课题。

第 13 章　非金属材料及复合材料成形方法简介

在工程技术领域中，除金属材料以外，还大量使用非金属材料，如塑料、陶瓷以及复合材料等。非金属材料因具有某些特殊性能，比金属材料更适于制造一些有特殊要求的零件。非金属零件的成形大多用模具完成。本章简要介绍塑料、陶瓷及复合材料的常用成形方法。

13.1　塑料件成形

塑料制品的生产主要由成形、机械加工、修配和装配等过程组成。其中成形是塑料制品及型材生产最重要的基本工序。

13.1.1　挤出成形

挤出成形亦称挤塑，是利用挤出机把热塑性塑料连续加工成各种断面形状制品的方法。这种方法主要用于生产塑料板材、片材、棒材、异型材、电缆护层等。目前，挤塑制品约占热塑性塑料制品的 40%～50%。此外，挤塑方法还可用于某些热固性塑料和塑料与其他材料的复合材料。挤塑方法具有生产效率高、用途广、适应性强等特点。

挤出成形的设备——挤出机，可按加压方式不同分为连续式（螺杆式）和间歇式（柱塞式）两种。螺杆式挤出机是借助于螺杆旋转产生的压力和剪切力，与加热滚筒共同作用，使物料充分熔融、塑化并均匀混合，通过机头处口模的具有一定截面形状的间隙并经冷却定型而成形。柱塞式挤出机主要借助柱塞压力，将事先塑化好的物料挤出口模成形。最通用的单螺杆式挤出机如图 13 - 1 所示。

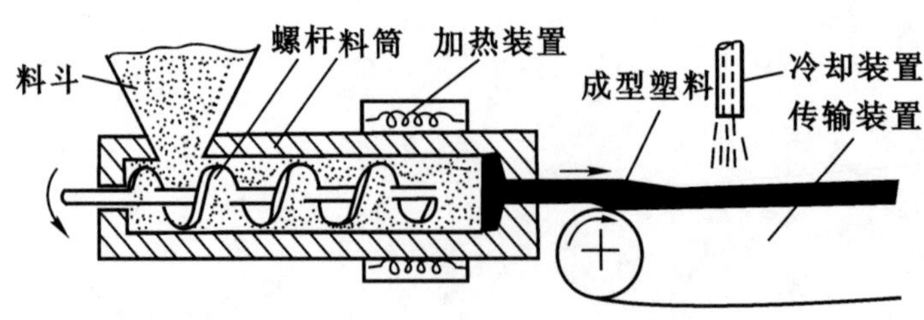

图 13 - 1　挤出成形示意图

挤出成形工艺过程包括物料的干燥，成形，制品的定型与冷却，制品的牵引与卷取（或切割），有时还包括制品的后处理等。

1.原料干燥

原料中的水分会使制品出现气泡、表面晦暗等缺陷,还会降低制品的物理和力学性能等,因此使用前应对原料进行干燥。通常水分含量应控制在0.5%以下。

2.挤出成形

当挤出机加热达到预定温度后即可加料。初期挤出的制品外观和质量均较差,应及时调整工艺条件,当制品质量达到要求后即可正常生产。

3.制品的定型与冷却

定型与冷却往往是同时进行的,在挤出管材和各种异型材时须有定型工艺,挤出薄膜、单丝、线缆包覆物等时,则无须定型。

4.牵引(拉伸)和后处理

常用的牵引挤出管材的设备有滚轮式和履带式两种。牵引时,要求牵引速度均匀,同时牵引速度与挤出速度应很好地配合,一般应使牵引速度稍大于挤出速度,以消除离模膨胀引起的尺寸变化,并对制品进行适当拉伸。

有些制品在挤出成形后还需要进行后处理。

13.1.2　注射成形

注射成形也称注塑,是加工热塑性塑料成形制品的一种重要方法,它是利用注塑机将熔化的塑料快速注入闭合的模具型腔内并固化而得到各种塑料制品的方法。注塑制品品种多,如日用塑料制品、机械设备和电器的塑料配件等。除氟塑料外,几乎所有的热塑性塑料都可采用注塑加工,另外注塑还可用于某些热固性塑料的成形。

注塑加工具有生产周期短,生产率高,易于实现自动化生产和适应性强的特点。目前,注塑制品约占热塑性塑料制品的20%～30%。

注塑是通过注射机来实现的。注射机的类型很多,无论哪种注射机,其基本作用均为两个:①加热塑料,使其达到熔化状态;②对熔融塑料施加高压,使其射出而充满模具型腔。注塑机除了具有液压传动系统和自动控制系统外,主要部分为注射装置、模具和合模装置。注射装置使塑料在料筒内均匀受热熔化并以足够的压力和速度注射到模具型腔内,经冷却定型后,通过开启动作和顶出系统即可得到制品。现代化注塑设备只须在控制系统设定压力、速度、温度、时间等参数,即可实现全自动生产。

注塑生产过程如图13-2所示。

注射模注塑的过程是将粒状或粉状塑料从注射机(见图13-2)的料斗送进加热的料筒,经加热熔化呈流动状态后,由柱塞或螺杆的推动而通过料筒端部的喷嘴并注入温度较低的闭合塑料模具中。充满模具的熔体在受压的情况下,经冷却固化后即可保持模具型腔所赋予的形状。最后分开模具从中取出制品,便完成了一个注塑周期。

注塑工艺过程包括:成形前的准备、注射过程、制品的后处理等。

1.成形前的准备

成形前的准备工作包括原料的检验(测定粒料的某些工艺性能等),原料的染色和造粒;原料的预热及干燥,嵌件的预热和安放;试模、清洗料筒及试车等。

2.注射过程

注射过程包括加料、塑化、注射、冷却和脱模等工序。塑料在料筒中加热,由固态粒料转变成熔体，经过混合和塑化后，熔体被柱塞或螺杆推挤至料筒前端；经过喷嘴、模具浇注系统进入并填满模具型腔，这一阶段称“充模”。熔体在模具中冷却收缩时，柱塞或螺杆继续保持加压状态，迫使浇口和喷嘴附近的熔体不断补充进入模具中（补塑），使模腔中的塑料能形成形状完整而致密的制品，这一阶段称为“保压”。卸除料筒内塑料上的压力，同时通入水、油或空气等冷却介质，进一步冷却模具，这一阶段称为“冷却”。制品冷却到一定温度后，即可用人工或机械的方式脱模。

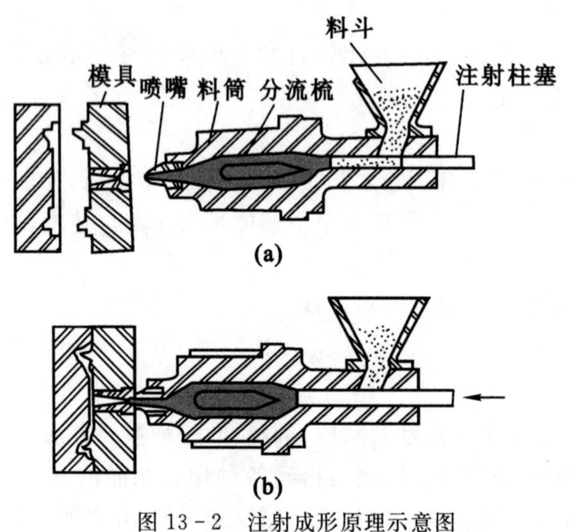

图 13-2　注射成形原理示意图

(a)注射前　(b)注射时

3. 制品的后处理

注射制品经脱模或机械加工后，常需要进行适当的后处理以改善制品的性能，提高尺寸稳定性。制品的后处理主要指退火和调湿处理。退火处理就是把制品放在恒温的液体介质或热空气循环箱中静置一段时间。一般退火温度应控制在高于制品使用温度 10～20℃和低于塑料热变形温度 10～20℃之间。退火时间视制品厚度而定。退火后使制品缓冷至室温。调湿处理是在一定的湿度环境中让制品预先吸收一定的水分，使其尺寸稳定下来，以免制品在使用过程因吸水发生变形。

13.1.3　压延成形

压延成形是生产高分子材料薄膜和片材的成形方法，它是将加热塑化的热塑性塑料通过两个以上相对旋转的滚筒间隙，而使其成为规定尺寸的连续片状材料的成形方法。压延成形所采用的原材料主要是聚氯乙烯、纤维素、改性聚苯乙烯等塑料。

压延过程是利用一对或数对相对旋转的加热滚筒，使物料在滚筒间隙被压延而连续形成一定厚度和宽度的薄型材料，所用设备为压延机。加工时前面须用双辊混炼机或其他混炼装置供料，把加热、塑化的物料加入到压延机中；压延机各滚筒也加热到所需温度，物料顺次通过辊隙，被逐渐压薄；最后一对辊的辊间距决定制品厚度。

压延机的主体是一组加热的滚筒，按滚筒数目可分为两辊、三辊或更多；以排列方式分为I形、倒L形、三角形、正Z形、斜Z形等。压延机的不同滚筒排列方式及压延过程如图 13-3

和图 13－4 所示。

在压延成形过程中，必须协调辊温和转速，控制每对辊的速比，保持一定的辊隙存料量，调节辊间距，以保证产品外观及有关性能。离开压延机后片料通过引离辊，如需压花则须趁热通过压花辊，最后经冷却并卷成卷。如在最后一对辊间同时通过已经处理的纸张或织物，使热的塑料膜片在滚筒压力下与这些基材贴合在一起，可制造出复合制品。这种方法称为压延贴合。大家熟悉的人造革、地板革、壁纸等均是塑料与基材的复合制品。

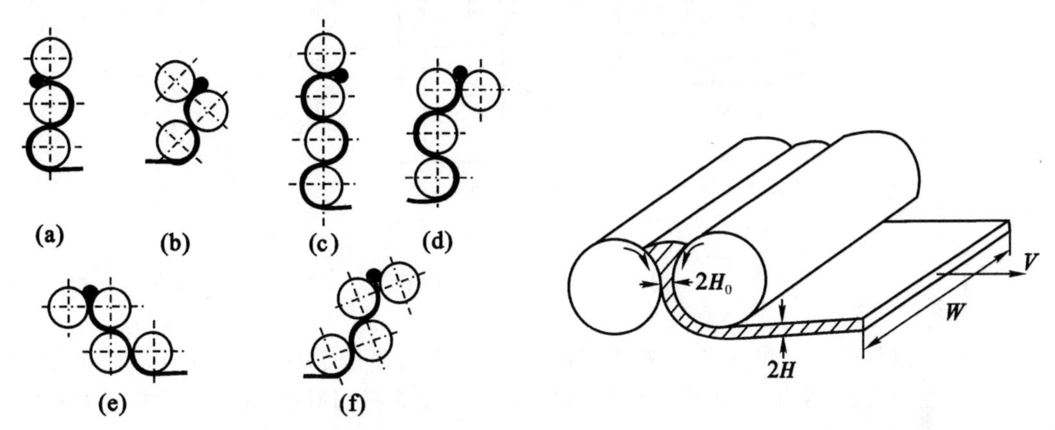

图 13－3　常见的压延机滚筒排列方式

(a)I 形　(b)三角形　(c)I 形(四辊)

(d)倒 L 形　(e)正 Z 形　(f)斜 Z 形

图 13－4　压延过程示意图

压延成形的生产特点是加工能力大，生产速度快，产品质量好，生产连续。压延成形的主要缺点是设备庞大，投资较高，维修复杂，制品宽度受压延机滚筒的限制等，因而在生产连续片材方面不如挤出成形的技术发展快。

13.2　陶瓷件成形

陶瓷是指用天然或人工合成的粉状化合物经过成形和高温烧结而制成的一类无机非金属材料，它具有高强度、高硬度、耐磨损、耐高温、耐氧化等优点，作为结构材料在许多方面能承担金属材料和高分子材料所不能胜任的工作，同时它的某些特殊性能又可使它作为功能材料使用，如压电陶瓷用作内燃机的点火系统、导弹的引爆信管等。

陶瓷制品的生产过程主要包括配料、成形、烧结三个阶段。烧结是通过加热使粉体产生颗粒黏结，经过物质迁移使粉体产生高强度并导致致密化和再结晶的过程。陶瓷由晶体、玻璃体和气孔组成，显微组织及相应的性能都是经烧结后产生的。烧结过程直接影响晶粒尺寸与分布、气孔尺寸与分布等显微组织结构。陶瓷经成形、烧结后还可根据需要进行磨削加工和抛光，甚至切削加工。通过研磨、抛光，陶瓷表面可达镜面的光洁水平。

很显然，在原料确定之后，陶瓷制品的组织结构及性能主要取决于烧结，而其形状、尺寸及精度等则主要依靠烧结成形及烧结后的加工。本节着重介绍陶瓷的几种常用的成形方法。

13.2.1　干压成形

干压成形是将粉料装入钢模内，通过冲头对粉末施加压力，压制成具有一定形状和尺寸的压坯的成形方法，卸模后将坯体从阴模中脱出，如图 13－5 所示。

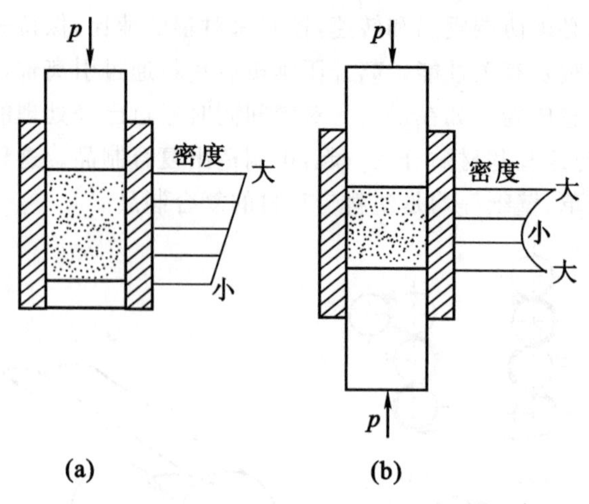

图 13－5　干压成形示意图

由于压制过程中粉末颗粒之间、粉末与冲头、模壁之间存在摩擦，使压力损失而造成压坯密度分布不均匀，故常采用双向压制并在粉料中加入少量有机润滑剂（如油酸），有时加入少量黏结剂（如聚乙烯醇）以增强粉料的黏结力。这种方法一般适用于形状简单、尺寸较小的制品。

干压成形的优点是工艺简单、操作方便、周期短、效率高、便于自动化生产。此外，干压成形还具有坯体密度大、尺寸精确、收缩小、强度高等特点。但干压成形对大型坯体生产有困难，模具磨损大、加工复杂、成本高，另外压力分布不均匀，坯体的密度不均匀，会在烧结中产生收缩不匀、分层开裂等现象。干压成形也难于制造出形状复杂的零件。

13.2.2　等静压成形

等静压成形是利用液体或橡胶等在各个方向传递压力相等的原理对坯体进行压制的。等静压成形可分为湿式等静压成形和干式等静压成形两种。

湿式等静压成形是将预压好的坯体包封在具有弹性的塑料或橡皮胶套或软模中，然后置入高压容器之内。通过进液口用高压泵将传压液体打入筒内，胶套内的工件将在各个方向受到同等大小的压力。传压液体可以是水，也可以是油等介质。压力可以在一定范围内调整。对于要求高的工件，进行胶套密封时还要做真空处理。等静压成形如图 13－6 所示。

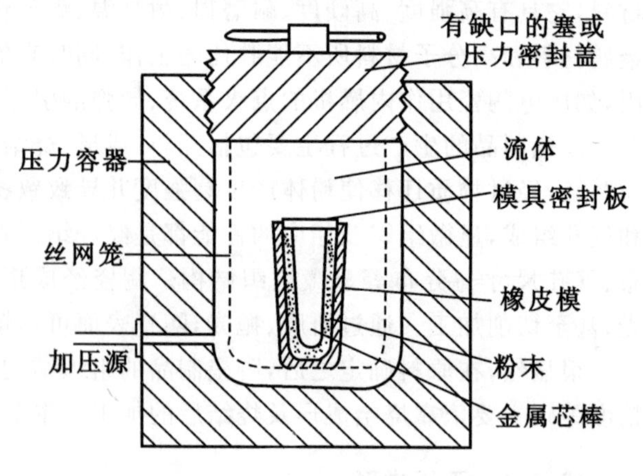

图 13－6　等静压成形示意图

等静压成形有很多优点，例如，对模具无严格要求，压力容易调整，坯体均匀致密，烧结收缩小，不易变形开裂等。此工艺的缺点是设备比较复杂，操作烦琐，生产效率低，目前仍只限于生产具有较高要求的电子元件及其他高性能材料。

13.2.3　注浆成形

这种成形方法是将陶瓷颗粒悬浮于液体中，然后注入多孔质模具，由模具的气孔把料浆中的液体吸出，而在模具内留下坯体。

注浆成形的工艺过程包括料浆制备、模具制备和料浆浇注三个阶段。料浆制备是关键工序，其要求是：具有良好的流动性，足够小的黏度，良好的悬浮性，足够的稳定性等。最常用的模具为石膏模，近年来也有用多孔塑料模的。料浆浇注入模具并吸干其中液体后，拆开模具取出注件，去除多余料，在室温下自然干燥或在可调温装置中干燥，如图 13－7 所示。

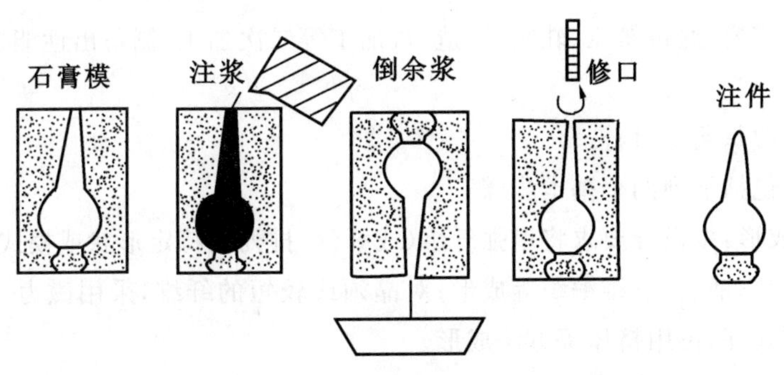

图 13－7　注浆成形工艺过程示意图

注浆成形方法可制造形状复杂、大型薄壁的制品。另外，金属铸造工艺的型芯的使用、离心铸造、真空铸造、压力铸造等工艺方法也被引用于注浆成形，并形成了离心注浆、真空注浆、压力注浆等方法。离心注浆适用于制造大型环状制品，而且坯体壁厚均匀；真空注浆可有效去除料浆中的气体；压力注浆可提高坯体的致密度，减少坯体中的残留水分，缩短成形时间，减少制品缺陷，是一种较先进的成形工艺。

13.2.4　热压成形

利用蜡类材料热熔冷固的特点，把粉料与熔化的蜡料黏合剂迅速搅合成具有流动性的料浆，在热压铸机中用压缩空气把热熔料浆注入金属模，冷却凝固后成形。这种成形操作简单，模具损失小，可成形复杂制品，但坯体密度较低，生产周期长。

13.2.5　注射成形

将粉料与有机黏结剂混合后，加热混炼，制成粒状粉料，用注射成形机在 130～300℃温度下注射入金属模具中，冷却后黏结剂固化，取出坯体，经脱脂后就可按常规工艺烧结。这种工艺成形简单，成本低，压坯密度均匀，适用于复杂零件的自动化大规模生产。

13.3　复合材料成形

复合材料的成形方法较多，本节在介绍通用制备方法的基础上，重点介绍树脂基复合材料、金属基复合材料、陶瓷基复合材料和碳/碳复合材料的成形方法。

13.3.1 制备复合材料的通用方法

1. 颗粒、晶须、短纤维增强复合材料

制备方法通常包括下列三个步骤：

(1)混合：基体材料熔化(溶化)为液态，采用搅拌方法均匀混入增强材料；或制成粉末，采用滚筒或球磨等方法混入增强材料，并均匀化。

(2)制坯：采用铸造、液态模锻、喷射、粉末热压等方法使复合成分凝固或固化，制备出复合材料坯体或零件。

(3)成形：根据需要，通过挤压、轧制、锻造、机加工等二次加工，制备出性能、形状均满足要求的零件。

2. 纤维增强体增强复合材料

制备方法通常包括下列两个基本步骤：

(1)增强体预成形：按设计要求将增强纤维(或纤丝)排列成特定形状或模式，对长纤维(或纤丝)，采用缠绕、织物铺层、三维编织等成形；对晶须或较短的纤维，采用磁力、静电、振荡、压延或悬浮法进行预处理，再用挤压等方法成形。

(2)复合：将基体材料与增强体复合，通常采用粉末冶金法、液态浸透法、化学气相沉积法等。表 13-1 和表 13-2 分别列出了基体为固态、液态和分子沉积态时的复合材料制备工艺。

表 13-1 固态基体和液态基体复合材料制备工艺

<table>
<tr><th colspan="2">基体材料的原始形态</th><th>纤维与基体的复合方法</th><th>复合工艺</th><th>应用范围</th></tr>
<tr><td rowspan="4">固态</td><td>预制件、板材、薄片等</td><td>纤维和板材层层堆叠</td><td>叠压延、烧结、扩散、黏结，在压力下加热使基体熔解</td><td>金属-金属复合材料</td></tr>
<tr><td>管材</td><td>将加固纤维嵌进基体管材中</td><td>拉丝、挤压、扩散、黏结</td><td>金属基复合材料</td></tr>
<tr><td>粉末、干燥粉末</td><td>将基体与纤维混和</td><td>热压法、液相烧结法、爆破式压缩法、连续性压缩法、层压法、挤压法</td><td>多种用途</td></tr>
<tr><td>粉末、干燥粉末</td><td>将粉末渗进加筋结构中</td><td>压缩法、烧结法</td><td>多种用途</td></tr>
<tr><td rowspan="5">液态</td><td rowspan="2">悬浮液稀浆</td><td>基体浇铸</td><td rowspan="2">烧结法、等静压法</td><td rowspan="2">陶瓷基复合材料</td></tr>
<tr><td>将纤维浸渍于基体稀浆中</td></tr>
<tr><td>熔融液</td><td>搅拌、液相浸渍</td><td>重力铸造、压力铸造、液态模锻、真空吸铸、液态挤压</td><td>轻金属复合材料、晶须增强金属基复合材料、颗粒增强金属基复合材料、纤维增强金属基复合材料</td></tr>
<tr><td>熔融粒子</td><td>等离子喷射</td><td>基体凝固</td><td>耐熔金属基或耐熔陶瓷基复合材料</td></tr>
<tr><td>基体前驱体材料的熔融液或溶液</td><td>浸透法、浸渍法、喷射法</td><td>基体固化与碳化，热解</td><td>碳/碳复合材料</td></tr>
</table>

表 13－2　分子沉积工艺

沉积方法	应用范围
电解法	金属基复合材料，尤其是镍基复合材料
电泳法	陶瓷基复合材料
纤维与基体同时沉积	金属须增强复合材料
化学气相沉积	以碳、碳化物、硼化物、氮化物为基体的复合材料

13.3.2　金属基复合材料(MMC)成形方法

制备金属基复合材料，关键在于获得基体金属与增强材料之间良好的浸润和合适的界面结合。制造步骤主要包括增强材料的预处理或预成形、材料复合、复合材料的二次成形和加工。下面介绍几种常用方法。

1. 液态金属浸润法

液态金属浸润法的实质是使基体金属呈熔融状态时与增强材料浸润结合，然后凝固成形。常用工艺有以下四种。

(1)常压铸造法：将经过预处理的纤维制成整体或局部形状的零件预制坯，预热后放入浇注模，浇入液态金属，靠重力使金属渗入纤维预制坯并凝固。此法可采用常规铸模和铸造设备，降低制造成本，适应于较大规模的生产。但复合材料制品易存在宏观或微观缺陷。

(2)液体金属搅拌法：将基体金属放入坩埚中熔化，插入旋叶片，搅拌金属液，并逐步加入弥散增强材料，直至在熔体中均匀分布为止。然后进行脱气处理，注入模中凝固成形。可以采用熔模铸造直接生产零件，也可先制成铸坯，再经二次成形加工，生产板、管和各种型材。该法设备较为简单，生产成本低，主要用于陶瓷颗粒增强金属基复合材料的制造。

(3)真空加压铸造法：它是在真空(或惰性气体)的密闭容器中加热纤维预制坯和熔化金属，随后将铸模的引流管插入熔融金属中，并通入惰性气体对金属液面施以一定压力，强制液态金属渗入预制坯，冷却凝固后制成复合材料或制品(见图 13－8)。该方法可防止纤维和基体金属在加热过程中氧化，有利于纤维表面净化，改善其浸润性，从而显著减少复合材料和制品中的缺陷，适用于生产小型零件，但生产率较低。

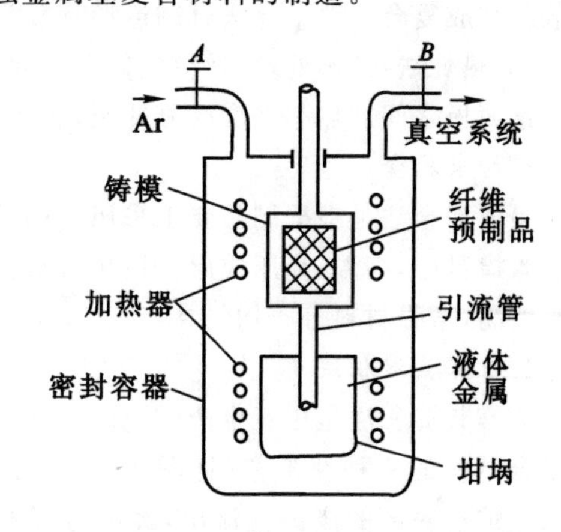

图 13－8　真空加压铸造装置示意图

(4)挤压铸造法：先将增强材料放入配有黏结剂和纤维表面改性溶质的溶液中，充分搅拌，而后压滤，干燥，烧结成具有一定强度的预制坯(见图 13－9)；随后将预热后的预制坯放入固定在液压机上经预热的模具中，注入液态金属，加压，使金属渗透预制坯，并在高压下凝固成形为复合材料制品(见图13－10)。这种成形方法可生产材质优良、加工余量小的制品，成本低，生产率高。

2. 扩散黏结法

扩散黏结法是在较长时间、较高温度和压力下，使固态金属基体与增强材料的接触界面通过原子间相互扩散黏结而成。制造时先把增强纤维用不同的方法，如等离子喷涂法、液态金属浸渍法、化学涂覆法等制成预制坯，处理、清洗后，按一定形状、尺寸和排列形式叠层封装，加热压制。压制过程可以在真空、惰性气体或大气环境中进行。常用的压制方法有三种。

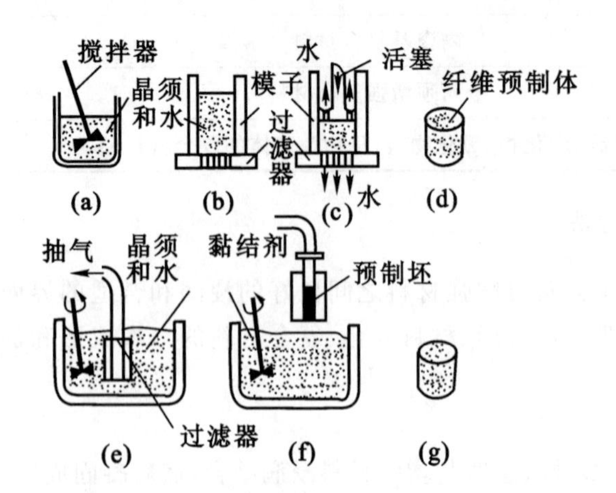

图 13-9　短纤维预制坯的两种制造过程

(a)搅拌　(b)入型　(c)挤压　(d)干燥　(e)抽吸　(f)脱模　(g)干燥

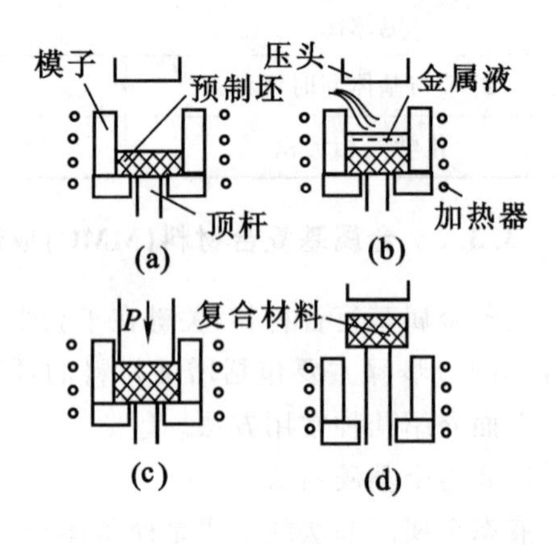

图 13-10　挤压铸造复合材料示意图

(a)入模　(b)浇注　(c)压制　(d)顶出

(1)热压法：将预制带或复合丝按要求铺在金属箔上，交替叠层，再放入金属模具中或封入真空不锈钢套内，加热、加压一定时间后取出冷却，去除封套。

(2)热等静压法：将预制坯装入金属或非金属包套中，抽真空并封焊包套。再将包套装入高压容器内，注入高压惰性气体(氦或氩)并加热。气体受热膨胀后均匀地对受压件施以高压，扩散黏结成复合材料。此法可制造形状较为复杂的零件，但设备昂贵。

(3)热轧法：经预处理的纤维、复合丝同铝箔交替排成坯料，用不锈钢薄板包裹或夹在两层不锈钢薄板之间加热和多次反复轧制，制成板材或带材。

3.粉末冶金法

粉末冶金法是根据制品要求采用不同的金属粉末与陶瓷颗粒、晶须或短纤维，经均匀混合后放入模具中，高温、高压成形。该法可直接制成零件，也可制坯进行二次成形。制得的材料致密度高，增强材料分布均匀。

4.喷雾共淀积法

喷雾共淀积法是用于生产陶瓷颗粒增强金属基复合材料的一种新工艺(见图 13-11)。熔融金属从炉子底部的浇铸孔流出，经喷雾器被高速惰性气体流雾化，同时由气体携带陶瓷颗粒加入雾化流中使其混合、沉降，在金属滴尚未完全凝固前喷射在基板或特定模具上，并凝固成固态共淀积体(复合材料)。材料的致密度高，陶瓷颗粒分布均匀，生产率高。该法可直接生产不同规格的空心管、板、锻坯和挤压锭等。

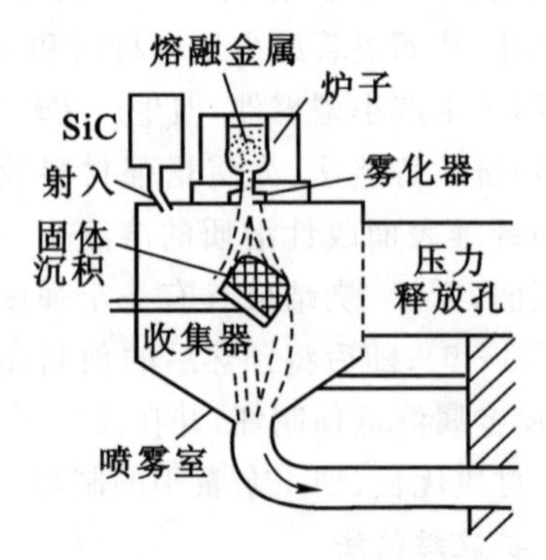

图 13-11　喷雾共淀积法示意图

13.3.3　树脂基复合材料(RMC)成形方法

要获得良好的树脂基复合材料制品,必须根据原材料的工艺特点、制品尺寸和形状、使用要求等条件,正确选择成形方法和工艺参数。树脂基复合材料成形方法有手糊成形、热压罐成形、对模模压成形、纤维缠绕成形、拉挤成形、喷射成形以及注射成形等。下面介绍几种常用方法。

1. 热压罐成形

热压罐成形是制造结构复合材料制品的一种通用方法,主要用于成形高性能复合材料制品。首先将预浸材料按一定排列顺序置于涂有脱模剂的模具上,铺放分离布和带孔的脱模薄膜,在脱模薄膜的上面铺放吸胶透气毡,再包覆耐高温的真空袋,并用密封条密封周边(见图13-12)。然后,连续从真空袋内抽出空气并加热,使预浸材料的层间达到一定程度的真空度。达到要求温度后,向热压罐内充以压缩空气,给制品加压。热压罐成形工艺的主要设备是能承受所需温度和压力,并具有必要成形空间的热压罐,以及加温、加压系统,抽真空系统和控制系统等。由于无法直接观察到基体树脂的流变和固化行为,只能通过测定树脂在固化过程中的黏度、介电常数或反应热的变化,来确定加温和加压程序的实施。因而,该方法也被认为是一种带有"技巧性"的方法。

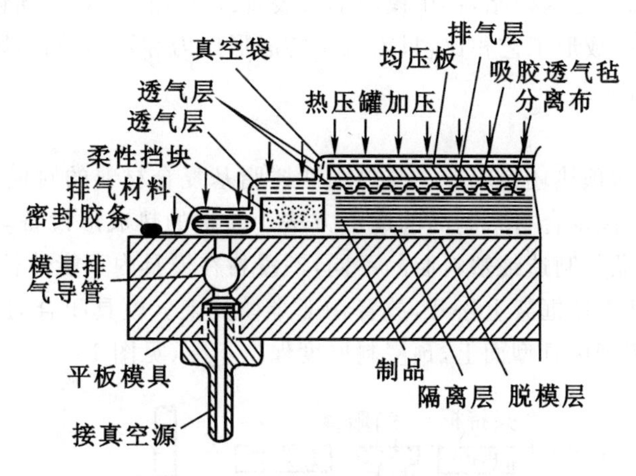

图13-12　热压罐成形示意图

2. 对模模压成形

对模模压成形是将模压料约束在两个模具型面之间形成制品形状,并加压使之固化。成形的制品质量高,尺寸精度高,自动化程度高,复现性好,成形速度快,适合大批量生产,产品质量基本不受操作人员技能的影响。

根据所使用模压料形式和状态不同,对模模压成形又可分为增强模压料模压、毡与预成形坯料模压、冷模压、树脂注入模压、泡沫蓄积模压等方法。在工业中占主导地位的是增强模压料模压和树脂注入(传输)模压。

增强模压料模压包括块状模压料、片状模压料,以及近年来开发的厚片状模压料(TMC)、高纤维含量模压料等模压工艺。图13-13为厚片模压料制造流程。它是将树脂糊夹持在两个反向旋转的辊子之间,再将切断的纤维送到树脂糊中,通过反向旋辊将二者混合并通过两个辊子而沉积到图示的两个塑料薄膜之间，经过传送装置后便可得到确定厚度的模压料。

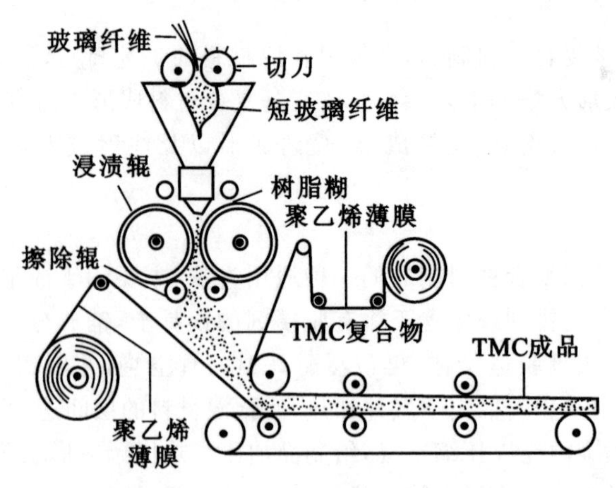

图 13-13　厚片模压料制造流程

树脂注入模压是将增强材料铺放在模具中，再将模具闭合，而后将树脂注入模具中，使树脂完全浸渍于密封在模具中的增强材料并固化。为了有效地浸渍增强材料，应先从模内抽真空，之后在适当的压力下注入树脂，再用模内加热装置或固化炉加热至固化温度。这种成形方法与热压罐和其他压制成形工艺相比，只需较小的成形压力和轻型模具，因此可以制备大型和几何形状比较复杂的制品。

3. 热成形工艺

热成形工艺也称为预热坯料成形。与热固性树脂基复合材料的对模模压成形类似，是一种快速、大量成形热塑性复合材料制品的成形方法。通常的热成形设备均可使用。用热成形工艺制造复合材料制品与制造纯塑料制品不同，预浸料在模具内不能伸长，也不能变薄。模具闭合之前，预浸料要从夹持框架上松开，放置在下半模具上。模具闭合时，预浸料铺层边缘将向模具中滑移，并贴覆到模具型面上，预浸料厚度保持不变(见图 13-14)。

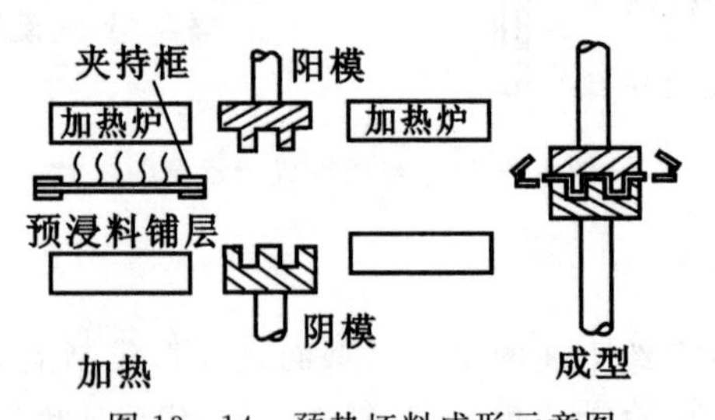

图 13-14　预热坯料成形示意图

4. 缠绕成形

缠绕成形是制造具有回转体形状的复合材料制品的基本成形方法。它是将浸渍树脂的纤维，按照要求的方向有规律、均匀地布满芯模表面，然后送入固化炉固化，脱去芯模即可得到所需制品(见图 13-15)。该方法的基本设备是缠绕机、固化炉和芯模。

缠绕成形可按设计要求确定缠绕方向、层数和数量，获得等强度结构，机械化、自动化程度高，产品质量好。但对于非回转体制品，缠绕规律及缠绕设备比较复杂，目前正处于研究阶段。

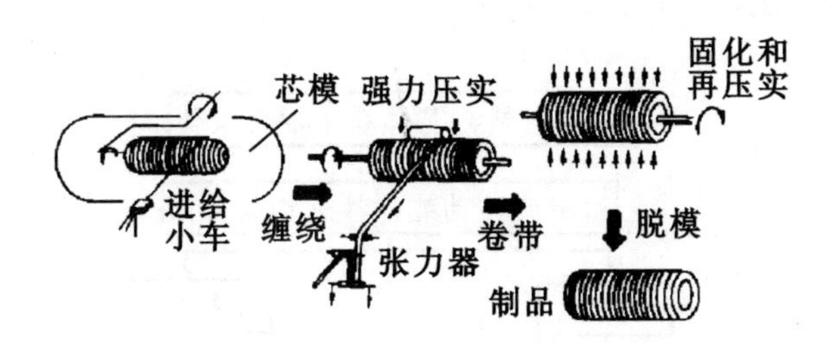

图 13－15　缠绕成形示意图

5. 拉挤成形

拉挤成形是一种可连续制造恒定截面复合材料型材的工艺方法，与铝的挤压成形或热塑性塑料的挤出成形相似，可制造实心、空心以及各种复杂截面的制品，并且可以设计型材的性能，以满足各种工程和结构要求。如可在连续拉挤过程中埋入金属件、木材或泡沫等。

拉挤成形有 6 个基本工艺环节(见图 13－16)。首先，将增强纤维送入树脂槽浸渍树脂，在牵引机构的牵引下，在预成形模中按照产品形状预成形；随后，进入固化模中精成形；热固性树脂基体在热的引发下进行放热反应，固化成所需截面的型材；固化后的型材在牵引机构的牵引下，连续从热模具中出来，在空气或水中冷却。最后进入自动切割装置切成所需长度。

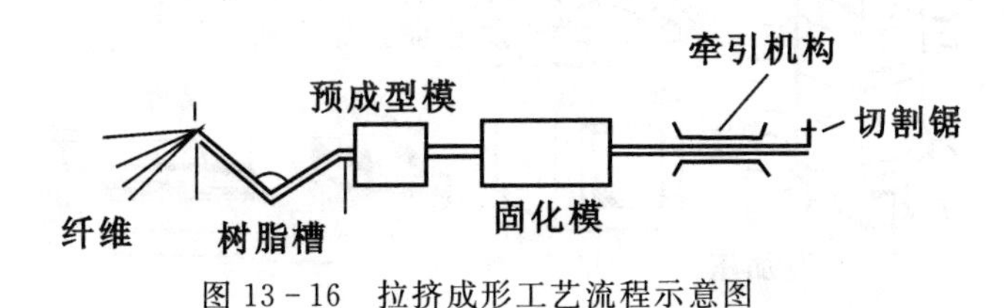

图 13－16　拉挤成形工艺流程示意图

13.3.4　陶瓷基复合材料(CMC)成形方法

制备陶瓷基复合材料时，由于增强颗粒一般不需要进行特殊处理，因此颗粒增强复合材料多沿用传统陶瓷制备工艺。但因纤维的处理、分散、烧结与致密等问题对复合材料的性能影响较大，近年来也出现了许多新的工艺。本节简要介绍其主要成形方法。

1. 浆体浸渗工艺

这种方法是早先生产陶瓷基复合材料最常用的一种方法。它与粉末冶金法稍有不同，混合体采用浆体形式，其工艺流程如图 13－17 所示。用这种方法制造连续纤维增强玻璃陶瓷复合材料工艺如图 13－18 所示。纤维束(或纤维预制件)通常经过至少含有 3 种组分的泥浆混合物(基体粉末、水或乙醇、有机黏结剂)进行浸渍，再压制切断成单层薄片，按一定方式排列成层板，然后放入加热炉中烧去黏结剂，最后加压使之固化。

2. 气-液反应工艺

将熔融金属直接氧化而制备 CMC 材料，商业名称为 Lanxide 工艺。它是利用金属熔体在高温下与气、液或固态氧化剂，在特定条件下发生氧化反应而生成复合材料，具有工艺简单、成本低廉、反应温度低、反应速度快等优点，且制品的形状及尺寸几乎不受限制，其性能还可由工艺调控。尽管其致命弱点是存在残余金属，使高温强度显著下降，但常温性能优越，所以已成为 CMC 材料制备中具有吸引力的方法之一。

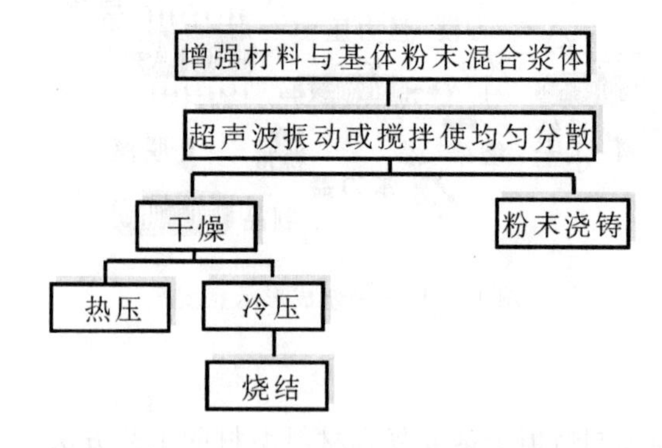

图 13－17　浆体压制烧结工艺流程

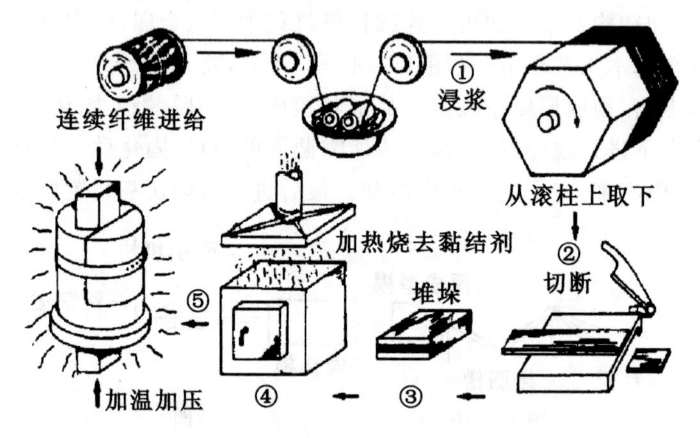

图 13－18　玻璃陶瓷复合材料的浆体浸渗——热压工艺

3. 化学气相渗透法(Chemical Vapor Infiltration，CVI)

采用传统的粉末烧结或热等静压工艺制备先进陶瓷基复合材料时，纤维易受到热、机械、化学等作用而产生较大的损伤，严重影响材料的使用性能。CVI 法可避免此类问题。

CVI 是将具有特定形状的纤维预制体置于沉积炉中(见图 13－19)，通入的气态前驱体通过扩散、对流等方式进入预制体内部，在一定温度下由于热激活而发生复杂的化学反应，生成固态的陶瓷类物质并以涂层的形式沉积于纤维丝表面；随着沉积的继续进行，纤维表面的涂层越来越厚，纤维间的空隙越来越小，最终各涂层相互重叠，成为材料内的连续相，即陶瓷基体。

与粉末烧结和热等静压等常规工艺相比，CVI 工艺具有以下优点：①在无压和相对低温条件下进行，纤维类增强物的损伤较小，可制备出高性能(特别是高断裂韧性)的陶瓷基复合材料；②通过改变气态前驱体的种类、含量、沉积顺序、沉积工艺，可方便地对陶瓷基复合材料的界面、基体的组成与微观结构进行设计；③由于不需要加入烧结助剂，所得到的陶瓷基体在纯度和组成结构上优于常规方法制备的复合材料；④可成形形状复杂、纤维体积分数较高的陶瓷基复合材料，但成形周期长，成本高。

根据控制气体输送模式和反应温度不同，CVI 方法主要有等温 CVI(ICVI)、等温强制流动 CVI、热梯度 CVI、强制流动热梯度 CVI(FCVI)和脉冲 CVI。

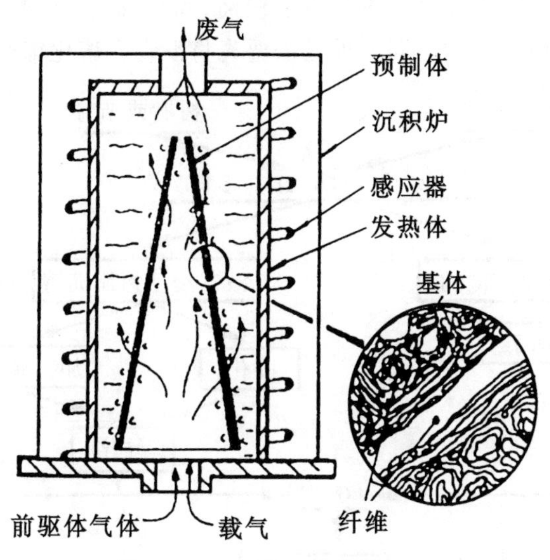

图 13－19　CVI 工艺简图

4. 纳米复合技术

纳米复合技术是采用化学气相沉积(CVD)工艺实现的，CVD 工艺与 CVI 工艺方法相同，所不同之处在于前者是设法在材料表面生成沉积相，后者是希望沉积相渗入预制体内部。采用 CVD 方法容易获得微细异相颗粒作为第二相的纳米复合材料，但制造复杂形状及大尺寸构件有困难。据报道，日本采用常压烧结或与热等静压结合的方法已制成纳米复合材料，其性能大为改观。

13.3.5　碳/碳(C/C)复合材料成形方法

C/C 复合材料的制造工艺周期长、工序多、成本高，包括作为增强剂的碳纤维及其织物的选择，作为基体碳先驱物的选择，C/C 预成形体的成形工艺，形成碳基体的致密化工艺等(见图 13－20)。

1. 预成形体的成形工艺

预成形体是指按产品形状和性能要求先把碳纤维成形为所需结构形状，以便进一步进行 C/C 复合材料致密化工艺。按增强方式可分为单向(1D)纤维增强、双向(2D)纤维增强和多向纤维增强；或分为短纤维增强和连续纤维增强。短纤维增强的预成形体常采用压滤法、浇铸法、喷涂法、热压法；连续纤维增强可采用传统成形方法，如预浸布、层压、铺层、缠绕等方法做成预成形体，或采用近年来得到迅速发展的多向编织技术做成预成形体。

2. C/C 复合材料的致密化工艺

C/C 复合材料的致密化工艺过程就是基体碳形成的过程，实质是用高质量的碳填满碳纤维周围的空隙以获得结构、性能优良的 C/C 复合材料。最常用的有两种基本工艺：树脂、沥青的液相浸渍工艺及碳氢化合物气体的气相渗透工艺(CVI)。

树脂浸渍工艺的典型流程是：将预制增强体置于浸渍罐中，在真空状态下用树脂浸没预制体，再充气加压使树脂浸透预制体，然后，将浸透树脂的预制体放入固化罐内进行加压固化，随后在碳化炉中的保护气氛下进行碳化。由于在碳化过程中非碳元素分解，会在碳化后的预制体中形成很多孔洞，因此，需要多次重复以上浸渍、固化、碳化步骤，以达到致密化的要求。沥青浸渍工艺与树脂浸渍工艺的不同之处是需要先将沥青在熔化罐中真空熔化，再进行浸渍。

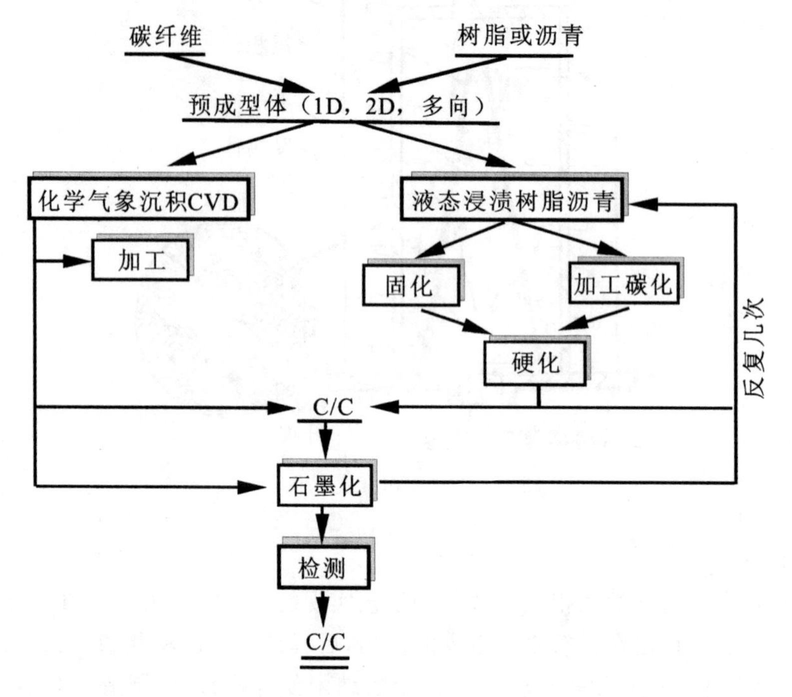

图 13-20　C/C 复合材料制造基本工艺流程

CVI 工艺过程如前所述。在 CVI 工艺中，影响致密化效果的主要因素是气态前驱体的输送和化学反应动力学。如何协调好这两个因素，是 CVI 工艺控制的关键。CVI 工艺周期虽然长一些，但所制备 C/C 复合材料的综合性能要好于液相浸渍法，而且通过改变 CVI 工艺参数，还可以得到不同结构、不同性能的 C/C 复合材料。

近几年，法国研究人员提出了一种液相气化沉积(RDT)工艺。RDT 工艺的主要过程是把碳纤维预制体浸渍于液态烃内，将整个系统加热至沸点，气态烃渗入到预制体内，从里向外沉积热解碳，可在很短时间内完成 C/C 复合材料的致密化。RDT 工艺的原理是液态烃达到沸点后，不断气化，使预制体表面温度下降而心部保持很高温度，从而实现预制体内液态烃从内向外的逐渐裂解沉积。研究表明，采用该工艺可以使沉积周期大大缩短，呈现出很好的应用前景。

第14章　毛坯成形方法选择及结构设计

14.1　毛坯成形方法选择

机器制造中常用的毛坯有各种轧制型材、铸件、锻件、冲压件、焊接件、粉末冶金件以及注塑成形件(工程塑料)等。毛坯成形方法的选择是否合理,直接影响零件乃至整个机器的功能、质量和成本。因此,正确选择毛坯的材料、类型和制造方法至关重要。

14.1.1　毛坯成形方法选择原则

1. 功能性原则

根据零件的力学性能和使用要求进行选择。例如,汽车、轮船、飞机和铁路车辆的主体,多用较薄的钢材经压力加工、铆接或焊接而成;机床、泵、内燃机和电机机体一般常用铸造成形;而连杆、主轴和较大的传动轴则应选用锻件;简单的小零件,常用型材直接进行机械加工。

各类机械中常见的齿轮,其结构特点、功能基本相同,但实际工作条件却有很大差异,其毛坯材料、类别和制造方法的选择也就不同。例如,机床中的齿轮在较稳定的受力状态下工作,有良好的润滑条件。但工作时也会遇到冲击、振动,要求其具有足够的强度和韧性。通常选用优质碳素结构钢,锻造工艺方法,整体正火或调质处理、齿面高频淬火等,以保证其使用要求。汽车中的齿轮,其工作条件远不如机床中的齿轮,要求其具有更好的韧性,以免经常遇到冲击载荷、超载等情况而引起事故。一般选用低碳合金钢材料、锻造工艺方法、齿面渗碳淬火等。低速机械中的齿轮,受力不大,不需要特殊的工艺方法就能保证其使用要求,可选用灰口铸铁材料和铸造工艺方法。一般用途的齿轮在单件小批量生产中也可采用焊接结构毛坯。仪表齿轮的批量生产则采用压力铸造或精密冲裁的加工方法。

2. 经济性原则

在满足使用要求的前提下,选择省工、省料、节约能源、成本低廉的方案。一般讲,首先应考虑生产批量。单件、小批量生产时,应选择常用材料、通用设备和工艺,如砂型铸造、自由锻造、焊接等。大批量生产时,必须考虑先进、高生产率和少无切削的制造方法,如精密铸造、精密模锻、高能率成形等。大批量生产的焊接结构应优先选用低合金结构钢材料和自动焊接方法。毛坯的经济性还与其可靠性有关。可靠性高的毛坯表现在缺陷少,质量好,成品率高,零件在正常工作条件下不易破坏,因而经济性也好。在单件、小批量生产时,如采用钢材焊接组合结构来代替铸件,既可以提高可靠性,又能减轻重量。此外,提高通用零件的标准化程度,也有利于稳定生产,提高质量,获得高的经济效益。

3. 可行性原则

根据零件形状或材料工艺性能及实际生产条件选择成形方法。如具有复杂内腔的零件只能采用铸造而不能选用锻造方法加工。在几种方案同时可行时，则应考虑本单位的具体生产能力，尽可能利用已有条件，以便经济合理地成形出高质量毛坯或零件。图 14－1(a)中的轴颈套，其毛坯既可以采用铸件[见图 14－1(b)]，也可以采用模锻件[见图 14－1(c)]。当生产批量不大时，采用铸件较合理，因制造铸模等工艺装备的费用比制造锻模要低，一般工厂均可制造。但在大批量生产且工厂又拥有模锻设备的条件下，选用模锻件较合理，不仅能提高生产率，还可以得到较高精度和较好力学性能的毛坯。

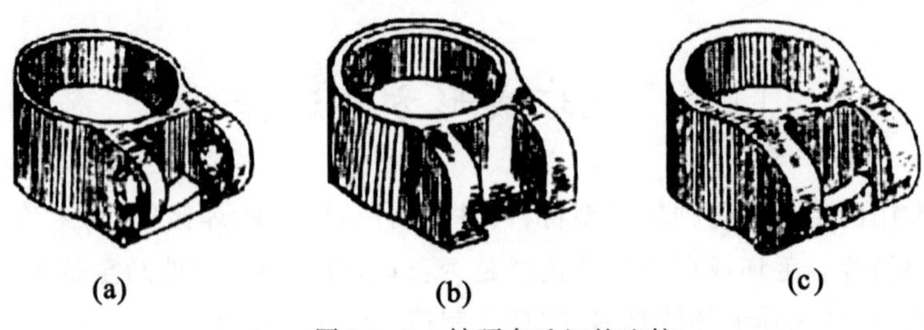

图 14－1　轴颈套毛坯的比较

14.1.2　毛坯的分类

毛坯的生产方法不同，它们在结构、性能、重量、体积和生产成本上也会存在很大差异。表 14－1给出了各种毛坯的基本特点，选择毛坯时可根据这些特点进行综合分析比较，选择合理方案。

常用机械零件毛坯可分为三大类：轴杆类、箱体类和盘套类。三类毛坯的制造方法各有特点。

1. 轴杆类零件毛坯

轴杆类零件[见图 14－2(a)]一般都是重要的受力件和传动零件，通常以锻件作毛坯。等截面轴也可采用轧制型材直接加工。某些较复杂的轴杆零件可采用锻-焊组合结构。如具有部分空心结构的轴，可分段下料锻造，然后拼焊；带有法兰端的轴，可将法兰和轴分别制造并拼焊。

2. 箱体类零件毛坯

各类机械的机身、底座、支架、轴承座、齿轮箱及阀体、泵体等均属于箱体类零件[见图 14－2(b)]。因其具有不规则的外形和内腔，性能上一般要求有较好的刚度、抗压强度、减震性和耐磨性等，故难以用锻压成形，通常选用铸造毛坯。对受力复杂或承受较大冲击载荷的零件可采用铸钢件。

箱体类零件在下列情况下往往可以采用焊接毛坯：①重型机械的机身等大型零件，采用铸造时重量难以控制；②由于技术原因铸件的形状或重量受到限制；③在短时间内制造出少量毛坯。设计合理的焊接结构比铸件可靠性高，重量轻，也能满足刚度要求，但减震性差，易变形和产生应力集中。

3. 盘套类零件毛坯

齿轮、飞轮、皮带轮、轴承环、卡盘、法兰盘、连轴器等均可归类于盘套类零件[见图 14－2(c)]。其大小、形状、工作条件各不相同，所选用的材料及毛坯也不同，应根据前述三条原则具体分析，灵活选用。除上面已讨论过的齿轮外，对于手轮、皮带轮、端盖和卡盘等受力不大或结构复杂的零件，通常采用铸铁件。

表 14－1　毛坯的分类与比较

种类	制造方法	形状复杂程度	内部组织特点	机械性能	壁厚尺寸或质量		常用合金	表面质量	毛坯精度	生产批量
					最小	最大				
铸件	砂型铸造	高，特别适宜于内腔复杂的铸件	组织疏松，易产生缩孔、缩松、气孔、砂眼等缺陷	一般较低	厚度 >3 mm	厚度 1 m，质量 100 t	广，各种铸造合金	差	低	单件，小批量
	金属型铸造	有限，受金属型限制，形状不能太复杂	晶粒细密	一般	铸铝 >3 mm 铸铁 >5 mm	100 kg (铝 20 kg)	较广，有色金属和灰口铸铁	较好，一般不须加工	中等	大批量
	压力铸造	高，只受铸型能否制造的限制	组织细密，有小气孔，不能热处理	较好	1 mm 锌合金 0.5 mm	一般为 10～16 kg	窄，锌、铝、镁、黄铜等有色金属	好，一般不须加工	高	大批量
	熔模铸造	高	晶粒较粗大	较好	0.7 mm	<25 kg，通常 5 kg	宽，包括难熔合金	好	高	成批大量
	离心铸造	有限，多为回转体	组织致密，晶粒细小	较好	一般为 3～5 mm	200 kg	广，有色金属、灰口铸铁、铸钢	外表面好，内表面差	低	成批大量
锻件	自由锻造	简单	形成流线组织	高	不能太薄	200 t	较广，碳钢、合金钢、有色金属	较差	较低	单件，小批量
	锤上模锻	有限	形成流线组织	高	不能太薄重量可至几克	100 kg，通常 <25 kg	较广，碳钢、合金钢、有色金属	一般	较好	中、大批量
冲压件	冲压	复杂		好	0.08～0.13 mm		较广，各种金属板材和塑料件	高	高	成批大量
型材	型材切割	简单					中等，合金钢、有色金属等	较差	较差	单件，中、大批量
拼接件	焊接和黏合	高	焊缝热影响区组织不均匀			不受限制	广，各类金属及复合材料			单件，中、大批量

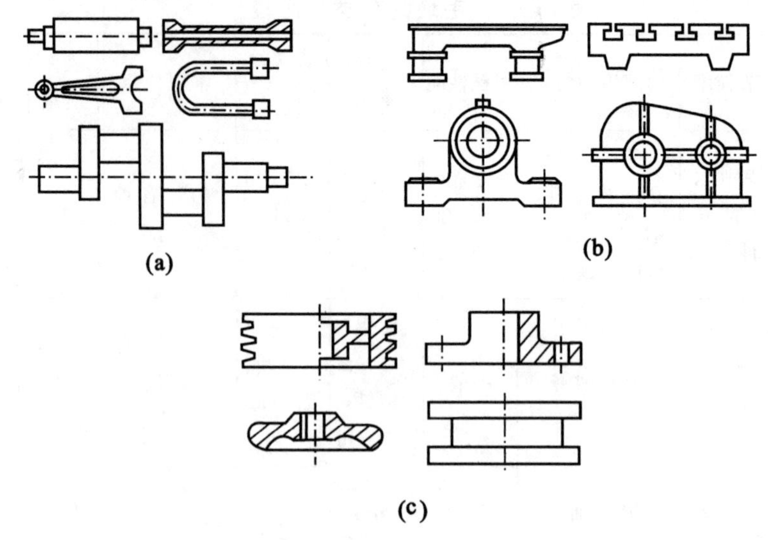

图 14－2　机械零件毛坯分类

(a)轴杆类零件　(b)箱体类零件　(c)盘套类零件

14.1.3　毛坯选择举例

1. 螺旋起重器

图 14－3 为检修车辆时经常使用的螺旋起重器(千斤顶)。工作时,依靠手柄带动螺杆在螺母中转动,从而推动托杯顶起重物。螺母安装在支座上。单件小批量生产,承载能力为 4t。下面分析起重器主要零件毛坯的选择。

(1)支座:支座是起重器的基础零件,承受压应力,具有内腔,带有锥度,结构形状较复杂。显然,采用灰铸铁材料铸造成形较为方便。可选用 HT200 铸造毛坯。

(2)螺杆:螺杆工作时沿轴线方向承受压应力,螺纹承受弯曲应力和摩擦力,受力情况较复杂。考虑螺杆及手柄孔采用切削加工方法,其毛坯选用中碳钢材料锻造成形较为合适。可选用 45 钢锻件毛坯。

(3)螺母:螺母工作时受力情况与螺杆类似。但为保护较为贵重的螺杆,应选用较软的金属材料。可选用 ZCuSn10Pb 青铜铸造毛坯。

(4)托杯:托杯工作时直接承受重物,处于压应力状态。具有内腔、凹槽,比较复杂,铸造成形较为方便。可选用 HT200 铸造毛坯。

(5)手柄:手柄工作时承受弯曲应力。其结构形状简单,受力不大,可直接选用 Q235 圆钢截取,再进行机械加工。

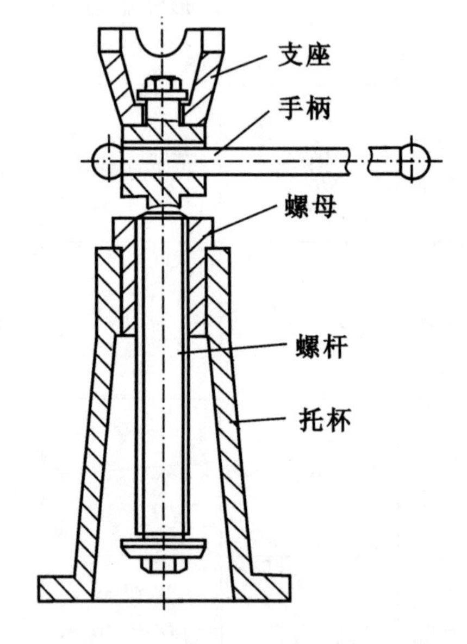

图 14－3　螺旋起重器

2. 承压油缸(主体)

图 14－4 为一承压油缸(主体),其工作应力为 1.5 MPa,水压试验压力为 3 MPa。要求用 45 钢材料制成,生产数量为 200 件。油缸内孔及两端法兰结合面要求切削加工,其余外圆部分不加工,加工表面不允许有任何缺陷。下面比较承压油缸毛坯的选择方案。

(1)圆钢切削加工:直接选用 ϕ150 mm 的圆钢进行切削加工。该方案的优点是能全部通过水压试验。缺点是材料利用率低,切削加工量大,从而提高了产品的生产成本。

(2)铸造毛坯:选用 ZG340－640 材料砂型铸造成形。浇注可以采用水平浇注,也可以采用垂直浇注(见图 14－5)。水平浇注时,在法兰顶部安装冒口。该方案的主要优点是工艺较简单,铸出内孔方便,节省金属材料,切削加工量小。缺点是法兰与缸壁的交接处可能补缩不好,冒口消耗大量钢水,内表面质量较差,水压试验的合格率较低。垂直浇注时,可在上部法兰处设置冒口,下部法兰四周安置冷铁,以实现定向凝固。该方案的主要优点是内孔表面质量较水平浇注高,补缩问题有所改善。缺点是工艺较复杂,冒口消耗大量钢水,仍不能全部通过水压试验。

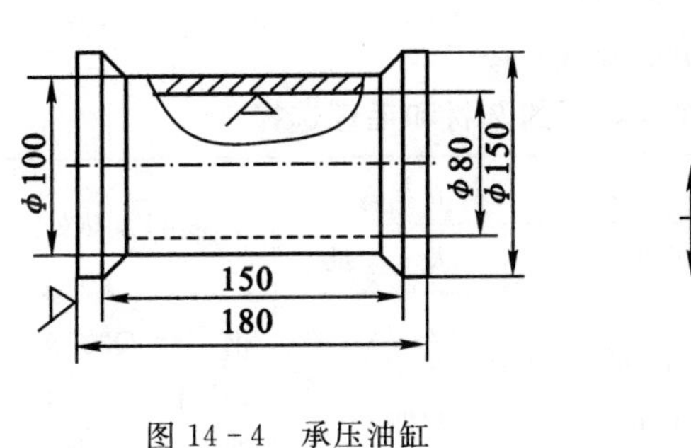

图 14－4　承压油缸

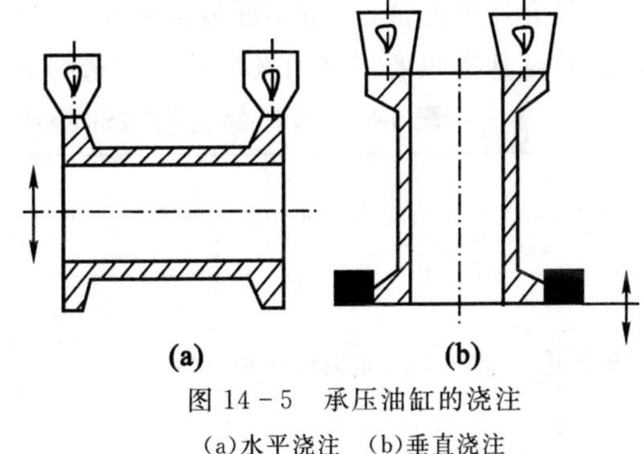

图 14－5　承压油缸的浇注
(a)水平浇注　(b)垂直浇注

(3)模锻毛坯:选用 45 钢模锻成形。模锻时,工件在模膛内可以立放,也可以卧放(见图 14－6)。工件立放的主要优点是能锻出孔(有冲孔连皮),缺点是不能锻出法兰。工件卧放可锻出法兰,但不能锻出孔,而内孔的切削加工量较大。

模锻毛坯的主要优点是质量好,能全部通过水压试验,但设备投资大,成本较高。

(4)胎模锻毛坯:截取 45 钢坯料,加热后在空气锤上镦粗、冲孔、芯轴拔长,并在胎模内带芯轴锻出法兰[见图 14－7(a)]。该毛坯能全部通过水压试验。与模锻相比,该方案的主要优点是毛坯接近于零件的结构形状尺寸,切削加工量小,成本较低,但生产率也较低。

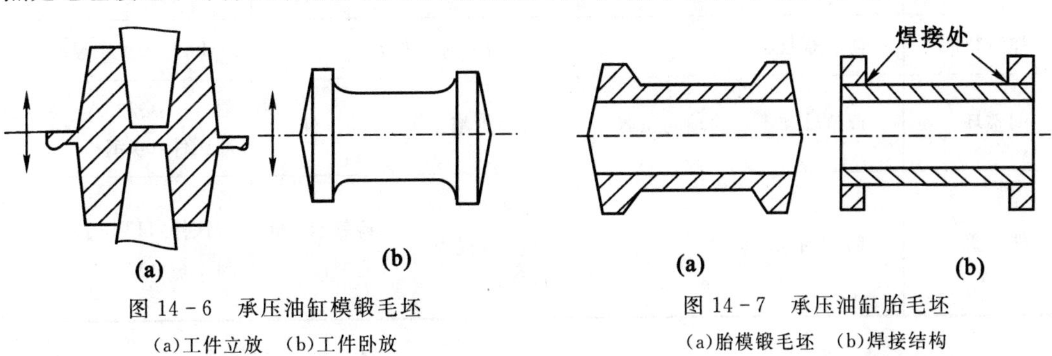

图 14－6　承压油缸模锻毛坯
(a)工件立放　(b)工件卧放

图 14－7　承压油缸胎毛坯
(a)胎模锻毛坯　(b)焊接结构

(5)焊接结构毛坯：选用45钢无缝钢管，在其两端焊上45钢法兰[见图14－7(b)]。该方案的主要优点是节省材料，工艺准备时间短，无须特殊设备，能全部通过水压试验。缺点是不易获得规格合适的无缝钢管。

综上所述，从生产批量、生产可行性及经济性考虑，以模锻毛坯的方案较为合理。但若有合适的无缝钢管，也可采用焊接结构。

3.单级齿轮减速器

图14－8为一单级齿轮减速器，外形尺寸为430 mm×410 mm×320 mm，传递功率5 kW，传动比为3.95，其结构和工作情况如下。

(1)轴类零件：该减速器中的轴类零件包括齿轮轴、主轴、螺栓等。其中齿轮轴和主轴是该机械的核心部件。减速过程由齿轮轴带动主轴上的大齿轮来实现，螺栓主要起紧固作用。

(2)盘套类零件：该类零件包括窥视孔盖、螺母、弹簧垫圈、端盖、齿轮、挡油盘等，它们是保证减速器正常稳定工作的必要零件。

(3)箱体类零件：包括箱盖、箱体等。它们是构成齿轮减速器密封空间的主要部件，可使齿轮免受外界介质的腐蚀，进而保证齿轮减速器的稳定性。

该齿轮减速器重要零件的选材和毛坯选择方案见表14－2。

表14－2　单级齿轮减速器部分零件的选材和毛坯选择

零件名称	受力状况和使用要求	毛坯类别和制造方法		材料及热处理
		单件、小批	大批	
窥视孔盖	观察箱内情况和加油	钢板下料或铸铁件	冲压件或铸铁件	钢板：Q235A 铸铁件：HT150 冲压件：08钢
箱盖	传动零件的支撑件和包容件，结构复杂，箱体承受压力，要求有良好的刚性、减震性和密封性	铸铁件(手工造型)或焊接件(电弧焊)	铸铁件(机器造型)	铸铁件：HT150，HT200(退火消除内应力) 焊接件：Q235A
箱体				
螺栓	固定箱体和箱盖，受轴向拉应力和横向剪应力	镦挤件(标准件)		Q235A
螺母				
弹簧垫圈	防止螺栓松动	冲压件(标准件)		60Mn，淬火＋中温回火
调整环	调整轴和齿轮的轴向位置	圆钢车削	冲压件	圆钢：Q235A 冲压件：08钢
端盖	防止轴承窜动	铸铁件(手工造型)或圆钢车削	铸铁件(机器造型)	铸铁件：HT150 圆钢：Q235A

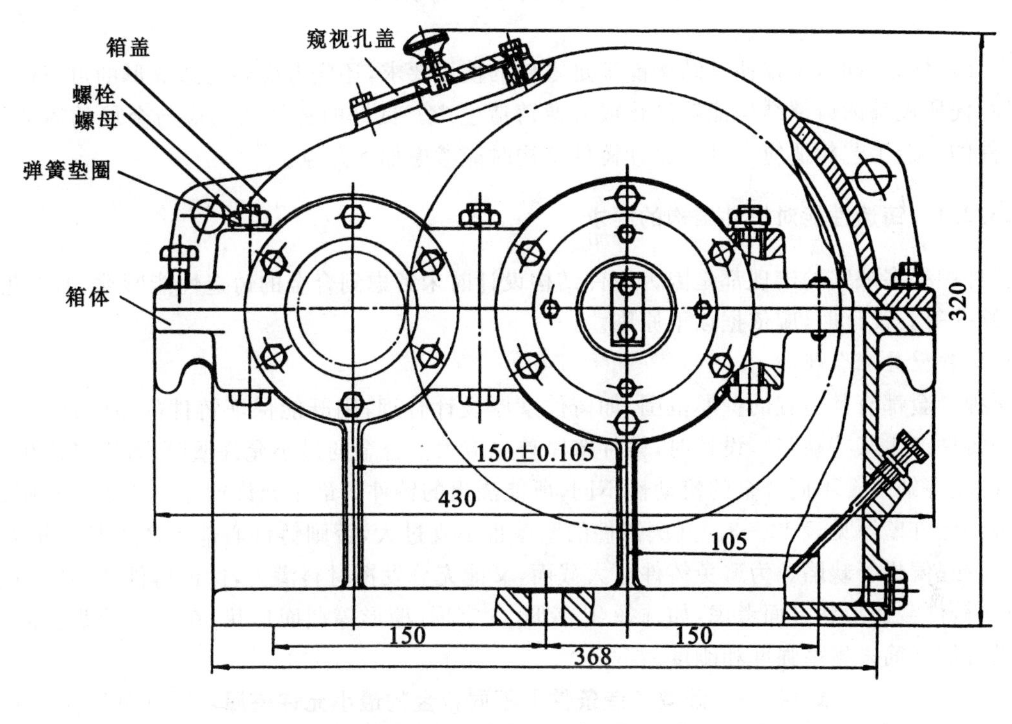

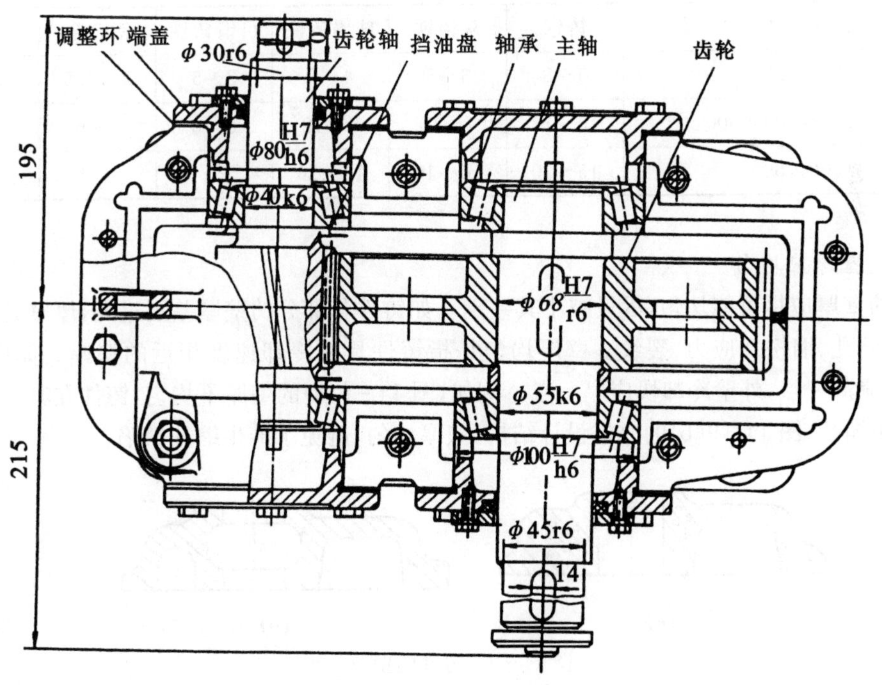

图 14－8　单级齿轮减速器

14.2 铸件结构设计

设计铸件结构时,不仅使其结构能满足零件的使用要求,还应考虑到铸造成形的可行性和经济性,使所设计的铸件结构能够简化或方便铸造生产。良好的铸件结构应与金属的铸造性能、铸件的铸造工艺相适应。具体设计铸件结构时应考虑如下几点。

14.2.1 铸造性能对铸件结构的要求

铸件中很多缺陷的出现都是因为铸件结构设计时未考虑到合金的铸造性能所致,如气孔、裂纹、缩孔等。设计时,应依据以下原则。

1.铸件壁厚应合理

每种合金都有其适宜的壁厚范围,如铸件壁厚设计合理,则既能保证铸件的力学性能,又能防止铸件产生某些缺陷。设计时,铸件壁厚首先应大于合金的最小允许壁厚,否则易产生浇不足、冷隔等缺陷。不同合金的流动性不同,所能浇出的铸件的最小允许壁厚也不同。常用合金的最小允许壁厚见表14-3。其次铸件的壁厚也不宜过大,否则铸件心部易产生晶粒粗大、缩孔、缩松、偏析等缺陷。为避免铸件厚大截面,又能充分发挥材料潜力,保证铸件的强度和刚度,可从铸件截面形状方面考虑,如选择T字形、工字形、槽形等截面形状,在铸件的薄弱部位还可设置加强筋来提高强度和刚度。

表14-3 砂型铸造条件下不同合金的最小允许壁厚 (单位:mm)

铸件尺寸	铸钢	灰铸铁	球墨铸铁	可锻铸铁	铝合金	铜合金
<200×200	5~8	3~5	4~6	3~5	3~3.5	3~5
200×200~500×500	10~12	4~10	8~12	6~8	4~6	6~8
>500×500	15~20	10~15	12~20			

2.铸件壁厚应均匀

铸件的壁厚应尽可能均匀,尽量减小其差别。如铸件各部分的壁厚差别过大,厚壁处易形成热节,产生缩孔、缩松及应力、裂纹。壁厚均匀是指铸件具有冷却速度相近的壁厚。如内壁(隔墙)冷却慢应薄一点,外壁冷却快应厚一点。例如,图14-9(a)的壁厚不均匀,铸件在其厚大部分形成许多小缩孔;图14-9(b)的改进设计结构,壁厚均匀,避免了产生缩孔缺陷。

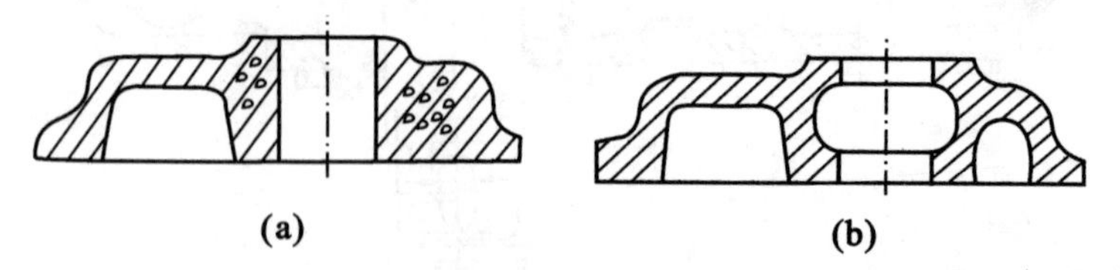

图14-9 铸件的壁厚

(a)壁厚不均匀 (b)壁厚均匀

3.铸件壁的连接应合理

铸件壁与壁之间应过渡连接,避免形成热节及较大的内应力,影响铸件质量。

(1)结构圆角:以铸件为毛坯的零件结构应尽可能把壁间连接设计成结构圆角,以免局部金属聚集产生缩孔、应力集中等缺陷。例如,图 14－10(a)结构直角处内接圆较大,表明金属在这里聚集,可能产生缩孔;直角处易产生应力集中,可能产生裂纹。而图 14－10(b)结构圆角处则没有金属聚集及应力集中的现象。

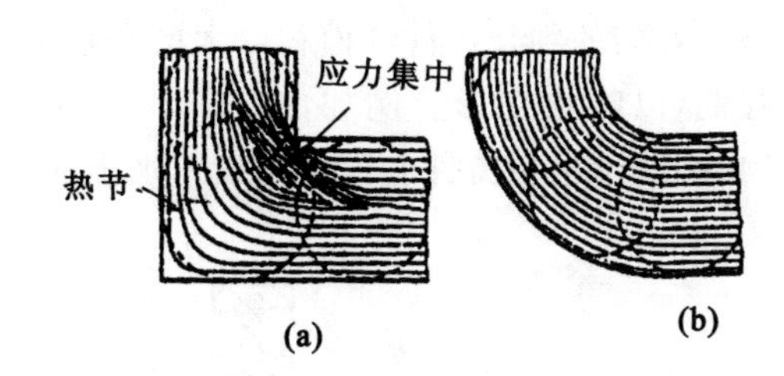

图 14－10　铸件的结构圆角
(a)直角结构　(b)圆角结构

结构圆角是铸件的特征结构之一。圆角半径的大小应与铸件壁厚相适应。

(2)过渡连接:铸件各部分之间的连接都应逐步过渡,避免锐角和交叉连接。例如,如图 14－11(a)所示筋的交叉接头在交叉处有金属聚集,可能形成缩孔。小型铸件的肋应设计成如图 14－11(b)所示的交错接头,大型铸件的肋应设计成如图 14－11(c)所示的环状接头,以改善金属的分布。

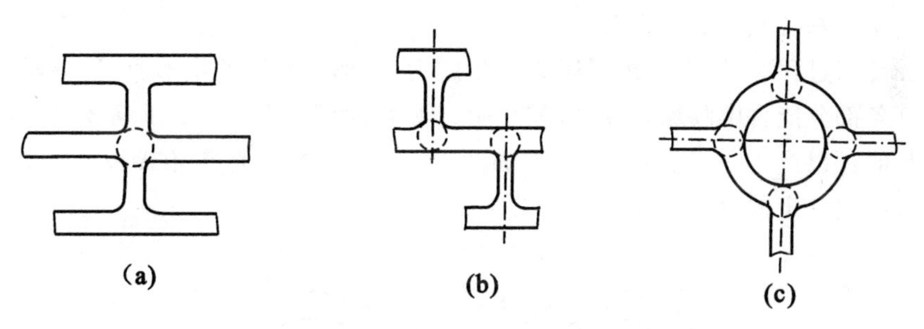

图 14－11　铸件的连接
(a)交叉连接　(b)交错连接　(c)环状连接

铸件壁间连接应避免形成锐角。例如,如图 14－12(a)所示锐角连接容易形成金属聚集;如图 14－12(b)(c)所示大角度连接改善了金属的分布。

铸件的薄、厚壁之间的连接可采用圆角过渡、倾斜过渡、复合过渡等形式,如图 14－13 所示。过渡连接可防止因壁间突然变化而产生应力、变形和裂纹。

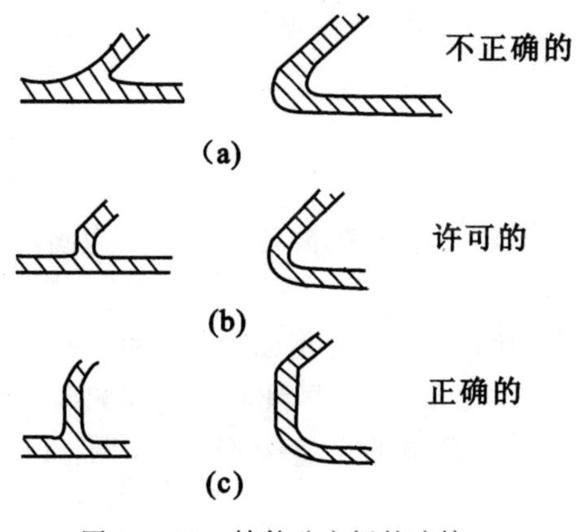

图 14－12　铸件壁之间的连接

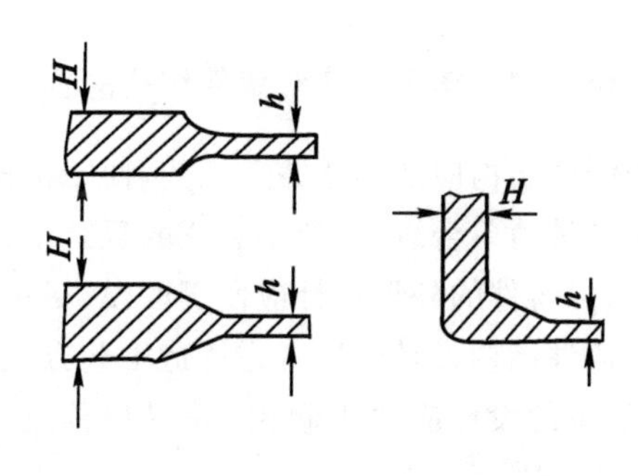

图 14－13　铸件不等厚壁的连接

4. 铸件结构应能减少变形

壁厚均匀的细长铸件和面积较大的平板类铸件容易产生变形，通常设计成对称结构或增设加强筋，以防止变形。例如，如图 14－14(a)所示工字梁铸件常设计成对称结构；如图 14－14(b)所示平板铸件底面上增设了加强筋。

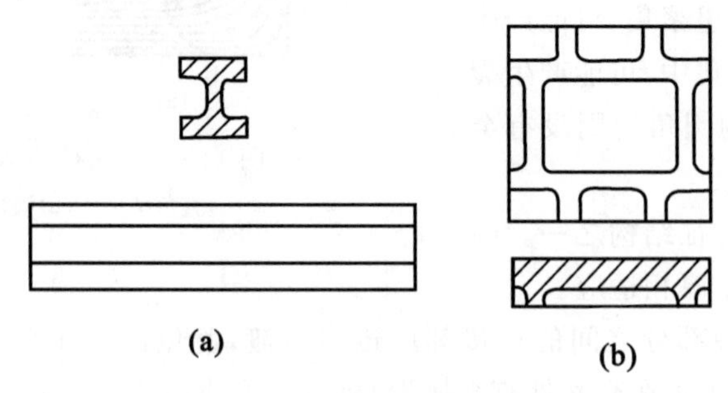

图 14－14　防止变形的铸件结构

(a)对称结构　(b)加强筋

5. 铸件结构应能减缓收缩受阻

铸件在冷却过程中，固态收缩受阻是产生应力、变形和裂纹的根本原因。铸件结构设计应尽可能使其各部分能自由收缩，减缓收缩受阻。例如，如图 14－15(a)所示弯曲的轮辐设计使轮辐在冷却时可以产生一定的自由收缩；如图 14－15(b)所示奇数轮辐设计使轮缘在冷却过程中也可以产生一定的自由收缩。

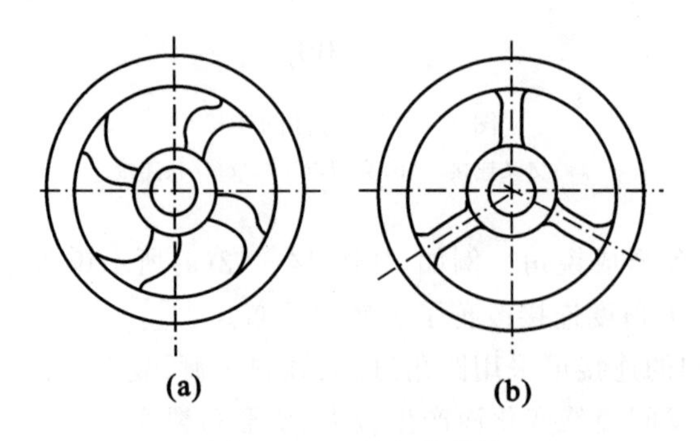

图 14－15　轮辐的设计

(a)弯曲轮辐　(b)奇数轮辐

14.2.2　铸造工艺对铸件结构的要求

铸件结构应能简化铸造工艺，便于机械化生产，提高铸件质量，降低废品率。为此，铸件结构应尽量简单合理，避免不必要的复杂结构。

(1)铸件的外形设计应便于取模，尽量避免外部侧凹结构，使分型面少而平直。

铸件结构设计时应考虑铸造工艺方便，铸件外形应尽量简单，尽量避免外部侧凹结构，凸台、筋条的设计应便于起模，并尽可能使铸件具有一个简单的平直分型面，如图 14－16～图 14－18所示。

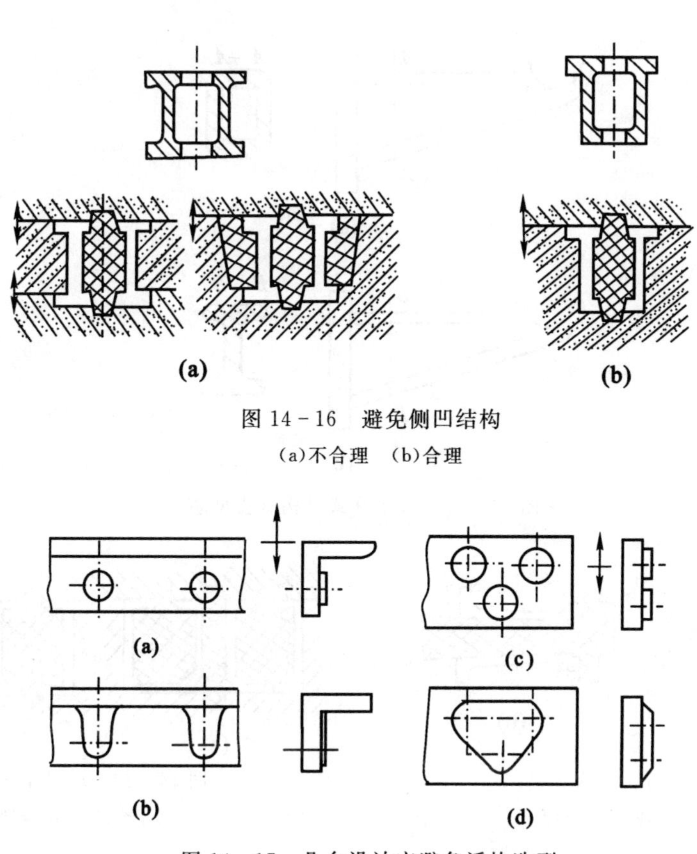

图 14-16　避免侧凹结构

(a)不合理　(b)合理

图 14-17　凸台设计应避免活块造型

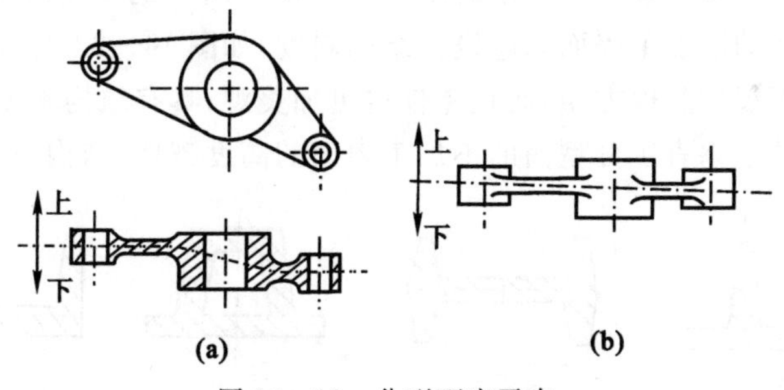

图 14-18　分型面应平直

(2)铸件内腔设计要合理、简单。铸件内腔设计应能减少型芯的数量(见图 14-19 和图 14-20),简化型芯形状,有利于型芯的定位、固定、排气和清理(见图 14-21 和图 14-22),防止产生偏心、气孔等缺陷。

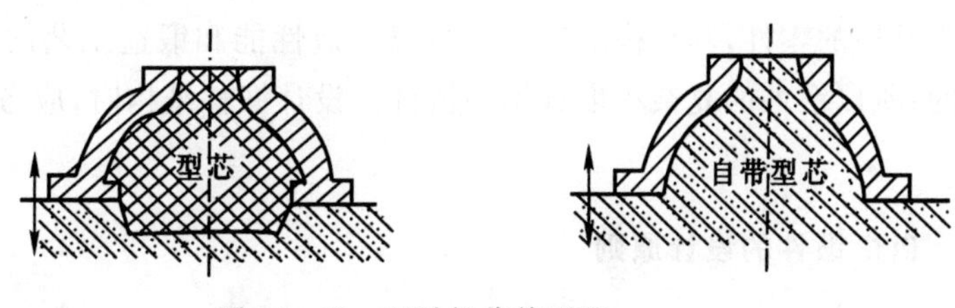

图 14-19　以砂垛代替型芯

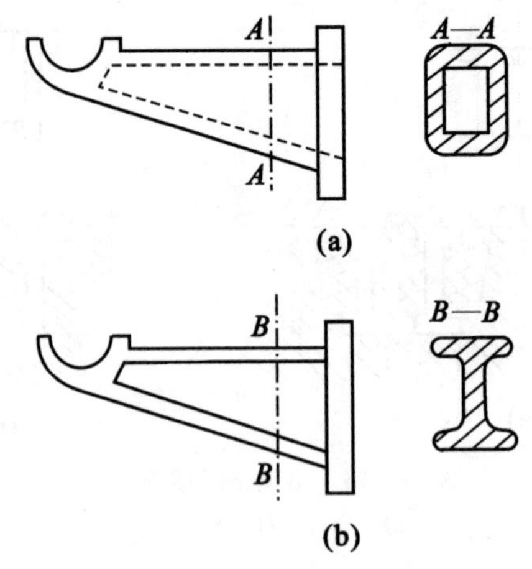

图 14-20　采用开式结构省去型芯

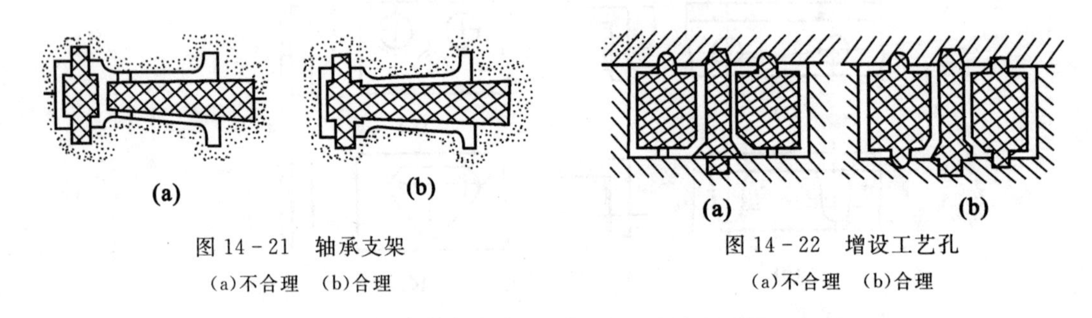

图 14-21　轴承支架

(a)不合理　(b)合理

图 14-22　增设工艺孔

(a)不合理　(b)合理

(3)结构斜度:铸件上垂直于分型面的不加工表面上所加的斜度称为结构斜度。一般地,铸件上垂直于分型面的不加工表面均应设计结构斜度,如图 14-23 所示。

设计结构斜度不仅使起模方便,而且零件也更加美观;具有结构斜度的内腔常常可以采用砂垛代替型芯。零件上垂直于分型面的不加工表面的高度越低,结构斜度应越大。

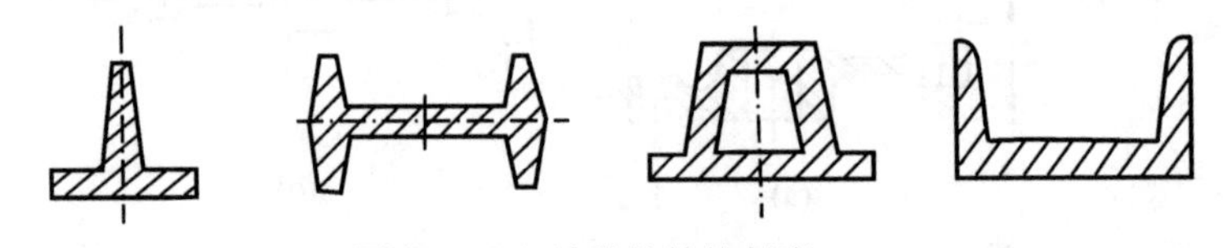

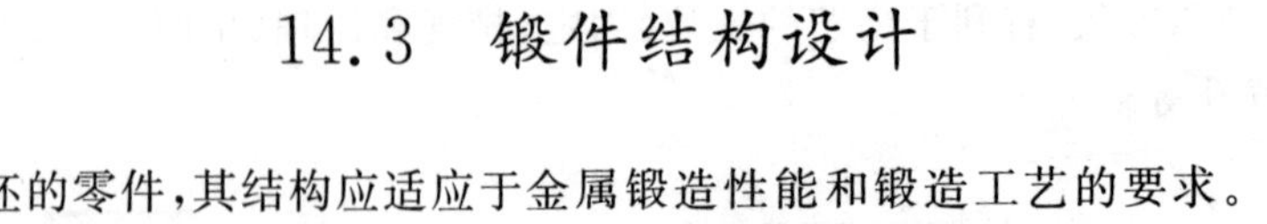

图 14-23　铸件的结构斜度

14.3　锻件结构设计

以锻件为毛坯的零件,其结构应适应于金属锻造性能和锻造工艺的要求。由于锻造是在固态下成形的,所以锻件的复杂程度远不如铸件。设计锻件结构时,应考虑锻造成形的可行性和经济性。

14.3.1　自由锻件的设计原则

自由锻件的形状一般都较为简单。由于自由锻造是在平砧上用简单工具锻造而成,其形状、尺寸主要靠工人的操作技术水平来保证，所以不可能锻造出形状复杂的锻件。因而，自由锻件应设计得尽量简单。具体要求见表14－4。

表14－4　自由锻件结构工艺性

设计原则	不合理结构	合理结构
尽量避免锥面或斜面	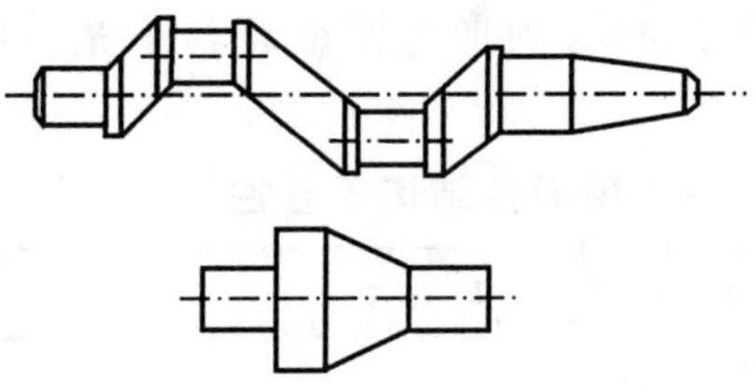	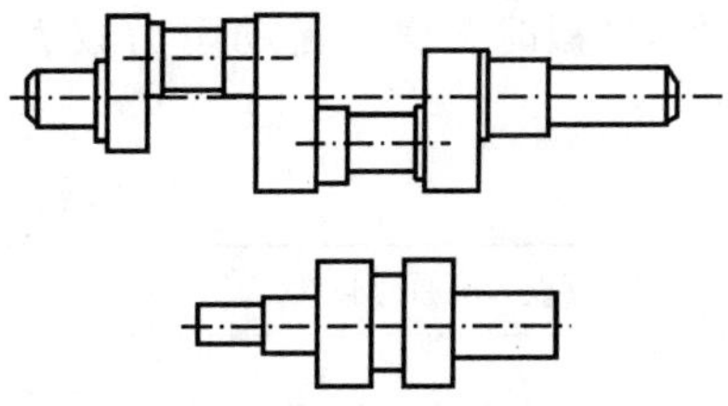
避免圆柱面与圆柱面、圆柱面与棱柱面相交	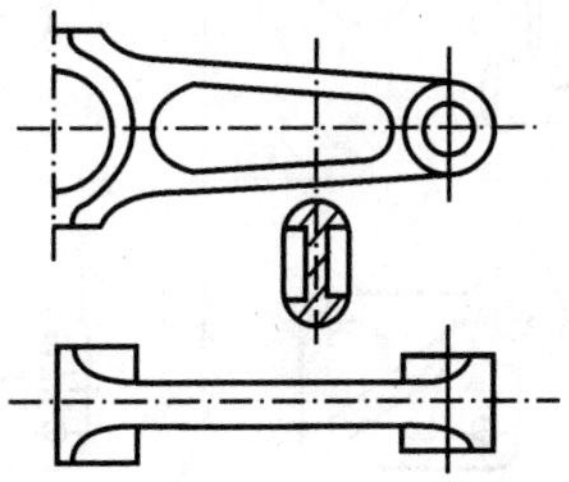	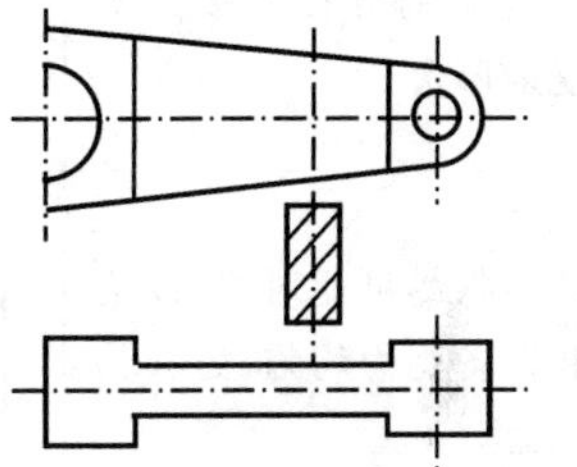
避免椭圆形、工字形及其他非规则斜面或外形	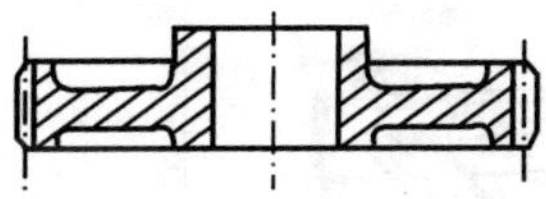	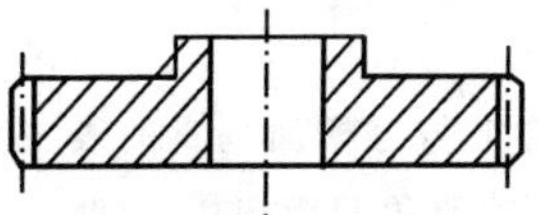
避免加强筋或凸台等结构	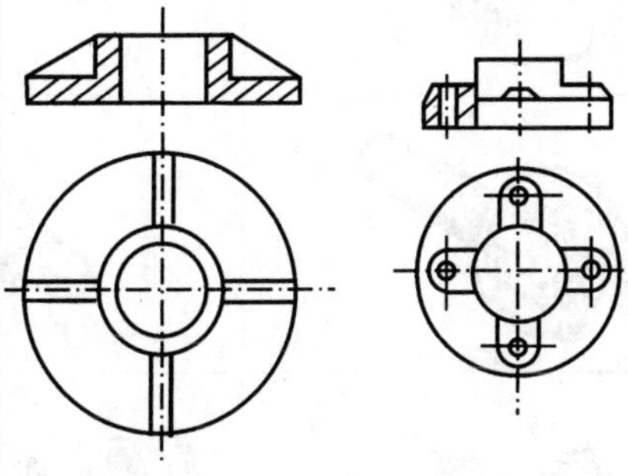	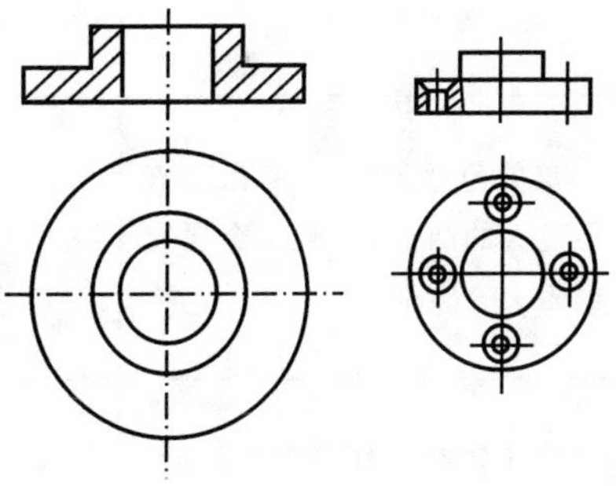
对横截面尺寸相差较大和形状复杂的零件，可采用分体锻造，再采用焊接或机械连接组合为整体	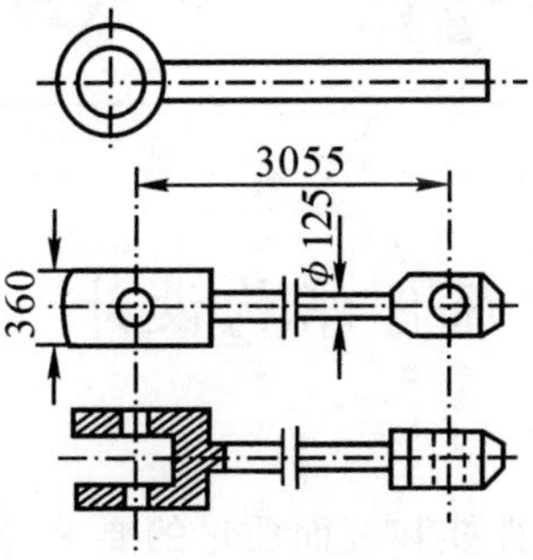 3055 $\phi 125$ 360	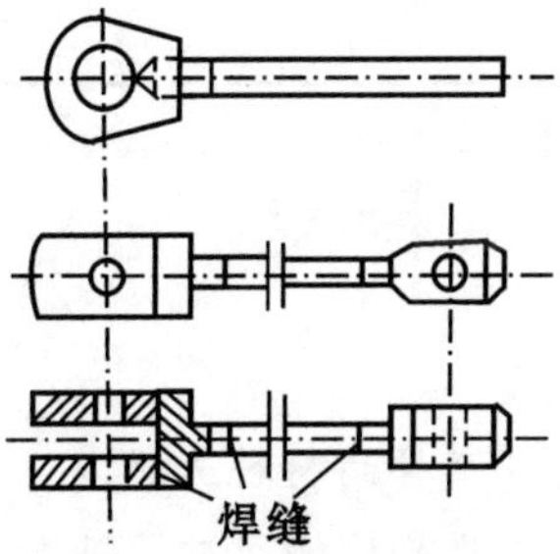 焊缝

14.3.2 模锻件的设计原则

模锻件依靠模膛控制成形，其形状可以比自由锻件的形状复杂得多，允许有复杂的曲面、细小的花纹和文字，可以带筋和小凸台，但必须保证模锻件能从模膛中顺利取出。零件上较小的孔，很小的沟槽，尤其是与锤击方向平行的内、外表面上局部凹入部分是无法锻制出来的。另外，模锻时金属的流动阻力较大，设计时必须考虑使金属易于充满模膛。具体要求见表14-5。

表14-5 模锻件结构工艺性

设计原则	不合理结构	合理结构
零件形状力求简单，避免带有长而复杂的分枝和多向弯曲等复杂形状	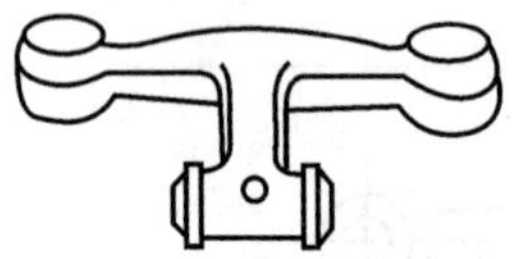	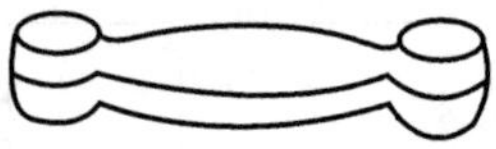
零件形状尽可能对称，以使锻模和设备受力均匀，延长其使用寿命	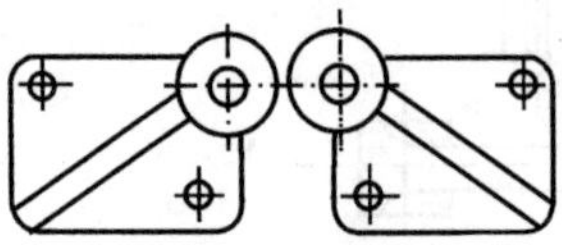	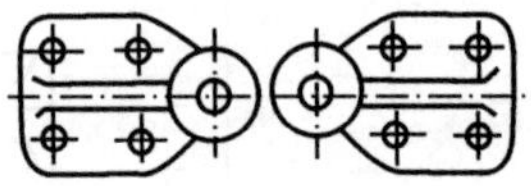
零件上与分模面垂直的表面尽可能避免凹槽和孔，以便于取出锻件	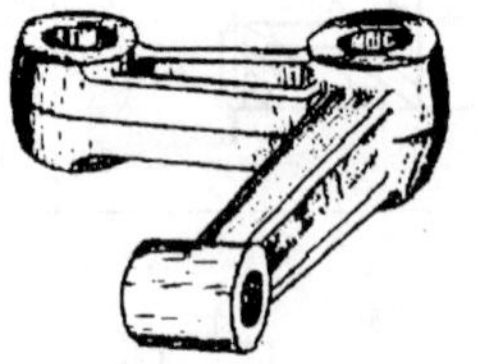	
避免薄壁、高筋、深孔和直径过大的凸缘，以减小金属充模阻力	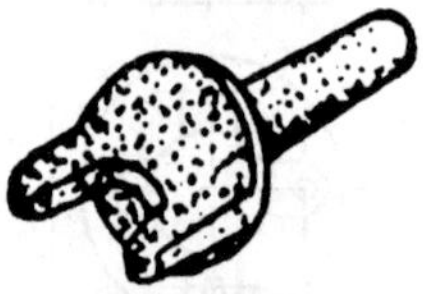	
对于复杂零件可以采用锻-焊组合结构，以简化模锻工艺和降低废品率		

14.4 冲压件结构设计

1. 冲压件的材料选择

材料选择应满足冲压基本工序对材料性能和表面质量的要求，例如，成形零件所用的材料应具有良好的塑性，而对于平板冲裁件的塑性则无过高要求。

金属材料的冲压成形性能与其化学成分、组织性能、材料表面质量及板料厚度公差等有关。具体可查阅有关技术资料。

2. 冲压件的形状

一般来讲，冲压件结构形状应力求简单、对称，以使模具受力均衡，材料变形均匀，便于保证冲压件质量。

对于普通冲裁件，为保证模具强度和冲裁件质量，应避免细长槽与悬壁结构；对于弯曲件可采用压制加强筋来提高刚性(见图 14－24)；对于拉深件，为防止拉裂与起皱，应尽量设计成轴对称零件，并尽量减少变形高度。

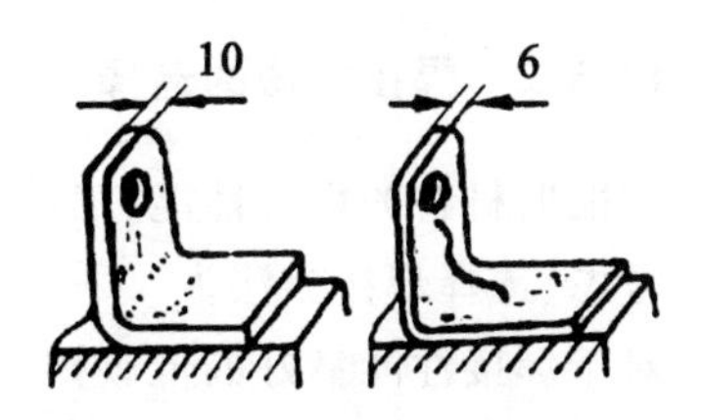

图 14－24　压制加强筋提高刚性

对于形状过于复杂的冲压件，可采用冲-焊组合结构(见图 14－25)；也可采用冲口结构，来代替组合零件，以降低生产成本。如图 14－26 所示的组合件，原工艺为 3 个零件铆接或焊接而成，现采用冲口和弯曲制成整体零件，可节省材料，简化工艺。

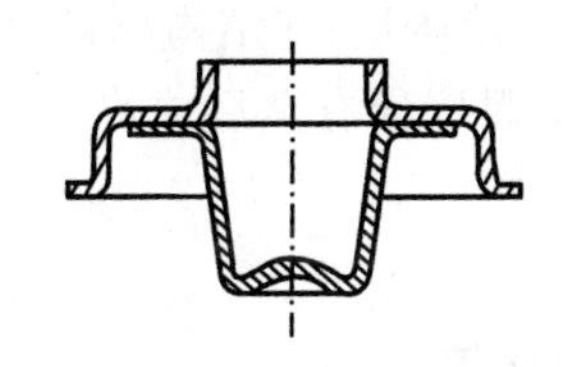
图 14－25　冲压-焊接组合零件

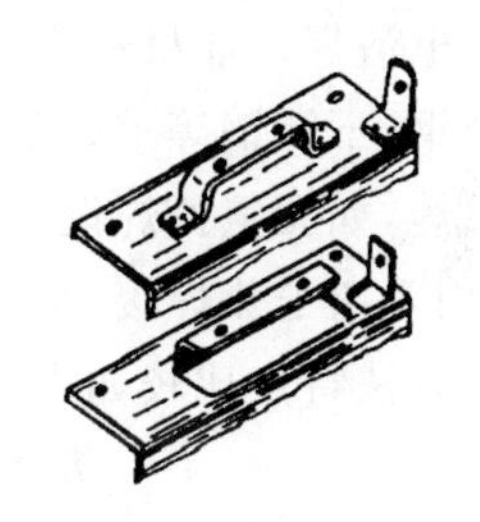
图 14－26　冲口工艺举例

3. 冲压件的尺寸

冲压件的转角一般应设计成圆角，圆角半径应大于冲压基本工序所允许的最小圆角半径；设计冲裁件要保证落料和冲孔所允许的最小尺寸、孔与孔和孔与零件边缘的距离；设计弯曲件时要注意弯曲件的直边长，孔与弯曲半径中心的最小距离；对于拉深件应注意拉深件的深度和拉深件凸缘尺寸等。具体要求可查阅相关手册。

14.5　焊接结构设计

14.5.1　焊接结构材料的选择

在满足使用性能的前提下，首先应选用焊接性好的材料来制造焊接结构。一般来说，$w_C<0.25\%$的低碳钢和碳当量 $w_{CE}<0.4\%$的低合金钢，都具有良好的焊接性能，应优先选用。$w_C>0.5\%$的碳钢和碳当量 $w_{CE}>0.4\%$的合金钢，焊接性能不好，一般不宜选用。如必须采用，则须采取必要措施，以保证焊接质量。

在满足焊接性能的条件下，应优先选用强度等级低的低合金结构钢。这样既可减轻结构重量，节约钢材，也可延长该结构的使用寿命。

异种材料的焊接因其焊接性能不同，焊接时易产生较大的焊接应力及裂纹倾向，故应尽量选用同种材料进行焊接。虽然异种金属之间的焊接性问题比较复杂,但如对结构使用性非常有利并有明显经济效益时也应尽量选用。

设计焊接结构时,应尽量选用槽钢、角钢等各种型材,以减少焊缝数量和简化焊接工艺,同时也可增加结构件的强度和刚性。大批量生产形状复杂的薄壁焊接结构时,应尽量设计成冲压-焊接组合结构。

14.5.2 焊接方法的选择

应根据材料的焊接性能、工件厚度、生产率要求、各种焊接方法的适用范围和设备条件等综合考虑、选择焊接方法。

对于焊接性能良好的低碳钢,可根据其板厚、生产率等确定具体的焊接方法。如为中等厚度(10~20 mm)可采用手工电弧焊、埋弧自动焊、气体保护焊等。因氩弧焊成本较高,一般不选用此方法。对薄板轻型结构,无密封要求时,可优先采用生产率较高的点焊;无点焊设备时,可考虑气焊和手弧焊。若要求密封,可采用缝焊。如工件为 35 mm 以上厚板重要结构,条件许可时应采用电渣焊。如材料为棒、管、型材并要求对接,宜用电阻对焊或摩擦焊。

焊接合金钢、不锈钢等重要工件,应采用氩弧焊以保证焊接质量;如结构材料为铝合金,应优先选用氩弧焊,如无氩弧焊设备,也可考虑采用气焊;对于焊接稀有金属或高熔点金属的特殊构件,可采用等离子弧焊接、真空电子束焊等焊接方法。

各种焊接方法特点比较如表 14-6 所示。

表 14-6 各种焊接方法特点比较

<table>
<tr><th>焊接方法</th><th>热影响区</th><th>焊接变形</th><th>生产率</th><th>焊缝位置</th><th>适宜板厚/mm</th><th>焊件材料</th></tr>
<tr><td>气焊</td><td>大</td><td>大</td><td>低</td><td>全焊位</td><td>0.5~3</td><td>碳钢,合金钢,铸铁,铜,铝及其合金</td></tr>
<tr><td>手工电弧焊</td><td>较小</td><td>较小</td><td>较低</td><td>全焊位</td><td>>1,
常用 6~20</td><td>碳钢,合金钢,铸铁,铜及其合金</td></tr>
<tr><td>埋弧自动焊</td><td>小</td><td>小</td><td>高</td><td>平焊位</td><td>>3,
常用 6~60</td><td>碳钢,合金钢</td></tr>
<tr><td>氩弧焊</td><td>小</td><td>小</td><td>较高</td><td>全焊位</td><td>0.5~25</td><td>铝,铜,镁,钛及其合金,耐热钢,不锈钢</td></tr>
<tr><td>二氧化碳气体焊</td><td>小</td><td>小</td><td>较高</td><td>全焊位</td><td>0.8~30</td><td>碳钢,低合金钢,不锈钢</td></tr>
<tr><td>电渣焊</td><td>大</td><td>大</td><td>高</td><td>立焊位</td><td>>25,
常用 35~450</td><td>碳钢,低合金钢,不锈钢,铸钢</td></tr>
<tr><td>等离子弧焊</td><td>小</td><td>小</td><td>高</td><td>全焊位</td><td>>0.025,
常用 1~12</td><td>不锈钢,耐热钢,铜,镍,钛,钨,钼及其合金</td></tr>
<tr><td>电子束焊</td><td>很小</td><td>很小</td><td>高</td><td>平焊位</td><td>5~60</td><td>不锈钢,钛,锆及难熔金属</td></tr>
<tr><td>电阻点焊</td><td rowspan="2">小</td><td rowspan="2">小</td><td rowspan="2">高</td><td>全焊位</td><td><10,
常用 0.5~3</td><td rowspan="2">低碳钢,低合金钢,不锈钢,铝及其合金</td></tr>
<tr><td>电阻缝焊</td><td>平焊位</td><td><3</td></tr>
<tr><td>钎焊</td><td></td><td>小</td><td>较高</td><td>平焊位</td><td></td><td>碳钢,合金钢,铸铁,铜及其合金</td></tr>
</table>

14.5.3　焊接接头工艺设计

1. 焊接接头与坡口形式的选择

焊接接头与坡口形式的选择，应根据焊接结构形状、尺寸、受力情况、强度要求、焊件厚度、焊接方法及坡口加工难易程度等因素综合决定。

(1)手弧焊接头形式的选择：手弧焊接头的基本形式有四种，即对接接头、角接接头、T 形接头和搭接接头(见图 14－27)。

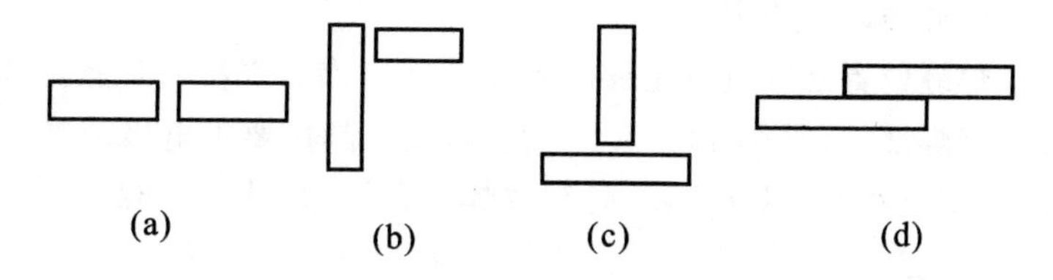

图 14－27　手弧焊接头的基本形式

(a)对接　(b)角接　(c)T 形接　(d)搭接

对接接头受力较均匀，焊接质量易于保证，应用最广，应优先选用。

角接接头和 T 形接头受力情况较对接接头复杂，但接头呈直角或一定角度时必须采用这两种接头形式。它们受外力时的应力状况相仿，可根据实际情况选用。

搭接接头受力时，焊缝处易产生应力集中和附加弯矩，一般应避免选用。但因其无须开坡口，焊前装配方便，对受力不大的平面连接也可选用。

(2)手弧焊坡口形式的选择：除搭接接头外，其余接头在焊件较厚时均需开坡口。坡口的基本形式有 I 形、V 形、U 形和 X 形(见图 14－28)等。常采用切削加工、电弧加工和火焰切割等方法制成。

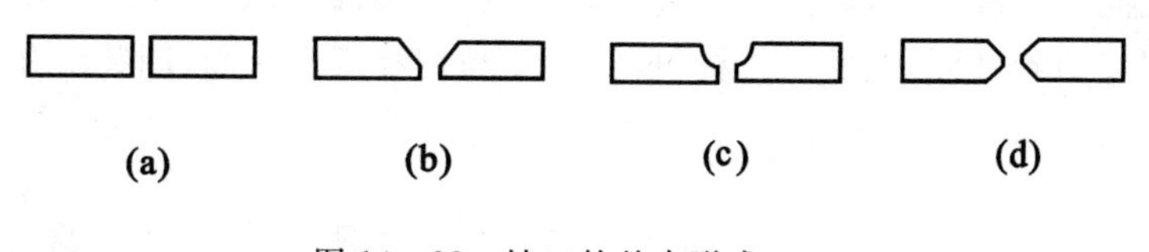

图 14－28　坡口的基本形式

(a)I 形　(b)V 形　(c)U 形　(d)X 形

I 形坡口主要用于厚度为 1～6 mm 钢板的焊接；V 形坡口主要用于厚度为 3～26 mm 钢板的焊件；U 形坡口主要用于厚度为 20～60 mm 钢板的焊接；X 形坡口主要用于厚度为 12～60 mm 钢板的焊接，需双面施焊。

(3)其他焊接方法接头形式：埋弧自动焊的接头形式与手弧焊基本相同。因其电流大、熔深大，故板厚小于 12 mm 时可不开坡口单面焊接；板厚小于 24 mm 时不开坡口双面焊接。

电渣焊可用对接、角接、T 形接头焊接，无须开坡口。

点焊、缝焊多采用搭接接头。

焊接时应尽量避免厚薄相差很大的金属板焊接，以便获得优质焊接接头。必须采用时，在较厚板上应加工出过渡形式(见图 14－29)。

图 14 - 29　不同板厚角接与 T 形接头的过渡形式

2. 焊缝的布置

焊缝布置一般应遵循以下原则。

(1)便于施焊:焊缝位置必须具有足够的操作空间以满足焊接时运条的需要。手弧焊时，至少焊条要能伸到待焊部位(见图 14 - 30)。点焊与缝焊时，要求电极能伸到待焊部位(见图 14 - 31)。埋弧焊时，则应考虑施焊时接头处存放焊剂方便(见图 14 - 32)。

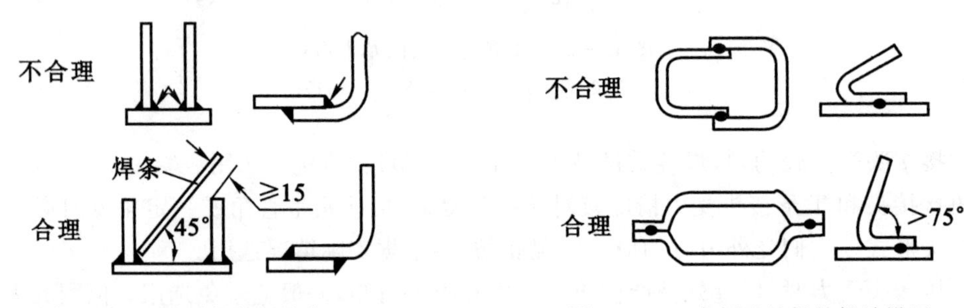

图 14 - 30　手弧焊的焊缝位置　　　　图 14 - 31　点焊及缝焊的焊缝设置

焊缝位置还必须保证焊接装配工作能顺利进行。图 14 - 33 为采暖锅炉的局部结构示意图。该结构由两块平行钢板组成，板间由许多拉杆支承，内部承受压应力。如图 14 - 33(a)所示的结构工艺性很差，先把数百个拉杆焊在钢板上，会引起钢板的严重翘曲变形，再把右钢板上的数百个孔同时对准拉杆，显然无法进行焊接装配。若改为如图 14 - 33(b)所示的结构，把左钢板上的焊缝移到外面，先插入拉杆，再把两端与钢板焊在一起，则装配和焊接都非常方便，焊后变形也小。

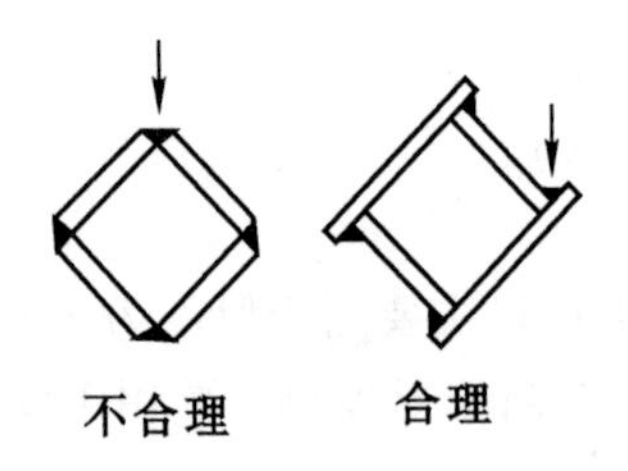

图 14 - 32　埋弧焊的焊缝设置

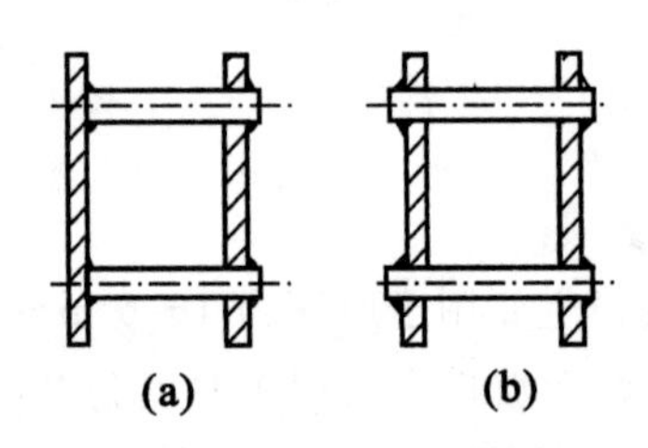

图 14 - 33　采暖锅炉局部结构示意

(2)有利于减少焊接应力与变形:设计焊接结构时，应尽量选用尺寸规格较大的板材、型材和管材，形状复杂的可采用冲压件和铸钢件，以减少焊缝数量，简化焊接工艺和提高结构的强度和刚度。同时，焊缝布置应尽可能对称布置(见图 14 - 34)，以减小变形。如图 14 - 35 所示的箱形结构，图 14 - 35(a)是由 4 块钢板拼焊而成的，图 14 - 35(b)(c)分别是由两块槽钢及经弯曲的钢板焊成的，只需两条焊缝，且对称布置。

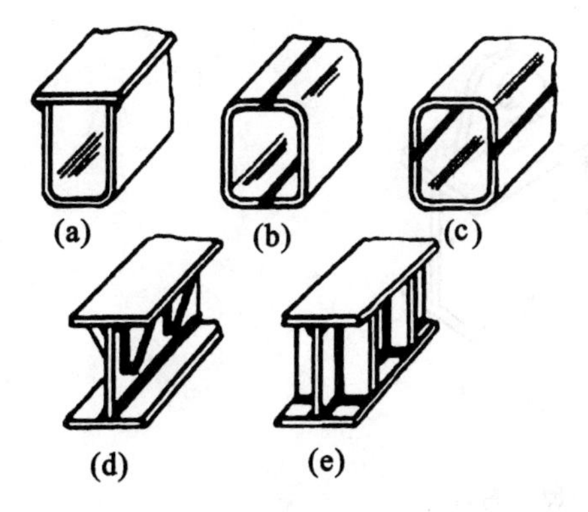

图 14－34　焊缝对称设计

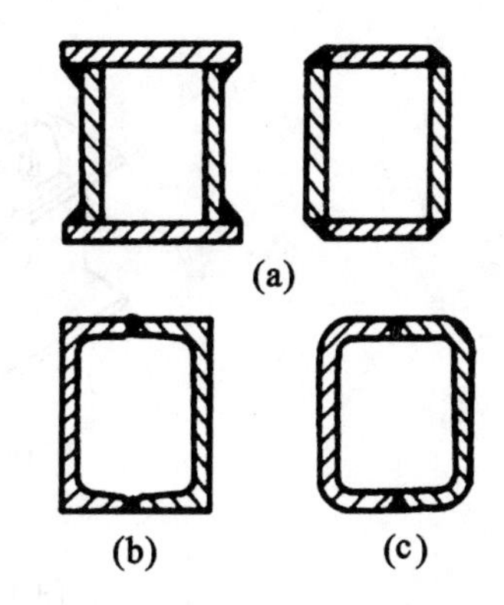

图 14－35　合理选材与减少焊缝

焊缝的布置应避免密集、交叉(见图 14－36)。因焊缝交叉或过分集中会造成接头部位过热,增大热影响区,使组织恶化,性能严重下降。两条焊缝间距一般要求大于 3 倍板厚且不小于 100 mm。

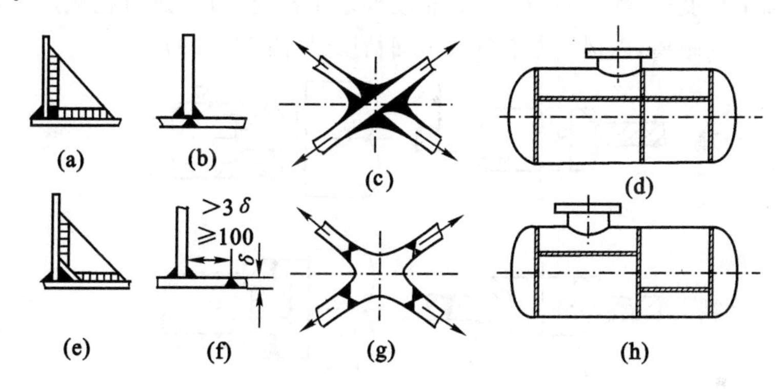

图 14－36　避免焊缝交叉

(a)(b)(c)(d)不合理　(e)(f)(g)(h)合理

(3)避开最大应力区和应力集中部位:焊接接头是焊接结构的薄弱环节。因此,焊缝应避开焊接结构上应力最大的部位。另外,结构拐角处等应力集中部位也是结构的薄弱部位,不应设计焊缝。如压力容器一般不用无折边封头,而应采用碟形封头和球形封头等(见图 14－37)。在集中载荷作用的焊缝处应有刚性支撑。图 14－38 为吊耳的布置形式,图 14－38(a)结构的两个吊耳焊在工字钢的翼缘处,下面没有支撑,极易在焊缝处产生裂纹;如改为图14－38(b)的结构,虽然只用一个吊耳,但下面有腹板支撑,应力分布均匀,其强度可得到保证。

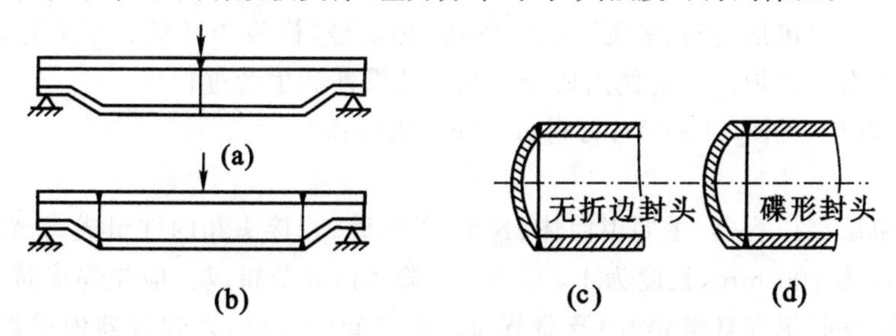

图 14－37　避开最大应力区和应力集中的焊缝布置

(a)不合理　(b)合理　(c)不合理　(d)合理

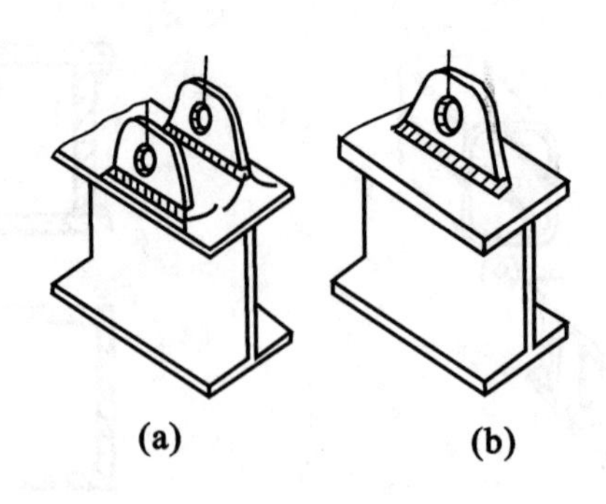

图 14-38　吊耳的焊缝布置

(a)不合理　(b)合理

(4)避开或远离机械加工面:焊接时会引起工件变形,设计焊缝时必须考虑。焊接结构上的加工面有两种不同情况:对焊接结构的位置精度要求较高时,一般应在焊后进行精加工,以免焊接变形影响加工精度;对焊接结构的位置精度要求不高时,可先进行机械加工,但焊缝位置与加工面要保持一定距离,以保证原有的加工面精度(见图 14-39)。

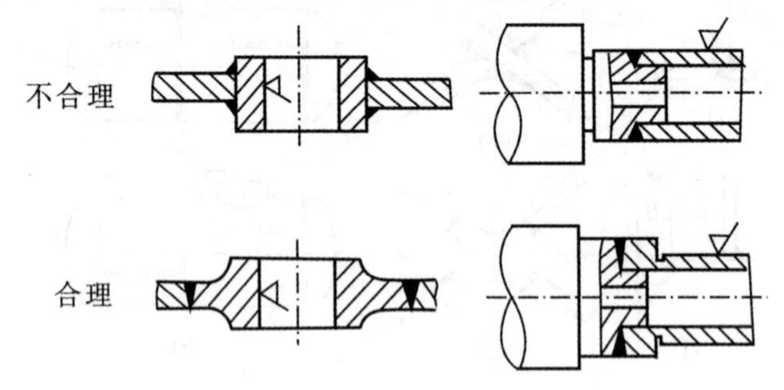

图 14-39　焊缝避开已加工面的设计

此外,为减少焊接工作量和焊接缺陷与变形,焊接时应尽量在平焊位置施焊,避免仰焊,减少横焊。长焊缝时,应先进行装配点固等。

(5)便于焊接和检验:设计封闭容器时,要留工艺孔,如入孔、检验孔和通气孔。焊后再用其他方法封堵。

14.5.4　焊接结构工艺设计及生产举例

焊接结构的生产一般包括备料、装配、预热、焊接、热处理、检验和修整。压力容器是承受内外压力的部件。下面以锅炉汽包为例简要介绍其工艺设计和生产过程。

结构名称:锅炉汽包(见图 14-40);材料:19Mn5;质量:52 t。

1. 工艺分析

锅炉汽包属于单层高压容器,主要由筒体、封头、下降管、管接头和内件组成。该汽包的内径为 1 600 mm,壁厚为 100 mm,长度为 1 300 mm。筒体由 3 节拼成。应先焊接筒节的纵向焊缝,然后焊接筒节之间(纵向环缝错开)及筒节与封头之间的环缝;先焊容器内壁焊缝,在反面清根后再焊外壁焊缝。

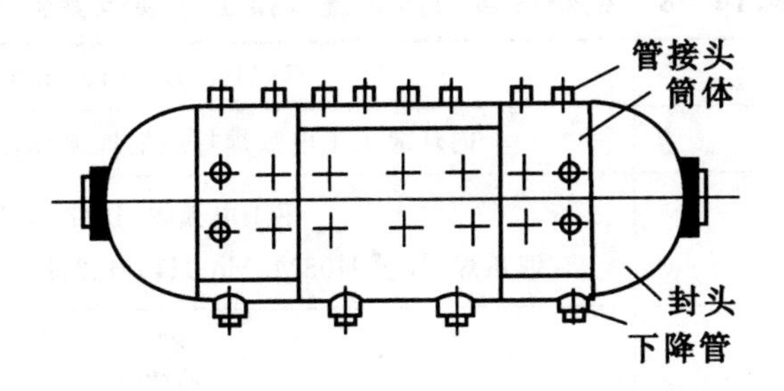

图 14-40　HG410/100 锅炉汽包示意图

2. 制造工艺方案

(1)封头：封头板料较厚且结构复杂，成形时的变形量大于 5%，故采用水压机热压成形，成形后再加工出封头边缘。

(2)筒节：筒节成形后应为精确的圆柱形。热卷成形后采用埋弧自动焊或电渣焊(见图 14-41)焊接纵缝。焊后切除定位板、引弧板和引出板，进行热校正及热处理。

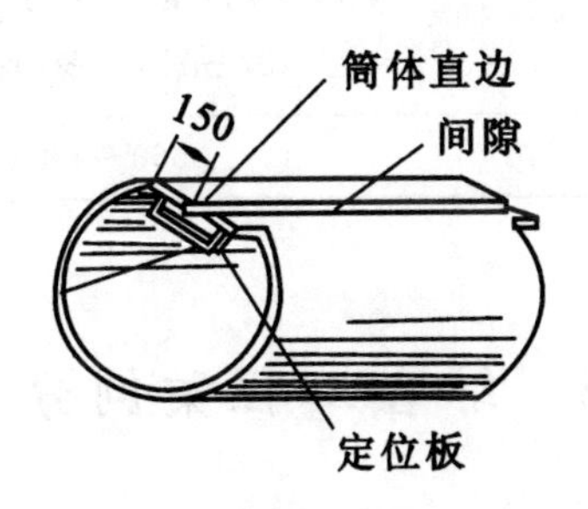

图 14-41　筒体电渣焊焊前示意图

(3)装配焊接：筒节在总装前进行端面机械加工，制备所需坡口。内环缝采用手弧焊，外环缝采用埋弧自动焊。

表 14-7 和表 14-8 分别为筒体纵缝和环缝的焊接规范。

表 14-7　锅炉汽包筒体纵缝焊接工艺规范参数

母材钢号	19Mn5，厚度 100 mm
焊丝(ϕ3 mm)	H10MnMo，H08Mn$_2$Mo，H08Mn$_2$Si
焊　　剂	HJ431
坡口形式	29~32 100
规范参数	间隙 29～32 mm，单丝电流 500～550 A，电压 38～40 V，双丝焊接
正火处理	910～940℃，保温 2 h

表 14-8 锅炉汽包筒体环缝焊接工艺规范参数

母材钢号	19Mn5,厚度 100 mm
焊接方法	内环缝手工电弧焊打底加埋弧焊;外环缝埋弧焊
焊接材料	手工电弧焊:J507 焊条 埋弧焊:焊丝 H08MnMo,H10Mn2,H10MnSi;焊剂 HJ431
坡口形式	8° R10 100 3±1 90° 10±1
预热温度	100～150℃
规范参数	$V_{丝}=95$ m/h,$I=600\sim650$ A,$U=32\sim36$ V $V_{焊}=22\sim27$ m/h,电源:直流反接,焊丝直径 $\phi4$ mm
回火处理	560～590℃,保温 7 h

14.6 综合工程案例分析

轴承套圈是具有一个或几个滚道的向心滚动轴承的环形零件,分为内圈和外圈,内圈是指滚道在外表面的轴承套圈,外圈是指滚道在内表面的轴承套圈。对于大型轴承套圈,锻造是必不可少的重要毛坯加工环节。下面以某轴承套内圈为例,详细介绍其加工工艺过程(见图 14-42)。

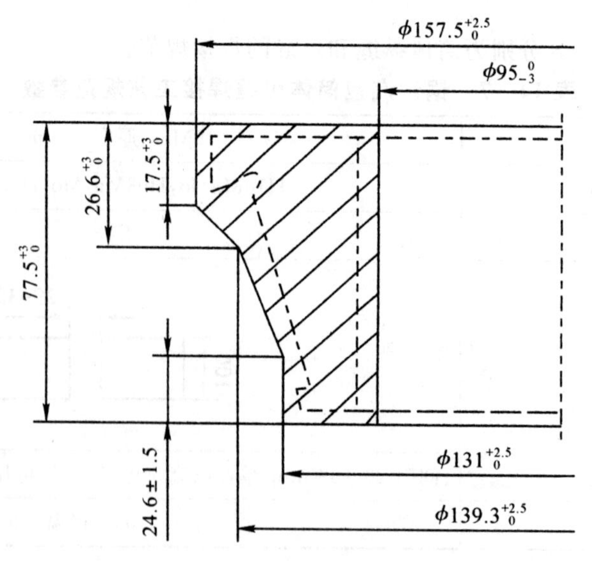

图 14-42 某轴承套内圈锻造示意图

1. 技术要求

(1)采用“锤上自由冲孔+辗环机扩孔+胎膜整形”的锻造技术，能够利用现有生产设备资源，提高材料的利用率。

(2)轴承圈材料大多选用 GCr15 或 GCr5SiMn，锻造时要求模具具有耐高温、耐磨、较好的热疲劳抗力等特性，然而多数工序是在空气锤的冲击载荷下进行的，因此材料应选择淬透性好、强度高和韧性较好的 5CrMnMo，热处理要求为 44～48 HRC。

2. 工艺分析

(1)镦粗的目的是使加热的坯料在上镦和下镦作用下高度减小而横截面增大，去除锻造氧化。

(2)采用辗扩工艺，其目的主要是通过辗扩进行整形，消除内径的喇叭形及壁厚差等问题，因此辗压比不宜大，一般在 1.1～1.3 之间选取。

(3)辗扩时控制小端面外径与胎膜直径相近，当小端面内径尺寸比整形冲头直径小 1～3 mm时，停止辗扩，准备终锻。

3. 工艺过程(见表 14－9)

表 14－9　轴承套内圈锻造工艺过程

工序号	工序内容	加工简图	工艺设备
1	下料并加热	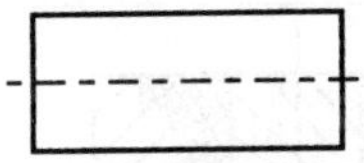	锯床和加热炉
2	镦粗	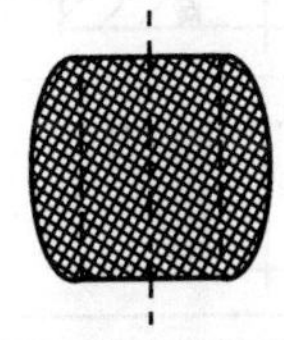	1 t 空气锤
3	墩坯形	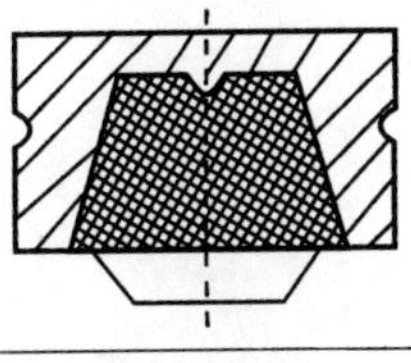	1 t 空气锤
4	冲盲孔		1 t 空气锤
5	冲穿孔	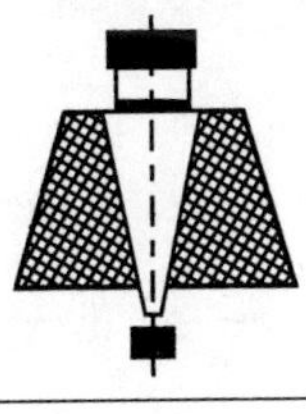	1 t 空气锤

续　表

工序号	工序内容	加工简图	工艺设备
6	胀孔	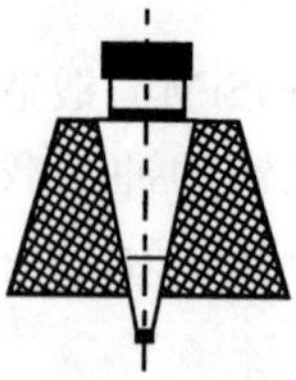	1 t空气锤
7	平高	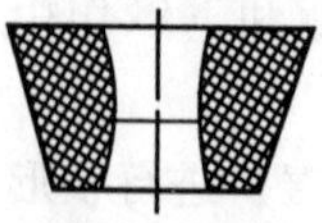	1 t空气锤
8	辗扩	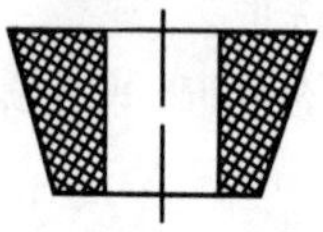	D51－350 碾环机
9	小端面成形	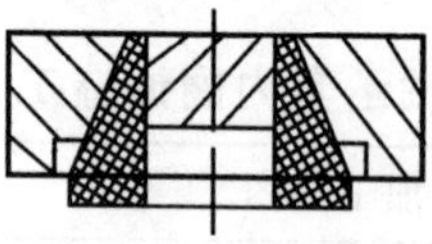	1 t空气锤
10	大端面成形	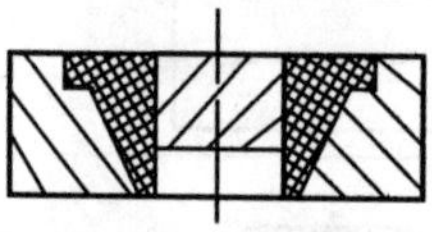	1 t空气锤
11	出模	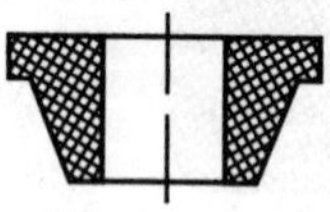	1 t空气锤

参考文献

[1] 邓文英，郭晓鹏. 金属工艺学[M]. 5版. 北京：高等教育出版社，2008.

[2] 钱增新，陈金明. 金属工艺学[M]. 北京：高等教育出版社，1987.

[3] 王允喜. 金属工艺学[M]. 北京：高等教育出版社，1984.

[4] 王雅然，王希平. 金属工艺学[M]. 北京：高等教育出版社，1995.

[5] 吕烨. 热加工工艺基础与实习[M]. 北京：高等教育出版社，2000.

[6] 吴海宏，杨慧智. 工程材料及成形工艺基础[M]. 4版. 北京：机械工业出版社，2015.

[7] 范悦. 工程材料与机械制造基础[M]. 2版. 北京：航空工业出版社，1997.

[8] 陈兰芬. 机械工程材料与热加工工艺[M]. 北京：机械工业出版社，1985.

[9] 侯玉山，赵忠，赵惠臣，等. 工程材料与热加工基础[M]. 北京：机械工业出版社，1994.

[10] 柯观振. 我国金属热处理的现状与发展趋势探讨[J]. 中国金属通报，2018(1)：56－57.

[11] 张善庆，王立红. 热处理现状及发展趋势[J]. 金属加工(热加工)，2016(23)：6－10.

[12] 顾剑锋，潘健生. 智能热处理及其发展前景[J]. 金属热处理，2013(2)：6－14.

[13] 徐跃明，李俏，罗新民，等. 热处理技术进展[J]. 金属热处理，2015，40(9)：1－15.

[14] 卞洪元. 金属工艺学[M]. 3版. 北京：北京理工大学出版社，2013.

[15] 付鹏飞，毛智勇，刘方军. 真空电子束局部热处理技术的研究进展[J]. 金属热处理，2004(8)：31－35.

[16] 孙以安，陈茂贞. 金工实习教学指导[M]. 上海：上海交通大学出版社，1998.

[17] 王笑天. 金属材料学[M]. 北京：机械工业出版社，1987.

[18] 崔崑. 钢铁材料及有色金属材料[M]. 北京：机械工业出版社，1981.

[19] 许昌淦，周鹿宾. 合金钢与高温合金[M]. 北京：北京航空航天大学出版社，1993.

[20] 王于林. 工程材料学[M]. 北京：航空工业出版社，1992.

[21] 沈莲. 机械工程材料与设计选材[M]. 西安：西安交通大学出版社，1996.

[22] 周敬思，金志浩. 非金属工程材料[M]. 西安：西安交通大学出版社，1997.

[23] 王晓敏. 工程材料学[M]. 4版. 哈尔滨：哈尔滨工业大学出版社，2017.

[24] 谢水生，黄生宏. 半固态金属加工技术及其应用[M]. 北京：冶金工业出版社，1999.

[25] KELLY A，MILEIKO S T. Handbook of composites Vol 4：fabrication of composites [M]. Amsterdam：Elsevier Science Publishers B. V.，1984.

[26] GHOMASHCHI M R，VIKHROV A. Squeeze casting：an overview[J]. Journal of Materials Processing Technology，2000，101(1/2/3)：1－9.

[27] 王纪安. 工程材料与材料成形工艺[M]. 修订版. 北京：高等教育出版社，2009.

[28] 林再学，樊铁船. 现代铸造方法[M]. 北京：航空工业出版社，1991.

[29] 沈莲. 机械工程材料[M]. 4版. 北京：机械工业出版社，2019.

[30] 柳百成. 建模与仿真在装备制造中的作用与前景[J]. 航空制造技术，2008(3)：28－31.

[31] RAMANATHAN A，KRISHNAN P K，MURALIRAJA R. A review on the produc-

tion of metal matrix composites through stir casting:furnace design, properties, challenges, and research opportunities[J]. Journal of Manufacturing Processes, 2019, 42(6):213 - 245.

[32] 朱平. 制造工艺基础[M]. 北京:机械工业出版社, 2019.

[33] 张彦华. 工程材料与成形技术[M]. 北京:北京航空航天大学出版社, 2015.

[34] 陈维平,刘健,徐士尧,等. 中国铸造行业现状和发展趋势探讨[C]//中国机械工程学会. 2014 中国铸造活动周论文集. 北京:中国机械工程学会铸造分会,2014:1 - 6.

[35] 柳百成, 荆涛. 铸造工程的模拟仿真与质量控制[M]. 北京:机械工业出版社, 2001.

[36] 潘健生, 王婧, 顾剑锋. 我国高性能化智能制造发展战略研究[J]. 金属热处理, 2015, 40(1):1 - 6.

[37] 王仲仁. 特种塑性成形工艺[M]. 北京:机械工业出版社, 1994.

[38] 夏巨谌. 精密塑性成形工艺[M]. 北京:机械工业出版社, 1999.

[39] 王仲仁, 滕步刚,汤泽军. 塑性加工技术新进展[J]. 中国机械工程,2009,20(1):108 - 112.

[40] 苑世剑. 新世纪中国塑性加工行业的发展与展望[J]. 锻压技术, 2018, 43(7):12 - 16.

[41] 赵震, 白雪娇, 胡成亮. 精密锻造技术的现状与发展趋势[J]. 锻压技术, 2018,43(7):90 - 95.

[42] 张雷. 从《锻压技术》论文收录分析近十年塑性加工领域的发展[J]. 锻压技术, 2013, 38(3):174 - 178.

[43] 夏巨谌, 邓磊, 金俊松,等. 我国精锻技术的现状及发展趋势[J]. 锻压技术, 2019(6):1 - 16,29.

[44] 吴汉卿, 王斌修. 锻造技术及其发展趋势[J]. 模具制造,2015(8):107 - 109.

[45] 马幼平,崔春娟. 金属凝固理论及应用技术[M]. 北京:冶金工业出版社,2015.

[46] 章应林. 焊接结构工程[M]. 北京:水利电力出版社, 1995.

[47] 何德孚. 焊接与连接工程导论[M]. 上海:上海交通大学出版社, 1998.

[48] 潘际銮. 21 世纪焊接科学研究的展望[C]//中国机械工程学会. 第九次全国焊接会议论文集. 哈尔滨:黑龙江人民出版社,1999:1 - 17.

[49] 曾乐. 精密焊接[M]. 上海:上海科学技术出版社, 1996.

[50] 贾安东. 焊接结构及生产设计[M]. 天津:天津大学出版社, 1992.

[51] 吴林. 近年来焊接工艺的若干新发展[C]//中国机械工程学会焊接学会. 第九次全国焊接会议论文集. 哈尔滨:黑龙江人民出版社, 1999:39 - 47.

[52] 林尚扬. 我国焊接生产现状与焊接技术的发展[J]. 船舶工程, 2005, 27(S1):15 - 24.

[53] 兰虎, 张华军, 田小林, 等. 一种新型的窄间隙焊接温度场测量方法[J]. 焊接学报, 2018, 39(2):110 - 114.

[54] MISHRA D, ROY R B, DUTTA S, et al. A review on sensor based monitoring and control of friction stir welding process and a roadmap to Industry 4.0[J]. Journal of Manufacturing Processes, 2018, 36:373 - 397.

[55] 薛松柏, 王博, 张亮, 等. 中国近十年绿色焊接技术研究进展[J]. 材料导报, 2019(17):2813 - 2830.

[56] 陈华辉, 邓海金, 李明, 等. 现代复合材料[M]. 北京:中国物资出版社, 1998.

[57] 《高技术新材料要览》编辑委员会. 高技术新材料要览[M]. 北京:中国科学技术出版社, 1993.

[58] SAVAGE G. Carbon - Carbon composites[M]. London:Chapman & Hall, 1993.

[59] 黄尚廉, 陶宝祺, 沈亚鹏. 智能结构系统:梦想、现实与未来[J]. 中国机械工程, 2000, 11(Z1):32 - 35.

[60] 王林,县鹏宇,管珏.大型圆锥滚子轴承内圈胎模锻造工艺[J].锻压装备与制造技术, 2004,39(2):56 - 58.